Christian H. Weiß
Mathematica® und Wolfram Language™
De Gruyter Studium

Weitere empfehlenswerte Titel

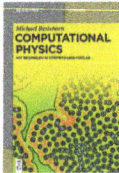

Computational Physics
M. Bestehorn, 2016
ISBN 978-3-11-037288-5, e-ISBN (PDF) 978-3-11-037303-5,
e-ISBN (EPUB) 978-3-11-037304-2

Komplexe Systeme
F. Brand, 2012
ISBN 978-3-486-58391-5, e-ISBN (PDF) 978-3-486-71846-1

Datenanalyse und Modellierung mit STATISTICA
C. Weiß, 2006
ISBN 978-3-486-57959-8, e-ISBN (PDF) 978-3-486-57959-8,

Mathematik für Wirtschaftswissenschaftler und Ingenieure mit Mathematica
W. Sanns, M. Schuchmann, 2015 (reprint)
ISBN 978-3-486-25074-9, e-ISBN (PDF) 978-3-486-80012-8,
Set-ISBN 978-3-486-99437-7

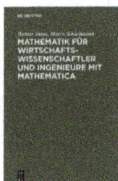

Christian H. Weiß

Mathematica®und Wolfram Language™

———

Einführung – Funktionsumfang – Praxisbeispiele

DE GRUYTER
OLDENBOURG

Autor
Prof. Dr. Christian H. Weiß
Fächergruppe Mathematik/Statistik
Helmut-Schmidt-Universität
Postfach 700822
22008 Hamburg
weissc@hsu-hh.de

The various Wolfram trademarks and screenshots are used with the permission of Wolfram Research, Inc., and Wolfram Group, LLC.

ISBN 978-3-11-042521-5
e-ISBN (PDF) 978-3-11-042522-2
e-ISBN (EPUB) 978-3-11-042399-0

Library of Congress Cataloging-in-Publication Data
A CIP catalog record for this book has been applied for at the Library of Congress.

Bibliographic information published by the Deutsche Nationalbibliothek
Die Deutsche Nationalbibliothek verzeichnet diese Publikation in der Deutschen
Nationalbibliografie; detaillierte bibliografische Daten sind im Internet über http://dnb.dnb.de
abrufbar.

© 2017 Walter de Gruyter GmbH, Berlin/Boston
Einbandabbildung: Bill Heller/Hemera/Thinkstock.
Druck und Bindung: CPI books GmbH, Leck
♾ Gedruckt auf säurefreiem Papier
Printed in Germany

www.degruyter.com

Für
Miia, Maximilian, Tilman und Amalia

Wenn der Kubus mit den Coßen daneben
  gleich ist einer diskreten Zahl,
    finden sich als Differenz zwei andere in dieser.
Dann halte es wie gewöhnlich,
  daß nämlich ihr Produkt gleich sei
    dem Kubus des Drittels der Coßen,
Und der Rest dann, so die Regel,
  ihrer Kubusseiten wohl subtrahiert
    wird sein deine Hauptcoß.
In dem zweiten von diesen Fällen,
  wenn der Kubus allein steht
    und du betrachtest die anderen zusammengezogen,
Von der Zahl mache wieder zwei solche Teile,
  daß der eine in den anderen multipliziert
    den Kubus des Drittels der Coßen ergibt.
Von jenen dann, so die gemeine Vorschrift,
  nimm die Kubusseiten zusammen vereint
    und diese Summe wird dein Konzept sein.
Die dritte nun von diesen unseren Rechnungen
  löst sich wie die zweite, wenn du wohl beachtest,
    daß sie von Natur aus gleichsam verwandt sind.
Dieses fand ich, nicht schwerfälligen Schritts,
  im Jahre tausendfünfhundertvierunddreißig
    mit Begründungen triftig und fest
In der Stadt vom Meer rings umgürtet.

Tartaglias Lösung der kubischen Gleichung,
in deutscher Übersetzung (Lüneburg, 2008, Bd. 1, Kap. 4).

Vorwort

Was ist Mathematica®? Mit dieser Frage begann schon das Vorwort meines früheren Buchs „Mathematica kompakt" (Weiß, 2008). Während diese Frage damals vor allem auf den Funktionsumfang von Mathematica abzielte, ist sie mittlerweile von sehr viel grundsätzlicherer Bedeutung geworden. Aber fangen wir von vorne an. Die Entwicklung von Mathematica durch Stephen Wolfram begann im Jahre 1986. Nach Gründung der Firma Wolfram Research 1987 erschien dann die erste Version von Mathematica im Jahre 1988, welche mit den Versionen 2 bis 5 immer weiter ausgebaut wurde. Zu dieser Zeit stand der name Mathematica einheitlich für Programmoberfläche und Programmiersprache eines sog. Computeralgebrasystems (CAS), welches sich bald großer Beliebtheit erfreute, vor allem in den Bereichen Physik, Ingenieurwissenschaften und Mathematik. Der damals klar auf mathematischen Einsatzbereichen liegende Fokus drückte sich nicht nur in der Bezeichnung Mathematica aus, sondern wurde vom Vater von Mathematica, Stephen Wolfram, auch entsprechend im Untertitel der zwei ersten Auflagen seines Mathematica-Buches formuliert: *„a system for doing mathematics by computer"* (Wolfram, 2003).

Der Wandel setzte im Mai 2007 mit dem Erscheinen der Version 6 ein, welche einen größeren Umbruch etwa im Hinblick auf die Grafikerzeugung mit sich brachte. Seither sind neue Versionen nicht nur durch Ergänzung und Ausbau, sondern auch durch komplette Neuimplementierung bestehender Funktionalitäten gekennzeichnet. Zeitgleich begann aber auch ein neues Selbstverständnis, von der zwischenzeitlichen Selbstbeschreibung als *„fully integrated environment for technical computing"* (Wolfram, 2003, S. ix) hin zum *„global computation system"* (vgl. wolfram.com). Diese Entwicklung spiegelte sich in einer inhaltlichen Verbreiterung von Mathematica hin zu klar nicht-mathematischen Themen wider; so kann Mathematica mittlerweile etwa zur Präsentation und Animation in der Lehre, zur statistischen Datenanalyse, zur Bildbearbeitung oder auch als Nachschlagewerk für diverses Faktenwissen eingesetzt werden. Im August 2016 erschien dann Version 11 von Mathematica (welche seither fortlaufend aktualisiert wird), auf welche sich das vorliegende Buch bezieht. Präziser: Im Folgenden wird ein Mathematica von mindestens Version 6 vorausgesetzt (Benutzer älterer Versionen müssen mit meinem früheren Buch (Weiß, 2008) vorliebnehmen), und alle danach erfolgten Änderungen werden unter Nennung der Versionsnummer kenntlich gemacht.

Den eigentlichen Bruch markiert aber eine Entwicklung des Herbstes 2013, als Mathematica sozusagen „entkernt" wurde, indem dessen wesentliches Element, die Programmiersprache, in die eigenständige Wolfram Language™ überführt wurde. Die Wolfram Language wird zwar auch weiterhin innerhalb der Oberfläche Mathematicas verwendet, steht nun aber auch der *Wolfram Cloud* zur Verfügung (wie etwa *Mathematica Online* oder der *Development Platform*). Die über die Wolfram Language angebotenen Funktionalitäten sind in der *Wolfram Engine* implementiert, das verfügbare

DOI 10.1515/9783110425222-204

Faktenwissen ist in der *Wolfram Knowledgebase* abgelegt. Als alternative Zugriffsmöglichkeit auf Letzteres wird *Wolfram Alpha* angeboten, welches keinerlei Kenntnisse über die Wolfram Language verlangt, sondern eine Formulierung des Problems in natürlicher (englischer) Sprache erlaubt.

Die zuletzt beschriebenen Entwicklungen machen das Verfassen eines Mathematica-Buchs nicht gerade leichter, da sich die Bezeichnung Mathematica streng genommen nur noch auf eine Programmierumgebung zur Wolfram Language bezieht (aus diesem Grund wurde auch der Titel des Buchs entsprechend erweitert). Trotzdem wird just dieses Paket aus Wolfram Language und Mathematica wohl auf absehbare Zeit die verbreitetste Lösung bleiben (zumindest im universitären Bereich), weswegen wir im Folgenden vereinfachend auch dann von Mathematica sprechen, wenn es faktisch gerade um die Wolfram Language geht. Und trotz der beschriebenen konzeptuellen Änderungen kann auch dieses Mathematica-Buch von Benutzern früherer Versionen zumeist problemlos verwendet werden (ansonsten wird auf entsprechende Stellen in Weiß (2008) verwiesen). Für das Buch wurde dabei die Windows-Version von Mathematica zu Grunde gelegt, Mathematica ist aber auch für andere gängige Betriebssysteme wie Linux oder MacOS erhältlich, sogar kostenlos speziell für den Raspberry Pi (Hintergründe zu letztgenannter Fassung bietet Lorenzen (2014)).

Das vorliegende Buch versucht nun zweierlei: Einerseits soll der mit Mathematica bisher noch nicht vertraute Leser zügig und leicht verständlich an Mathematica herangeführt werden. Andererseits soll es dem fortgeschrittenen Mathematica-Nutzer auch als breit aufgestelltes und zugleich kompaktes Nachschlagewerk dienen, welches möglichst viele Facetten des Funktionsumfanges von Mathematica ansprechen möchte. Um beide Ziele zu erreichen, werden anfangs, reich bebildert, die wesentlichen Aspekte von Mathematica besprochen, stets mit einfachen Beispielen illustriert, ohne dabei zu sehr auf mathematische Details einzugehen. Funktionalitäten von Mathematica, die auf spezielle mathematische Teilgebiete zugeschnitten sind, und die dann entsprechende mathematische Kenntnisse voraussetzen, werden bewusst isoliert in späteren Kapiteln behandelt. In diesem Zusammenhang wird der Leser stets auch Literaturhinweise finden, die ihm helfen sollen, ebendiese Kenntnisse aufzufrischen. Nach diesem mathematischen Teil folgen dann wieder eine Reihe eher nichtmathematischer Anwendungen und Einsatzgebiete, die ein jeder Leser leicht nachvollziehen kann. Weitere Details zu Inhalten werden in Kapitel 1 dargelegt. Dem Charakter eines Nachschlagewerks schließlich dienen die in Tabellen zusammengestellten Befehlsübersichten zum Ende einzelner Abschnitte hin. Einen Überblick bietet das Tabellenverzeichnis auf Seite XX. Anhänge zur Funktionsweise von Mathematica und zur Arbeit mit SQL-Datenbanken runden das Buch ab und machen es möglich, das Buch ohne weitere Begleitlektüre vollständig durchzuarbeiten. All jenen Lesern, die etwas über die hinter Mathematica ablaufende Computeralgebra wissen wollen, sei ferner die gut lesbare Einführung zu diesem Thema von Koepf (2006) empfohlen, welcher seine Beispiele mit Mathematica präsentiert. Ferner sei noch erwähnt, dass die Firma Wolfram Research eine Reihe von Ressourcen im Internet zur

Tab. Wichtige Adressen rund um Mathematica.

Wolfram Documentation Center:
    reference.wolfram.com/language/
Online-Dokumentation zur Wolfram Language.

An Elementary Introduction to the Wolfram Language:
    www.wolfram.com/language/elementary-introduction/
Einführungsbuch von Stephen Wolfram.

Mathematica Quick Revision History:
    www.wolfram.com/mathematica/quick-revision-history.html
Überblick über Versionen und ihre Neuerungen.

Wolfram MathWorld:
    mathworld.wolfram.com/
Umfangreiche mathematische Enzyklopädie.

Wolfram Alpha:
    www.wolframalpha.com/
Umfangreiche Datenbank zu Faktenwissen verschiedenster Art.

Wolfram Open Cloud:
    http://www.open.wolframcloud.com/
Freier Zugang zu Programming Lab und Development Platform.

Wolfram Demonstrations Project:
    demonstrations.wolfram.com/
Sammlung von Notebooks zu verschiedenen Themengebieten.

Wolfram CDF Player:
    www.wolfram.com/cdf-player/
Kostenfreies Programm zum Ausführen von CDF-Dateien
und zum Betrachten von Notebooks.

ADDITIVE GmbH:
software.additive-net.de/de/produkte/wolfram/mathematica/
Links und deutschsprachige Materialien.

Verfügung stellt. Wichtige Adressen dazu sind in der Tabelle auf S. XI zusammengefasst.

Um die Übersicht und Lesbarkeit zu erhöhen, ist das vorliegende Buch klar untergliedert. So sind zwar manche Beispiele häppchenweise in den Text eingepflegt, umfangreichere und thematisch zusammenhängende Beispiele werden aber speziell ausgezeichnet und ebenso zusammenhängend präsentiert. Diese Beispiele sollte der Leser übrigens stets selbst mit Mathematica nachvollziehen, muss dazu aber nicht unbedingt den entsprechenden Code eigenhändig eintippen, sondern kann diesen aus der passenden Mathematica-Datei übernehmen. Alle diese Beispieldateien können von der Verlags-Website heruntergeladen werden,

www.degruyter.com.

Neben den bereits erwähnten Befehlsübersichten werden ferner spezielle Tipps zu effizienter oder trickreicher Arbeitsweise durch ein mit Ausrufezeichen kombiniertes *Tipp!* hervorgehoben. *Weiterführende Informationen* und Verweise auf Hilfeeinträge bei Mathematica sind durch nebenstehendes Symbol „i" gekennzeichnet, ein *Ausblick* auf weitere Anwendungen oder Funktionalitäten von Mathematica dagegen durch das Symbol mit Blitz.

Zu guter Letzt möchte ich einige Worte des Dankes aussprechen. Dieser gilt zunächst erneut all jenen, die zu meinem früheren Buch beigetragen hatten, nämlich Herrn Prof. Dr. Robert Kragler (HS Weingarten), Herrn Dipl.-Math. Wolfgang Sans (Universität Würzburg) und Herrn StR Marcel Schuster (Dag-Hammarskjöld-Gymnasium Würzburg), Frau Maryam Karbalai (ehem. ADDITIVE GmbH) und Herrn Anton Schmid (ehem. R. Oldenbourg Verlag). Im Hinblick auf das nun vorliegende und rundum überarbeitete neue Buch zu Mathematica und Wolfram Language geht mein großer Dank an den Verlag De Gruyter, und dort insbesondere an Leonardo Milla und Nancy Christ aus dem Produktionsteam für den Einsatz für dieses Buchprojekt und für zahlreiche nützliche Hinweise zum Manuskript. Ferner bedanke ich mich bei Frau Simone Szurmant (ADDITIVE GmbH) für wertvolle Ratschläge zu diesem Buch. Und natürlich möchte ich meiner Frau Miia, meinen Söhnen Maximilian und Tilman sowie meiner Tochter Amalia danken, dass sie mir die nötige Kraft zum Verfassen dieses Buches gaben und Verständnis zeigten, wenn ich große Teile meiner Freizeit dem Buchprojekt opfern musste.

Hamburg, im Frühjahr 2017   Christian H. Weiß

Inhalt

Teil III: Mathematica in der Praxis

Tabellenverzeichnis

DOI 10.1515/9783110425222-205

1 Einleitung

Die *Algebra* ist neben der Arithmetik und der Geometrie eines der ältesten Teilgebiete der Mathematik. Alten et al. (2014) geben ihr Alter mit etwa 4000 Jahren an. Der Begriff Algebra selbst dagegen ist wesentlich jüngeren Datums. Er geht zurück auf ein Buch des aus Choresmien stammenden persischen Mathematikers al-Ḫwārizmī, welcher ungefähr zwischen 780 und 850 n. Chr. lebte: al-Kitāb al-muḫtaṣar fīḥisāb al-ǧabr wa-l-muqābala (Ein kurzgefasstes Buch über die Rechenverfahren durch Ergänzen und Ausgleichen). Bei diesem Buch handelt es sich um das erste eigenständige Werk zur Algebra. Der Titel des Buches nennt dabei bereits zwei wesentliche Techniken algebraischer Umformungen: *al-ǧabr* (das Ergänzen), aus dem sich das Wort Algebra ableitet, bedeutet die Addition eines Termes auf beiden Seiten einer Gleichung, um so subtraktive Glieder zu entfernen, *al-muqābala* (das Ausgleichen) meint das Zusammenfassen gleichartiger Terme. (Alten et al., 2014, 3.3.2)

In einem etwas weiteren Sinne sind mit al-ǧabr also Äquivalenzumformungen zur Vereinfachung von Gleichungen gemeint. Damit ist eine wesentliche Motivation der Algebra über den längsten Teil ihrer Entwicklungsgeschichte hinweg ganz gut beschrieben: Das exakte Lösen von Gleichungen mit Hilfe geeigneter Umformungen. Bis vor wenigen hundert Jahren bestanden neuartige Erkenntnisse auf dem Gebiet der Algebra oftmals darin, eine detaillierte Vorschrift zur schrittweisen Lösung einer Gleichung anzugeben und zu beweisen, wobei dies nicht unbedingt in der uns heute vertrauten Notation geschah. Tartaglia (der „Stotterer") beispielsweise übermittelte Cardano um 1539 herum sein Lösungsschema der Gleichung dritten Grades in Gedichtform![1] Ein derartiges Lösungsschema bezeichnet man heute als *Algorithmus*, eine Bezeichnung, die sich aus dem Namen des oben genannten Mathematikers al-Ḫwārizmī ableitet. Auch dies ist ein deutlicher Hinweis auf die ursprüngliche Ausrichtung der Disziplin Algebra. Erst im 19. Jahrhundert setzte dann ein inhaltlicher Wandel ein, der die Algebra immer stärker zu einer Wissenschaft der mathematischen Strukturen (wie Gruppen, Ringe, Körper) werden ließ. Während Schüler die Algebra noch immer eher traditionell kennenlernen, erfahren Studenten die Algebra heutzutage nahezu ausschließlich als eine ebensolche Strukturtheorie.

Insofern kann man die sehr junge Disziplin der *Computeralgebra* als eine Rückbesinnung auf die Wurzeln der Algebra verstehen. Die Computeralgebra beschäftigt sich verstärkt wieder mit algorithmischen Aspekten der Algebra. Laut Kaplan (2005), S. 2, *versteht man heute unter Computeralgebra den Grenzbereich zwischen Al-*

---

[1] Eine deutsche Übersetzung dieses Gedichts, siehe Lüneburg (2008), findet der Leser ganz zu Beginn des vorliegenden Buches. Dieses Beispiel verwendet der Autor gerne in Anfängervorlesungen zur Mathematik, um zu verdeutlichen, wie glücklich sich die Studierenden schätzen können, dass wir heutzutage die wesentlich klarere und effizientere Formelsprache haben. An Stelle der eigentlich erhofften freudigen Reaktionen gibt es allerdings bestenfalls mal ein gequältes Lächeln …

DOI 10.1515/9783110425222-001

gebra und Informatik, der sich mit Entwurf, Analyse, Implementierung und Anwendung algebraischer Algorithmen befasst. Insofern mag es verwundern, dass alle gängigen *Computeralgebrasysteme (CAS)* auch eigentlich nichtalgebraische Funktionalitäten anbieten, wie etwa das Differenzieren von Funktionen. Die Ableitung einer Funktion definiert sich tatsächlich aus einer Grenzwertbeziehung, womit sie definitiv nicht der Algebra zuzuordnen ist. Beim praktischen Rechnen dagegen genügt die Kenntnis der Ableitung einiger weniger elementarer Funktionstypen (Monome, Exponentialfunktion etc.) und einfacher Differentiationsregeln (Produktregel, Kettenregel etc.), mit welchen man die Ableitung einer Vielzahl von Funktionen nicht durch Grenzwertbestimmung, sondern durch mehr oder weniger einfache algebraische Umformungen erhält. Das eigentlich der Analysis entstammende Problem der Differentiation lässt sich also „algebraisieren" und somit einem CAS zugänglich machen. Das eben skizzierte Beispiel kann der interessierte Leser übrigens in Anhang A nachlesen: Dort wird gezeigt, wie man Mathematica, unter Ausnutzung von Mathematicas Fähigkeit zur Mustererkennung, diese Art des algebraischen Differenzierens in wenigen Zeilen beibringen kann[2].

Die erhältlichen CAS kann man grob in universelle und spezialisierte CAS unterteilen. Einen sehr umfassenden Überblick über verschiedenste CAS bietet Kapitel 4 bei Grabmeier et al. (2003). Mathematica gehört hierbei eindeutig zu den universellen CAS, die für die vielfältigsten mathematischen Teilgebiete Verfahren anbieten. Genau genommen übersteigt es den Erwartungshorizont an ein CAS, indem es neben der Fähigkeit zum symbolischen Rechnen auch numerische Berechnungen anstellen kann, über sehr gute grafische Fähigkeiten verfügt und eine eigene Programmiersprache mit sich bringt. Daneben erlaubt es die Erstellung von Texten wie auch statistische Datenanalyse, das Erzeugen interaktiver oder animierter Grafiken wie auch die Analyse von Zeichenketten. Mathematica gilt als meistbenutztes universelles CAS (Hilbe, 2006, S. 176), und weist mittlerweile einen beeindruckenden Leistungsumfang auf.

Im vorliegenden Buch wollen wir uns also mit Mathematica beschäftigen, genauer gesagt mit dessen Windows-Variante. Die Unterschiede zur Linux- und MacOS-Variante sind aber so gering, dass das Buch ohne Einschränkungen auch für diese Leser geeignet ist. Ferner orientieren wir uns an der aktuellsten Version, also Version 11, das Buch ist aber an den relevanten Stellen stets um Hinweise für Nutzer früherer Versionen ergänzt worden, so dass auch hier ein großer Leserkreis angesprochen wird.

Durch seine ausgereifte Oberfläche und den sehr flexiblen Dateityp des Notebooks handelt es sich bei Mathematica um ein sehr leicht erlernbares Programm *„for doing mathematics"* und viel mehr. Wie wir in Kapitel 2 sehen werden, sind gerade die allerersten Schritte hin zu einfachen Berechnungen, Umformungen oder Grafiken sehr leicht zu vollziehen. Wenn es dann ins Detail geht, wird es natürlich, wie bei jedem

---

2 ... was, wie gesagt, eigentlich nicht mehr nötig wäre, denn Mathematica kann das ja schon!

Programm, etwas herausfordernder. In puncto Umfang ist festzuhalten, dass dieser, wie oben geschildert, sehr groß ist – zu groß, um ihn vollständig mit diesem Buch abzudecken. Trotzdem ist es die Hoffnung des Autors, die wichtigsten Bereiche ausgewählt zu haben, um so eine möglichst breite Leserschaft bei der Arbeit mit Mathematica zu unterstützen. Im Einzelnen wollen wir dabei folgende Themen besprechen:

Teil I: Nach einem ersten Kennenlernen werden wir in Teil I des Buches die Programmstruktur und den Dateityp des Notebooks unter die Lupe nehmen. Ferner werden wir uns mit grundlegenden Datenstrukturen, elementaren mathematischen Aspekten und den grafischen Fähigkeiten von Mathematica auseinandersetzen.

Teil II: In Teil II steht dann die Mathematik auf dem Programm, gegliedert in die Teilgebiete Analysis, Lineare Algebra, Algebra und Zahlentheorie, Geometrie, Graphentheorie und Wahrscheinlichkeitstheorie.

Teil III: … verlässt dann wieder die pure Mathematik und zeigt beispielhaft mögliche praktische Anwendungen auf. Dazu gehört das Schreiben von Texten, der Einsatz in der Lehre durch Präsentation und Animation, die Bearbeitung digitaler Fotografien wie auch von Musikstücken, das erstaunlich umfangreiche Potential zur statistischen Datenanalyse, die Verwendung von Mathematica als Simulationswerkzeug, und das Arbeiten mit Zeichenketten. Dabei werden wir kennenlernen, dass sich Mathematica selbst in der konkreten Kunst einsetzen lässt, zum Zeichnen von Landkarten, und als Nachschlagewerk z. B. in der Astronomie oder den Lebenswissenschaften.

Abgerundet wird das Buch durch den bereits erwähnten Anhang zur Funktionsweise von Mathematica sowie durch zwei Anhänge zum Arbeiten mit SQL-Datenbanken. Es sei an dieser Stelle auch nochmals erwähnt, dass alle Beispieldateien von der Verlags-Website

www.degruyter.com

heruntergeladen werden können.

___

Teil I: **Grundlagen der Arbeit mit Mathematica**

In diesem Teil wollen wir grundlegende Fragen zur Benutzung von Mathematica klären. Dazu wollen wir in Kapitel 2 ein wenig in Mathematica „hineinschnuppern" und erste Erfahrungen beim Umgang mit Mathematica sammeln, um dann in Kapitel 3 die Programmstruktur und den Dateityp des Notebooks (so heißen die Mathematica-Dateien) etwas detaillierter zu erkunden. Datenstrukturen wie Variablen und Listen sollen in Kapitel 4 behandelt werden. Kapitel 5 stellt dann vor, wie Mathematica als Rechenwerkzeug eingesetzt werden kann, ob symbolisch oder numerisch. In Kapitel 6 werden wir uns schließlich erstmals ausführlich mit den grafischen Fähigkeiten von Mathematica auseinandersetzen.

2 Erste Schritte in Mathematica

Gleich beim ersten Kontakt mit Mathematica werden Nutzer ab Version 10 einige Änderungen gegenüber früheren Versionen bemerken. Zunächst einmal wird man von einem Startbildschirm wie in Abb. 2.1 begrüßt, den man durch Entfernen des Häkchens rechts unten aber auch unterbinden kann. Entscheidet man sich dann z. B. dafür, ein neues Dokument zu erzeugen, dann erscheint die übliche Arbeitsoberfläche aus Abb. 2.2. Wobei es auch hier eine Neuerung gibt: Gegenüber früheren Versionen ist die Hauptmenüleiste, über die sich das Programm steuern lässt, nun nicht mehr „freischwebend", sondern direkt in das Fenster des (noch leeren) *Notebooks* integriert. Ein Notebook ist hierbei der wichtigste Dateityp in Mathematica, der nach Abspeichern die Endung .nb erhält; mit diesem und weiteren Dateitypen werden wir uns später insbesondere in Abschnitt 3.4 beschäftigen. Alles Weitere erscheint aber erst einmal vertraut, insbesondere, dass Mathematica auch weiterhin keine geschlossene Oberfläche aufweist, sondern sich aus vielen Teilfenstern zusammensetzt. Auf der rechten Seite etwa ist die Standard-*Eingabepalette* (*Basic Math Input*) zu sehen, die man über das Menü *Palettes*, Eintrag *Other* → *Basic Math Input* aktiviert (auch für zukünftige Sitzungen, bis man die Palette wieder wegklickt). Diese Eingabepalette erlaubt es, durch simples Anklicken mit der linken Maustaste mathematische Objekte, wie etwa leere Brüche oder Wurzeln, anzulegen, die dann entsprechend zu füllen sind. Eine weitere Neuerung mit Version 10 wird sichtbar, wenn das letzte Notebook geschlossen wurde: Durch diese Aktion wird Mathematica nämlich nicht beendet, sondern es erscheint der Abschlussbildschirm aus Abb. 2.3. Hier könnte man nun neue Notebooks öffnen, oder nach Klick auf *Quit* das Programm Mathematica jetzt tatsächlich beenden. Wenn dieser zusätzliche Klick stört, so kann man den Abschlussbildschirm durch Setzen eines Häkchens bei *Always exit...* dauerhaft unterdrücken.

Versuchen wir als Allererstes, die Rechnung $3^2 + 1$ einzugeben, diese sollte den Wert 10 ergeben. Dazu klicken wir auf das Potenzsymbol links oben in der Eingabepalette, siehe Abb. 2.2, was zur Folge hat, dass im bis dato leeren Notebook eine *Zelle* angelegt wird, symbolisiert durch die Klammer auf der ganz rechten Seite, in der sich ein Platzhalter für Basis und Exponent befindet. Zu Beginn sollte dabei die Basis markiert sein, wie dies in der folgenden Bilderfolge ganz links zu sehen ist:

Nun durchlaufen wir Schritt für Schritt diese Folge. Wir tippen die Zahl „3" ein und markieren anschließend das Feld für den Exponenten. Dies erreichen wir, indem wir dieses Feld entweder mit der Maus anklicken oder die Tabulatortaste betätigen. Solange sich ein Objekt mit leeren Platzhaltern in der Zelle befindet, kann man stets mit dieser Taste von Feld zu Feld springen. Wir befinden uns jetzt also beim dritten Bild der Bilderfolge. Nun tippen wir die Zahl „2" ein. Da damit die Potenz abgeschlossen ist, bewegen wir den Cursor mit der Pfeiltaste $\boxed{\rightarrow}$ nach rechts, so dass wir wieder auf

DOI 10.1515/9783110425222-002

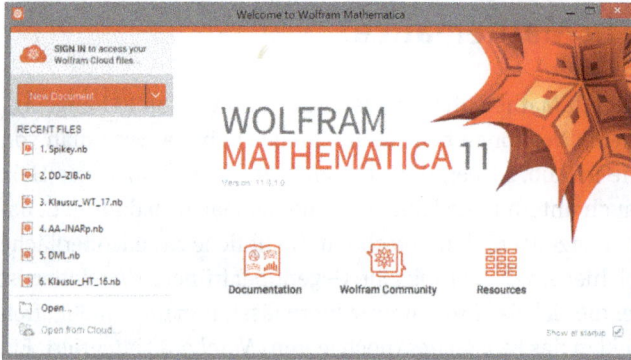

Abb. 2.1. Der Startbildschirm von Mathematica, Version 11.

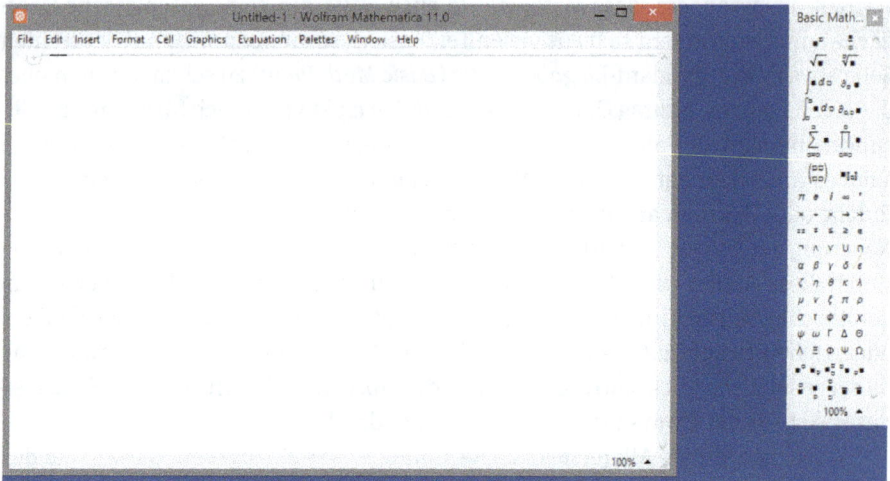

Abb. 2.2. Die Arbeitsoberfläche von Mathematica, Version 11.

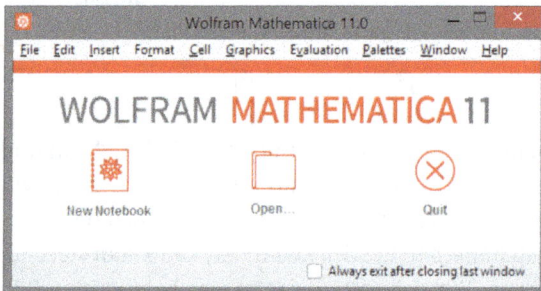

Abb. 2.3. Der Abschlussbildschirm von Mathematica, Version 11.

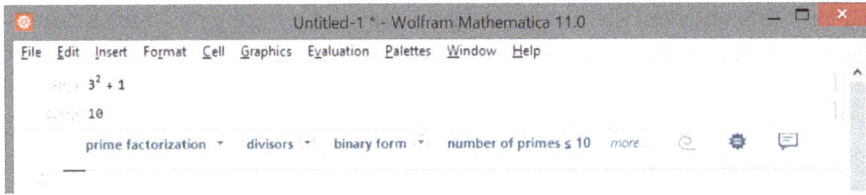

Abb. 2.4. Die Vorschlagsleiste von Mathematica, seit Version 9.

der Ebene der „3" sind (vorletztes Bild). Nun können wir noch „+1" eintippen, dann ist die gewünschte Rechnung fertig eingegeben.

Um diese Rechnung nun auszuführen, betätigen wir die Tastenkombination ⇧+↵, d. h. wir halten die Umschalt-/Shifttaste ⇧ gedrückt und drücken zusätzlich auf die Eingabe-/Entertaste ↵. Mit dieser Tastenkombination löst man stets die Berechnung einer *Input-Zelle* aus, *wenn* sich dabei der Cursor irgendwo in dieser Zelle befindet bzw. die Zellklammer markiert ist. Nun passiert zweierlei: Da es sich um die allererste Rechnung seit Programmstart handelt, vergeht eine Gedenksekunde, in welcher der sog. *Kernel* startet. Der Kernel ist ein von der Benutzeroberfläche getrennt laufendes Programm, welches ausschließlich für die Berechnungen zuständig ist. Wie wir später in Abschnitt 3.6 besprechen werden, hat diese strikte Trennung einige praktische Vorteile.

Das zweite Ereignis, welches eintritt, findet im Notebook statt. Dort wird die von uns erstellte Zelle mit der Beschriftung In[1] versehen, da es die erste Input-Zelle darstellt. Ferner wird eine neue Zelle angelegt, in welcher das Resultat „10" ausgegeben wird: die *Output-Zelle* Out[1]. Da beide Zellen zusammengehören, wird um beide herum eine weitere Zellklammer angelegt, so dass diese beiden Elementarzellen zu einer übergeordneten Zelle zusammengeschlossen sind. Es entsteht eine Zellhierarchie. Im Notebook ist nun Folgendes zu lesen:

In[1]:= 3^2+1

Out[1]= 10

Wir erkennen, dass nun im Notebook unterhalb der Ausgabe, über die ganze Fensterbreite hinweg, eine waagrechte Linie gezogen ist. Diese Linie zeigt uns die Position des Cursors an, er ist nun unterhalb der Zelle Out[1]. Um eine weitere Rechnung einzugeben, tippen wir einfach los: An jener Stelle des Notebooks, wo sich die waagrechte Linie befand, wird eine neue Zelle angelegt. Um eine bestehende Zelle zu manipulieren, müsste man direkt in diese hineinklicken. Nach möglicher Änderung könnte man diese via ⇧+↵ neu auswerten lassen. Mehr zu Zellen auch in Abschnitt 3.6 und 15.3.

Tatsächlich werden Nutzer ab Version 9 nach Eingabe von ⇧+↵ mehr als nur die Zellen In[1] und Out[1] sehen, bei diesen erscheint im Anschluss zusätzlich noch die *Vorschlagsleiste* („Suggestions Bar") wie in Abb. 2.4, welche u. a. mögliche nächste

Rechenschritte anbietet; die Besprechung dieses wie auch weiterer Unterstützungssysteme von Mathematica verschieben wir auf Abschnitt 3.3.

Wir aber wollen unterhalb von Out[1] eine neue Rechnung anlegen, etwa $4 \cdot 5$, was 20 ergeben sollte. Also tippen wir 4*5 ein und lösen aus, als Resultat erscheint 20. An Stelle des expliziten Multiplikationszeichens „*" hätten wir auch einfach ein Leerzeichen eintippen können, dieses wird als Multiplikation interpretiert (und während der Eingabe durch das Multiplikationszeichen × ersetzt). Probieren wir dies gleich aus:

```
In[2]:= 4*5

Out[2]= 20

In[3]:= 4 5

Out[3]= 20
```

! **Tipp!** Die Eingabe x y mit Leerzeichen wird als $x \cdot y$ interpretiert, wogegen xy ohne Leerzeichen als *ein* Symbol namens „*xy*" verstanden wird. Ein vergessenes Leerzeichen ist eine beliebte Fehlerquelle!

Wie wir in Abschnitt 3.6, insbesondere Bemerkung 3.6.1, noch besprechen werden, nummeriert Mathematica die Ein- und Ausgaben fortlaufend durch, allerdings werden diese Nummern nicht mit abgespeichert. Da sie im Allgemeinen ohne weitere Bedeutung sind und eher der eigenen Orientierung dienen, werden wir sie im Folgenden aus Platzgründen meist weglassen. Aus selbigem Grund werden wir auch häufig die Ausgabe einer Berechnung neben die Eingabe schreiben, nicht darunter.

Dass beide Rechnungen zum gleichen Resultat führen, hätten wir auch per

```
4 5==4*5                                True
```

nachprüfen können, wobei wir die Eingabe wie immer via [⇧]+[↵] ausgelöst haben. Dagegen wird folgende Ungleichung korrekterweise als falsch erkannt:

```
4 5>20                                  False
```

Man beachte, dass man durch == auf Gleichheit prüft, wogegen = allein eine Wertzuweisung darstellt. Weitere elementare Rechen- und Vergleichsoperatoren sind in Tab. 2.1 zusammengefasst.

Wenden wir uns nochmal der Standard-*Eingabepalette* zu, siehe Abb. 2.5 (a), welche viergeteilt ist. Im obersten Teil befinden sich mathematische Ausdrücke wie Brüche, Summen, Integrale, mit deren Hilfe man Formeln grafisch eingeben kann, in der gleichen Form, wie man sie auch per Hand auf Papier notieren würde. Wir werden in späteren Kapiteln, je nach Thema, auf die eine oder andere Schaltfläche und deren Tastenkürzel zu sprechen kommen. Im zweiten Block kann man Konstanten wie die Kreiszahl π (= Pi) oder mathematische Operatoren per Klick auswählen, im dritten Block sind griechische Buchstaben aufgelistet. Diese können, genau wie solche

Tab. 2.1. Elementare Rechen- und Vergleichsoperatoren.

Befehl	Beschreibung
a+b bzw. a−b	Summe bzw. Differenz von a und b.
a∗b bzw. a b	Produkt von a und b.
a/b bzw. $\frac{a}{b}$	Quotient von a und b, mittels Eingabepalette oder per $\boxed{\text{Strg}}$+$\boxed{/}$.
aˆb bzw. a^b	Potenz a^b, mittels Eingabepalette oder per $\boxed{\text{Strg}}$+$\boxed{\wedge}$.
a==b	Prüft Gleichheit von a und b.
a!=b	Prüft Ungleichheit von a und b.
a>b bzw. a>=b	Prüft Ungleichung $a > b$ (größer) bzw. $a \geq b$ (größer gleich).
a<b bzw. a<=b	Prüft Ungleichung $a < b$ (kleiner) bzw. $a \leq b$ (kleiner gleich).

des lateinischen Alphabets, zur Eingabe von Formeln verwendet werden. So macht Mathematica keinen Unterschied zwischen[3]

Expand[(a+b)^2] $\qquad\qquad\qquad$ a^2+2 a b+b^2

Expand[($\alpha+\beta$)^2] $\qquad\qquad\qquad$ α^2+2 α β+β^2

In beiden Fällen wird die erste binomische Formel korrekt angewendet. Griechische Buchstaben lassen sich übrigens auch leicht über die Tastatur eingeben, indem man hintereinander tippt: $\boxed{\text{Esc}}$, *Buchstabe*, $\boxed{\text{Esc}}$ (Wichtig: $\boxed{\text{Esc}}$ nicht gedrückt halten!). So ergibt z. B. $\boxed{\text{Esc}}$, a, $\boxed{\text{Esc}}$ ein kleines Alpha: α. Die Schaltflächen des untersten Bereichs der Eingabepalette dienen schließlich der Eingabe von Indizes u. Ä. Der Leser sei an dieser Stelle dazu aufgefordert, ein wenig mit der Palette herumzuspielen.

Ferner gibt es neben der Palette *Basic Math Input*, je nach Version, eine Reihe weiterer Paletten, die man über das Menü *Palettes* aufrufen kann. Darunter befinden sich etwa *Algebraic Manipulation* für die Termumformungen aus Abschnitt 5.4 oder *Special Characters* für Sonderzeichen, siehe die Abb. 2.5 (b) und (c). Eine Reihe weiterer Paletten wurden mit Version 7 hinzugefügt, insbesondere sogenannte Assistenzpaletten wie in Abb. 2.6, welche ein schnelleres Einlernen in Mathematica ermöglichen sollen. Auch beim Thema Paletten sei der Leser zu Experimentierfreude angeregt.

Im zuletzt betrachteten Beispiel haben wir eine Fähigkeit von Mathematica kennengelernt, die es vom gewöhnlichen Taschenrechner unterscheidet, nämlich die zum *symbolischen Rechnen* („Buchstabenrechnen"). Das im Beispiel verwende-

---

3 Nutzer ab Version 9 werden feststellen, dass während der Eingabe von Expand eine Auswahlliste erscheint; mehr dazu in Abschnitt 3.3.

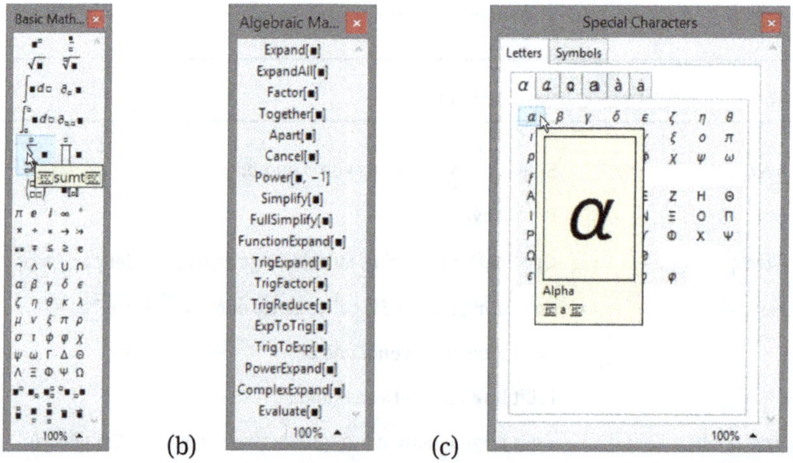

(a) (b) (c)

Abb. 2.5. Die Paletten „Basic Math Input", „Algebraic Manipulation" und „Special Characters".

te Kommando Expand dient dem Ausmultiplizieren von Formeln. In Abschnitt 5.4 werden wir diese Thematik weiter vertiefen.

Bemerkung 2.1. An dieser Stelle soll ein anderer Punkt angeschnitten werden, nämlich das *Setzen von Klammern*. Im Wesentlichen gibt es drei Arten von Klammern: runde $(\cdot)$, eckige $[\cdot]$ und geschweifte $\{\cdot\}$. Während man diese Klammern auf dem Papier völlig gleichberechtigt zur Strukturierung von Formeln einsetzen kann, darf man bei **Mathematica** hierfür *nur runde Klammern* verwenden! Die eckigen Klammern sind, wie oben bei Expand, den **Mathematica**-internen Kommandos vorbehalten, die geschweiften Klammern werden für Listen verwendet, siehe Abschnitt 4.2. •

Um trotzdem Übersichtlichkeit zu erlauben, passt **Mathematica** die Größe eingesetzter Klammern den Ausdrücken an, die sie umklammern. Ferner hilft eine Farbkodierung dabei, festzustellen, ob alle geöffneten Klammern auch wirklich geschlossen wurden, und umgekehrt: Eine einzelne Klammer, egal welcher Form, wird immer solange in einer Art Rosa/Violett dargestellt, bis ihr gleichartiges Gegenstück eingegeben wurde (mehr Details zu **Mathematica**'s *Syntaxhervorhebung* folgen in Abschnitt 3.3).

Tippen wir nun folgendes Kommando ein:

```
Plot[x^2, {x,-2,2}]
```

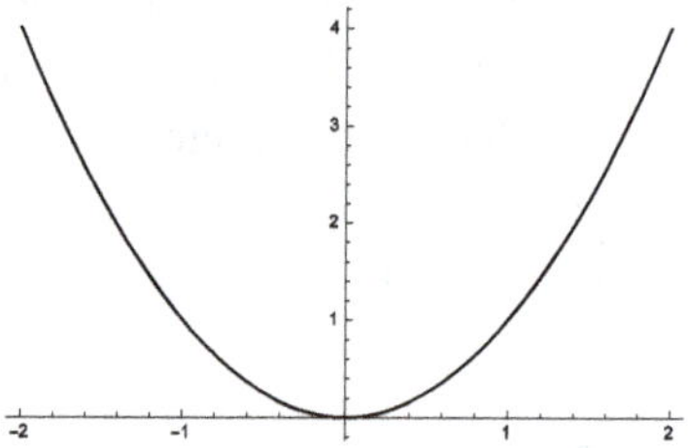

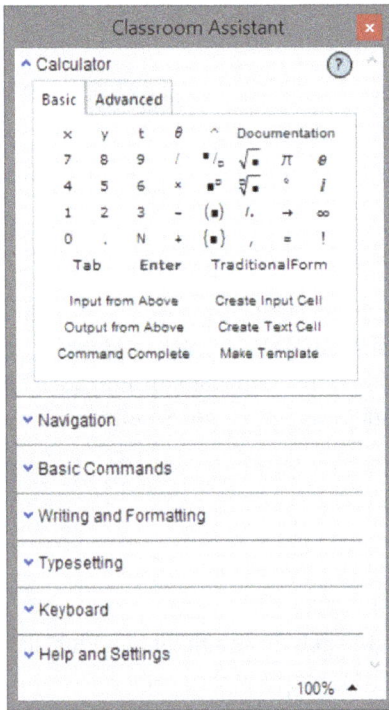
(a)

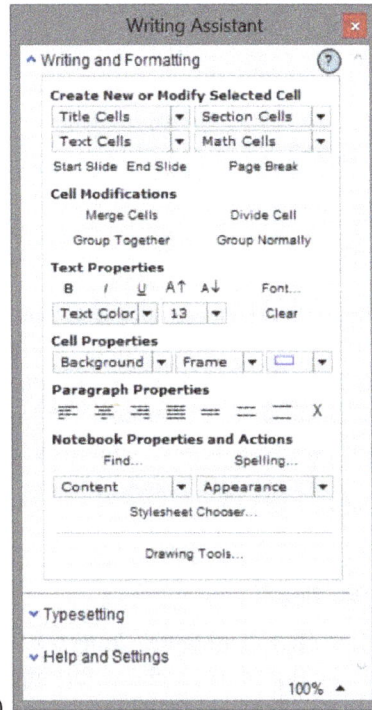
(b)

Abb. 2.6. Die Assistenzpaletten „Classroom Assistant" und „Writing Assistant".

Hierbei wird der Graph der Normalparabel x^2 im Bereich $x \in [-2; 2]$ gezeichnet. Wie wir später in Kapitel 6 sehen werden, verfügt Mathematica über ein umfangreiches Repertoire von grafischen Methoden.

Wir haben bereits kennengelernt, dass man Berechnungen durch ⇧+← auslöst. Dagegen wird durch alleiniges Drücken der Eingabetaste ← einfach ein *Zeilenumbruch* in die Zelle eingefügt. Ein Zeilenumbruch wird kontextabhängig unterschiedlich interpretiert. Wenn für Mathematica klar ist, dass der bis zum Zeilenende eingegebene Ausdruck noch unvollständig ist, wird es den Zeilenumbruch ignorieren, d. h. man kann den Zeilenumbruch in solchen Fällen zum Strukturieren der Eingabe verwenden. Dies ist bei langen Befehlsketten auch durchaus zu empfehlen, und Mathematica unterstützt die Lesbarkeit solcher Eingaben durch zusätzliche Einrückungen. Ist der Ausdruck am Zeilenende (gewollt oder ungewollt) dagegen abgeschlossen, so führt Mathematica den Ausdruck der Zeile aus, erzeugt auch eine entsprechende Ausgabe, und widmet sich dann der nächsten Zeile. Eine Eingabe kann also durchaus mehrere Ausgaben erzeugen, welche durch eine entsprechende Zellklammer aber allesamt der Eingabe zugeordnet werden. Als Beispiel gebe der Leser mit Zeilenumbrüchen ein:

```
In[9]:=   2+2
          2+3
          2+4
```

Out[9]= 4

Out[10]= 5

Out[11]= 6

Hier wird für jede Zeile eine eigene Ausgabe erzeugt. Häufig ist man jedoch nicht daran interessiert, dass wirklich zu jeder Zeile eine Ausgabe erzeugt wird, etwa dann, wenn es sich nur um Nebenrechnungen handelt. Dann kann man die Eingaben durch ein *Semikolon* „;" trennen: Für ein Kommando, das mit einem Semikolon beendet wird, wird die Ausgabe unterdrückt.

```
In[12]:=   x=2+3;
           2 x
```

Out[12]= 10

Diese Ausgabeunterdrückung via Semikolon gilt auch für Grafikkommandos, der Leser probiere dies durch Ausführung von `Plot`[x^2, `{x,-2,2}`] ; aus.

Zum Schluss, oder besser auch schon während der Arbeit, kann das Notebook abgespeichert werden. Dies erreicht man, wie von anderer Software her gewöhnt, über das Menü *File* → *Save*. Der eingegebene Dateiname wird automatisch mit der Endung `.nb` versehen.

3 Das Programm Mathematica

Nachdem wir im vorigen Kapitel 2 bereits erste Erfahrungen mit Mathematica sammeln konnten, wollen wir uns in diesem Kapitel mit der Programmoberfläche etwas vertrauter machen. Das Hauptmenü weicht dabei nicht allzu sehr von dem anderer Programme ab. Auch in Mathematica können wir z. B. über das Menü *File* Dateien öffnen, speichern oder schließen, finden im *Edit*-Menü eine Funktion zum Durchsuchen von Dateien, und die Zoomfunktion *Magnification* → *xx%* ist im Menü *Window* angesiedelt.

Einiger tiefergehenderer Hinweise bedürfen dagegen das Hilfesystem von Mathematica, welches wir in Abschnitt 3.2 besprechen wollen, sowie die Vielzahl von Unterstützungssystemen während der Eingabe in Notebooks, siehe Abschnitt 3.3. In den Abschnitten 3.4 bis 3.6 befassen wir uns dann mit Notebooks und Berechnungen, die man in diesen anstellen kann, und in Abschnitt 3.7 mit der Konfiguration von Mathematica. Ferner klären wir in Abschnitt 3.8, wie man Pakete mit zusätzlichen Funktionen in Mathematica einbinden kann. Zu Beginn wollen wir uns jedoch erst einmal mit den verschiedenen Versionen von Mathematica beschäftigen.

3.1 Versionen und Kompatibilität

Wie schon im Vorwort angedeutet, hat sich Mathematica vor allem seit Version 6 stark verändert, wobei dem vorliegenden Buch die zur Zeit aktuellste Version zugrunde gelegt wurde, nämlich Version 11. Einhergehend mit den verschiedenen Versionen stellt sich natürlich die Frage, inwieweit Notebooks, die mit einer Version erstellt wurden, mit einer anderen weiterbearbeitet werden können. Bis Version 5.2 und dann wieder nach Version 6 gibt es i. Allg. keine größeren Konflikte, diese Versionen sind weitgehend abwärtskompatibel gestaltet. Gewöhnlich kann man mit einer älteren Version von Mathematica ein mit einer neueren Version erstelltes Notebook problemlos öffnen und bearbeiten. Es erscheint dann ein Warnhinweis, ähnlich wie in Abb. 3.1, und natürlich können nur jene Funktionalitäten neu ausgeführt werden, welche bereits in der alten Version implementiert waren. Zudem werden Ausgaben manchmal etwas befremdlich angezeigt, wie im Beispiel von Abb. 3.2, wo das mit Version 10 eingeführte DateObject aus Abschnitt 14.1 mit Version 9 angezeigt wurde. Kritischer wird es, wenn ein mit Version ≥ 6 erzeugtes Notebook in Version ≤ 5.2 geöffnet wird, dann können bereits erzeugte Grafiken *nicht* mehr angezeigt werden, und es wird auch keine Möglichkeit geboten, ein in Version ≥ 6 erzeugtes Notebook ins alte Dateiformat zu exportieren.

Umgekehrt kann man ein mit einer älteren Version erzeugtes Notebook mit einer neueren Version in der Regel problemlos öffnen. Dabei kann es allerdings durchaus passieren, dass im Notebook hinterlegte Eingaben nicht mehr ausgeführt werden kön-

DOI 10.1515/9783110425222-003

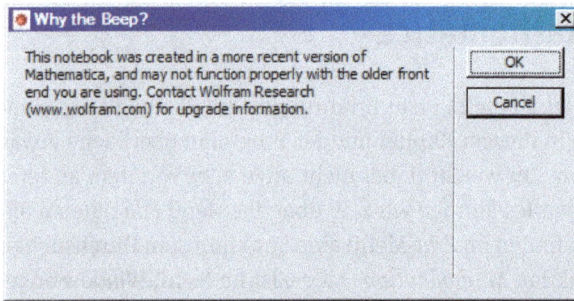

Abb. 3.1. Warnhinweis: Notebook mit neuerer Version von Mathematica erstellt.

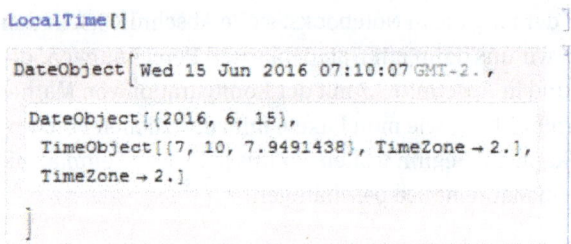

Abb. 3.2. Das mit Version 10 eingeführte `DateObject` angezeigt mit Version 9.

nen, da sich zwischenzeitlich Befehle geändert haben. In den Versionen 6 bis 8 wurde in solchen Fällen automatisch ein Versionsratgeber ausgeführt (*Version Advisory*), und in Version 9 konnte man diesen zumindest noch manuell anfordern, indem man markierte Zellen mit der rechten Maustaste anklickte und im sich öffnenden PopUp-Menü den Eintrag *Version Advisory* auswählte. Mit Version 10 ist diese Funktionalität leider verloren gegangen, bis auf den noch immer existierenden Hilfeeintrag. Immerhin wird fehlerhafte Syntax durch rote Schriftfarbe gekennzeichnet, so dass sich das Problem zumindest noch lokalisieren lässt.

Harmlos ist dagegen eine Lücke, die sich zwischen Version 8 und 9 aufgetan hat: Da bei diesem Versionssprung die Stildateien für das Erscheinungsbild von Notebooks modifiziert wurden, erscheint ein Warnhinweis wie in Abb. 3.3. Der Autor hat es bis dato noch nicht bereut, bei erster Gelegenheit ein Häkchen bei *Do this for all notebooks* gesetzt und anschließend *Continue with updated styling* gedrückt zu haben.

3.2 Die Mathematica-Hilfe nutzen

Mathematica ist ein äußerst komplexes Softwarepaket mit einer sehr umfangreichen Sprache, der **Wolfram Language**. Deshalb ist man bei der Benutzung von **Mathematica** zwangsweise regelmäßig auf die Hilfe angewiesen, und sei es nur zum Nachschla-

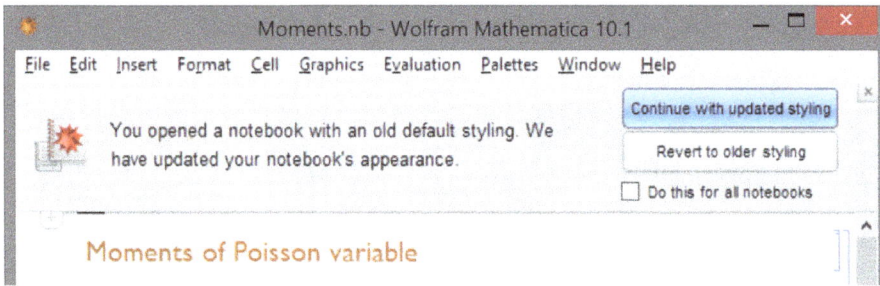

Abb. 3.3. Ab Version 9: Hinweis auf geänderte Stildateien.

gen der korrekten Syntax. Aus diesem Grund wollen wir auch gleich an dieser Stelle das Hilfesystem von **Mathematica** vorstellen, welches *Documentation Center* heißt. Es kann über das Menü *Help* aufgerufen werden, woraufhin ein Fenster wie in Abb. 3.4 erscheint. Im Textfeld am oberen Fensterrand kann man einen Suchbegriff eingeben, oder man klickt sich über die thematisch angeordneten Links im übrigen Bereich des Fensters durch. Ferner kann man zu einem im Notebook getippten Kommando gezielt Hilfe erfragen, indem man den Cursor im Kommando platziert und dann F1 drückt. Zu einem Befehl wie Simplify würde man z. B. durch den Pfad *Symbolic & Numeric Computation: Formula Manipulation* → *Simplify* gelangen. Da die Pfade im Documentation Center manchmal recht undurchsichtig und insbesondere versionsabhängig sind, werden wir im Folgenden stattdessen bevorzugt die genaue Adresse angeben, die man einfach in das am oberen Fensterende befindliche Textfeld eintippt, im Beispiel *ref/Simplify*.

Darüberhinaus ist ein virtuelles **Mathematica**-Buch über das Hilfesystem verfügbar, welches die im Hilfesystem ohnehin verfügbaren (englischsprachigen) Tutorien, in Kapitel angeordnet, präsentiert. Seit Version 10 ist dieses wiederum gut versteckt: Gibt man im Suchschlitz des Hilfesystems *tutorial/VirtualBookOverview* ein, so landet man in dessen Inhaltsverzeichnis. An dieser Stelle sei auch nochmal an das im Netz frei zugängliche Einführungsbuch zur **Wolfram Language** von Stephen Wolfram (vgl. die Tabelle auf Seite XI) erinnert, welches seit Version 11 auf der in Abb. 3.4 gezeigten Hilfeseite (*Introductory Book »*, ganz unten) verlinkt ist.

Tipp! Die Texte des Hilfesystems sind selbst mit Mathematica geschrieben worden. Daher kann der Leser die zahlreichen dort verfügbaren Beispiele entweder in der Hilfe selbst ausführen und auch manipulieren (ohne dass Änderungen dauerhaft gespeichert würden) oder einfach in sein eigenes Notebook kopieren und dort seinen Bedürfnissen anpassen.

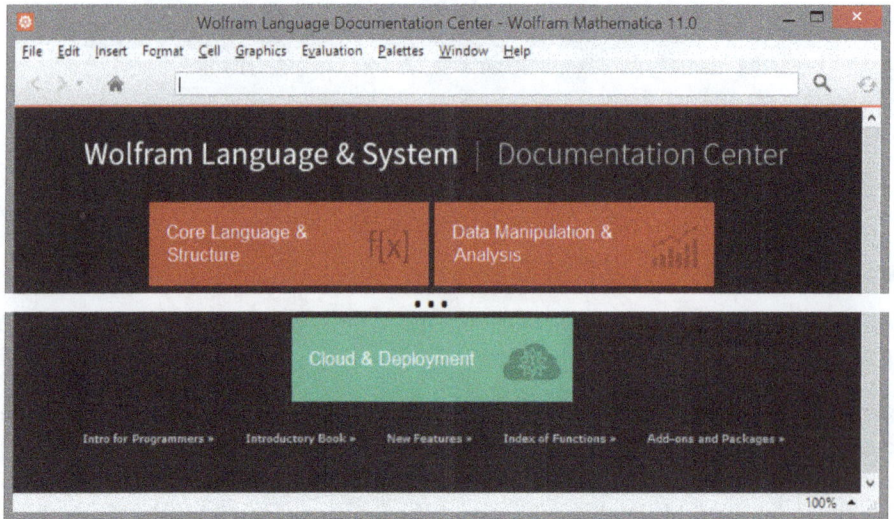

Abb. 3.4. Die Mathematica-Hilfe der Version 11.

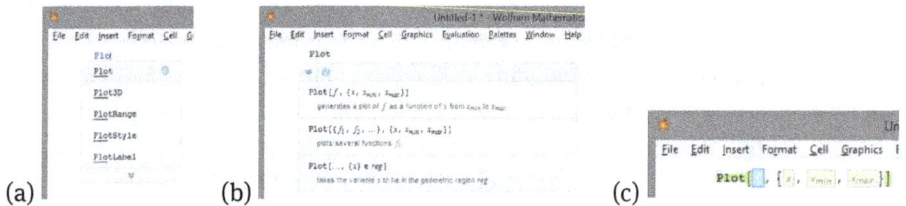

Abb. 3.5. Eingabehilfen für Mathematica.

3.3 Eingabehilfen in Mathematica

Neben dem Documentation Center, der ein umfassendes Nachschlagewerk zu Mathematica bzw. zur **Wolfram Language** darstellt, gibt es eine Reihe von Hilfsfunktionalitäten, die unmittelbar während der Eingabe von Befehlen genutzt werden können. Diese umfassen etwa die bereits besprochenen Eingabe- und Assistenzpaletten, siehe die Abb. 2.5 und 2.6 auf den Seiten 12–13, und auch die in Kapitel 2 schon erwähnte *Syntaxhervorhebung*. Letztere bezieht sich nicht nur auf offene Klammern, sondern reicht wesentlich weiter. Sie unterscheidet beispielsweise lokale von globalen Variablen, hebt Funktionen hervor u. Ä. Die dabei verwendeten Farben kann der Benutzer seinen eigenen Vorstellungen anpassen, siehe auch Abschnitt 3.7.

Eine weitere Eingabehilfe wurde mit Version 8 eingeführt und mit Version 9 weiter verfeinert. Nutzer ab Version 9 hatten bereits in Kapitel 2 erlebt, dass während der Eingabe eines Kommandos eine *Auswahlliste* mit den bis dato passenden Befehlen erscheint, siehe Abb. 3.5 (a); in Version 8 muss man diese noch händisch über die Tas-

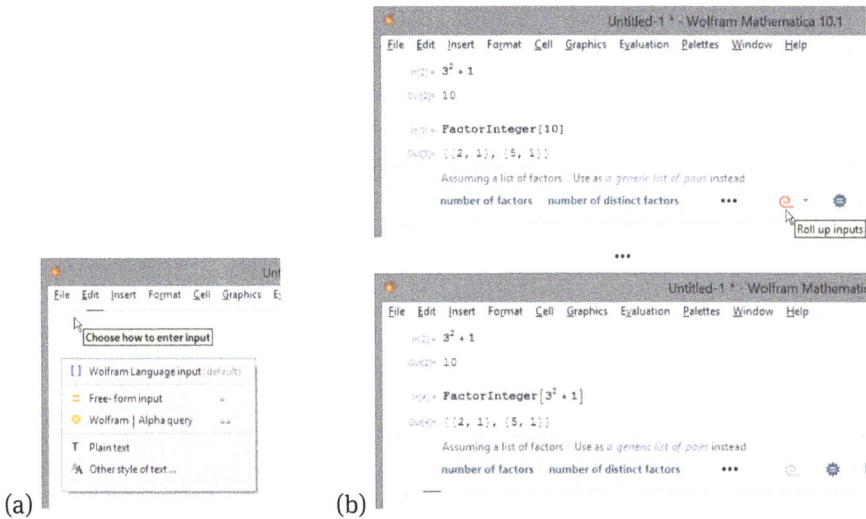

(a)   (b)

Abb. 3.6. Freitexteingabe und Vorschlagsleiste bei Mathematica.

tenkombination Strg+K anfordern. Ein ausgewählter Befehl wird nach Eingabe von ← in das Notebook eingefügt. Seit Version 9 erscheint nun im Anschluss eine Schaltfläche mit nach unten gerichtetem Pfeil; nach Klick auf diesen erscheint die Liste aus Abb. 3.5 (b). Wählt man hier nun beispielsweise den ersten Eintrag aus, so wird ein *Eingabemuster* wie in Abb. 3.5 (c) erzeugt, welchem man die obligatorisch einzugebenden Argumente des Befehls entnehmen kann. Manuell erreicht man dieses Eingabemuster durch die Tastenkombination Strg+⇧+K.

Tipp! Ein ganz ähnliches Hilfsangebot erhält man übrigens über die Befehlssuche mit Platzhaltern („*"), welche sich am leichtesten an einem Beispiel erläutern lässt: Ist man auf der Suche nach einem Kommando, von dem man nur noch weiß, dass es an irgendeiner Stelle die Zeichenfolge „Plot" enthält, dann empfiehlt sich die Ausführung von ? *Plot*; das Ergebnis ist eine vollständige Auflistung all solcher Befehle.

Eine ganz andere Art von Eingabehilfe ist seit Version 8 verfügbar. Diese benötigt eine bestehende Internetverbindung und erlaubt letztlich (in gewissem Rahmen) eine *Freitexteingabe*, welche dann mit Hilfe der „Wissensmaschine" *Wolfram Alpha* interpretiert wird, siehe auch die Tabelle auf Seite XI. Die genannte Eingabehilfe kann man in verschiedenen Fassungen aufrufen, dazu gleich mehr, im Hintergrund wird dabei aber immer der Befehl WolframAlpha mit einer gewissen Kombination von Optionen ausgeführt. Somit kann man selbst seine Freitextanfragen auch mit Hilfe dieses Befehls stellen, komfortabler ist aber ein anderer Weg. **Mathematica** bietet nämlich zwei Typen von Suchschlitz an, den man in sein Notebook einfügen und dort dann den gewünschten Suchbegriff eingeben kann:

– *Free-form input* ▤ : Hier versucht **Mathematica**, einen passenden Befehl zu erkennen und auch gleich (beispielhaft) auszuführen.
– *Wolfram|Alpha query* ✲ : Hier fragt **Mathematica** das zum Suchbegriff in Wolfram Alpha verfügbare Wissen ab.

Beide Arten von Suchschlitz kann man entweder mit Hilfe der Maus aufrufen, indem man mit der linken Maustaste auf das in Abb. 3.6 (a) sichtbare Pluszeichen klickt und im sich öffnenden PopUp-Menü den entsprechenden Eintrag wählt, oder man tippt zu Beginn einer neuen Eingabezelle ein „=" bzw. „==" ein. Den Unterschied zwischen den beiden Suchtypen erfährt der Leser durch Eingabe folgender Freitextbeispiele, die jeweils in beide Arten von Suchschlitz eingegeben werden sollten: „differentiate cosine x", „hamburg" und „goethe". Das erste Beispiel steht für das Hauptanwendungsgebiet der Freitexteingabe: Man formuliert (auf Englisch) die gewünschte Art von Berechnung, und **Mathematica** schlägt den dazu passenden Code vor (wogegen *Wolfram|Alpha query* eine Unmenge von Eigenschaften der besagten Ableitung auflistet, jedoch keinerlei **Wolfram Language**). Übrigens würde **Mathematica** im genannten Beispiel sogar moderate Deutschkenntnisse aufweisen und auch „differenziere cosinus x" korrekt verstehen, nicht aber „ableiten cosinus x". Bei den Beispielen 2 und 3 will der Benutzer vielleicht eher Faktenwissen zu den Suchbegriffen erhalten, und dieses erhält man stets mit der Variante *Wolfram|Alpha query*, wogegen sich *Free-form input* auch hier um einen irgendwie passenden **Mathematica**-Befehl bemüht, vgl. Kapitel 14.

! **Tipp!** Mit Version 10 wurden automatische Übersetzungen für die Wolfram Language eingeführt (in die jeweilige Landessprache, falls verfügbar), die direkt in den Zellen des Notebooks in Form von Untertiteln angezeigt werden:

```
Show[Graphics[{GrayLevel[0.5`], Disk[{0, 0}, 1]}, AspectRatio → 1]]
zeig··· Graphik      Graustufe        Kreisscheibe          Seitenverhältnis
```

Das ist sicherlich gut gemeint, kann aber auch als störend empfunden werden; im letztgenannten Fall einfach in das Menü *Edit → Preferences…* (vgl. Abschnitt 3.7) auf die Karte *Interface* gehen und dort das Häkchen bei *Show code captions …* entfernen.

Schließlich wird seit Version 9 im Anschluss an eine neu erzeugte Ausgabe eine *Vorschlagsleiste* angezeigt, wie wir dies schon in Kapitel 2, Abb. 2.4, erlebt haben. Die Vorschlagsleiste erscheint auch immer dann, wenn wir den Cursor unter einer Ausgabe platzieren. In den ersten Feldern werden uns weitere Analysemöglichkeiten (in natürlicher Sprache formuliert) vorgeschlagen, etwa eine Primfaktorzerlegung wie in Abb. 2.4. Klickt man auf den nach unten gerichteten Pfeil, der neben dem Vorschlag steht, so werden verwandte Alternativanalysen angeboten. Wählt man ein Angebot aus, so wird dieses unmittelbar ausgeführt. Ferner bietet die Vorschlagsleiste an, die Ausgabe via ✲ von Wolfram Alpha interpretieren zu lassen. Schließlich können aus der Vorschlagsleiste übernommene Analysen noch mit der vorigen Eingabe verschachtelt werden, wie die Bilderfolge in Abb. 3.6 (b) zeigt: Nachdem wir den in Abb. 2.4 sichtbaren Vorschlag „prime factorization" angewandt haben, bewirkt ein Klick auf ↺, dass `FactorInteger` nicht auf die fertige Ausgabe 10, sondern auf die vorige Eingabe $3^2 + 1$ angewandt wird.

Zu guter Letzt sei auf eine mit Version 10 eingeführte Funktionalität hingewiesen, die der Mathematica-Neuling vielleicht ohnehin als Selbstverständlichkeit angesehen hätte: die im Menü *Edit* angebotene *Undo*-Funktion kann sich nun endlich mehrere Bearbeitungsschritte merken, auch über verschiedene Zelltypen hinweg, und diese entsprechend rückgängig machen. Passend dazu wurde nun auch eine *Redo*-Funktion eingeführt.

3.4 Die Dateitypen von Mathematica

Der grundlegende Dateityp von Mathematica ist das *Notebook*, welches alle Ein- und Ausgaben sammelt. Ein Notebook ist in Zellen unterteilt, was für den Benutzer an Hand der eckigen Klammern auf der rechten Seite sichtbar wird, siehe Abb. 3.7. Diese Klammern kann man mit der Maus markieren und markiert auf diese Weise die gesamte Zelle. Im Beispiel gibt es fünf elementare Zellen, die hierarchisch zu größeren Einheiten verbunden werden. Eine jede Elementarzelle weist einen bestimmten Typ auf; im Beispiel der Abb. 3.7 sind dies der Reihe nach *Section*, *Text*, *Input*, *Output* und erneut *Input*. Den Typ kann man unter *Style* einsehen bzw. ändern, welches man nach Markierung der Zelle und Klick mit der rechten Maustaste im sich öffnenden PopUp-Menü findet, oder alternativ im Menü *Format*. Wir werden darauf u. a. noch in Kapitel 15 zu sprechen kommen. Im Fenster aus Abb. 3.7 ist übrigens in der Kopfzeile am Ende des Dateinamens ein Sternchen zu sehen. Dieses zeigt an, dass seit dem letzten Speichern Änderungen am Notebook vorgenommen wurden.

Bemerkung 3.4.1. Durch Doppelklick auf Zellklammern kann man Zellsysteme öffnen und schließen. Im Beispiel aus Abb. 3.7 etwa wurde die zweite Ein- und Ausgabe ge-

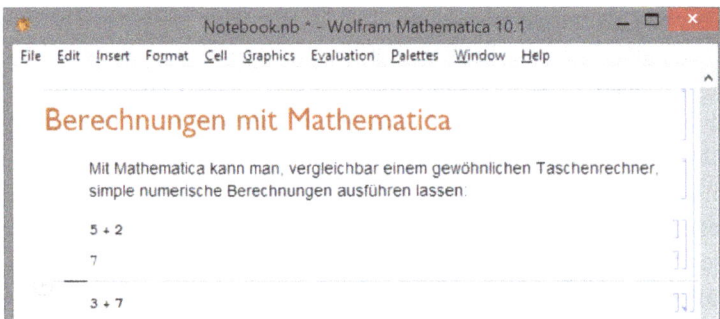

Abb. 3.7. Beispiel eines Notebooks.

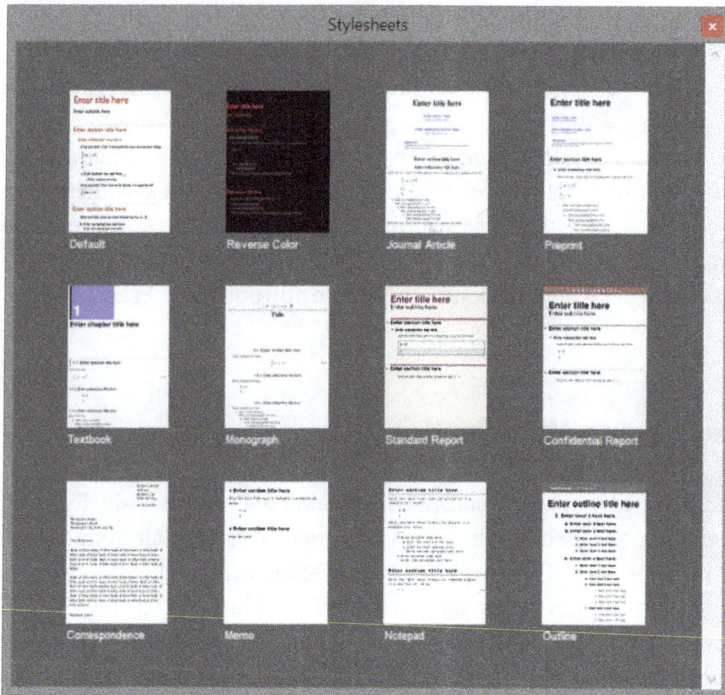

Abb. 3.8. Vorgefertigte Stiloptionen für Notebooks.

schlossen, was man an der pfeilförmigen Gestalt der zweiten Klammer von links erkennt. Ein erneuter Doppelklick würde das Zellsystem wieder öffnen. In anderen Fällen wiederum, z. B. in der Hilfedatei an der Rubrik *More Information*, findet man ganz links eine nach unten zeigende Pfeilspitze. Klickt man diese einfach an, zeigt sie nach oben und das Zellsystem klappt auf. Erneuter Klick schließt es wieder. Für weitere Informationen siehe auch Abschnitt 16.1.   •

Wenn wir einen Blick in das Menü *File* → *New* werfen, so bietet Mathematica auch noch andere Dateitypen als nur Notebooks an. Der Eintrag *Slide Show* bezieht sich dabei streng genommen gar nicht auf einen anderen Dateityp, es handelt sich hierbei auch um eine .nb-Datei, allerdings mit einem Dateistil für Präsentationsfolien; für weitere Details zu diesem Thema sei auf Abschnitt 16.2 verwiesen. Ähnliches gilt für den Eintrag *File* → *New* → *Styled Notebook*, hier werden fertige Stiloptionen zur Gestaltung eines Notebooks wie einen Zeitschriftenartikel, ein Buch, u. v. m., angeboten, siehe Abb. 3.8. Auf dieses Thema werden wir auch in Kapitel 15 zu sprechen kommen.

Ein tatsächlich eigenständiger Dateityp sind die .m- und .wl-Dateien für Pakete; mit dem Aufruf von Paketen befasst sich Abschnitt 3.8, mit deren Erstellung Abschnitt 7.6. Und dann gibt es noch das .cdf-Format („Computable Document Format"), welches seit Version 8 komfortabel von Mathematica aus genutzt werden kann. Um dessen Bedeutung zu erfassen, holen wir ein wenig aus. Ein Mathematica-Notebook kann von jedem Rechner aus *bearbeitet* werden, auf dem eine passende Version von Mathematica installiert ist. Zur reinen *Betrachtung* von Notebooks gibt es aber auch die kostenlose Alternative des *Wolfram CDF Players*, siehe die Tabelle auf Seite XI, mit dem man allerdings keine Berechnungen ausführen kann. In diese Lücke zwischen schierer Betrachtung und vollständiger Editierbarkeit stößt nun das CDF-Format, denn dieses erlaubt zumindest die Ausführung interaktiver Elemente (insbesondere von mit `Manipulate` animierten Grafiken, siehe Abschnitt 16.6), was beispielsweise in der Lehre genutzt werden kann. Eine CDF-Datei kann man aus einem Notebook über *File → Save As* erzeugen, oder besser noch mit Hilfe des Assistenten unter *File → CDF Export*. Außerdem kann man CDF-Inhalte sogar in eine Website einbauen (vgl. *File → CDF Export*), der Betrachter muss dazu in seinem Browser das CDF-Plugin installieren. Eine ausführliche Beschreibung zur Erstellung von CDFs findet sich im Hilfeeintrag *howto/CreateAComputableDocumentFormatFile*. Um vorab innerhalb von Mathematica zu testen, welche Funktionalitäten eines Notebooks später im CDF-Player verbleiben, kann man das Menü *File → CDF Preview → CDF Player* verwenden.

3.5 Darstellung von Ausdrücken

Ausdrücke werden in der Wolfram Language als ineinanderverschachtelte Funktionen dargestellt. Dies zu erkennen erlaubt uns der Befehl `FullForm`, mit dem wir einen Blick hinter die Kulissen werfen können. Wir wollen dies am Beispiel des Polynoms $2x^2 - 3x + 1$ untersuchen und geben dieses, abgelegt in der Variablen p, siehe Abschnitt 4.1, wie folgt ein:

```
p=2 x^2-3 x+1              1-3 x+2 x^2

FullForm[p]               Plus[1,Times[-3,x],Times[2,Power[x,2]]]
```

Die Ausgabe macht deutlich, dass bei Mathematica *alles* einheitlich wie eine (ineinanderverschachtelte) Funktion dargestellt wird, in der Form $f[x1, x2, \ldots]$. Dabei ist f der *Kopf* des Ausdruckes, welchen man auch stets mit `Head[Ausdruck]` abfragen kann, innerhalb der eckigen Klammern stehen die Argumente. Wie das Beispiel zeigt, werden selbst die Rechenoperationen in dieser Form dargestellt, so ist $-3x$ gleich dem Ausdruck `Times[-3,x]` in obiger Ausgabe. Das Kommando `Head[-3 x]` liefert entsprechend `Times` zurück. Insgesamt weist der in der Variablen p abgelegte Ausdruck vier Ebenen auf: Auf Ebene 0 ist die Funktion `Plus`, auf Ebene 1 gibt es die Argumente 1 und zweimal die Funktion `Times`, auf Ebene 2 die Argumente -3, x, 2 und die Funktion `Power`, deren Argumente x und 2 wiederum auf Ebene 3 sind. Die Zugehörigkeit einzelner Bestandteile zu verschiedenen Ebenen kann man übrigens visuell mit Hilfe des `TreeForm`-Kommandos aus Abschnitt 10.2 (Seite 159) nachvollziehen.

Bemerkung 3.5.1. Die Bestandteile eines Ausdrucks kann man (in Listenform) mit Level abfragen, welches die Syntax Level[Ausdruck, Ebenen] besitzt. Die Ebenen werden bei Level stets wie folgt spezifiziert: Mit {n}, wobei $n \in \mathbb{N}_0$, wird auf die Bestandteile der Ebene n zugegriffen, mit n allein, nun aber $n \in \mathbb{N}$, dagegen auf die Bestandteile aller Ebenen 1 bis n. Zu guter Letzt ergibt {n1,n2} eine Liste mit den Bestandteilen der Ebenen n_1 bis n_2, wobei n_2 auch gleich Infinity gewählt werden darf. Der Leser sei dazu aufgefordert, mit Level und den Ebenenspezifikationen zu experimentieren; beispielsweise führe er Level[p, {n}] aus, mit $n = 0, \dots, 3$. •

Beispiel 3.5.2. Mit Version 10 wurden die Befehle Activate und Inactivate eingeführt, mit denen man die Bestandteile eines Ausdrucks (de-)aktivieren kann. Die generelle Funktionsweise lässt sich am besten anhand eines abstrakten Beispiels aufzeigen:

Inactivate[f[g[h[x]]]]	f[g[h[x]]]
Inactivate[f[g[h[x]]], g]	f[g[h[x]]]

Die deaktivierten Bestandteile (zuerst alle, dann nur g) werden dabei jeweils grau dargestellt. Ein konkretes Beispiel, das obiges FullForm-Beispiel aufgreift, wäre

rechnung=Inactivate[1+2 3]	1+2*3
Activate[rechnung, Times]	1+6

Nachdem zuerst alle Bestandteile (im Beispiel Plus und Times) deaktiviert wurden, wurde anschließend die Multiplikation wieder aktiviert und entsprechend ausgeführt. Und schließlich noch eine potentielle Anwendung:

summe=Inactivate[Sum[k, {k,1,n}]]	$\sum_{k=1}^{n} k$
Activate[summe]	$\frac{1}{2}n(n+1)$

Zusammen mit dem Print-Befehl aus Beispiel 4.1.1 könnte man sich auf diese Weise eine kleine Formelsammlung basteln. •

3.6 Berechnungen in Notebooks

Wie die Oberfläche von Mathematica bereits vermuten lässt, ist Mathematica ein modulares System, welches zuallererst einmal in einen *Kernel* und eine *Benutzeroberfläche* untergliedert ist. Die eigentlichen Berechnungen werden immer durch den Kernel ausgeführt, der aber für den Benutzer unsichtbar bleibt. Die Schnittstelle zwischen Benutzer und Kernel bildet dann die eigentliche Oberfläche, welche auch die Notebooks verwaltet. Diese strikte Trennung hat zumindest schon einmal den Vorteil, dass ein Absturz des Kernels i. Allg. nicht zu einem größeren Datenverlust führt. Ferner kann man bei laufender Rechnung ohne Probleme am Notebook weiterarbeiten, die Berechnung wird dadurch nicht gestört.

Tipp! Mathematica bemüht sich um eine bestmögliche Nutzung der vorhandenen Hardware, um die Rechenleistung zu steigern. Mit Version 7 wurden dazu Möglichkeiten geschaffen, Berechnungen zu parallelisieren (bei vorhandenem Mehrkernprozessor), seit Version 8 können auch Grafikprozessoren miteinbezogen werden (CUDA-Technologie, OpenCL). Interessierten Lesern sei der Hilfeeintrag *guide/ParallelComputing* als Einstieg empfohlen, dort sind alle relevanten Informationen verlinkt.

Wie bereits in Kapitel 2 erwähnt, werden ausgeführte Berechnungen der Reihe nach durchnummeriert. Diese Nummern werden jedoch nicht im Notebook abgespeichert, und mit jedem Neustart des Kernels beginnt die Nummerierung wieder bei Eins. Solange der Kernel aktiv ist, wird jedoch die Nummerierung *selbst über mehrere Notebooks hinweg* fortgeführt.

Tipp! Solange der Kernel aktiv ist, bleiben Resultate im Kernel verfügbar, auch wenn sie ursprünglich von einem Notebook ausgelöst wurden, welches mittlerweile längst geschlossen ist. Dies kann störend sein, wenn sich etwa noch Variablen- oder Funktionsdefinitionen im Kernel befinden, die der Benutzer nicht mehr benötigt. Wie man die Belegung einzelner Variablen löscht, wird in Abschnitt 4.1 erläutert. Einen Neustart des Kernels kann man erzwingen, indem man diesen über *Evaluation → Quit Kernel → Local* beendet. Mit der nächsten Berechnung wird der Kernel neu gestartet.

Bemerkung 3.6.1. Mathematica bietet eine einfache Möglichkeit an, auf frühere Ausgaben zurückzugreifen, nämlich unter Einsatz des %-Zeichens. Die Syntax ist denkbar einfach: % allein ergibt die letzte Ausgabe, %% die zweitletzte, %...% (k-mal) die k-letzte usw. Dabei richtet sich das Ganze nicht nach der Position im Notebook, sondern nach der Reihenfolge der Ausführung. Alternativ kann man über %k gezielt auf die k-te Ausgabe Out[k] zugreifen. Folgendes Beispiel verdeutlicht die Anwendung des %-Operators:

```
In[1]:= 2+2

Out[1]= 4

In[2]:= %+1   (*Greift auf letzte Ausgabe, den Wert 4, zurück.*)

Out[2]= 5

In[3]:= %%-1   (*Greift auf zweitletzte Ausgabe, den Wert 4, zurück.*)

Out[3]= 3

In[4]:= %2-%%%   (*Greift auf zweite und drittletzte Ausgabe zurück.*)

Out[4]= 1
```

Obwohl der %-Operator recht komfortabel ist, wird von dessen ausufernder Verwendung abgeraten. Das Problem ist nämlich, dass bei späterer, erneuter Ausführung des Notebooks die einzelnen Zellen in einer anderen Reihenfolge ausgeführt werden könnten, und dann ggf. nicht mehr die Ausgabe abgerufen wird, auf die ursprünglich abgezielt wurde. Ferner werden die Nummern der Ein- und Ausgaben auch nicht abgespeichert, so dass später nicht mehr klar sein mag, was man überhaupt mit einem bestimmten Ausdruck bezwecken wollte. Eine bessere Lösung ist es dagegen, Resultate in Variablen abzulegen und dann über den Variablennamen darauf zuzugreifen, siehe Abschnitt 4.1.

Neue Zellen muss man dabei nicht zwangsweise am Ende eines Notebooks anhängen. Auch zwischen bestehenden Zellen kann man eine neue Zelle einfügen, etwa um ein Zwischenresultat zu erzeugen. Dazu führt man den Mauszeiger zwischen zwei Zellen, so dass er waagrechte Gestalt annimmt. Nach einem Klick mit der linken Maustaste erscheint zwischen den beiden Zellen eine durchgezogene waagrechte Linie. Mit dem Eintippen des ersten Zeichens wird eine neue Zelle begonnen. Ferner kann man bestehende Zellen auch abändern und Input-Zellen via ⟨⇧⟩+⟨←⟩ erneut ausführen lassen.

Mit wachsender Länge und Komplexität eines Notebooks wird es, speziell bei erneuter Betrachtung nach längerer Zeit, oftmals schwerfallen, sich die Bedeutung bestimmter Formeln auf Anhieb zu erschließen. Deshalb ist es wichtig, seine Berechnungen stets gut zu kommentieren. Eine einfache derartige Möglichkeit besteht darin, direkt in die Input-Zellen erläuternden Text einzugeben, wobei dieser zwischen den *Kommentierungszeichen* (∗...∗) geschrieben werden muss, wie im Beispiel aus Bemerkung 3.6.1. Mathematica erkennt dann, dass es sich bei diesem Abschnitt der Eingabe nicht um Kommandos handelt, und versucht auch nicht, diesen zu interpretieren.

Tipp! Statt Input-Zellen mit langen Kommentaren zu überfrachten, kann man auch einfach vor der betroffenen Input-Zelle eine neue Zelle vom Typ *Text* anlegen. Dazu markiert man nach Eintippen des Textes (nicht ausführen!) die Zellklammer und wählt *Style → Text*, vgl. Abschnitt 3.4, oder gibt einfach die Tastenkombination ⟨Alt⟩+⟨7⟩ ein.

Bei größeren Projekten ist es absehbar, dass die zu erwartenden Rechenzeiten so lang sein werden, dass man diese besser über Nacht oder über das Wochenende ungestört laufen lassen möchte, ohne sich währenddessen um die Berechnungen kümmern zu müssen. Dazu bereitet man das gewünschte Notebook vor, ohne Eingaben jedoch auszuführen. Stattdessen kann man zu einem gewünschten Zeitpunkt das komplette Notebook von Mathematica eigenständig, Zelle für Zelle *der Reihe nach*, ausführen lassen, indem man *Evaluation → Evaluate Notebook* auswählt. Weitere Eingriffe des Benutzers werden dann nicht mehr erwartet. Dabei kann man auch mehrere Notebooks zugleich aktivieren, diese werden in der Reihenfolge des Aufrufs vom Kernel abgearbeitet. Man bedenke dabei, dass der Kernel u. U. Definitionen oder Resultate aus zuvor ausgeführten Notebooks im Speicher behält.

Tipp! Zum Schutz gegenüber Stromausfällen oder Systemabstürzen während der automatischen Ausführung eines Notebooks kann man an erster Stelle des Notebooks `NotebookAutoSave->True` eingeben. Dann speichert Mathematica nach jeder Ausgabe dessen aktuellen Stand ab, so dass einmal gemachte Ausgaben nicht mehr verloren gehen können.

Seit Version 8 kann man sogar Zeitpläne für eine zukünftige (auch regelmäßig zu wiederholende) Ausführung von Berechnungen anlegen, sog. *scheduled tasks*. Einen Überblick über vorhandene Funktionen bietet die Hilfeseite *guide/TimedEvaluations*.

Gelegentlich möchte man eine gerade laufende Berechnung abbrechen, da sich diese als zu langwierig erweist, oder weil man einen Fehler im Input-Kommando entdeckt hat. Um dies zu erreichen, wählt man *Evaluation → Abort Evaluation*, oder kurz `Alt`+`.`. Sollte dies aus irgendeinem Grund erfolglos bleiben, kann man im gleichen Menü über *Quit Kernel → Local* den Kernel schließen, siehe oben.

3.7 Mathematica konfigurieren

Um Mathematica den eigenen Bedürfnissen anzupassen, steht das Menü *Edit → Preferences…* zur Verfügung, der sich dort öffnende Dialog sieht ähnlich wie in Abb. 3.9 aus. Im gezeigten Beispiel ist die bereits in Kapitel 2 beschriebene *Syntaxhervorhebung* einsehbar. Es ist dargelegt, in welcher Situation welcher Teil wie farblich hervorgehoben wird, und es obliegt dem Benutzer, hier Änderungen nach eigenem Farbgeschmack vorzunehmen. Generell werden im Dialog aus Abb. 3.9 nur die wichtigsten Stellschrauben aufgeführt. Für tiefergehende Änderungen wechselt man auf die Karte *Advanced* und klickt *Open Option Inspector*, dann öffnet sich der gleichnamige Dialog, siehe Abb. 3.10.

Tipp! Sollte der Leser der Meinung sein, dass es Mathematica mit seinen Warnhinweisen manchmal etwas zu gut meint, so kann er diese im *Preferences*-Dialog deaktivieren. Hierbei wird der Leser auf den Karten *Interface* und *Evaluation* fündig, jeweils Rubrik *Message and Warning Actions*.

Wer sich dagegen durch die seit Version 9 angezeigte Vorschlagsleiste (vgl. Abschnitt 3.3) gestört fühlt, kann diese bei *Interface → Show Suggestions Bar…* deaktivieren.

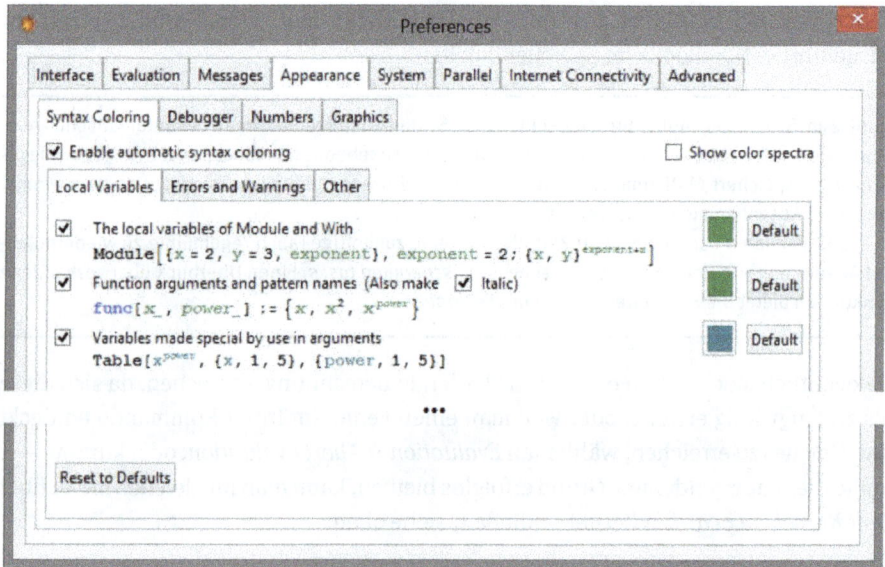

Abb. 3.9. Mathematica konfigurieren.

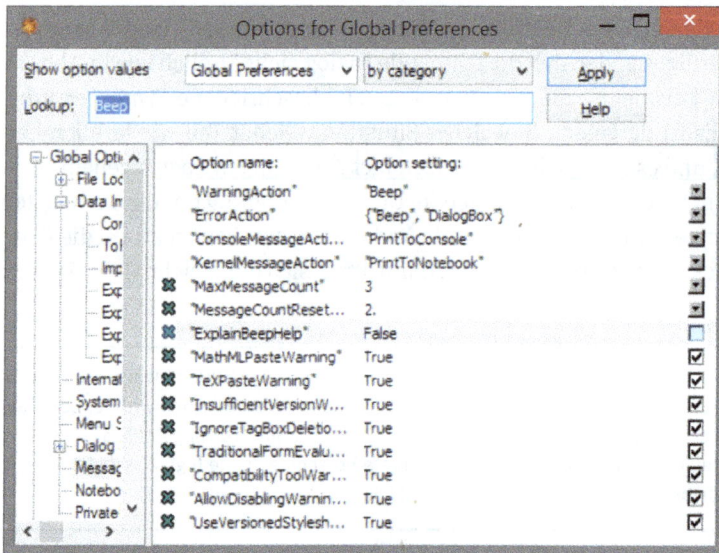

Abb. 3.10. Der *Option Inspector*.

3.8 Pakete laden

Neben den fest implementierten Befehlen bringt Mathematica auch einige Funktionen mit sich, die erst dann eingesetzt werden können, wenn man zuvor ein entsprechendes Paket geladen hat. Dabei stehen folgende Möglichkeiten zur Verfügung:

<<*Kategorie`Paket`*   oder   Needs["*Kategorie`Paket`*"].

Der erstgenannte Befehl (Get) lädt das gewünschte Paket ohne Zögern, der zweite prüft erst, ob das Paket nicht vielleicht schon geladen ist, was potentielle Konflikte durch wiederholtes Laden vermeidet. Deswegen werden wir im Folgenden stets Needs verwenden. Man beachte, dass Needs als Argument eine Zeichenkette erwartet, weshalb die Paketbezeichnung in doppelten Anführungszeichen zu schreiben ist. Der einfache Apostroph, der am Ende der Kategorie bzw. des Paketes verwendet wird, ist ein Gravis „`". Die standardmäßigen Pakete sind übrigens gewöhnlich nicht nach Kategorien sortiert, so dass sich das Argument des Needs-Befehls entsprechend auf *Paket`* verkürzt.

Als Beispiel wollen wir ein Paket zur numerischen Differentiation von Funktionen betrachten, siehe auch Abschnitt 8.2. Die Ableitung des natürlichen Logarithmus in der Stelle 3 berechnet sich dabei numerisch wie folgt:

```
Needs["NumericalCalculus`"]
```

```
ND[Log[x], x, 3]                    0.333333
```

Die im Moment aktiven Pakete kann man jederzeit einsehen:

```
$Packages          {NumericalCalculus`,...,System`,Global`}
```

Bemerkung 3.8.1. Probleme können auftreten, wenn ein in einem Paket enthaltener Befehl versehentlich bereits vor Laden des Paketes verwendet wurde. Dann tritt auf Grund drohender Doppelbelegung (Shadowing) eine Fehlermeldung der folgenden Art auf:

```
ND[Log[x], x, 3]                    ND[Log[x], x, 3]
```

```
Needs["NumericalCalculus`"]
```

```
ND::shdw:
Symbol ND appears in multiple contexts {NumericalCalculus`, Global`}; definitions
in context NumericalCalculus` may shadow or be shadowed by other definitions. ≫
```

Um diesen Fehler zu vermeiden, sollte man also vor dem Laden von NumericalCalculus` den Befehl ND mittels Remove wieder freigeben:

```
In[4]:= ND[Log[x], x, 3]
Out[4]= ND[Log[x], x, 3]

In[5]:= Needs["NumericalCalculus`"]
```

⋯ ND: Symbol ND appears in multiple contexts {NumericalCalculus`, Global`}; definitions in context NumericalCalculus` may
| **Show Stack Trace** | by other definitions
| 📖 ND::shdw
| Copy Message Name
| Turn Off This Message...

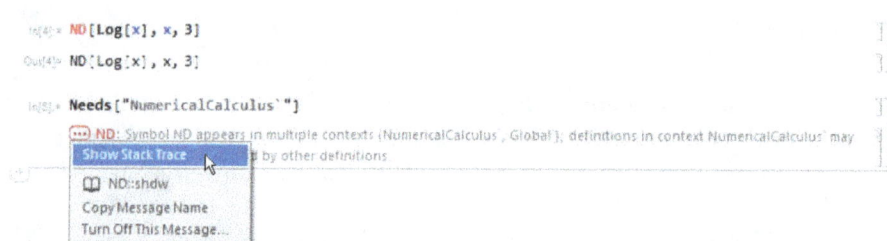

Abb. 3.11. Erweiterte Unterstützung bei Fehlermeldungen seit Version 11.

```
Remove[ND]; Needs["NumericalCalculus`"]

ND[Log[x], x, 3]                                    0.333333
```

Abschließend ein Hinweis für Nutzer ab Version 11: Für diese beginnt die obige Fehlermeldung mit einer Schaltfläche, welche nach Anklicken in ein PopUp-Menü führt, siehe Abb. 3.11. Hier kann man u. a. Hintergrundinformationen zur Fehlermeldung erhalten (2. Eintrag) oder die Fehlermeldung rückverfolgen (1. Eintrag). •

Tipp! Fehlermeldungen sind bei Mathematica immer in der Form *Kategorie*::*Meldung* benannt. Mit Off[*Kategorie*::*Meldung*] kann man die entsprechende Meldung unterdrücken, mit On wieder zulassen. Man kann aber auch weniger radikal verfahren, indem man das Kommando Quiet verwendet: Quiet[*Ausdruck*] führt den innenstehenden Ausdruck bei Unterdrückung möglicher Fehlermeldungen aus.

NumericalCalculus` und ähnliche Pakete, die mit **Mathematica** ausgeliefert werden, finden sich auf der Festplatte im **Mathematica**-Ordner wieder, Unterordner ...\AddOns\Packages. Allerdings wird das Laden solcher Standardpakete immer seltener nötig: War vor Version 6 der Kernel sehr schlank und die meisten Befehle zu mathematischen Spezialgebieten oder grafischen Zusatzfunktionen in Pakete ausgelagert, so werden seither mit jeder neuen Version ehemalige Pakete aufgelöst und deren Funktionalität fest implementiert (oft mit völlig neuer Syntax). Für weitere Details seien Nutzer auch auf den Hilfeeintrag *Compatibility/guide/StandardPackageCompatibilityGuide* verwiesen.

Neben vorgefertigten Paketen kann man natürlich auch selbst kreierte verwenden. Dieses Thema werden wir in Abschnitt 7.6 kurz anschneiden.

4 Datenverwaltung bei Mathematica

In diesem Kapitel wollen wir uns damit befassen, wie Mathematica mit Daten umgeht. Um Zugriff auf Daten jeglicher Form zu haben, benötigt man das Konzept der Variablen, das in Abschnitt 4.1 erläutert wird. Größere und ggf. hochdimensionale Datenmengen kann man in Listenstrukturen ablegen, wie in Abschnitt 4.2 dargestellt. Abschnitt 4.3 schließlich beschäftigt sich mit der Frage des Imports und Exports von Daten, wobei die Frage des Imports aus SQL-Datenbanken im gesonderten Anhang B behandelt wird.

4.1 Variablen

Variablen sind benannte Behälter. Auf diese knappe Definition kann man alle weiteren Erläuterungen reduzieren. Eine Variable besitzt einen Namen, über welchen man diese ansprechen kann. Man kann einen Wert in einem solchen Behälter ablegen (korrekte Sprechweise: der Variablen einen Wert zuweisen), man kann den darin befindlichen Wert abfragen, und man kann den Behälter ausleeren (die Belegung löschen). Mit „Wert" ist hierbei nicht nur ein Zahlenwert gemeint, es kann sich dabei auch um eine Liste von anderen Werten handeln, siehe auch Abschnitt 4.2, um eine Zeichenkette, einen ganzen Text, ein Bild, einen symbolischen Ausdruck, usw. Variablen werden bei Mathematica äußerst flexibel behandelt, und im Gegensatz zu einer Programmiersprache wie C muss man nicht festlegen, für welche Art von Werteformat man eine bestimmte Variable nutzen will.

Wir werden im Laufe der nächsten Abschnitte eine Reihe von verschiedenen Einsatzmöglichkeiten von Variablen kennenlernen, so dass wir uns hier auf wenige Beispiele beschränken können. Zuerst aber ein paar Hinweise zur Namensgebung: Der Name einer Variablen sollte mit einem Buchstaben anfangen, und zwar bevorzugt mit einem Kleinbuchstaben, um so Verwirrung mit Befehlen von Mathematica zu vermeiden, welche immer mit einem Großbuchstaben anfangen. Erlaubt sind dabei durchaus auch griechische Buchstaben. Anschließend dürfen auch Zahlen folgen, jedoch wird ein Leerzeichen oder ein anderweitig vergebenes Symbol wie „_", „=" oder „+" von Mathematica stets als Hinweis auf das vorige Ende des Variablennamens interpretiert. Um potentiellen Konflikten aus dem Weg zu gehen, sollte man folgende Empfehlung beherzigen: Für Variablennamen nur Buchstaben und Zahlen verwenden, wobei an erster Stelle stets ein Kleinbuchstabe stehen sollte.

Beispiel 4.1.1. Man kann in einer Variablen namens *x* den Wert 5 ablegen, indem man x=5 schreibt. Gibt man dann beispielsweise nur x ein und führt dieses Kommando aus, so erscheint als Ausgabe schlicht 5. Weitere Beispiele:

DOI 10.1515/9783110425222-004

```
Print["Wert von x: ", x]                        Wert von x: 5

x+2                                             7
```

Der hierbei verwendete Print-Befehl kann beliebig viele Argumente umfassen, die er der Reihe nach ausgibt, d. h. Zahlen und Zeichenketten (in Anführungszeichen) werden direkt, bei Variablen deren Wert ausgegeben. Die Belegung von *x* löscht man mit dem Befehl Clear:

```
Clear[x]; x                                      x
```

Alternativ könnte man auch **x=.** (Unset) an Stelle von Clear[x] ausführen. Es sei dem Leser empfohlen, nach jedem der obigen Schritte die Eigenschaften von *x* via ?x abzufragen, vgl. Bemerkung 7.2.2.   •

Bei Wolfram (2003) findet man in diesem Zusammenhang den sinnvollen Hinweis: *„Remove values you assign to variables as soon as you finish using them.".* Denn solange eine Variable mit einem Wert belegt ist, belastet dieser den Arbeitsspeicher.

4.2 Listen

Um einen einzelnen Wert, im allgemeinen Sinne aus Abschnitt 4.1, abzulegen, kann man diesen einfach einer Variablen direkt zuweisen. Zum Verwalten einer größeren Zahl von Werten bietet Mathematica das äußerst flexible Listenkonzept an. Flexibel ist dieses Konzept nicht nur, weil man innerhalb einer Liste verschiedene Werteformate ablegen kann, sondern weil man Listen auch nach Belieben verschachteln kann. Zwei wichtige Spezialfälle von Listen, Vektoren und Matrizen, werden wir später in Abschnitt 9.1 besprechen.

4.2.1 Eindimensionale Listen

Eine eindimensionale Liste, die der Variablen *liste* zugewiesen wird, legt man beispielsweise wie folgt an:

```
liste={1,2.5,3,7.2};
```

```
liste                    TableForm[liste]           MatrixForm[liste]

                          1                                ⎛ 1   ⎞
                          2.5                              ⎜ 2.5 ⎟
{1,2.5,3,7.2}             3                                ⎜ 3   ⎟
                          7.2                              ⎝ 7.2 ⎠
```

Die zweite Zeile mit Befehlen zeigt dann, auf welche Weise man sich eine Liste ausgeben lassen kann, siehe auch Abschnitt 5.3: platzsparend in eigentlicher Listenform,

Tab. 4.1. Befehle zum Erzeugen von Listen.

Befehl	Beschreibung
`Range[min, max, schritt]`	Erzeugt Liste mit Werten zwischen *min* und *max* mit Schrittweite *schritt*. Lässt man *schritt* weg, beträgt die Schrittweite 1, lässt man zusätzlich *min* weg, fängt die Liste bei 1 an.
`CharacterRange["s1", "s2"]`	Erzeugt Liste mit Zeichen zwischen *s1* und *s2*, abhängig vom bei `$CharacterEncoding` gewählten Zeichensatz.
`Table[f[i], {i,min,max,schritt}]`	Erzeugt Liste mit gemäß $f(i)$ berechneten Werten. Für die Bereichswahl {*i,min,max,schritt*} gilt analoges wie bei `Range`. Den Bereich kann man auch als {*i*,{*i1*,...,*ik*}} angeben, dann werden für *i* die Werte $i_1,\ldots,i_k$ eingesetzt. Seit Version 10 ergibt `Table[ausdr, n]` eine Liste mit *n*-facher Wiederholung von *ausdr*.

übersichtlich als Tabelle oder ähnlich einem Vektor. Bei `TableForm` kann man noch optional via `TableDirections` die Ausrichtung der Tabelle ändern. Standardeinstellung ist hierbei {`Column,Row`}, bei Vertauschung der Argumente ergibt sich

`TableForm[liste, TableDirections -> {Row,Column}]`   1 2.5 3 7.2

An dieser Stelle begegnet uns übrigens erstmals der Zuweisungsoperator -> (welcher sich gleich nach Eingabe in einen Pfeil „→" verwandelt), siehe auch Abschnitt 5.4. Dieser wird insbesondere dann verwendet, wenn einer Option eines Kommandos (hier die Option `TableDirections` des Kommandos **TableForm**) ein gewisser Wert zugewiesen werden soll.

Auf einzelne Elemente einer Liste kann man zugreifen, indem man an den Namen [[·]] anhängt und innerhalb dieser Klammern die Koordinaten des gewünschten Elementes angibt; bei negativen Koordinaten wird von hinten gezählt. Intern wird diese Abfrage als Funktion `Part` abgespeichert. Man kann sogar eine Liste mit Koordinaten angeben. Hierbei ist zu beachten, dass Listen standardmäßig mit 1 beginnend indiziert werden, im Gegensatz etwa zu Feldern bei der Programmiersprache C.

`liste[[2]]`   2.5

`Indexed[liste, 2]` (*seit Version 10*)   2.5

`liste[[{4,2,2}]]`   {7.2,2.5,2.5}

Im letzten Beispiel wird einmal der vierte Listenwert und dann zweimal der zweite abgefragt. Ferner gibt es noch die Möglichkeit, Segmente der Liste komfortabel mit Hilfe des `Span`-Operators „;;" abzufragen: Ausführung von *liste* `[[k;;l]]` ergibt eine Liste vom *k*-ten bis zum *l*-ten Element der Liste *liste*. Ein Beispiel:

```
liste=Table[k²,{k,1,10}];
liste[[3;;7]]                                    {9,16,25,36,49}
```

Listen muss man nicht per Hand anlegen. Oft kann man sich auch der Befehle `Table` und `Range` bzw. `CharacterRange` bedienen, wie im Beispiel eben geschehen. Die Syntax ist in Tab. 4.1 zusammengefasst. Die `Range`-Befehle können immer dann verwendet werden, wenn es um einen zusammenhängenden Wertebereich geht. Letztlich kann man dies aber auch mit dem flexibleren `Table`-Befehl erreichen. Einige Beispiele:

`Range[2,5]`	{2,3,4,5}
`Range[2,5,0.7]`	{2,2.7,3.4,4.1,4.8}
`Table[i, {i,2,5,0.7}]`	{2,2.7,3.4,4.1,4.8}
`Table[k^2, {k, {7,3,7,5,9}}]`	{49,9,49,25,81}
`CharacterRange["a", "g"]`	{a,b,c,d,e,f,g}
`CharacterRange["Y", "a"]`	{Y,Z,[,\,],^,_,`,a}

Bei all diesen Beispielen hätte man analog zu oben die Ausgabeform ändern und/oder die Liste in einer Variablen ablegen können. Weitere Informationen zur Zeichencodierung und Manipulation von Zeichenketten findet der Leser in Kapitel 21, und ferner in der Mathematica-Hilfe unter *guide/StringManipulation*.

⚡ Ausblick: Mathematica kennt noch ein weiteres, nach Meinung des Autors aber weniger intuitives Kommando zur Erzeugung von Listen: `Array`. Durch **Array[f,n]** wird eine Liste der Funktionswerte {f[1],...,f[n]} erzeugt, was man gleichwertig aber auch mit `Table` erreichen könnte: Table[f[k], {k,1,n}]. Aus diesem Grund wollen wir an dieser Stelle nicht näher auf `Array` eingehen. Der interessierte Leser sei stattdessen auf den entsprechenden Hilfeeintrag *ref/Array* verwiesen.

4.2.2 Listen bearbeiten

Mathematica erlaubt es auf vielfältigste Weise, mit Listen zu arbeiten und diese zu manipulieren. All diese Möglichkeiten aufzuzählen würde den Rahmen dieses Buches sprengen, weshalb der interessierte Leser auf die **Mathematica-Hilfe**, Adresse *guide/MatricesAndLinearAlgebra*, verwiesen sei. Im Folgenden soll nur eine Auswahl der nach Meinung des Autors wichtigsten Befehle vorgestellt werden. Diese sind in Tab. 4.2 zusammengefasst. Man beachte, dass bei Anwendung der dortigen Befehle die Liste *liste* in der Regel unverändert bleibt (die zwei Ausnahmen sind `AppendTo` und `PrependTo`). Will man tatsächlich *liste* manipulieren, so muss man ein Kommando der Art *liste=Befehl*[*liste*, ...] ausführen. Ein paar Beispiele:

Tab. 4.2. Mit Listen arbeiten. (Fortsetzung auf nächster Seite)

Befehl	Beschreibung
Length[*liste*]	Länge der äußersten (d. h. umschließenden) Liste.
Depth[*liste*]	Verschachtelungstiefe der Liste, d. h. maximal nötige Zahl an Indizes, um ein Element bestimmen zu können, plus 1.
Take[*liste*,{*m*,*n*}]	Erzeugt Liste, welche nur die mit *m* bis *n* indizierten Elemente aus *liste* umfasst, wogegen …
Drop[*liste*,{*m*,*n*}]	… eine Liste genau der verbliebenen Elemente ausgibt. Seit V. 10: TakeDrop gibt eine Liste mit beiden Teillisten zurück. Um die bis zu *n* ersten Elemente zu entnehmen, zweites Argument UpTo[*n*].
Delete[*liste*,*n*]	Erzeugt Liste, welcher das mit *n* indiz. Element aus *liste* fehlt.
Select[*liste*,*krit*,*n*]	Erzeugt Liste, welche die ersten *n* Elemente aus *liste* enthält, die das Kriterium *krit* erfüllen. Fehlt das Argument *n*, werden alle diese Werte gewählt.
Append[*liste*,*elem*]	Erzeugt Liste, welche die Elemente aus *liste* enthält, mit *elem* an letzter Position ergänzt. Bei AppendTo wird direkt *liste* verändert.
Prepend[*liste*,*elem*]	Erzeugt Liste, welche die Elemente aus *liste* enthält, mit *elem* an erster Position ergänzt. Bei PrependTo wird direkt *liste* verändert.
Insert[*liste*,*elem*,*n*]	Erzeugt Liste, welche die Elemente aus *liste* enthält, mit *elem* an *n*-ter Position ergänzt.
PadLeft[*liste*,*elem*,*n*]	Erzeugt Kopie von *liste* und fügt zu Beginn der neuen Liste so oft *elem* ein, bis neue Liste von Länge *n*. Analog PadRight.
ReplacePart[*liste*,*elem*,*n*]	Erzeugt Liste, welche die Elemente aus *liste* enthält, mit *elem* an Stelle des *n*-ten Elementes.
Join[*liste1*,*liste2*]	Erzeugt Liste, indem *liste2* an *liste1* angehängt wird.
Sort[*liste*]	Erzeugt Liste, indem *liste* aufsteigend sortiert wird.
Reverse[*liste*]	Erzeugt Liste durch Umkehrung der Anordnung von *liste*.
Union[*liste1*,…]	Erzeugt sortierte Liste ohne Duplikate der Elemente von *liste1*, …
Intersection[*liste1*,…]	Erzeugt sortierte Liste ohne Duplikate jener Elemente, die in allen Listen *liste1*, … zugleich enthalten sind.
Complement[*listall*, *liste1*,…]	Erzeugt sortierte Liste ohne Duplikate jener Elemente aus *listall*, die in keiner der anderen Listen *liste1*, … enthalten sind.
Accumulate[*liste*]	Erzeugt neue Liste, deren Elemente durch sukzessives Aufsummieren entstehen.

Tab. 4.2. (Fortsetzung) Mit Listen arbeiten.

Befehl	Beschreibung
`Differences[`*liste*`,n]`	*n* optional, Voreinstellung *n* = 1. Für *n* = 1 wird neue Liste erz., die Differenzen benachbarter Elemente enthält. *n* > 1 entspricht *n*-facher Anwendung der einfachen Differenzen.
`TakeWhile[`*liste*`,krit]`	Erzeugt neue Liste aus den ersten Elementen von *liste*, bis erstmals das Kriterium verletzt ist. `LengthWhile[`*liste*`,krit]` gibt die Länge dieser Teilliste an.

`Clear[liste]; liste=Table[i^2, {i,1,5}]`	`{1,4,9,16,25}`
`Length[liste]`	`5`
`Take[liste, {2,4}]`	`{4,9,16}`
`Drop[liste, {2,4}]`	`{1,25}`
`Select[liste, EvenQ]`	`{4,16}`
`Select[liste, PrimeQ]`	`{}`
`TakeWhile[liste, OddQ]`	`{1}`
`LengthWhile[liste, OddQ]`	`1`

Man beachte, dass die Liste *liste* die ganze Zeit über unverändert bleibt. Mögliche Kriterien für die Anweisungen `Select`, `TakeWhile` und `LengthWhile` kann man in der Hilfe unter *guide/TestingExpressions* nachschlagen. Insbesondere sind dies `NumberQ` (prüft ob Zahl), `IntegerQ` (prüft ob ganzzahlig), `EvenQ` (geradzahlig), `OddQ` (ungeradzahlig), `PrimeQ` (Primzahl), `Positive` (positiv) und `Negative` (negativ). Auch sei an dieser Stelle auf die mit Version 10 eingeführten `Contains`-Befehle hingewiesen, mit denen man Teilmengenbeziehungen zwischen zwei Listen überprüfen kann.

Nun wird die Originalliste *liste* erstmals verändert, indem `AppendTo` Anwendung findet:

`AppendTo[liste, 36]`	`{1,4,9,16,25,36}`

Die sukzessiven Summen berechnen sich via `Accumulate` als 1, 1+4, 1+4+9, usw.:

`Accumulate[liste]`	`{1,5,14,30,55,91}`

Die benachbarten Differenzen erhält man bei erstmaliger Anwendung von `Differences` analog zu 4 − 1, 9 − 4, usw., siehe Tab. 4.2:

`Differences[liste]`	$\{3,5,7,9,11\}$
`Differences[%]`	$\{2,2,2,2\}$
`Differences[liste,2]`	$\{2,2,2,2\}$

Die Originalliste *liste* wurde durch diese Berechnungen nicht verändert, genau wie in den folgenden Beispielen:

`Reverse[liste]`	$\{36,25,16,9,4,1\}$
`Join[liste, {2,5}]`	$\{1,4,9,16,25,36,2,5\}$

Nicht nur die bisher besprochenen eindimensionalen Listen, sondern generell beliebige Listen gleicher Dimensionalität können mit Hilfe der gewöhnlichen Rechenoperationen verknüpft werden, siehe auch Abschnitt 9.1. So wird mit „+“, „–“, „*“, „/“ *komponentenweise* addiert, subtrahiert, multipliziert bzw. dividiert:

`liste2=Table[i, {i,6,1,-1}]`	$\{6,5,4,3,2,1\}$
`liste+liste2`	$\{7,9,13,19,27,37\}$
`liste/liste2`	$\{\frac{1}{6}, \frac{4}{5}, \frac{9}{4}, \frac{16}{3}, \frac{25}{2}, 36\}$

Mit den Rechenoperationen „+“, „–“, „*“, „/“ kann man aber auch eine einzelne Zahl (Skalar) zu jeder Komponente hinzufügen:

`liste-3`	$\{-2,1,6,13,22,33\}$
`2*liste2`	$\{12,10,8,6,4,2\}$

Außerdem kann man über `Max[liste]` bzw. `Min[liste]` das größte bzw. kleinste Element der gegebenen Liste erfragen, seit Version 10 mittels `MinMax` beide zugleich. `TakeLargest[liste, n]` (analog `TakeSmallest`) liefert die *n* größten Elemente.

Ausblick: Mathematica bietet noch weit mehr als die bisher besprochenen Möglichkeiten zur Manipulation und Auswertung von Listen an. Erstere werden wir im Rahmen der statistischen Datenanalyse in Abschnitt 19.1 besprechen, teilweise auch in Abschnitt 9.1 für den Spezialfall von Matrizen. In puncto Auswertung von Listen sind einerseits wieder statistische Auswertungen (z. B. Mittelwertberechnung, Bestimmung des Maximums, o. Ä.) zu nennen, siehe Abschnitt 19.3, aber auch Kennzahlen der linearen Algebra wie etwa die Norm von Vektoren und Matrizen, siehe Abschnitt 9.1.

4.2.3 Höherdimensionale Listen

Listen kann man beliebig ineinander verschachteln und erhöht dadurch die Dimension des Gebildes. Auskunft über die Verschachtelungstiefe gibt `Depth`, siehe Tab. 4.2.

Um aus einer höherdimensionalen Liste einzelne Elemente abzufragen, muss man entsprechend mehr Koordinaten angeben. Andernfalls greift man auf die Teillisten zu:

```
liste={{7,8,9}, {10,11,12}}; Depth[liste]          3

liste[[1,2]]                                        8

liste[[1]]                                          {7,8,9}
```

$$\text{TableForm[liste]} \qquad \begin{matrix} 7 & 8 & 9 \\ 10 & 11 & 12 \end{matrix}$$

$$\text{MatrixForm[liste]} \qquad \begin{pmatrix} 7 & 8 & 9 \\ 10 & 11 & 12 \end{pmatrix}$$

Die Koordinatenwahl [[1,2]] bedeutet, dass aus der äußersten, alles umschließenden Liste die erste Teilliste, und daraus wiederum das zweite Element ausgewählt wird. Gibt man nur [[1]] an, wird entsprechend die erste Teilliste komplett ausgewählt. Gerade beim obigen zweidimensionalen Beispiel kann man die Indizes auch noch anders charakterisieren, vgl. auch die beiden Ausgabeformen: Bei [[*i*,*j*]] ist *i* der Zeilenindex und *j* der Spaltenindex.

Segmente einer Liste kann man, genau wie in Abschnitt 4.2.1, mit Hilfe des Span-Operators „;;" abfragen. Will man eine Koordinate alle möglichen Werte von 1 bis *n* durchlaufen lassen, kann man statt 1;;*n* auch kurz All einsetzen.

```
liste[[2,1;;2]]                                     {10,11}

liste[[All,2]]                                       {8,11}
```

Das TableForm-Kommando erlaubt ferner die Angabe optionaler Formatierungsanweisungen. Mit TableAlignments -> *Art* kann man die Ausrichtung innerhalb der Zellen bestimmen (Left, Center, Right), mit TableSpacing -> {*werte*} den Abstand zwischen den Zeilen und Spalten. Schließlich erlaubt TableHeadings -> {*texte*} die Beschriftung der Tabelle. Ein Beispiel:

```
TableForm[liste,
TableAlignments -> Right, TableSpacing -> {3,1},
TableHeadings -> {{"a", "b"}, {"A", "B", "C"}}]
```

	A	B	C
a	7	8	9
b	10	11	12

Weitere Formatierungsmöglichkeiten werden in Abschnitt 4.2.4 besprochen.

Mehrdimensionale Listen kann man auch durch Schachtelung der Kommandos aus Tab. 4.1 erzeugen, hier ein etwas anspruchsvolleres Beispiel:

```
TableForm[                                  2
Table[Table[i+j, {j,1,i}], {i,1,4}]]        3   4
                                            4   5   6
                                            5   6   7   8
```

Bemerkung 4.2.3.1. Zwei bedeutende Spezialfälle von Listen, mit denen wir uns in Abschnitt 9.1 detailliert beschäftigen werden, sind *Vektoren* und *Matrizen*. Ein Vektor ist schlicht eine eindimensionale Liste, und eine gegebene Liste kann man auf mögliches Vektorsein mittels `VectorQ` prüfen: `VectorQ[liste]`. Eine Matrix ist eine zweidimensionale Liste, bei der alle Teillisten (=Zeilen) *von gleicher Länge* sind. Hier steht zum Testen das Kommando `MatrixQ` zur Verfügung. Das letzte, oben diskutierte Beispiel ergibt demnach keine Matrix. Man beachte: Wider alle Mathematik ist bei Mathematica eine einspaltige Matrix kein Vektor, denn: $\{\{a\},\{b\},\{c\}\} \neq \{a,b,c\}$. •

Wie schon in Abschnitt 4.2.2 erwähnt, können nicht nur Vektoren und Matrizen, sondern auch beliebige Listen gleicher Dimensionalität mit den Rechenoperationen verknüpft werden.

4.2.4 Formatierung von Listen

Im vorigen Abschnitt 4.2.3 hatten wir das `TableForm`-Kommando besprochen, welches eine elementare Formatierung von Listen erlaubt. Daneben gibt es für *zweidimensionale* Listen auch das Kommando `Grid`, welches weitaus mehr Formatierungsmöglichkeiten bietet. Die Syntax ist denkbar einfach: `Grid[liste, Optionen]`. Wir wollen im Folgenden ein paar der zahlreichen Optionen vorstellen, weitere Informationen findet der Leser in der Hilfe unter *ref/Grid*.

Zumeist sind die Optionen dabei von der Form `Option -> {Spalten,Zeilen}`, d. h. die Einstellungen an erster Position betreffen die einzelnen Spalten, die an zweiter die Zeilen. Wichtige Beispiele von Optionen sind `Frame` und `Dividers`, mit denen man Zeilen/Spalten umranden bzw. zwischen ihnen Linien ziehen kann. Über `Background` kann man ferner Hintergrundfarben zuordnen, mit `Alignment` die Ausrichtung festlegen. Betrachten wir folgendes Beispiel, welches gegen Ende des Jahres 2006 seine Gültigkeit[4] verlor:

```
liste={{Mein,Vater,erklärt},
{mir,jeden,Sonntag},
{unsere,neun,Planeten}};
Grid[liste, Frame -> True]
```

Mein	Vater	erklärt
mir	jeden	Sonntag
unsere	neun	Planeten

---

4 Seither gilt Pluto nicht mehr als Planet, sondern nur noch als Zwergplanet.

```
Grid[liste, Frame -> {All,False},
Alignment -> Right]
```

Mein	Vater	erklärt
mir	jeden	Sonntag
unsere	neun	Planeten

```
Grid[liste, Frame -> All,
Alignment -> Left]
```

Mein	Vater	erklärt
mir	jeden	Sonntag
unsere	neun	Planeten

```
Grid[liste,
Dividers -> {False,
{True,True,False,True}}]
```

Mein	Vater	erklärt
mir	jeden	Sonntag
unsere	neun	Planeten

Schließlich können wir die letzte Tabelle noch um Grautöne im Hintergrund ergänzen, indem wir allen Spalten (und damit der gesamten Tabelle) ein 30 %-iges Grau zuordnen, das Ganze aber in der ersten Zeile mit einem 60 %-igen Grau überschreiben:

```
Grid[liste, Dividers -> {False, {True,True,False,True}},
Background -> {GrayLevel[0.7], {1 -> GrayLevel[0.4]}}]
```

4.2.5 Funktionen auf Ausdrücke anwenden

Nun wollen wir Befehle besprechen, welche die Anwendung von Funktionen auf bestehende Ausdrücke, insbesondere auf Listen und deren Elemente, erlauben. Dazu ist es wichtig, sich in Erinnerung zu rufen, dass alle Ausdrücke in der Wolfram Language letztlich als ineinanderverschachtelte Funktionen dargestellt werden. Diese interne Struktur eines Ausdrucks kann man sich jederzeit mit FullForm anzeigen lassen, siehe Abschnitt 3.5. So ist etwa

```
liste={{2,3},{7,4}};
liste //FullForm              List[List[2,3], List[7,4]]
```

d. h. die Liste *liste* ist intern ein zweifach verschachtelter Ausdruck, bei dem die Funktion List sowohl als äußere als auch als innere Funktion verwendet wird.

Da sich also bei einem jeden **Mathematica**-Ausdruck die einzelnen Bestandteile eindeutig bestimmten Ebenen zuordnen lassen, ist es möglich, Funktionen auf die Argumente bestimmter Ebenen anzuwenden. Ein Befehl, der dies erlaubt, ist Map. Dessen allgemeine Syntax ist Map[*f, Ausdruck, Ebenen*], der die Funktion *f* auf alle Bestandteile des Ausdrucks in den vorgegebenen Ebenen anwendet (vgl. auch den Level-Befehl aus Bemerkung 3.5.1). Nachdem wir Clear[f] ausgeführt haben, so dass *f* ohne bestimmte Belegung ist, können wir den Effekt von Map an Beispielen studieren:

`Map[f, liste, {0}]`	`f[{{2,3},{7,4}}]`
`Map[f, liste, {1}]`	`{f[{2,3}],f[{7,4}]}`
`Map[f, liste, 1]`	`{f[{2,3}],f[{7,4}]}`
`Map[f, liste, {2}]`	`{{f[2],f[3]},{f[7],f[4]}}`
`Map[f, liste, 2]`	`{f[{f[2],f[3]}],f[{f[7],f[4]}]}`

Der Unterschied zwischen den Ebenenspezifikationen mit `{n}` und `n` wird bei den zwei letzten Zeilen deutlich. Um ein konkretes Beispiel zu geben, wenden wir nun auf *liste* den uns schon aus Abschnitt 4.2.2 bekannten Befehl `Max` an:

`Max[liste]`	`7`

`Map[Max, liste, {1}]`	`{3,7}`

Bei unmittelbarer Anwendung von `Max` auf *liste* wird der maximale Wert über den gesamten Datensatz hinweg bestimmt, im zweiten Beispiel dagegen wird das Maximum aus den Teillisten heraus berechnet.

Lässt man bei `Map` das optionale Argument *Ebenen* weg, so wird `{1}` als Voreinstellung verwendet, d. h. die Funktion f wird auf Ebene 1 angewendet. Für diesen Spezialfall gibt es ferner noch das Kürzel „`/@`":

`f /@ liste`	`{f[{2,3}],f[{7,4}]}`
`f /@ (2x-Cos[x])`	`f[2x]+f[-Cos[x]]`
`Map[f, 2x-Cos[x], {2,3}]`	`f[2] f[x]+f[-1] f[Cos[f[x]]]`

Im dritten Beispiel haben wir f auf die Ebenen 2 bis 3 angewendet, wobei auf dritter Ebene nur das Argument x des Cosinus zu finden ist. Will man f auf allen Ebenen anwenden, so kann man `Map[f, Ausdruck, {0,Infinity}]` einsetzen, oder kurz `MapAll[f, Ausdruck]`:

`MapAll[f, 2x-Cos[x]]`	`f[f[f[2] f[x]]+f[f[-1] f[Cos[f[x]]]]]`

Auch hier gibt es wieder eine Kurzschreibweise: „`//@`". Der Leser probiere etwa `f //@ (2x-Cos[x])` aus. Schließlich gibt es noch die Variante `MapAt` mit der Syntax `MapAt[f, Ausdruck, Pos]`, welche f nur auf den an der vorgegebenen Position befindlichen Teil anwendet. Die Position gibt man nun abweichend zu Bisherigem in Form einer Koordinatenliste an. Auch hierzu ein Beispiel:

`MapAt[f, liste, {1,2}]`	`{{2,f[3]},{7,4}}`

f wird nun auf Argument 1 der äußersten Funktion, und dort wiederum auf das zweite Argument angewendet.

Eng verwandt zu `Map` ist auch `Scan`, welches die gleiche Syntax besitzt. Im Gegensatz zu `Map` wird nun aber nicht der modifizierte Gesamtausdruck zurückgegeben, sondern *f* direkt auf die entsprechenden Argumente angewendet und jeweils das konkrete Resultat dieser Anwendung zurückgegeben. Der Unterschied zwischen Scan und Map wird deutlich, wenn der Leser etwa folgende Zeilen ausführt, bei denen die konkrete Funktion Print angewendet wird: Scan[Print, liste], Scan[Print, liste, {2}] und Scan[Print, liste, 2].

Schließlich ist auch noch Apply verwandt zu Map, ebenfalls wieder mit gleicher Syntax. Nun aber werden die ursprünglichen Funktionen auf den gewählten Ebenen durch *f* ersetzt. Beispielsweise ergibt

`Apply[f, liste, {0}]`	`f[{2,3},{7,4}]`
`Apply[f, liste, {1}]`	`{f[2,3],f[7,4]}`

d. h. im ersten Fall wurde das äußerste List-Kommando durch *f* ersetzt, im zweiten Fall die beiden inneren. Genau für die zwei gezeigten Fälle, Ebene {0} und {1}, gibt es auch wieder Kürzel, nämlich „@@" bzw. „@@@". Der Leser prüfe dies nach, indem er f @@ liste bzw. f @@@ liste ausführe. Eine beispielhafte Anwendung ist

`Print[Range[1,5]]`	`{1,2,3,4,5}`
`Print @@ Range[1,5]`	`12345`

Sollen mehrere Funktionen ineinander verschachtelt werden, kann man auf die Befehle Composition und ComposeList zurückgreifen, deren Syntax und Auswirkung an folgendem Beispiel deutlich werden:

```
Clear[g,h];
Composition[f,g,h][x]          f[g[h[x]]]

ComposeList[{f,g,h}, x]        {x, f[x], g[f[x]], h[g[f[x]]]}
```

Man beachte, dass beide Befehle die Funktionen in genau umgekehrter Reihenfolge anwenden. In gewisser Weise verwandt ist die Familie der Nest-Befehle (siehe auch Bemerkung 20.1.2), nur dass hier eine einzige Funktion wiederholt angewendet wird. So ergeben

```
Nest[f,x,4]        f[f[f[f[x]]]]

NestList[f,x,4]    {x, f[x], f[f[x]], f[f[f[x]]], f[f[f[f[x]]]]}
```

Eine vertiefte Diskussion der Nest-Befehle erfolgt später in Bemerkung 20.1.2.

---

i | **Weiterführende Informationen ...** zur Anwendung von Funktionen findet der Leser in der Hilfedatei unter *tutorial/FunctionalOperationsOverview*. Bei den genannten Einträgen werden auch eine Reihe weiterer High-Level-Funktionen wie Fold, Thread, Inner, Outer, usw., vorgestellt.

4.3 Import und Export von Daten

Für den Import und Export von Daten stellt Mathematica u. a. die zwei sehr mächtigen und zugleich sehr leicht bedienbaren Befehle `Import["Dateipfad", "Format"]` und `Export["Dateipfad", ausdruck, "Format"]` zur Verfügung. Bei beiden Befehlen ist das Argument *Format* optional; wenn die Dateiendung den Dateityp erkennen lässt, kann *Format* auch weggelassen werden. Die anderen Argumente sind verpflichtend: Der *Dateipfad* muss angegeben werden, wobei zumindest bei älteren Versionen statt des einfachen, verzeichnistrennenden Schrägstrichs „\" dieser doppelt geschrieben werden muss („\\"), siehe auch die folgenden Beispiele (beim Kopieren & Einfügen eines Pfades wird diese Ersetzung in der Regel automatisch vorgenommen). Beim `Export`-Befehl muss ferner durch den *ausdruck* klar gestellt werden, welches Objekt denn exportiert werden soll.

Welche Dateitypen können nun importiert und exportiert werden? Um dies festzustellen, gebe der Leser einfach die zwei folgenden Befehle ein, wobei sich die Ausgabe von der hier abgedruckten unterscheiden kann und von Version zu Version wächst:

`$ImportFormats`   `{3DS,ACO,...,XLS,XLSX,XML,XPORT,XYZ,ZIP}`

`$ExportFormats`   `{3DS,ACO,...,XLS,XLSX,XML,XYZ,ZIP,ZPR}`

Neben verschiedenen Varianten von Textdaten sind so ziemlich alle gängigen Grafikformate möglich. Falls aus der Dateiendung bei *Dateipfad* nicht klar wird, welcher Dateityp gemeint ist, muss man an Stelle von *Format* ein Kürzel aus obiger Liste angeben, etwa `BMP` für Bitmapdateien.

Beispiel 4.3.1. Als ein erstes Beispiel versuchen wir die Datei `HSU_RGB.gif` zu importieren, welche das Logo der Helmut-Schmidt-Universität Hamburg enthält. Da die Dateiendung den Dateityp, das GIF-Format, korrekt zu erkennen gibt, braucht man dieses Format nicht nochmal extra anzugeben. Je nachdem, wo der Leser die Datei abgelegt hat, könnte der Importbefehl bei ihm so oder so ähnlich aussehen:

```
unilogo = Import["C:\\Documents\\...\\HSU_RGB.gif"];
Show[unilogo]
```

Die importierte Grafik wird dabei zuerst in der Variablen *unilogo* abgelegt und anschließend angezeigt. Alternativ hätte man das `Show[·]` auch direkt um den `Import`-Befehl herumschreiben können. •

Wer die Eingabe von Dateipfaden scheut, kann alternativ über *File → Open...* bzw. *Insert → File...* sein Glück versuchen, wobei hier u. U. weniger Dateitypen angeboten werden. Je nach Version (vgl. Abschnitt 3.3) kommen einem auch **Mathematicas** Unterstützungssysteme zu Hilfe, z. B. öffnet sich nach dem Eintippen von „`Import["C:`" ein PopUp-Menü, welches einen *File Browser* zum Aufsuchen des gewünschten Pfades anbietet.

Für den Spezialfall von Textdaten kann man durch Angabe des entsprechenden Formates die Organisation der Textdatei angeben: Während etwa Lines (und ähnlich auch List) dazu führt, dass eine Textdatei zeilenweise in einer Liste abgelegt wird bzw. eine Liste zeilenweise in einer Textdatei gespeichert wird, erwartet Table ein zweidimensionales Arrangement. Text dagegen bewirkt, dass der gesamte Text als eine einzige Zeichenkette importiert bzw. exportiert wird.

Beispiel 4.3.2. Betrachten wir als zweites Beispiel den Import einer Datendatei, wie er insbesondere im Rahmen der statistischen Datenanalyse, siehe Kapitel 19, von Bedeutung ist. Die Datei Bier.txt[5] beschreibt die monatliche Bierproduktion in Australien in Megalitern zwischen Jan. 1956 und Feb. 1991. Die Daten sollen als eindimensionale Liste eingelesen werden, abgelegt in der Variablen *daten*:

```
daten=Import["C:\\...\\Bier.txt", "List"];
Length[daten]                                          422
```

Die Länge der Liste, also die Länge der Zeitreihe, beträgt 422. Wenn sich nun der Leser die Zeitreihe über ListPlot[daten, Joined -> True] grafisch darstellen lässt (siehe Beispiel 19.2.1.1), wird er feststellen, dass recht regelmäßige saisonale Schwankungen zu beobachten sind. Da es sich um monatlich aufgenommene Daten handelt, liegt es nahe, dass die Daten mit Periode 12 schwanken. Wie man derartige Schwankungen herausglättet, um z. B. den zu Grunde liegenden Trend besser analysieren zu können, werden wir in Abschnitt 19.7 im Rahmen der Zeitreihenanalyse erfahren. Abschließend wollen wir die Grafik in eine GIF-Datei exportieren:

```
Export["C:\\...\\bierplot.gif", ListPlot[daten, Joined -> True]];        •
```

Je nach Version werden aber auch das textbasierte CSV-Format (comma-separated values), die Tabellenformate ODS (Open Document Spreadsheet, verwendet u. a. von OpenOffice) und XLS, XLSX (Excel-Tabellen) oder Access-Datenbankdateien (MDB) unterstützt. Bei ODS-, XLS- oder XLSX-Dateien, die mehrere Datenblätter umfassen können, werden durch einen Befehl der Art Import["...*daten.xls*"] oder Import["...*daten*", "XLS"] alle Tabellen zugleich importiert, abgelegt als Teile einer umschließenden Liste. Nur das *k*-te Datenblatt dagegen erhält man bei einem Befehl der Art Import["...*daten.ods*", {"Data", *k*}], bzw. durch Ausführung von Import["...*daten.ods*", {"Sheets", "*abc*"}] das Datenblatt namens *abc*. Ferner kann man auch nur auf einzelne Zellen eines Datenblattes zugreifen, wie Beispiel 4.3.3 zeigen wird.

Beispiel 4.3.3. Betrachten wir als Beispiel die Excel-Datei Verkauf.xls, vgl. die Anhänge B und C, von der ein Bildschirmausdruck in Abb. 4.1 zu sehen ist. Offenbar besitzt die Datei zwei Tabellenblätter mit den Namen *deckung* und *transaktionen*, und

---

5 Aus: BROCKWELL & DAVIS, *Introduction to Time Series and Forecasting*, Springer-Verlag, 2002.

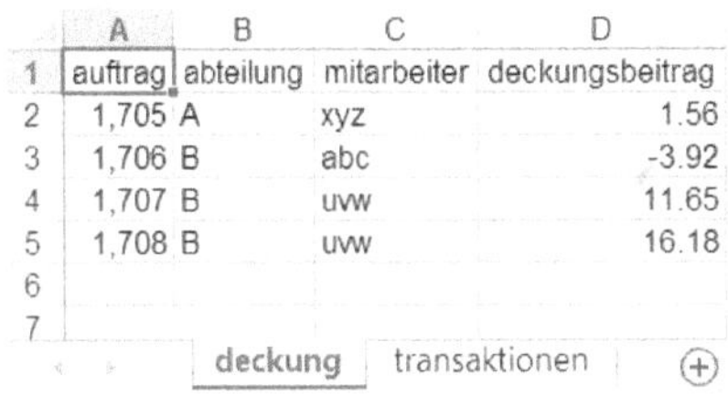

	A	B	C	D
1	auftrag	abteilung	mitarbeiter	deckungsbeitrag
2	1,705	A	xyz	1.56
3	1,706	B	abc	-3.92
4	1,707	B	uvw	11.65
5	1,708	B	uvw	16.18
6				
7				

Abb. 4.1. Die Excel-Datei `Verkauf.xls` aus Beispiel 4.3.3.

im jeweiligen Tabellenblatt finden sich in der ersten Zeile die Spaltenbeschriftungen. Versuchen wir nun Teile dieser Datei nach Mathematica zu importieren:

```
Import["C:\\...\\Verkauf.xls", "Sheets"]
```

```
{deckung,transaktionen}
```

```
Import["C:\\...\\Verkauf.xls", {"Sheets", "deckung"}]
```

```
{{auftrag,abteilung,mitarbeiter,deckungsbeitrag},{1705.,A,xyz,1.56},
{1706.,B,abc,-3.92},{1707.,B,uvw,11.65},{1708.,B,uvw,16.18}}
```

Das erste Kommando liefert Namen und Reihenfolge der verfügbaren Tabellen zurück, im zweiten Beispiel fragen wir dann den Inhalt der Tabelle *deckung* ab. Exakt das gleiche Resultat hätten wir durch **`Import["C:\\...\\Verkauf.xls",{"Data",1}]`** erhalten, da es sich dabei um das erste Tabellenblatt handelt. Nur die dritte Zeile dieses Blattes erhält man durch zusätzliches Anhängen des Zeilenindexes 3:

```
Import["C:\\...\\Verkauf.xls", {"Data",1,3}]        {1706.,B,abc,-3.92}

Import["C:\\...\\Verkauf.xls", {"Data",1,3,3}]      abc
```

Zu guter Letzt haben wir aus der dritten Zeile die dritte Zelle importiert. •

Analoges gilt auch für MDB-Dateien, nur verwendet man hier `Datasets` an Stelle von `Sheets`: **`Import["...daten.mdb", {"Datasets", "abc"}]`**. Die dabei möglichen Optionen werden durch Beispiel 4.3.4 unten erläutert. Für mächtigere Datenbanksysteme wie etwa MySQL bietet Mathematica den `DatabaseLink`` an, siehe Anhang B.

Weiterführende Informationen ... zum Import spezieller Dateitypen und der dabei möglichen Optionen kann der Leser in der Hilfe nachschlagen, und zwar bei einem Pfad der Art *ref/format/...*, also z. B. *ref/format/MDB*, *ref/format/ODS*, *ref/format/XLS*. **i**

Beispiel 4.3.4. Betrachten wir die Access-Datei `Verkauf.mdb`, welche der Excel-Datei `Verkauf.xls` aus Beispiel 4.3.3 entspricht, d. h. sie besteht aus den zwei dort genannten Tabellen, mit dem Unterschied, dass die Spaltenbeschriftungen nun nicht in der ersten Datenzeile stehen, sondern dort, wo sie hingehören, nämlich in den jeweiligen Variablennamen.

```
Import["C:\\...\\Verkauf.mdb", "Datasets"]
```

```
{deckung,transaktionen}
```

```
Import["C:\\...\\Verkauf.mdb", {"Datasets", "deckung"}]
```

```
{{1705,A,xyz,1.56}, ..., {1708,B,uvw,16.18}}
```

Das erste Kommando liefert Namen und Reihenfolge der verfügbaren Tabellen zurück, im zweiten Beispiel fragen wir dann den Inhalt der Tabelle *deckung* ab. Im Gegensatz zur Excel-Datei aus Beispiel 4.3.3 stehen die Variablennamen nun nicht im Datenfeld. Exakt das gleiche Resultat hätten wir durch `Import["C:\\...\\Verkauf.mdb"`, `{"Datasets",1}]` erhalten, da es sich bei *deckung* um das erste Datenblatt handelt. Nur die zweite Zeile dieses Blattes erhält man durch zusätzliches Anhängen des Zeilenindexes 2:

```
Import["C:\\...\\Verkauf.mdb", {"Datasets",1,2}]
```

```
{1706,B,abc,-3.92}
```

```
Import["C:\\...\\Verkauf.mdb", {"Datasets",1,2,3}]                abc
```

Zu guter Letzt haben wir aus der zweiten Zeile die dritte Zelle importiert. Auch die Namen der verfügbaren Variablen können abgefragt werden:

```
Import["C:\\...\\Verkauf.mdb", {"Datasets",1,"Labels"}]
```

```
{auftrag,abteilung,mitarbeiter,deckungsbeitrag}
```

```
Import["C:\\...\\Verkauf.mdb", {"Datasets",1,"LabeledData"}]
```

```
{auftrag→{1705,1706,1707,1708}, ...}
```

Ferner bietet Mathematica die Möglichkeit, die Daten auch spaltenweise abzufragen, wie letztes Kommando zeigt.   •

Speziell für das Einlesen einer ganzen Website (oder auch nur von gewissen Teilen davon) als Zeichenkette wurden mit Version 9 die Befehle URLFetch und URLSave eingeführt. Einen Überblick über Schnittstellen zum Internet bietet der Hilfeeintrag *guide/WebOperations*.

Eine weitere, simple Möglichkeit des Exportes besteht natürlich auch in der Verwendung von Kopieren & Einfügen. Eingegebene Kommandos und ausgegebene (Text-)Resultate kann man markieren, über *Copy As → Plain Text* als reinen Text in die Zwischenablage kopieren und dann entsprechend in einem Texteditor einfügen. Gleiches erreicht man auch über das Tastenkürzel ⬆+Strg+C, ferner wird *Copy As → LaTeX* angeboten. *Copy As* ist sowohl im Menü *Edit* zu finden als auch im PopUp-

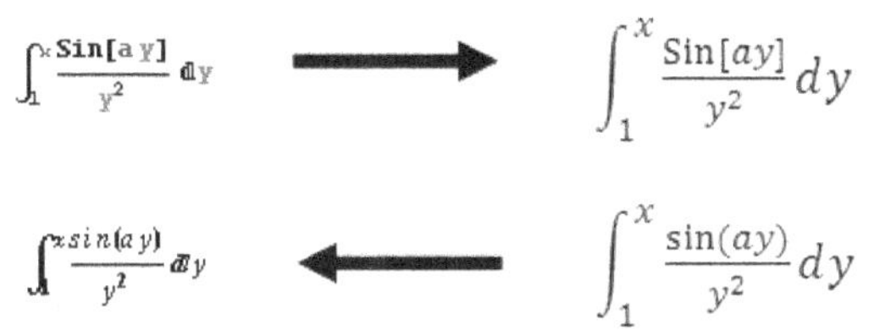

$$\int_1^x \frac{\text{Sin}[a\,y]}{y^2}\,dy \qquad \Longrightarrow \qquad \int_1^x \frac{\text{Sin}[ay]}{y^2}\,dy$$

$$\int_1^x \frac{sin(ay)}{y^2}\,dy \qquad \Longleftarrow \qquad \int_1^x \frac{\sin(ay)}{y^2}\,dy$$

Abb. 4.2. Kopieren und Einfügen von Formeln zwischen Mathematica und Microsoft Word.

Menü, welches sich bei Klick mit der rechten Maustaste in den markierten Text öffnet. Die Verwendung des gewöhnlichen Kopierbefehls ([Strg]+[C]) dagegen kann zu eher unerwünschten Resultaten führen, da sich dann, je nach Ausgabeart und **Mathematica**-Version, noch Formatierungsanweisungen in den eigentlichen Text mischen können.

Seit Version 7 ist es sogar möglich, Formeln zwischen **Mathematica** und dem Formeleditor von Word (DOCX-Format) zu transferieren, und zwar durch simples Kopieren und Einfügen. Wie in Abb. 4.2 zu sehen, wird eine **Mathematica**-Formel in eine völlig gleichwertige Word-Formel übertragen (ggf. muss man die Formel zuvor in `TraditionalForm` umwandeln, siehe Abschnitt 5.3). Umgekehrt wird eine mit Office erstellte Formel in eine ausführbare Formel in **Mathematica** übertragen, wenn auch das Schriftbild etwas verzerrt wirkt und im Beispiel die Sinusfunktion noch manuell in `Sin[·]` umgewandelt werden müsste.

Schließlich ist mit Version 11 noch eine Form des internen Imports hinzugekommen: Mittels `NotebookImport` kann man Teile eines anderen Notebooks, z. B. sämtliche `Output`-Zellen, in das aktive Notebook importieren. Im folgenden Beispiel wurden im Notebook `ZuImportierend.nb` mit Hilfe von `RandomVariate` (vgl. Abschnitt 20.2) einige Zufallszahlen generiert, die nun zwecks weiterer Verarbeitung in das aktuelle Notebook importiert werden sollen. Dazu führt man aus:

```
NotebookImport["C:\\...\\ZuImportierend.nb", "Output"]
```

```
{{4,4,2,5,1,1,6,3,1,3}, {{8,8}, ..., {-0.485133,2.98178}}}
```

Wie man mittels `FullForm[%]` bestätigt, wurden die Outputs als gewöhnliche Ausdrücke importiert, so dass man diese direkt weiterbearbeiten könnte (etwa Mittelwertberechnungen anstellen). Wäre ein Import als Zeichenketten gewünscht gewesen, hätte das zweite Argument lauten müssen: `"Output" -> "Text"`. Analog verfährt man mit anderen zu importierenden Zelltypen oder Ausgabeformatierungen. Den kompletten Inhalt des Notebook importiert man durch Eingabe eines schlichten Unterstrichs „_" als zweitem Argument, siehe auch Abschnitt 7.7.

Weitere Informationen zu Befehlen rund um das Thema Import & Export findet der Leser in Abschnitt 15.7 und in der **Mathematica**-Hilfe unter *guide/ImportingAndExportingInNotebooks*.

5 Mathematica als Rechenwerkzeug

In diesem Kapitel wollen wir erste mathematische Konzepte diskutieren und vorstellen, wie diese in Mathematica implementiert sind. Zu deren Verständnis wird nicht mehr als ein gewisses mathematisches Grundwissen benötigt, mathematisches Spezialwissen wird ausschließlich in Teil II vorausgesetzt. Beginnen wollen wir dabei mit dem Thema Zahlen und Zahlbereiche in Abschnitt 5.1. Abschnitt 5.2 beschäftigt sich dann mit dem beachtlichen Repertoire an numerischen Methoden, die Mathematica aufzuweisen hat. Schließlich gelangen wir in den Abschnitten 5.3 und 5.4 zu jenem Charakteristikum, das wohl als Minimalforderung an ein jedes Computeralgebrasystem anzusehen ist: die Fähigkeit zum symbolischen Rechnen. Später in Kapitel 7 werden wir das Thema Grundlagen der Mathematik weiter vertiefen.

5.1 Zahlen und Zahlbereiche

Wie nicht anders zu erwarten, spielen Zahlen bei einem Computeralgebrasystem wie Mathematica eine bedeutende Rolle, wobei die Zahlen unterschiedlichen Bereichen entstammen können. Mathematica kennt alle gängigen Zahlbereiche, wie ganze, rationale, reelle oder gar komplexe Zahlen, siehe Tab. 5.2; in Abschnitt 10.5 werden wir sogar noch die algebraischen Zahlkörper kennenlernen, welche den Körper der rationalen Zahlen erweitern. Mit ganzen und rationalen Zahlen kann Mathematica exakt rechnen, wogegen irrationale Zahlen von Haus aus etwas problematisch sind: Da diese in Dezimalbruchschreibweise unendlich viele, sich nicht periodisch wiederholende Nachkommastellen aufweisen, kann man sie zwangsweise entweder nur bei ihrem Namen nennen (π, e, $\sqrt{2}$), so dieser denn existiert, oder eine Näherung mit endlich vielen Nachkommastellen angeben. Letzteres macht Mathematica bis zu vorgebbarer und theoretisch beliebig großer Genauigkeit, wie wir kennenlernen werden.

Mit Hilfe von TraditionalForm, vgl. Abschnitt 5.3, kann man sich die genannten Zahlbereiche in der gewohnten Schreibweise ausgeben lassen:

```
TraditionalForm[Rationals]                    ℚ
```

Da es zwischen den obigen Zahlbereichen jedoch gewisse Überlappungen gibt, existieren bei Mathematica aber letztlich nur vier Zahltypen: Integer, Rational, Real und Complex. Den Typ einer konkreten Zahl kann man hierbei mit Head abfragen (vgl. Abschnitt 3.5). Ganzzahlige Eingaben werden automatisch als vom Typ Integer erkannt, eingegebene Brüche als rationale Zahlen. Dabei kann man einen Bruch entweder in der Form a/b oder $\frac{a}{b}$ eingeben, Letzteres unter Zuhilfenahme der Ein-

DOI 10.1515/9783110425222-005

Tab. 5.1. Abfragen von Termbestandteilen.

Befehl	Beschreibung
`Numerator[term]`	Ergibt den Zähler des Bruchterms *term*.
`Denominator[term]`	Ergibt den Nenner des Bruchterms *term*.
`Coefficient[pol, term]`	Ergibt den zu *term* gehörigen Koeffizienten des Polynoms *pol*.
`Exponent[pol, term]`	Ergibt die höchste Potenz von *term* in *pol*.

Tab. 5.2. Zugehörigkeit zu Zahlbereichen.

Befehl	Beschreibung
`Element[x,B]`	Setzt/prüft die Zugehörigkeit $x \in B$. Alternative Eingabe: x ∈ B. „∈" über Palette, via Esc , `elem`, Esc oder als `\[Element]`.
`Integers`	Ganze Zahlen $\mathbb{Z}$. Analog: `Rationals` ($\mathbb{Q}$), `Reals` ($\mathbb{R}$), `Complexes` ($\mathbb{C}$), `Algebraics` (algebraische Zahlen), `Primes` (Primzahlen).
`Head[x]`	Typ der Zahl *x* (vgl. Abschnitt 3.5).
`Interval[{a,b}]`	Repräsentiert das Intervall $[a; b]$.
`IntervalMemberQ[I,x]`	Prüft, ob *x* im Intervall *I* liegt.
`Range[min, max, s]`	Siehe Tab. 4.1, Seite 33.

gabepalette oder durch Strg + / [6]. Zähler und Nenner kann man dabei getrennt mit `Numerator` und `Denominator` abfragen, siehe Tab. 5.1.

Eine gewisse Besonderheit betrifft die Eingabe der reellen Zahlen. Immer, wenn eine Zahl unter Verwendung des Dezimaltrennzeichens „." eingegeben wird, wird diese als vom Typ `Real` klassifiziert, obwohl etwa $3.5 = \frac{7}{2}$ eigentlich rational ist. Abhilfe schafft hier `Rationalize`:

`Head[3.5]`	`Real`
`Rationalize[3.5]`	$\frac{7}{2}$
`Head[%]`	`Rational`

Diese und ähnliche Transformationen von Zahlen sind in Tab. 5.3 sowie in der Hilfe unter *guide/MathematicalFunctions* zusammengefasst. Komplexe Zahlen werden als

---

6 Man beachte, dass dies bei einer deutschen Tastatur äquivalent zu Strg + ⇧ + 7 ist.

Tab. 5.3. Einfache Transformationen von Zahlen.

Befehl	Beschreibung
Rationalize[x]	Wandelt reelle Zahl x (bzw. Real- und Imaginärteil von x) in nächste rationale Zahl um, ausgehend von numerischer Präzision von x.
IntegerPart[x]	Ganzzahl. Anteil von x durch Abschneiden der Nachkommastellen.
FractionalPart[x]	Übernimmt nur die Nachkommastellen von x.
Round[x]	Rundet x (bzw. Real- und Imaginärteil) auf nächste ganze Zahl.
Floor[x]	Rundet x ab.
Ceiling[x]	Rundet x auf.
Abs[x]	Absolutbetrag von x.
Sign[x]	Signumsfunktion, ergibt 1, 0, −1, wenn $x > 0$, $x = 0$, $x < 0$.
Re[z] bzw. Im[z]	Real- bzw. Imaginärteil von z. Liste beider (seit V. 10): ReIm[z].
Conjugate[z]	Ergibt konjugiert-komplexe Zahl $\bar{z}$ zu z.
Arg[z]	Argument φ von $z = |z| \cdot e^{i\varphi}$. Seit V. 10 auch AbsArg[z].

solche erkannt, wenn die imaginäre Einheit „i" miteingegeben wird, siehe auch Tab. 5.4. Diese ist auf der Eingabepalette *Basic Math Input* vorhanden, man kann aber auch ein I (=großes „i") eintippen.

3+4 I   3+4 i

Auch die Elementbeziehung ist bei **Mathematica** implementiert, siehe Tab. 5.2. Bei Eingabe von y∈Integers wird entweder festgelegt, dass y eine ganze Zahl sein soll, falls y noch kein konkreter Wert zugewiesen wurde, oder es wird geprüft, ob der in y abgelegte Wert ganzzahlig ist:

y∈Integers   y∈Integers

y=3.5; y∈Integers   False

Head[y]   Real

Alternative Tests auf einen bestimmten Zahlbereich (PrimeQ, etc.) hatten wir bereits in Abschnitt 4.2.2 besprochen. Die Zuweisung eines bestimmten Zahlbereichs kann auch beim symbolischen Rechnen Auswirkungen haben, vgl. Abschnitt 5.4 unten:

Simplify[Sin[k π]]   Sin[k π]

Simplify[Sin[k π], k∈Integers]   0

Tab. 5.4. Auswahl verfügbarer mathematischer Konstanten und Symbole.

Befehl	Beschreibung
Pi bzw. π	Kreiszahl, neben direkter Eingabe auch $\boxed{\text{Esc}}$, p, $\boxed{\text{Esc}}$.
E bzw. e	Eulersche Zahl, neben direkter Eingabe auch $\boxed{\text{Esc}}$, ee, $\boxed{\text{Esc}}$.
Degree	Umrechnungsfaktor von Grad in Radian: $\pi/180$.
GoldenRatio	Verhältnis des goldenen Schnittes: $(1 + \sqrt{5})/2$.
EulerGamma	Eulers γ.
I bzw. i	Imaginäre Einheit, Eingabe auch $\boxed{\text{Esc}}$, ii, $\boxed{\text{Esc}}$.
Infinity bzw. ∞	Positive Unendlichkeit, Eingabe auch $\boxed{\text{Esc}}$, inf, $\boxed{\text{Esc}}$.

Hierbei wird π von Mathematica als die Kreiszahl Pi erkannt, nicht einfach nur als ein simpler griechischer Buchstabe. Weitere spezielle Zahlen und Symbole, die bei Mathematica fest implementiert sind, sind in Tab. 5.4 zusammengefasst, ferner in der Mathematica-Hilfe unter *guide/MathematicalConstants*. Durch Anwendung von N, siehe Abschnitt 5.2, können wir die ersten zwanzig Stellen von π anzeigen lassen:

N[π, 20]   3.1415926535897932385

Rationalize dagegen erlaubt eine möglichst kompakte Bruchdarstellung (zu vorgebbarer Genauigkeit):

Rationalize[π, 10^{-6}] $\frac{355}{113}$

Schließlich gibt es noch eine Reihe von Möglichkeiten, das Ausgabeformat einer Zahl zu beeinflussen, siehe auch Abschnitt 5.3. Einen knappen Überblick über einige wichtige Vertreter bietet Tab. 5.5. Die folgenden Beispiele mögen der Illustration dienen:

NumberForm[12345^2, DigitBlock -> 4,   1 5239 9025
NumberSeparator -> " "]

ScientificForm[1234.5678, 4] 1.235×10^3

BaseForm[12.1, 2] 1100.0001100110011101_2

Wenn vielleicht auch im Alltag weniger gebräuchlich, so ist auch der *Kettenbruch* als eine spezielle Form der Zahldarstellung einer rationalen Zahl anzusehen. Gemeint ist hierbei eine Schreibweise der Art

$$a_1 + \cfrac{1}{a_2 + \frac{1}{a_3 + \ldots}} \;=\; a_1 + 1/(a_2 + 1/(a_3 + \ldots)).$$

Mathematica wandelt eine gegebene Zahl x über ContinuedFraction[x,n] in einen Kettenbruch mit höchstens n Termen um, bzw. ohne das Argument n in die exak-

Tab. 5.5. Ausgabeformate von Zahlen.

Befehl	Beschreibung
`NumberForm[x, DigitBlock -> n, NumberSeparator -> "z"]`	
	Darstellung der Zahl x in Blöcken der Länge n mit Trennzeichen z.
`ScientificForm[x,n]`	Zehnerpotenzschreibweise von x mit n gültigen Stellen.
`EngineeringForm[x,n]`	Analog, aber Potenzen Vielfaches von 3.
`BaseForm[x,b]`	Darstellung von x im Zahlsystem zur Basis b.

te Kettenbruchdarstellung, falls möglich. Ausgegeben wird dabei eine Liste $\{a1,a2, a3,...\}$. Umgekehrt berechnet `FromContinuedFraction[{a1,a2,a3,...}]` die zum gegebenen Kettenbruch gehörige rationale Zahl in Standardform. Die rationale Zahl $\frac{2017}{1900}$ etwa besitzt eine exakte Kettenbruchdarstellung:

x=`ContinuedFraction[`$\frac{2017}{1900}$`]` $\{1,16,4,5,1,1,2\}$

Die Kreiszahl π als irrationale Zahl dagegen nicht:

`ContinuedFraction[`π`,10]` $\{3,7,15,1,292,1,1,1,2,1\}$

`FromContinuedFraction[%]` $\frac{1146408}{364913}$

`N[%, 20]` 3.1415926535914039785

Man vergleiche diesen Näherungswert mit den oben angegebenen ersten zwanzig Stellen der exakten Kreiszahl π.

Eine rationale Zahl mag in Dezimaldarstellung u. U. unendlich viele Nachkommastellen besitzen, diese müssen sich dann aber ab einer gewissen Position periodisch wiederholen. Diese Dezimalschreibweise kann man mit `RealDigits` in Listenform ausgeben lassen:

`RealDigits[`$\frac{2017}{1900}$`]` $\{\{1,0,6,\{1,5,7,8,9,...,2,6,3\}\}, 1\}$

Diese Ausgabe repräsentiert die Zahl in der Schreibweise $0,xyz...\cdot 10^d$, wobei die Zehnerpotenz d das letzte Element der ausgegebenen Liste ist, im Beispiel also 1, und die übrigen Listenelemente die Nachkommastellen darstellen, mit dem sich periodisch wiederholenden Teil in der innersten Liste.

Weiterführende Informationen ... zu in Abschnitt 5.1 angesprochenen Themen findet der Leser in der Mathematica-Hilfe bei folgenden Adressen: *guide/FormulaManipulation*, *guide/Mathematical-Functions*, *guide/MathematicalConstants*, *guide/ContinuedFractionsAndRationalApproximations*, und *tutorial/OutputFormatsForNumbers*

5.2 Numerische Berechnungen

Neben der Fähigkeit zum symbolischen Rechnen zeichnen sich Computeralgebrasysteme auch durch ihre Fähigkeit zum exakten Rechnen mit beliebig großen rationalen Zahlen aus. Wenn Zahlen als ganze Zahlen oder als Brüche eingegeben werden, also diese vom Typ `Integer` oder `Rational` sind, wird **Mathematica** *immer* exakt rechnen. Man beachte hierbei, siehe Abschnitt 5.1, dass die Dezimalbruchschreibweise dagegen als vom Typ `Real` interpretiert wird. In diesem Fall wird dann i. Allg. *nicht* mehr exakt gerechnet. Um dem Leser zu demonstrieren, dass **Mathematica** tatsächlich *beliebig große* ganze und rationale Zahlen zulässt, gebe dieser den folgenden Befehl ein:

> `Timing[1 000 000 !]`   {0.203125, 826 393 ... 000}

Das Kommando `Timing` bewirkt hierbei lediglich, dass **Mathematica** die Zeit misst, die es zum Berechnen des Ausdrucks, in diesem Fall $1\,000\,000! = 1\,000\,000 \cdot 999\,999 \cdots 1$, benötigt.

In manchen Fällen sind die auf diese Weise erhaltenen exakten Werte etwas unhandlich. Um sich etwa die Größenordnung von

> `x=((`$\frac{1}{76543}$` - 1) * 1234 + 1)/1357` $-\frac{94376285}{103868851}$

klar zu machen, muss man schon ein wenig grübeln. Für solche und ähnliche Fälle bietet **Mathematica** das Kommando `N` an, welches einen gegebenen Ausdruck durch einen Dezimalbruch (Typ `Real`) annähert:

> `N[x]`   −0.90861

Gibt man einfach `N[`*ausdruck*`]` ein, so wird der *ausdruck* auf Maschinengenauigkeit gerundet, standardmäßig aber mit noch weniger Stellen (im Beispiel sechs Stellen) ausgegeben. Trotzdem merkt sich **Mathematica** intern mehr Stellen, im Beispiel 16 Stellen: −0.908610079840009'. Die Maschinengenauigkeit ist dabei über die Konstante `$MachinePrecision` einsehbar, üblich ist der Wert 16 (oder auch 15.9546). Man kann den gewünschten Ausdruck aber auch auf eine selbst festlegbare Zahl *n* von Stellen berechnen lassen, dies leistet `N[`*ausdruck, n*`]`. Im Beispiel:

> `N[x, 30]`   −0.908610079840009012904167005756

Der Wert von *n* muss zwischen `$MinPrecision` und `$MaxPrecision` liegen; es ist dabei jedoch erlaubt, `$MaxPrecision=Infinity` zu setzen. Ferner arbeitet **Mathematica** intern oft mit höherer Genauigkeit als `$MachinePrecision`, denn diese soll ja letztlich bei der Ausgabe erreicht werden. Um zu derartiger Ausgabegenauigkeit zu gelangen, kann **Mathematica** intern mit bis zu `$MaxExtraPrecision` Stellen mehr rechnen. Für weiterführende Informationen schlage man in der Hilfe unter *tutorial/Numerical-Precision* nach.

Die Genauigkeit einer Zahl erfragt man mit Hilfe der Befehle `Accuracy` und `Precision`. Ersterer gibt die Zahl gültiger Nachkommastellen an, Zweiterer die Zahl gültiger Stellen insgesamt. Umgekehrt legt man mit `SetAccuracy` bzw. `SetPrecision` fest, wieviele Stellen eine Zahl aufweisen soll.

`x=`$\sqrt{123}$`; Precision[x]`	∞
`y=N[x]`	`11.0905`
`Precision[y]`	`MachinePrecision`
`Accuracy[y]`	`14.9096`

Rechnet man mit Näherungswerten, so werden sich die von Schritt zu Schritt gemachten Fehler fortsetzen:

`x=N[`π`]`	`3.14159`
`Sin[x]`	`1.22461` $\times$ `10`$^{-16}$

Exakt zu erwarten wäre natürlich $\sin(\pi) = 0$. Da aber bereits bei π durch Approximation ein Fehler gemacht wird, kommt auch beim Sinus davon ein falscher Wert heraus. Um solchen durch Näherung bedingten Fehlern Abhilfe zu schaffen, bietet Mathematica die Funktion `Chop` an, die nur geringfügig von 0 abweichende Werte zu 0 rundet:

`Chop[%]`	`0`

Zu guter Letzt sei noch erwähnt, dass Mathematica zu einigen Befehlen, die gewisse symbolische Berechnungen ausführen, auch ein numerisches Gegenstück anbietet, welches dadurch gekennzeichnet ist, dass beim Befehl ein „N" vorangestellt ist.

Beispiel 5.2.1. Mathematica erlaubt es, Summen zu berechnen, selbst dann, wenn es sich dabei um unendlich viele Summanden, d. h. um eine Reihe und deren Grenzwert, handelt. Um die Summation exakt durchführen zu lassen, verwendet man entweder `Sum`, oder gibt gleichwertig das Summenzeichen Σ über die Eingabepalette ein (Tastatur: `Esc`, `sumt`, `Esc`).

`Sum[k`^{2}`, {k,1,n}]`	$\frac{1}{6} n(n+1)(1+2n)$
$\sum_{k=1}^{n} k^2$	$\frac{1}{6} n(n+1)(1+2n)$

Das numerische Gegenstück zu `Sum` ist `NSum`. Die Syntax ist im Prinzip die gleiche wie bei `Sum`, mit dem Unterschied, dass es noch eine Reihe zusätzlicher Optionen gibt, welche Einfluss auf die durchgeführte Numerik nehmen. So kann man z. B. mit `Method`->*Methode* das gewünschte Verfahren auswählen oder über `Accuracy-Goal`->*Wert* bzw. `PrecisionGoal`->*Wert* die anzustrebende Genauigkeit bestimmen. Mehr Informationen hierzu sind der Hilfe zu entnehmen: *tutorial/Numerical-EvaluationOfSumsAndProducts*. Den Unterschied macht folgendes Beispiel deutlich:

```
Sum[1/k², {k,1,∞}]                        π²/6

NSum[1/k², {k,1,∞}]                       1.64493
```

Dass NSum das exakte Resultat $\frac{\pi^2}{6}$ hierbei nicht nur einfach gerundet, sondern die Summe tatsächlich durch ein numerisches Verfahren bestimmt hat, wird deutlich, wenn man sich weitere Stellen des ausgegebenen Resultats anschaut: Dieses ergibt sich nämlich zu 1.6449340667600105`, wogegen $\frac{\pi^2}{6} \approx 1.6449340668482264365\ldots$ ist. Ab der zehnten Nachkommastelle zeigt sich eine Abweichung.

Völlig analog verhält es sich auch bei der Produktbildung: Hier gibt es Product bzw. NProduct, wobei man Ersteres auch wieder über die Eingabepalette eingeben kann, indem man auf das Produktzeichen Π klickt (Tastatur: Esc, prodt, Esc). •

Ferner gibt es auch zu den folgenden Befehlen, die wir später noch genauer besprechen werden, numerische Varianten: Solve vs. NSolve zum Lösen von Gleichungen, Roots vs. NRoots zum Lösen polynomialer Gleichungen, DSolve vs. NDSolve zum Lösen von Differentialgleichungen, Integrate vs. NIntegrate zum Integrieren von Funktionen, D vs. ND zum Differenzieren von Funktionen, Limit vs. NLimit zum Berechnen von Grenzwerten, etc.

Beispiel 5.2.2. Typische Fehlerquellen bei numerischen Berechnungen sind neben Eingabefehlern (wenn Eingabedaten nur in beschränkter Genauigkeit vorliegen) und Approximationsfehlern (wie sie bei Näherungsverfahren zwangsweise auftreten) insbesondere auch Rundungsfehler, welche durch die interne Zahldarstellung im Rechner bedingt werden: eine *Gleitpunktdarstellung* mit festgelegter Stellenzahl. Obwohl Mathematica selbst in dieser Hinsicht recht unproblematisch ist, da es prinzipiell mit beliebiger Genauigkeit zu rechnen vermag, bietet es uns Werkzeuge an, um diese Probleme zu simulieren. Diese finden sich im Paket ComputerArithmetic`, siehe auch den Hilfeeintrag *ComputerArithmetic/tutorial/ComputerArithmetic*.

```
Needs["ComputerArithmetic`"]

Arithmetic[]

{4, 10, RoundingRule -> RoundToEven, ExponentRange -> {-50, 50},
 MixedMode -> False, IdealDivide -> False}
```

Die Standardvorgabe für die Maschinenzahlen ist dabei eine Gleitpunktdarstellung zur Basis 10 mit 4 Stellen Genauigkeit. Um diese einzuhalten, wird eine vorgebbare Rundungsregel angewendet; in der Standardeinstellung wird im Grenzfall zu geraden Zahlen hin gerundet. Probieren wir dies aus:

```
ComputerNumber[Pi]                    3.142000000000000000
```

```
% //FullForm

ComputerNumber[1, 3142, -3, Rational[1571,500], 3.14159265...503`24]

SetArithmetic[6, 10];

ComputerNumber[Pi]                          3.14159000000000000
```

Bei vierstelliger Genauigkeit wird π zu 3.142 gerundet; intern hat **Mathematica** neben Vorzeichen, Mantisse und Exponent auch noch eine rationale Darstellung der Maschinenzahl und den ursprünglichen Wert selbst abgespeichert. Erhöhen wir die Stellenzahl auf 6 (das zweite Argument ist die Basis), wirkt sich dies entsprechend auf die Maschinendarstellung von π aus.

Um nun die Problematik der Rundungsfehler bei Gleitpunktoperationen zu demonstrieren, reproduzieren wir ein Beispiel aus Stoer (2005):

```
SetArithmetic[8];

a=ComputerNumber[0.23371258*10⁻⁴]          0.000023371258000000000000

b=ComputerNumber[0.33678429*10²]           33.67842900000000000

c=ComputerNumber[-0.33677811*10²]          -33.67781100000000000

a+(b+c)                                    0.000641371260000000000000

(a+b)+c                                    0.000641000000000000000000
```

Hier wird deutlich, wie sensibel die Gleitpunktrechnung bzgl. Rundung ist. Im ersten Fall werden zuerst die zwei Zahlen b und c addiert, welche von gleicher Größenordnung sind. Deswegen ist das Resultat von guter Genauigkeit; exakt erhielte man $6.41371258 \cdot 10^{-4}$. Im zweiten Fall gehen die meisten Stellen von a nach Durchführung der Addition $a + b$ verloren, denn das Zwischenresultat muss ebenfalls eine Maschinenzahl sein, was Rundung erzwingt. Entsprechend liegt das Endresultat weit daneben. Obwohl beide Ansätze mathematisch gleichwertig sind (Assoziativgesetz), führen sie bei Gleitpunktrechnung durch Rundung und Fehlerfortpflanzung zu unterschiedlichen Resultaten. •

5.3 Symbolische Ausdrücke ein- und ausgeben

Das Charakteristikum eines Computeralgebrasystems ist seine Fähigkeit zum symbolischen Rechnen. Um symbolische Ausdrücke eingeben zu können, benötigen wir das Konzept der Variablen, siehe Abschnitt 4.1. Damit **Mathematica** gewünschte Berechnungen ausführt, müssen wir diese in Form von **Wolfram Language** in eine Input-Zelle eingeben. Löst man dann die Anweisungen dieser Input-Zelle aus, so wird das Resul-

Tab. 5.6. Kommandos zur Ausgabeformatierung.

Befehl	Beschreibung
FullForm[*Ausdruck*]	Ausgabe in der Mathematica-internen Darstellung.
TraditionalForm[*Ausdruck*]	Ausgabe in einer Form, wie sie im Alltag üblich ist.
CForm[*Ausdruck*]	Ausgabe als C-Code.
FortranForm[*Ausdruck*]	Ausgabe als Fortran-Code.
MathMLForm[*Ausdruck*]	Ausgabe als MathML-Code.
TeXForm[*Ausdruck*]	Ausgabe als TEX-Code.
Short[*Ausdruck*]	Auf ca. eine Zeile Länge gekürzte Fassung der Ausgabe.
Shallow[*Ausdruck*]	Gekürzte und „flachere" Darstellung der Ausgabe, weniger stark verschachtelt.
Speak[*Ausdruck*]	Sprachliche Wiedergabe des Ausdrucks.　　　　　　(seit V. 7)
SpokenString[*Ausdruck*]	Ausgabe als Text, welcher der sprachlichen Wiedergabe entspricht.　　　　　　(seit V. 7)

tat in einer Output-Zelle ausgegeben. Auch in diesem Fall wird uns das Resultat in Form von Wolfram Language mitgeteilt. Um das Ganze zu erläutern, betrachten wir folgendes Beispiel: Wollen wir den Ausdruck $2\sin(x)\cos(x)$ vereinfachen lassen, geben wir *nicht* Simplify[2 sin(x) cos(x)] ein, sondern Simplify[2 Sin[x] Cos[x]], also mit groß geschriebenen Befehlen und eckigen Klammern. Genauso wird uns das Resultat nicht als $\sin(2x)$ ausgegeben, sondern als Sin[2x].

Der Unterschied ist nicht fundamental, trotzdem mag es Situationen geben, in denen wir uns zumindest die ausgegebenen Resultate in einer anderen Form als der üblichen Wolfram Language wünschen. Für solche Situationen bietet Mathematica eine bemerkenswerte Vielfalt von Formatierungsmöglichkeiten an. Eine Reihe implementierter Formatierungskommandos (seit Version 7 auch zur sprachlichen Wiedergabe), von denen wir manche nun ausführlicher behandeln wollen, sind in Tab. 5.6 zusammengefasst; FullForm hatten wir schon in Abschnitt 3.5 kennengelernt. Ferner sei auch auf die Hilfe verwiesen, Adresse *tutorial/FormsOfInputAndOutput*.

Wir wollen mit dem Beispiel aus Abschnitt 3.5 beginnen, und zwar der Betrachtung des Polynoms $2x^2 - 3x + 1$, welches wir wie folgt eingeben:

p=2 x^2-3 x+1　　　　　　　　　　　$1-3x+2x^2$

Die Ausgabe mag etwas verwirrend scheinen, da Mathematica die Reihenfolge der Terme genau umgekehrt hat. Mathematica ordnet Potenzen immer aufsteigend an, während man dies traditionellerweise absteigend macht. Sollte dies als störend empfunden werden, so kann man den Befehl TraditionalForm verwenden, der Mathematica dazu zwingt, das Resultat in einer uns vertrauteren Weise auszugeben:

    TraditionalForm[p] $2x^2 - 3x + 1$

Man beachte: Inhaltlich bewirkt TraditionalForm keine Änderung, das Resultat wird nur anders notiert. Der Leser probiere aus, welche Wirkung TraditionalForm auf einen Ausdruck wie Sin[x] hat.

    An dieser Stelle bietet sich nun ein kleiner Exkurs an. Bisher haben wir kennengelernt, dass man Wolfram Language immer in der Form *Befehl*[*Ausdruck*] eingibt, nennen wir dies die *Standardform*. Diese ist aber nicht die einzige Möglichkeit. Eine andere und im Prinzip gleichwertige Variante ist die sog. *Postfixform*, bei der die Befehle hinten angehängt werden: *Ausdruck //Befehl1 //Befehl2* ... entspricht *Befehl2*[*Befehl1*[*Ausdruck*]] in Standardform, wobei zuerst *Befehl1*, dann *Befehl2* usw. ausgeführt wird. So ergibt z. B.

    p //TraditionalForm $2x^2 - 3x + 1$

genau das gleiche Resultat wie oben. Man mag sich nun fragen, warum es überhaupt mehrere Varianten gibt bzw. warum der Autor nicht bei der Standardform bleibt. Darauf soll mit einer unverbindlichen Empfehlung geantwortet werden: Generell sollte die Standardform verwendet werden, insbesondere dann, wenn die Befehle das Ergebnis *inhaltlich* beeinflussen. Ein Befehl, der jedoch *nur die Ausgabe* beeinflusst und damit ohnehin zuletzt angewendet wird, sollte hinten angehängt werden. Dies hat für den Betrachter den Vorteil, dass er auf einen Blick zwischen „harten Fakten" und „Kosmetik" trennen kann. Dieser Empfehlung wollen wir auch im Rest des Buches folgen.

    Von praktischem Nutzwert sind auch die beiden Befehle TeXForm und CForm. Diese geben einem die Ausgabe in einer solchen Form zurück, wie man sie im Schriftsatzsystem TeX bzw. in der Programmiersprache C eingeben würde. Gerade der erstgenannte Befehl war für den Autor des vorliegenden Buches sehr hilfreich, da dieses mit LaTeX erstellt wurde. Betrachten wir auch hier wieder die Auswirkung am obigen Polynom p:

    p //TeXForm   2 x^2-3 x+1

    p //CForm   1-3*x+2*Power(x,2)

Auch der Befehl Short kann sehr nützlich sein. Die eigentliche Ausgabe ist manchmal sehr lang und füllt möglicherweise einige Seiten. Durch Anwendung von Short soll die Ausgabe so gekürzt werden, dass sie möglichst in eine Zeile passt, trotzdem aber ihre Struktur erkennen lässt. Will man etwa das Polynom $(x - a)^{50}$ ausmultiplizieren lassen, so resultiert ein Term der Art

    Expand[(x-a)^{50}] //Short $a^{50} - 50\,a^{49}\,x+ \ll 72 \gg +x^{50}$

wobei die mittleren 72 Terme (nach Mathematica-Zählweise) ausgeblendet wurden.

Ähnlich funktioniert auch `Shallow` (von engl.: shallow = flach, seicht), welches ebenfalls eine reduzierte Darstellung erzeugt, dabei aber die Verschachtelungstiefe des Ausdrucks berücksichtigt.

Die Kommandos `TableForm` und `MatrixForm`, welche die formatierte Ausgabe von Listen erlauben, haben wir ferner bereits in Abschnitt 4.2.1 besprochen. Auch für diese gilt natürlich, dass sie, durch `//` getrennt, hinten angehängt werden können. Kommandos zur Formatierung von Zahlen sind dagegen in Tab. 5.5 auf Seite 52 zusammengestellt.

5.4 Symbolisches Rechnen und Termumformungen

Sehr früh lernen Schulkinder mit natürlichen Zahlen zu rechnen. Sie erfahren dabei, dass bei der Multiplikation zweier Zahlen deren Reihenfolge vertauscht werden kann, oder dass man bei einer Gleichung auf beiden Seiten ein und dieselbe Zahl addieren kann, ohne dass sich dabei an der Gleichheit etwas ändert. Später entwickelt sich dann die Fähigkeit zur Abstraktion: Weiß das Kind, dass sich hinter den Bezeichnungen a und b in Wirklichkeit natürliche Zahlen verbergen sollen, so wird es in der Lage sein zu erkennen, dass dann auch für diese beiden Variablen die Regel $a \cdot b = b \cdot a$ gilt. Genau diese Fähigkeit zum abstrakten Rechnen („Buchstabenrechnen") besitzt auch **Mathematica**. Führt der Leser die Anweisung `x+x` aus, so wird **Mathematica** $2\,x$ zurückliefern, genauso wird `a*b*a` zu $a^2\,b$ berechnet. Letztere Umformung sollte bei einem mathematisch geschulten Leser ein kurzes Erstaunen hervorrufen: Genau wie obiges Kind scheint auch **Mathematica** gewisse Vorstellungen über die Art der Variablen a und b mitzubringen, ohne dass wir diese jemals explizit formuliert hätten. Hier wird nämlich vorausgesetzt, dass die Produktbildung kommutativ ist (was sie bei Matrizen ja nicht wäre). Tatsächlich wird schnell klar, dass **Mathematica** beim symbolischen Rechnen mit den Operationen + und * Körperstrukturen annimmt. Wenn man bedenkt, welche Vielfalt von „Werten" man einer Variable bei **Mathematica** zuweisen kann, siehe Abschnitt 4.1, ist dies zumindest bemerkenswert.[7]

Gehen wir nun vorerst tatsächlich davon aus, dass die symbolischen Berechnungen, die wir anstellen wollen, in einem Körper wie den reellen Zahlen stattfinden. Dann kann man eine Variable y dadurch definieren, dass sie gleich $2x + 5$ sein soll. Entsprechend gilt dann für $3 \cdot (y + 1)$:

```
y=2 x+5; 3 (y+1)                          3 (6+2x)
```

Setzt man nun für x einen konkreten Wert ein, so sollte dies auch konkrete Auswirkungen auf y haben:

```
x=3; y                                    11
```

---

7 Mathematica bietet aber auch eine nichtkommutative Multiplikation an, Operator ist hierbei **.

```
3 (y+1)                                            36
```

Die Beispiele demonstrieren, dass **Mathematica** tatsächlich mit Variablen rechnet, wie es uns selbst in der Schule gelehrt wurde. Die letzte Berechnung ist aber auch noch aus einem anderen Grund interessant: Es wird nämlich klar, dass sich **Mathematica** die einmal getroffene Belegung von x zu 3, und damit von y zu 11, merkt. Erst wenn wir die Belegung von x wieder aufheben, ist y nicht mehr die konkrete Zahl 11 zugeordnet, sondern wieder die ursprüngliche Beziehung zu x sichtbar:

```
Clear[x]; 3 (y+1)                                  3 (6+2x)
```

Die Zuweisung eines Wertes an eine Variable via = ist also dauerhaft und kann erst mit `Clear` wieder behoben werden, siehe auch Abschnitt 4.1. Daneben gibt es aber auch die Möglichkeit einer „vorübergehenden" Zuweisung, die unmittelbar nach der Ausführung wieder „vergessen" wird. Der zugehörige Operator ist hierbei -> (welcher sich gleich nach Eingabe in einen Pfeil „→" verwandelt). Will man etwa x nur einmalig den konkreten Wert 3 zuweisen, muss man x -> 3 schreiben. Soll sich diese Belegung auch noch auf y auswirken und nicht schon wieder vergessen sein, muss man zusätzlich den sog. *Ersetzungsoperator* /. einsetzen, siehe auch Abschnitt 7.7:

```
y /. x -> 3                                        11
```

```
y                                                  5+2 x
```

Bei Ausführung des nächsten Kommandos ist die bei y durchgeführte Ersetzung von x durch 3 bereits vergessen. Eine derartige Zuweisung ist dabei übrigens nicht auf konkrete Zahlen beschränkt:

```
y /. x -> 3 z                                      5+6 z
```

In Abschnitt 7.1.1 zu Funktionen werden wir dann einen weiteren Zuweisungsoperator kennenlernen.

Wie wir bis jetzt gesehen haben, rechnet **Mathematica** mit Variablen tatsächlich in der gewohnten Weise und erlaubt auch das Zuweisen von konkreten Werten. Praktisch relevant wird das Ganze aber erst dann, wenn **Mathematica** tatsächlich auch zu symbolischen Umformungen in der Lage ist, die in Handarbeit mit sehr viel Aufwand verbunden wären. Dass **Mathematica** genau dies kann, sollen die folgenden Ausführungen demonstrieren. **Mathematica** bietet eine Reihe von Funktionen an, die es erlauben, Terme gezielt zu manipulieren. Eine Auswahl solcher Befehle ist in Tab. 5.7 zusammengestellt. Betrachten wir dazu einige Beispiele, welche die unterschiedliche Wirkungsweise illustrieren sollen. So bewirkt etwa `Expand`, dass das Trinom

```
Expand[(a+b)^3]                                    a^3 + 3 a^2 b + 3 a b^2 + b^3
```

```
Expand[(a+b)^3, Modulus -> 3]                      a^3 + b^3
```

ausgerechnet wird, nach Wunsch auch unter Berücksichtigung davon, dass alle Rech-

Tab. 5.7. Manipulation von Termen.

Befehl	Beschreibung
Expand[term, opt]	Multipliziert den Ausdruck *term* auf erster Ebene aus, ggf. unter Berücksichtigung des optionalen Arguments *opt*. Varianten: ExpandAll: Multipliziert aus in allen Ebenen. ExpandNumerator/ExpandDenominator: Multipliziert nur Zähler bzw. Nenner eines Bruchterms aus.
PowerExpand[term]	Führt Potenzierung von Produkten und Potenzen aus.
Factor[term, opt]	Faktorisiert den Ausdruck *term* aus, gegebenenfalls unter Berücksichtigung des optionalen Arguments *opt*.
FactorTerms[term]	Klammert gemeinsamen numerischen Faktor aus. Bei optionaler Angabe einer Variablen werden ganz allgemein Vorfaktoren dieser Variablen ausgeklammert.
Collect[term, x]	Sortiert *term* nach Potenzen von *x*. Ist an Position von *x* eine Liste {x1,x2,...} gegeben, so wird zuerst nach x_1, dann x_2, etc. sortiert.
Together[term]	Bringt Summen von Brüchen auf Hauptnenner und kürzt gegebenenfalls gemeinsame Faktoren.
Apart[term]	Zerlegt Brüche in Summe von Teilbrüchen möglichst einfachen Nenners.
Cancel[term]	Kürzt gemeinsame Faktoren aus Bruchtermen.
TrigExpand[term]	Rechnet trigonometrische und hyperbolische Funktionen aus.
TrigFactor[term]	Faktorisiert trigonometrische und hyperbolische Funktionen.
TrigReduce[term]	Fasst trigonometr. und hyperbolische Funktionen zusammen.

nungen in $\mathbb{Z}_3$ ausgeführt werden sollen. Das Zusatzargument kann dabei auch als Einschränkung dienen. Im Beispiel

$$\text{Expand}[(x+1)^2+(x-1)^2,\ x-1] \qquad\qquad 1 - 2x + x^2 + (1 + x)^2$$

etwa wird die Berechnung auf Potenzen von $x - 1$ beschränkt. Der Unterschied zwischen Factor und FactorTerms lässt sich leicht an folgendem Beispiel aufzeigen:

$$\text{Factor}[2x^2+4x+2] \qquad\qquad 2(1 + x)^2$$

$$\text{FactorTerms}[2x^2+4x+2] \qquad\qquad 2(1 + 2x + x^2)$$

FactorTerms klammert nur den gemeinsamen numerischen Faktor aus, Factor faktorisiert noch weiter. Mit Collect wiederum kann man Terme zusammenfassen und ordnen lassen:

`Collect[x+3 x²+2 x y-x² y+2 y, x]` $x^2(3-y) + 2y + x(1+2y)$

Die Terme werden nach Potenzen von x gruppiert, wenn auch die ausgegebene Reihenfolge verwirrend ist. Die Wirkung der Befehle Together und Apart lässt sich aus den Erklärungen in Tab. 5.7 erschließen, so dass nur noch die Befehle zur Manipulation trigonometrischer und hyperbolischer Funktionen vorzustellen sind:

`z=Sin[2 x] Cos[2 y];`
`TrigExpand[z]` $2\cos[x]\cos[y]^2\sin[x] - 2\cos[x]\sin[x]\sin[y]^2$

`TrigFactor[z]` $4\cos[x]\sin[x]\sin\left[\frac{\pi}{4} - y\right]\sin\left[\frac{\pi}{4} + y\right]$

`TrigReduce[z]` $\frac{1}{2}(\sin[2x - 2y] + \sin[2x + 2y])$

TrigExpand zerlegt den trigonometrischen Ausdruck so lange, bis die Argumente aller Funktionen einfach sind. TrigFactor formt den Ausdruck mit ähnlichem Ziel um, aber so, dass insgesamt ein Produkt vorliegt. TrigReduce versucht genau dies, Produkte und Potenzen, zu verhindern, dabei in Kauf nehmend, dass die Argumente der Funktionen nicht mehr einfach sind. Es sei bemerkt, dass sich je nach Version von Mathematica die Ausgabe von der hier gezeigten unterscheiden kann.

Neben diesen zielgerichteten Umformungen bietet Mathematica auch die Befehle Simplify und FullSimplify an, welche pauschal Vereinfachungen vornehmen, wobei „Einfachheit" intern definiert ist. Das Resultat ist oft zufriedenstellend, allerdings schwer vorhersehbar. Der Befehl FullSimplify probiert dabei viel mehr Umformungsregeln aus, weshalb er prinzipiell vorzuziehen ist. Bei sehr komplexen Termen jedoch kann er aber sehr viel Zeit beanspruchen, so dass man sich dann zwangsweise mit Simplify begnügen muss. Alternativ kann man auch ein zeitliches Limit setzen, siehe unten.

`x=`$\sqrt{4 - \sqrt{8}}\,(2 + \sqrt{2})$`; Simplify[x]` $\sqrt{4 - 2\sqrt{2}}\,(2 + \sqrt{2})$

`FullSimplify[x]` $2\sqrt{2 + \sqrt{2}}$

In diesem Beispiel probiert nur FullSimplify die dritte Binomformel unter der großen Wurzel aus. Die scheinbar einfache Aufgabe

`FullSimplify[`$\sqrt{a^2}$`]` $\sqrt{a^2}$

mag Mathematica dagegen nicht lösen, was daran liegt, dass keine Aussagen über den Definitionsbereich von a getroffen wurden. Solche Zusatzbedingungen kann man bei beiden Befehlen anhängen, durch Komma getrennt. Mehrere Restriktionen werden dabei mit „&&" (logisches UND, siehe den Ausblick auf S. 87) verknüpft. Soll etwa $a > 0$ angenommen werden, so schreibt man

`FullSimplify[`$\sqrt{a^2}$`, a>0]`   a

Weitere denkbare Bedingungen sind z. B. Zahlbereichsangaben, siehe Abschnitt 5.1 oben. Daneben erlauben beide Befehle noch optionale Angaben. So kann man etwa, wie oben bereits angedeutet, ein Zeitlimit (in Sekunden) setzen:

```
FullSimplify[2 Sin[10 x+20 y] Cos[10 x+25 y]] //Timing
```

$\{11.8438, -\text{Sin}[5\,y]+\text{Sin}[5\,(4\,x+9\,y)]\}$

```
FullSimplify[2 Sin[10 x+20 y] Cos[10 x+25 y], TimeConstraint -> 1]
//Timing
```

```
FullSimplify::time: Time spent on a transformation exceeded 1 seconds, and the
transformation was aborted. Increasing the value of TimeConstraint option may
improve the result of simplification. ≫
```

$\{1.48438, -\text{Sin}[5\,y]+\text{Sin}[5\,(4\,x+9\,y)]\}$

Trotz des Limits wurde bereits die richtige Vereinfachung gefunden. Scheinbar war es also eine, die gleich zu Beginn ausprobiert wurde. Generell sind solche trigonometrischen Umformungen recht zeitintensiv, weswegen man sie gezielt unterdrücken kann. Im aktuellen Beispiel kommt man dann natürlich nicht allzu weit:

```
FullSimplify[2 Sin[10 x+20 y] Cos[10 x+25 y], Trig -> False] //Timing
```

$\{0.015625, 2\,\text{Cos}[10\,x+25\,y]\,\text{Sin}[10\,(x+2\,y)]\}$

Schließlich kann man eigenständig Ausdrücke festlegen, die nicht weiter vereinfacht werden sollen. Mit der in Abschnitt 7.7 erläuterten Syntax kann man z. B. die Sinusfunktion ausschließen:

```
FullSimplify[2 Sin[10 x+20 y] Cos[10 x+25 y], ExcludedForms -> {Sin[_]}]
```

$2\,\text{Cos}[5\,(2\,x+5\,y)]\,\text{Sin}[10\,x+20\,y]$

Zu guter Letzt bietet **Mathematica** noch Befehle an, mit denen man gezielt einzelne Termbestandteile abfragen kann. Einen Überblick bietet Tabelle 5.1 auf Seite 49. Die Verwendung der Befehle lässt sich an folgenden Beispielen illustrieren:

`z=Numerator[`$\frac{x^3-2\,x\,y+y^2}{(x-1)^4}$`]`	$x^3 - 2\,x\,y + y^2$
`Coefficient[z, x]`	$-2\,y$
`Exponent[z, x]`	3
`Exponent[z, x y]`	1

Während 3 die höchste vorkommende Potenz von x im Zählerpolynom z ist, ist die von xy gleich 1.

6 Grafiken erstellen mit Mathematica

Mathematica besitzt ein äußerst umfangreiches Spektrum grafischer Funktionalitäten, zu umfangreich, um es vollständig im Rahmen dieses Buches beschreiben zu können. In diesem Kapitel sollen die nach Meinung des Autors wichtigsten Aspekte rund um Grafiken besprochen werden, wobei wir einige spezielle Grafiktypen erst in späteren Kapiteln vorstellen werden, insbesondere in den Abschnitten 7.4, 8, 11 und 19.2. Wir beginnen in Abschnitt 6.1 mit elementaren geometrischen Formen und den Optionen, mit denen man ihr Erscheinungsbild beeinflussen kann. In Abschnitt 6.2 werden wir dann zeigen, wie man durch geschickte Wahl der Grafikoptionen maßgeschneiderte Grafiken erzeugen kann. Diese Optionen sind allgemein für Grafiken gültig, auch für die Darstellungen von Funktionsgraphen und Punktmengen in den späteren Abschnitten 7.4 und 19.2. Ferner kann man auch noch nachträglich Änderungen an einer Grafik vornehmen, derartige Möglichkeiten des Feinschliffs werden in Abschnitt 6.3 erläutert. Seit Version 7 wird gar ein umfangreiches Befehlsrepertoire zur Bildbearbeitung angeboten, siehe Kapitel 17. Über dieses Kapitel hinausgehende Informationen findet der Leser in der Hilfe unter *guide/VisualizationAndGraphicsOverview*.

6.1 Elementare Grafikobjekte und Grafiktypen

Mit Hilfe des Graphics- und des Graphics3D-Befehls kann man eine Reihe elementarer Grafikobjekte erzeugen, wie Kreise, Rechtecke, Würfel etc. Diese werden wir später in Kapitel 11 nochmals ansprechen. Die nötige Syntax ist simpel: Graphics[*Element*, *Optionen*] bzw. Graphics3D[*Element*, *Optionen*] erzeugt das gewünschte Objekt unter Berücksichtigung bestimmter Optionen. Um dann das Grafikobjekt auch tatsächlich anzuzeigen, ist ggf. noch der Show-Befehl nötig:

```
Graphics[Rectangle[{0,0}, {0.5,0.5}]]
```

```
obj1=Graphics[Rectangle[{0,0}, {0.5,0.5}]];
obj2=Graphics[Rectangle[{0.2,0.3}, {0.7,0.6}]];
Show[obj1,obj2]
```

Die Grafiken werden offenbar der Reihe nach überlagert gezeichnet. Von dieser Fähigkeit werden wir des Öfteren Gebrauch machen.

Eine Auswahl möglicher Grafikobjekte ist in den Tab. 6.1 und 6.2 aufgelistet. Einige von diesen werden wir gleich in den Abschnitten 6.2.1 und 6.2.2 an Beispielen genauer erläutern. An dieser Stelle wollen wir nur auf das Erstellen von Pfeilen eingehen.

DOI 10.1515/9783110425222-006

Tab. 6.1. Elementare 2D-Grafikobjekte.

Befehl	Beschreibung
Point[{x,y}]	Punkt an der Stelle (x, y).
Circle[{x,y},r]	Kreislinie mit Radius r und Mittelpunkt (x, y).
Disk[{x,y},r]	Kreisscheibe mit Radius r und Mittelpunkt (x, y). Seit Version 10 auch Ringgebiet Annulus mit $\{ri, ra\}$ statt r.
Line[{{x1,y1},...}]	Linienzug durch gelistete Punkte, beginnend in (x_1, y_1).
Triangle[{{x1,y1},...,{x3,y3}}]	Dreieck mit gegebenen Eckpunkten. (seit V. 10) Auch Festlegung gemäß der Kongruenzsätze für Dreiecke: SSSTriangle, SASTriangle, ASATriangle, AASTriangle.
Rectangle[{x1,y1},{x2,y2}]	Rechteck, festgelegt durch linke untere und rechte obere Ecke.
Parallelogram[{x0,y0}, {{x1,y1},{x2,y2}}]	Parallelogramm mit Kanten $0 \to 1$ und $0 \to 2$. (seit V. 10)
Polygon[{{x1,y1}, ...}]	Polygon zu Eckpunkten; seit V. 10 auch RegularPolygon[n].
Arrow[{{x1,y1}, ...,{xn,yn}}]	Pfeil durch die vorgeg. Punkte, endend in (x_n, y_n).
Text["abc",{x,y}]	Text *abc*, zentriert an Position (x, y). Optional noch weitere Pärchen $\{k, l\}$ für Textausrichtung möglich.

```
Graphics[Arrow[{{-2,0},{1,0},{1,1},{2,0}}]]
```

Position, Größe und Gestalt der Pfeilspitze kann man über Arrowheads beeinflussen, welches man dem Arrow-Befehl in der Form Graphics[{Arrowheads[...], Arrow[...]}] voranstellt. Die Syntax des Arrowheads-Kommandos ist dabei

Arrowheads[{{gr1,pos1,grafik1},...}]

d. h. die erste Pfeilspitze wird an Position pos_1 in Größe gr_1 gezeichnet und ist dabei vom Typ *grafik*$_1$. Lässt man Letzteres weg, wird eine Standardpfeilspitze gezeichnet. Ein paar Beispiele:

```
obj1=Graphics[Arrow[{{0,0},{5,0}}]];
obj2=Graphics[{Arrowheads[0.1], Arrow[{{0,-0.5},{5,-0.5}}]}];
obj3=Graphics[{Arrowheads[{{0.2,0.8},{-0.1,0.2}}],
Arrow[{{0,-1},{5,-1}}]}]; spitze=Graphics[Disk[{0,0},1]];
```

Tab. 6.2. Elementare 3D-Grafikobjekte.

Befehl	Beschreibung
Point[{x,y,z}]	Punkt an der Stelle (x, y, z).
Line[{{x1,y1,z1},...}]	Linienzug durch die aufgelisteten Punkte.
Tube[{{x1,y1,z1},...},r]	Röhre mit Radius r durch die aufgelist. Punkte. (seit V. 7)
Cuboid[{x1,y1,z1},{x2,y2,z2}]	Quader, festgelegt durch zwei Ecken.
Hexahedron[{{x1,y1,z1}, ...}]	Hexaeder mit acht gewählten Eckpunkten. (seit V. 10) Analog Pyramid für Pyramide mit fünf Eckpunkten, und Tetrahedron für Tetraeder mit vier Eckpunkten.
Parallelepiped[...]	Parallelepiped analog Parallelogram aus Tab. 6.1, zusätzlich Kante 0 → 3 vorgeben. (seit V. 10)
Polygon[{{x1,y1,z1}, ...}]	Polygon mit gewählten Eckpunkten.
Sphere[{x,y,z},r]	Kugel mit Radius r um vorgegebenen Mittelpunkt.
Ball[{x,y,z},r]	Gefüllte Kugel mit Radius r um geg. Mittelpunkt; Kugelschale mit Radien $\{ri,ra\}$ via SphericalShell. (seit V. 10)
Cylinder[{{x1,y1,z1},{x2,y2,z2}}, r]	Zylinder mit Radius r um die Verbindungsstrecke der beiden vorgegebenen Punkte.
Cone[{{x1,y1,z1},{x2,y2,z2}},r]	Kegel mit Radius r und Achse definiert durch zwei Punkte. (seit V. 7)
Text["abc",{x,y,z}]	Text abc, zentriert an Position (x, y, z).

```
obj4=Graphics[
{Arrowheads[{{0.1,0.8,spitze},{-0.1,0.2}}],
Arrow[{{0,-2},{5,-2}}]}];
Show[obj1,obj2,obj3,obj4]
```

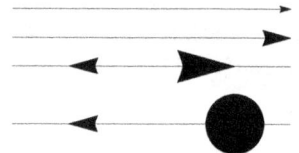

Seit Version 7 kann Arrow sogar innerhalb von Graphics3D zur Erzeugung von 3D-Pfeilen verwendet werden. Dies gilt analog auch für die Grafikobjekte aus Tab. 6.1, die seit Version 10 zudem um Befehle zur Repräsentation von (Halb-)Geraden und (Halb-)Ebenen ergänzt wurden, nämlich HalfLine, InfiniteLine bzw. HalfPlane, InfinitePlane, oder allgemeiner AffineHalfSpace, AffineSpace.

Neben zweidimensionalen Grafikobjekten bietet Mathematica natürlich auch dreidimensionale an. Wichtige 3D-Grafikobjekte sind in Tab. 6.2 zusammengefasst. Hinzu kommen, wenn auch mit eingeschränkten Bearbeitungsmöglichkeiten, noch ein paar Objekte über ExampleData[{"Geometry3D", "Typ"}], vgl. Abschnitt 14.6:

Ein Torus ("Torus"), ein Möbiusband ("MoebiusStrip") und die Kleinsche Flasche ("KleinBottle").

Wie wir oben erwähnt haben, kann man mit Hilfe des Show-Befehls mehrere Grafikobjekte zugleich, überlagert, ausgeben (die beiden Befehle für Prisma und Ebene sind seit Version 10 verfügbar):

```
Show[
Graphics3D[Prism[{{1,0,1},{0,0,0},{2,0,0},
    {1,2,1},{0,2,0},{2,2,0}}]],
Graphics3D[
InfinitePlane[{{0,0,0},{1,2,1},{2,0,0}}]]]
```

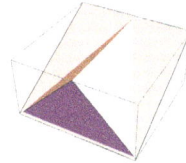

Man kann mehrere Objekte aber auch nebeneinander, tabellarisch, anordnen:

```
obj1 = Graphics3D[Cuboid[{0,0,0}, {1,1,1}], Boxed->False];
obj2 = Graphics3D[Cone[{{0,0,0},{0,0,3}}, 1], Boxed->False];
obj3 = Graphics3D[Cylinder[{{0,0,0},{0,0,3}}, 1], Boxed->False];
obj4 = ExampleData[{"Geometry3D", "Torus"}];
obj5 = Graphics3D[Sphere[{0,0,0}, 1], Boxed->False];
obj6 = ExampleData[{"Geometry3D", "MoebiusStrip"}];

list = {{obj1,obj2,obj3}, {obj4,obj5,obj6}};
list //TableForm
```

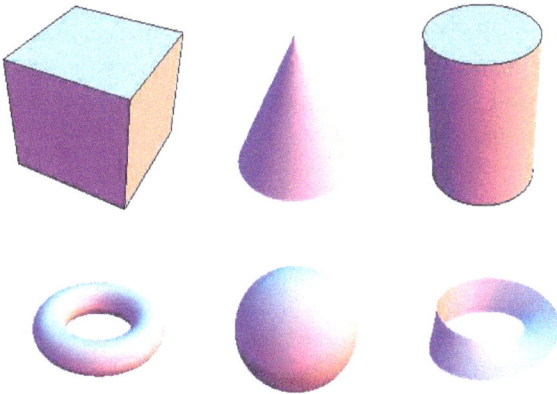

Boxed->False bewirkt wieder, dass die Objekte nicht durch eine Box umrahmt werden, siehe Abschnitt 6.2.2. Zum Schluss wird die Liste tabellarisch dargestellt, und in genau dieser Weise werden dann auch die Grafikobjekte gezeichnet.

Zu guter Letzt sei daran erinnert, dass man erzeugte Grafiken auch exportieren kann, genau wie in Abschnitt 4.3 beschrieben. Daneben gibt es auch die Möglichkeit, ausgegebene Grafiken über Anklicken ihrer Zellklammer (bei mehreren Markierungen zugleich die Taste Strg gedrückt halten) zu markieren, und dann z. B. mit Hilfe eines geeigneten Druckertreibers in eine EPS-Datei zu drucken. Alternativ kann man auch über *File* → *Save Selection As* die markierten Grafiken in eines der angebotenen Grafikformate exportieren.

⚡ Ausblick: Neben den bisher besprochenen geometrischen Objekten bietet Mathematica natürlich auch Grafikbefehle zur Darstellung von Funktionsgraphen an. Zentral sind hierbei der Plot-Befehl, den wir bereits in einem Beispiel in Kapitel 2 kennengelernt haben, sowie seine Ableger. Wie wir in Abschnitt 7.4 sehen werden, gelten alle Grafikoptionen, die im Folgenden vorgestellt werden, auch für diese Befehlsfamilie.

Ein anderer bedeutsamer Grafiktyp ist die Punktgrafik. Mit ListPlot, siehe Beispiel 4.3.2, können Listen von Werten grafisch dargestellt werden, was sich insbesondere im Rahmen statistischer Datenanalyse als bedeutsam erweisen wird. Auch für ListPlot und verwandte Befehle gelten die im Folgenden vorzustellenden Grafikoptionen, siehe Abschnitt 7.4 und 19.2.1.

6.2 Maßgeschneiderte Grafiken erzeugen

Der vorige Abschnitt 6.1 erlaubte es uns, ein klein wenig in das Grafikrepertoire von Mathematica hineinzuschnuppern. Noch ist die grafische Ausgabe der Objekte allerdings nur bedingt zufriedenstellend, so mussten wir uns etwa mit den farblichen Voreinstellungen Mathematicas begnügen. Um dies zu ändern, können wir auf zweierlei Weise verfahren: Erstens können wir Gebrauch von den angebotenen Grafikoptionen machen und die Grafik gleich so erzeugen, dass sie unseren Anforderungen entspricht. Dies ist quasi der traditionelle Weg in Mathematica, der in diesem Abschnitt detailliert erläutert werden soll. Man kann Grafiken aber auch nachbearbeiten, wie man es von sonstiger Grafiksoftware her gewohnt ist; diese Möglichkeit wollen wir später in Abschnitt 6.3 kennenlernen.

6.2.1 2D-Grafikobjekte anpassen

Mathematica bietet eine Reihe von Stellschrauben an, um Grafikobjekte in der gewünschten Weise zu erzeugen; ferner kann man Grafiken noch nachbearbeiten, siehe Abschnitt 6.3. Diese Stellschrauben werden in der Hilfe unter *ref/Graphics* beschrieben. Dabei ist zuerst zwischen zwei Arten solcher Stellschrauben zu unterscheiden: Anweisungen, die sich auf das individuelle Grafikobjekt beziehen ("directives"), und Anweisungen, die die Gesamtgrafik global betreffen ("options"). Wir wollen aus beiden Gruppen die wichtigsten Vertreter vorstellen und beispielhaft erläutern.

Beginnen wir mit den *globalen Optionen*, welche man innerhalb von Graphics, analog aber auch bei Grafikbefehlen wie Plot, anhängt: Graphics[*Element, Opt1*, ...]. Eine Kurzzusammenfassung solcher Optionen bietet Tab. 6.3. Hierbei wiederum wollen wir bei den *Grafikproportionen* einsteigen. Klickt der Leser eine ausgegebene Grafik an, wird ein Grafikfenster sichtbar, in welches die Grafik füllend einbe-

Tab. 6.3. Auswahl wichtiger Grafikoptionen.

Befehl	Beschreibung
ImageSize -> *Wert*	Breite der Grafik in Punkten.
AspectRatio -> *Wert*	Verhältnis von Grafikhöhe zu -breite.
PlotRange -> {{*x1,x2*}, {*y1,y2*}, {*z1,z2*}}	Wertebereich $[x_1; x_2] \times [y_1; y_2] \times [z_1; z_2]$, über dem die Grafik gezeichnet wird. {*z1,z2*} entfällt bei 2D-Grafiken. Gibt man nur PlotRange -> {*a,b*} an, so wird dies als Bereich der Hochachse interpretiert.
PlotLabel -> "*Text*"	Überschrift der Grafik, Voreinstellung ist None.
PlotStyle -> {*Dir1*,...}	Behälterbefehl für Grafikdirektiven, die sich auf zu zeichnende Funktionsgraphen beziehen.
BaseStyle -> {*Dir1*,...}	Behälterbefehl für Grafikdirektiven, die sich auf Grundeinstellungen der Grafik beziehen.
Axes -> *Wert*	Die möglichen Werte True und False geben an, ob Achsen angezeigt werden.
AxesLabel -> {"*TxtX*", "*TxtY*","*TxtZ*"}	Beschriftung der Achsen, auch Angabe von None für einzelne Achsen möglich.
AxesOrigin -> {*Wert*}	Legt Position des Koordinatenkreuzes fest.
AxesStyle -> {*xliste*, *yliste, zliste*}	Behälterbefehl für Direktiven analog PlotStyle. An Stelle einer Liste für eine Achse auch Automatic für Voreinstellung möglich.
Ticks -> {*xliste*, *yliste, zliste*}	Einteilung der einzelnen Achsen. An Stelle einer Liste für eine Achse auch Automatic für Voreinstellung möglich sowie None für keine Achsmarkierungen.
Gridlines -> {*xliste, yliste, zliste*}	Analog Ticks, aber Gitterlinien.
Frame -> *Wert*	... sowie FrameLabel, FrameStyle, FrameTicks völlig analog zu jeweiligem Axes-Kommando, bezogen auf Rahmen um Grafik.

Zusätzlich für 3D-Grafiken:

Befehl	Beschreibung
Boxed -> *Wert*	Die möglichen Werte True und False geben an, ob die Grafik in einer Box angezeigt wird.
Lighting -> {{"*Typ1*", *Farbe1*, {x1,y1,z1}}, ...}	Legt Position und Art der Lichtquellen fest.
ViewPoint -> {*x,y,z*}	Blickpunkt, von dem aus die Grafik anvisiert wird.
ViewVertical -> {*x,y,z*}	Richtung der vertikal gezeichneten Achse.

schrieben ist. Dieses Fenster kann man mit der Maus größer oder kleiner ziehen, vgl. Abschnitt 6.3.1, man kann aber auch schon vorher die *Fensterbreite* festlegen, indem man `ImageSize -> Wert` angibt, wobei der Wert in Punkten dimensioniert ist. Die Höhe berechnet sich daraus mit Hilfe des Faktors, den man per `AspectRatio -> Wert` bestimmt. Beim Grafikbefehl `Plot`, den wir kurz schon auf S. 12 kennengelernt haben, ist beispielsweise standardmäßig $1/\text{GoldenRatio} \approx 0.62 < 1$ festgelegt, so dass das dort ausgegebene Grafikfenster nicht quadratisch ist. An Stelle eines expliziten Wertes kann man auch `Automatic` angeben. Dann berechnet Mathematica einen passenden Faktor so, dass beide Koordinatenachsen gleich skaliert sind.

Im folgenden Beispiel, das gleich mehrere 2D-Objekte vorstellt, wurde `Aspect-Ratio -> 1` gesetzt. Die Optionen des ersten Objektes innerhalb von `Show` haben dabei Vorrang vor den Optionen der übrigen Objekte.

```
obj1=Graphics[Circle[{0,0}, 1], AspectRatio -> 1];
obj2=Graphics[Line[{{0,0}, {1/√2 , 1/√2}}]];
obj3=Graphics[Disk[{0,0}, 0.03]];
obj4=Graphics[Text["Kreisfläche", {0,-0.5}]];
obj5=Graphics[
Text["Radius r", {0.4,0.5}, {1,0}, {1,1}]];
Show[obj1, obj2, obj3, obj4, obj5]
```

Eine kurze Bemerkung zum `Text`-Objekt: Das dritte Argument {1,0} legt fest, dass der Text rechtsbündig ist ({-1,0}: linksbündig, Voreinstellung {0,0}: zentriert). Aus dem Verhältnis der Zahlen im vierten Argument {1,1} errechnet sich der Winkel, in dem der Text geschrieben wird, mit {1,0} für horizontal und {0,1} für vertikal.

Durch `AspectRatio` und `ImageSize` ist nun die Größe des Fensters fixiert, der darin gezeigte *Inhalt* kann aber noch beeinflusst werden. Standardmäßig versucht Mathematica, das Fenster optimal auszufüllen, was Verzerrungen zur Folge haben kann. Manuell kann man den gezeichneten Bereich via `PlotRange -> {{x0,x1},{y0,y1}, {z0,z1}}` festlegen, wobei der *z*-Bereich nur bei 3D-Grafiken anzugeben ist. Man beachte die Auswirkung auf das Beispiel aus Abschnitt 6.1:

```
obj1=Graphics[Rectangle[{0,0},
{0.5,0.5}], AspectRatio -> 1,
PlotRange -> {{0,1},{0,1}}];
obj2=Graphics[
Rectangle[{0.2,0.3}, {0.7,0.6}]];
Show[obj1,obj2]
```

Die zwei Rechtecke wirken links unten etwas deplatziert. Da aber der gesamte Bereich $[0; 1] \times [0; 1]$ dargestellt wird, hat dies seine Richtigkeit. Etwas einsichtiger wird dies, wenn man via `Axes -> True` Koordinatenachsen anzeigen lässt:

```
obj1=Graphics[Rectangle[{0,0}, {0.5,0.5}],
AspectRatio -> 1, PlotRange -> {{0,1},{0,1}},
Axes -> True, PlotLabel -> "Rechtecke",
AxesLabel -> {"x-Achse", "y-Achse"}];
obj2=Graphics[
Rectangle[{0.2,0.3}, {0.7,0.6}]];
Show[obj1,obj2]
```

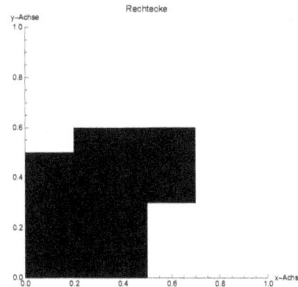

Hierbei wurden über PlotLabel bzw. AxesLabel auch noch die Grafik bzw. die Achsen beschriftet. Durch AxesOrigin könnte man ferner auch den Ursprung, das Koordinatenkreuz, modifizieren. Bei AxesStyle -> {xliste, yliste, zliste} kann man innerhalb der einzelnen Listen *Direktiven* angeben, mit denen man die einzelnen Achsen beeinflusst. Solche Direktiven wie Farben, etc. werden wir weiter unten in diesem Abschnitt besprechen.

Durch Ticks -> {xliste, yliste, zliste} kann man die Unterteilung der Achsen auch manuell festlegen, ferner kann man durch GridLines Gitterlinien zeichnen lassen. Durch die Option Automatic werden diese an den Haupteinheiten der Achsen gezeichnet, man kann aber auch hier wieder explizit durch Listen die Linienposition bestimmen:

```
Graphics[Polygon[
{{1,1}, {2,1}, {3,3}, {2,4}, {1,3}}],
AspectRatio -> 1, PlotRange -> {{0,4},{0,4}},
Axes -> True, Ticks -> {Automatic, {2.5,4}},
GridLines -> {{0.8,2.7}, Automatic}]
```

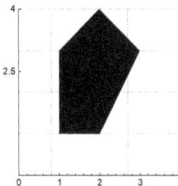

Für 2D-Grafiken gibt es ferner noch die Optionenfamilie Frame, FrameLabel, FrameStyle und FrameTicks, die, vergleichbar dem Koordinatensystem, einen Rahmen mit Einheiten um die Grafik zeichnet. Einstellungen nimmt man entsprechend dem jeweiligen Analogon für Koordinatenachsen (Axes-Befehl) vor.

Bisher unbeachtet blieb der in der Grafik mitausgegebene Text. Um die Grafikbeschriftungen zu beeinflussen, muss man per BaseStyle -> {Einstellungen} Festlegungen treffen, etwa

FontFamily -> "*Name*"	Auswahl einer Schriftart,
FontSize -> *n*	Schriftgröße in pt,
FontWeight -> "Bold"	Fettdruck,
FontSlant -> "Italic"	kursive Schrift.

Bei einem Text*objekt* ist das Ganze etwas verzwickter: Statt nur Text["abc",{x,y}, ...] schreibt man Text[StyleForm["abc",Optionen],{x,y},...] und kann bei den Optionen die gewünschten Eigenschaften aufzählen. Ein Beispiel:

```
obj1=Graphics[Rectangle[{0,0},
{0.5,0.5}], AspectRatio->1,
PlotRange->{{0,1},{0,1}},
Background->GrayLevel[0.8]];
obj2=Graphics[{GrayLevel[0.4],
Rectangle[{0.2,0.3}, {0.7,0.6}]}];
obj3 = Graphics[
Text[StyleForm["Konkrete
Kunst", FontFamily->"Arial",
FontSize->16, FontWeight->"Bold",
FontSlant->"Italic"], {0.5,0.8}]];
Show[obj1,obj2,obj3]
```

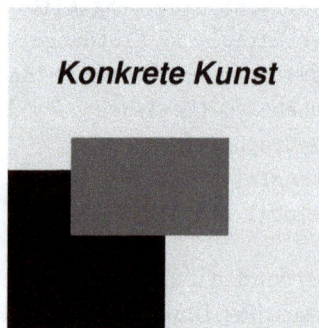

Im Beispiel wurde durch `Background->GrayLevel[0.8]` ein hellgrauer Hintergrund erreicht, und auch *obj2* ist in einem Grauton gezeichnet worden. Bei `GrayLevel` handelt es sich dabei um eine von mehreren Grafikdirektiven, mit denen man das individuelle Erscheinungsbild einzelner Grafikobjekte anpassen kann. Einen Überblick bietet Tab. 6.4. Die Anwendung dieser Direktiven ist simpel: Innerhalb der `Graphics`-Anweisung (analog auch bei `Graphics3D`) schreibt man an Stelle von *Element* ausführlicher {*Dir1, Dir2, ...,Element*}, genau wie in *obj2*. Bei der Auswahl der richtigen Koordinaten für die Farbkommandos hilft übrigens der Menüpunkt *Insert → Color Selector* weiter. Neben diesen Möglichkeiten *vor* Erzeugen der Grafik gibt es umfangreiche Ansätze der Grafik*nach*bearbeitung, siehe Abschnitt 6.3.

6.2.2 3D-Grafikobjekte anpassen

Was die Bearbeitung der Grafiken betrifft, besteht eigentlich kein Unterschied zwischen 2D- und 3D-Grafiken. Das Rahmenkommando ist nun `Graphics3D`, aber Optionen und/oder Direktiven werden genauso platziert wie bei `Graphics`, siehe auch den Hilfeeintrag *ref/Graphics3D*. Einzig gibt es deutlich mehr Optionen als zuvor, und von diesen zusätzlichen Optionen sollen einige hier vorgestellt werden. Erstellen wir dazu als Erstes einen Kegel:

```
Graphics3D[Cone[{{1,1,0},{1,1,1}}, 0.5]]
```

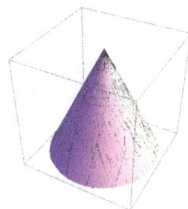

3D-Grafiken werden per Voreinstellung durch eine Box umrahmt. Wen das stört, der erhält durch die Option `Boxed->False` Abhilfe:

Tab. 6.4. Auswahl wichtiger Grafikdirektiven.

Befehl	Beschreibung
GrayLevel[x]	Grauton vom Wert $x \in [0; 1]$, 0=schwarz, 1=weiß.
RGBColor[r,g,b]	RGB-Farbton („Rot-Grün-Blau"), bestimmt durch Tripel $r, g, b \in [0; 1]$, siehe auch Abschnitt 17.1. Analoge Farbkommandos: CMYKColor[c,m,y,k] sowie Hue[h] bzw. Hue[h,s,b].
AbsoluteDashing[{w1,...}]	Linie stricheln, mit festgelegter Längenfolge in pt.
Dashing[{r1,...}]	Linie stricheln, mit Längenwerten relativ zur Grafikgröße.
AbsolutePointSize[d]	Punktdurchmesser in pt.
PointSize[r]	Punktdurchmesser relativ zur Grafikgröße.
AbsoluteThickness[d]	Liniendicke in pt.
Thickness[r]	Liniendicke relativ zur Grafikgröße.
Opacity[p]	Grad der Lichtundurchlässigkeit, zwischen 0 und 1, 0=perfekte Transparenz. Achtung: Probleme beim Export ins EPS-Format.
Zusätzlich für 3D-Grafiken:	
EdgeForm[Spez.]	Betrifft Kanten eines Objekts, verwendet werden können obige Direktiven wie Farben, etc.
FaceForm[x,y]	Betrifft Flächen eines Objekts: x=Farbe Ober-, y=Farbe Unterseite.
SurfaceColor[Farbe]	Betrifft Schattierung eines Objektes.

```
Graphics3D[Sphere[{1,1,1}, 1], Boxed -> False]
```

In puncto grafische Ausgabe hätte es keinen Unterschied gemacht, statt Sphere das seit Version 10 verfügbare Ball zu verwenden; Ersteres ist die Oberfläche der Kugel, Zweiteres ist gefüllt. Der Unterschied wird klar, wenn man z. B. den ebenfalls mit Version 10 eingeführten Befehl Volume zur Volumenberechnung auf beide Varianten anwendet.

Passend zu einer 3D-Grafik kann man diese auch rotieren, indem man den Blickpunkt ändert. Dies erreicht man über ViewPoint -> {x,y,z}, wobei man die Ausrichtung der vertikal zu zeichnenden Achse analog über ViewVertical -> {x,y,z} festlegt. Den Effekt zeigt folgendes Beispiel:

```
Graphics3D[Cylinder[
{{1,1,0},{1,1,2}}, 0.5],
Boxed -> False]

Graphics3D[
Cylinder[{{1,1,0},{1,1,2}}, 0.5],
Boxed -> False, ViewPoint -> {1,-1,3}]
```

Wesentlich einfacher geht dies, indem man *nach* Erzeugen der 3D-Grafik mit dem Mauszeiger über den Grafikbereich fährt; er wandelt sich dann zu einer der beiden folgenden Formen: ⬚ oder ♀. Nun kann man mit gedrückter linker Maustaste die Grafik rotieren, wobei die Position der Drehachse von der Art des Mauszeigers abhängt, siehe auch Abschnitt 6.3.

> **Tipp!** Hat man die 3D-Grafik mit der Maus in die Wunschansicht rotiert, so kann man im Nachgang die zug. Einstellungen bei ViewPoint und ViewVertical einsehen, indem man die Zellkammer (einer Kopie) der ausgegebenen Grafik mit der rechten Maustaste anklickt und im sich öffnenden PopUp-Menü *Convert To → InputForm* wählt.

Schließlich kann man über die Option Lighting gezielt Beleuchtung einschalten, und zwar beliebig viele Lichtquellen beliebiger Farbe an beliebigen Positionen. Die Syntax ist

$$\text{Lighting -> \{ \{"Typ1", Farbe1, \{x1,y1,z1\}\}, ...\}}$$

Im folgenden Beispiel etwa setzen wir eine grau eingefärbte, gerichtete Lichtquelle ein:

```
Graphics3D[
Sphere[{0,0,0}, 1], Boxed -> False,
Lighting -> {{"Directional", GrayLevel[0.6],
{-1,-1,2}}}]
```

Würden wir statt der gerichteten Lichtquelle einfach Umgebungslicht ("Ambient") einsetzen, wäre unsere Kugel gleichmäßig grau eingefärbt (und kaum noch von einem Kreis zu unterscheiden). Wir wollen dies gleich bei einem komplexeren Beispiel testen und dieses zum Anlass nehmen, das oben erwähnte ExampleData genauer zu betrachten. Dieses erzeugt direkt (ohne zusätzliches Graphics3D) eine Grafik, weshalb die Optionen von Graphics3D erst einmal nicht direkt anwendbar sind. Geben wir aber zusätzlich "GraphicsComplex" als Option in ExampleData, so werden die Eckpunkte eines Gitters ausgegeben, von dem aus wir dann wieder via Graphics3D, und nun mit allen gewünschten Optionen, die Grafik erzeugen:

```
Graphics3D[
ExampleData[{"Geometry3D", "KleinBottle"},
"GraphicsComplex"],
Boxed->False, Lighting->{{"Ambient",
GrayLevel[0.5]}}]
```

6.3 Grafiken nachbearbeiten

Mathematica erlaubt es, Grafiken auf einfache Weise, zugleich aber sehr umfassend, nachzubearbeiten. Dies umfasst Möglichkeiten, die durch einfache Anwendung der Maus vonstatten gehen, und solche, für die man Werkzeuge einer Palette einsetzen muss. Seit Version 7 gibt es nun sogar noch ein umfangreiches Befehlsrepertoire zur Bildbearbeitung und -analyse, womit wir uns in Kapitel 17 befassen werden.

6.3.1 ... mit der Maus

Mit Hilfe der Maus kann man zunächst einmal die Größe der Grafik verändern, siehe auch Abschnitt 6.2.1, unter Beibehaltung der durch AspectRatio festgelegten Proportionen. Hierbei muss man die Maus so platzieren, dass sie von der Gestalt ⬉ o. Ä. ist, dann mit gedrückter Maustaste ziehen. Über diese simple Größenänderung hinaus gibt es jedoch viele weitere Möglichkeiten der Nachbearbeitung mit der Maus. Eine davon hatten wir schon in Abschnitt 6.2.2 kennengelernt, nämlich die Rotation von 3D-Grafiken. Weitere sind:
- Maus von Form ↔ und ⬔ -Taste gedrückt: Größe einseitig verändern, samt der Grafikproportionen, wie sie ursprünglich durch AspectRatio bestimmt wurden.
- Maus von Form ↔ und Strg -Taste gedrückt: Grafik bleibt unverändert, aber Grafik*fenster* ändert sich. Je nach Wahl ist die Grafik nur noch teilweise sichtbar.
- Maus von Form ✛ : Zieht man zuerst nach rechts unten, vergrößert sich das äußere Grafikfenster, anschließend kann man die eigentliche Grafik darin platzieren.

Nun kann man einzelne Elemente der Grafik, z. B. die einzelnen Graphen bei einem Plot oder die einzelnen Punkte bei einem ListPlot, durch Doppelklick auswählen und, je nach Art des Elements, die folgenden Schritte unternehmen:
- Maus von Form ▷• oder ▨•: Objekt kann verschoben werden. In Abb. 6.1 etwa wird nur die Sinuskurve verschoben, das Koordinatensystem bleibt.
- Maus von Form ▷∘ : Einzelner Punkt wird verschoben. In Abb. 6.2 etwa führt dies dazu, dass ein Teil der Sinuskurve verzerrt wird.
- Maus von Form ▷∕ : Streckenabschnitt wird verschoben. In Abb. 6.3 etwa führt dies dazu, dass ein Teil der Sinuskurve verzerrt wird.

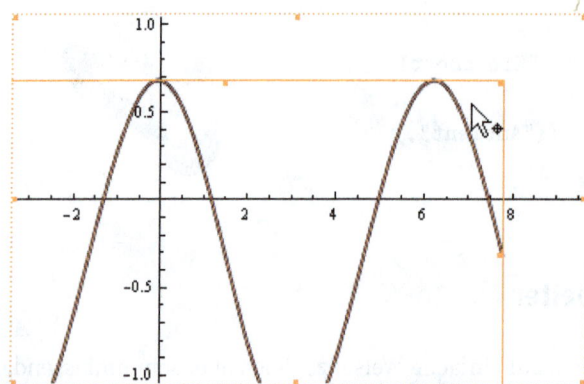

Abb. 6.1. Verschieben der Grafik im Grafikfenster.

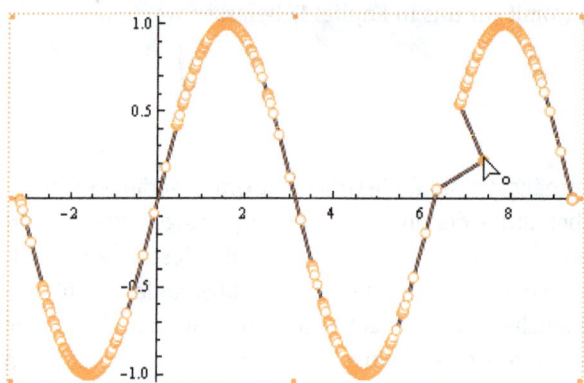

Abb. 6.2. Ziehen einzelner Punkte.

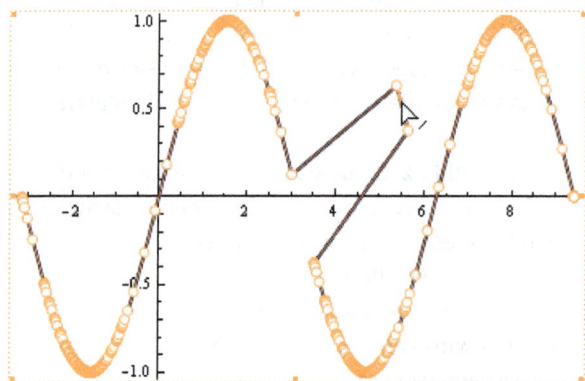

Abb. 6.3. Ziehen von Abschnitten.

Die Sinuskurve aus dem Beispiel wurde übrigens durch `Plot[Sin[x], {x,-π,3π}]` erzeugt. Um die vielfältigen Möglichkeiten der Grafiknachbearbeitung zu erfahren, sei es dem Leser angeraten, verschiedenste Grafiken zu erzeugen und mit diesen herumzuspielen, auf ähnliche Weise, wie oben beschrieben.

6.3.2 ... mit der Grafikpalette

Neben den erweiterten Funktionalitäten der Maus bringt **Mathematica** auch eine umfangreiche Grafikpalette mit sich, siehe Abb. 6.4, die man über *Graphics* → *Drawing Tools* aktiviert (vor Version 8 war diese zweigeteilt, ein Teil der Werkzeuge war als separater *Graphics Inspector* verfügbar).

Die Palette aus Abb. 6.4 bringt eine Reihe von Werkzeugen mit, wie sie aus Zeichenprogrammen bekannt sein dürften; das in der Abbildung aktive Werkzeug dient zum Ablesen von Punktkoordinaten. Eine Beschreibung der einzelnen Werkzeuge bietet die Hilfe, Eintrag *tutorial/InteractiveGraphicsPalette*. Mit ihrer Hilfe wurden etwa das Vieleck, der Pfeil und die Beschriftung (Typ *TraditionalForm*) in Abb. 6.5 erzeugt. Dazu klickt man das jeweils gewünschte Werkzeug der Palette an. Der Mauszeiger ändert dann seine Form und zeichnet bei gedrückter linker Maustaste das gewünschte Objekt. Dieses kann man jederzeit wieder markieren, gemäß Abschnitt 6.3.1 manipulieren, und gegebenenfalls mit der Entf -Taste auch wieder löschen.

Die zweite Sinuskurve samt Koordinatensystem dagegen wurde anderweitig erzeugt: Durch einfaches Anklicken des Sinus-`Plot`s wird der Grafikrahmen markiert, dann drückt man Strg +C (Kopieren). Anschließend übt man einen Doppelklick auf die Grafik aus und drückt Strg +V (Einfügen). Eine verkleinerte Kopie der Grafik findet sich nun als eigenständiges Objekt in der Hauptgrafik wieder und kann wie alle Grafikobjekte manipuliert werden.

Einige weitere Werkzeuge der *Drawing Tools* (ehemals *Graphics Inspector*) wirken sich direkt auf das aktuell in der Grafik markierte Objekt (Doppelklick) aus. Die verfügbaren Stellschrauben, meist über Schieberegler, sind weitestgehend selbsterklärend. Über *Stroke* → *Thickness* kann man z. B. die Liniendicke beeinflussen, über *Points* → *Size* die Punktgröße. In puncto Pfeile, vgl. Abschnitt 6.1, kann man Einfluss nehmen auf die Form der Pfeilspitze, ihre Größe und ihre Position entlang der Pfeillinie. Auch hier sei der Leser wieder zu eigenständigem Experimentieren aufgefordert!

Ausblick: Zusätzlich zu den hier diskutierten Möglichkeiten zur Nachbearbeitung von mit Mathematica erzeugten Grafiken gibt es seit Version 7 noch ein umfangreiches Befehlsrepertoire zur Bildbearbeitung und -analyse, welches wir in Kapitel 17 ausführlich besprechen werden. Genauer befassen sich die dort vorgestellten Werkzeuge mit Rastergrafiken wie etwa digitalen Fotografien und erlauben u. a. deren Farbanpassung und Filterung.

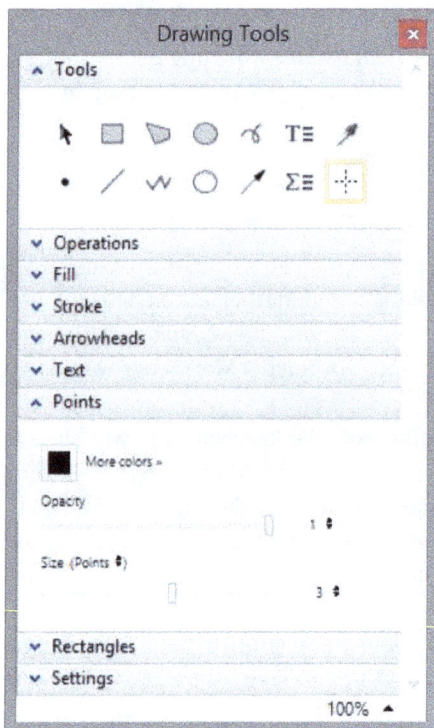

Abb. 6.4. Die Grafikpalette von Mathematica.

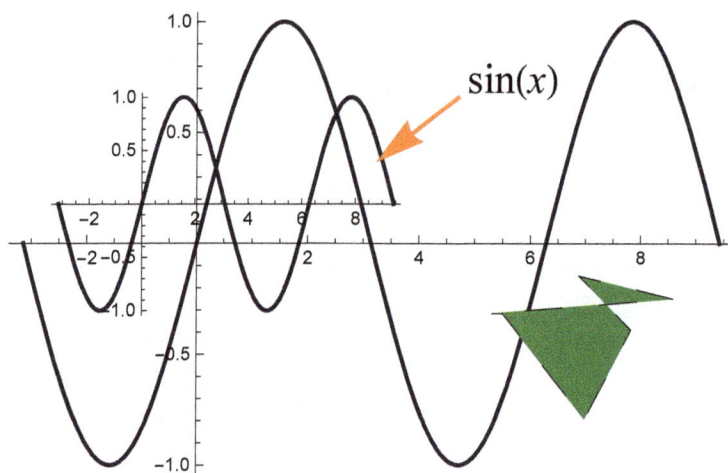

Abb. 6.5. Einsatz der Grafikwerkzeuge.

Teil II: **Mathematik mit Mathematica**

Der Einsatz von **Mathematica** ist zwar bei Weitem nicht auf die Mathematik beschränkt, doch bietet **Mathematica** hierzu naturgemäß eine große Fülle von Verfahren an. Nachdem wir uns in Kapitel 5 bereits mit ersten mathematischen Fragestellungen auseinandergesetzt haben, wollen wir in Kapitel 7 etwas tiefer in die Mathematik einsteigen und uns mit disziplinenübergreifenden Grundlagen rund um Funktionen befassen. In den weiteren Kapiteln des Teils II wollen wir uns dann spezialisieren und aufzeigen, inwiefern **Mathematica** als Werkzeug in wichtigen Teilgebieten der Mathematik eingesetzt werden kann. Ohne Anspruch auf Vollständigkeit zu erheben, wollen wir dabei die Analysis in Kapitel 8, die Lineare Algebra in Kapitel 9, die Gebiete Algebra und Zahlentheorie in Kapitel 10, die Geometrie in Kapitel 11, die Graphentheorie in Kapitel 12, und die Wahrscheinlichkeitstheorie in Kapitel 13 behandeln.

7 Funktionen in Mathematica

Nachdem wir in Kapitel 5 bereits Mathematicas Fähigkeit zum numerischen und symbolischen Rechnen kennengelernt und auch das Thema Zahlbereiche behandelt haben, wollen wir in diesem Kapitel weitere mathematische Grundlagen diskutieren. Im Zentrum steht dabei der Funktionsbegriff, eines der wichtigsten mathematischen Konzepte überhaupt. Die Definition solcher Funktionen werden wir in Abschnitt 7.1 ausführlich behandeln, den Spezialfall einer Folge dagegen in Abschnitt 7.2. Anschließend werden wir scheinbar ein wenig abschweifen, wenn wir uns in Abschnitt 7.3 mit Verzweigungen und Schleifen befassen; derartige Programmierkonzepte sind aber auch für die Definition von Funktionen und Folgen von Bedeutung. Die grafische Darstellung von Funktionen ist das Thema von Abschnitt 7.4, welche eine Anwendung in Abschnitt 7.5 zur Interpolation findet. Eher an den fortgeschrittenen Nutzer richten sich schließlich die Abschnitte 7.6 (funktionales Programmieren) und 7.7 (Muster und Regeln).

7.1 Funktionen

In Abschnitt 7.1.1 wollen wir uns zunächst den verschiedenen Möglichkeiten zuwenden, die uns Mathematica zum Definieren von Funktionen bietet, wobei wir Funktionen mit diskretem Definitionsbereich, also Folgen, gesondert in Abschnitt 7.2 behandeln werden. Anschließend in Abschnitt 7.1.2 werden wir erste Möglichkeiten kennenlernen, wie man mit Funktionen Berechnungen vornimmt.

7.1.1 Funktionen definieren

In Abschnitt 5.4 hatten wir kennengelernt, dass man in einer Variablen auch symbolische Ausdrücke ablegen kann, also etwa eine Variable y von einer anderen Variablen x abhängen lassen kann. Insofern ist y im mathematischen Sinne eine Funktion von x. Unpraktisch ist dieses Konstrukt jedoch dann, wenn man den Wert von y an einer bestimmten Stelle x berechnen will. Entweder belegt man x mit einem bestimmten Wert dauerhaft („="), benötigt dann später aber wieder Clear. Oder man nimmt eine zeitweise Belegung vor, durch Kombination von /. und ->. Beides ist nicht zufriedenstellend. Deshalb bietet Mathematica ein anderes Konzept an, um Funktionen zu definieren. Die Syntax ist denkbar einfach:

$$f[\text{x1}\_,\ \text{x2}\_,\ \ldots]\ :=\ \textit{Ausdruck in x1, x2, } \ldots$$

An Stelle von f steht hierbei der gewünschte Funktionsname, in den eckigen Klammern wird festgelegt, von welchen Variablen die Funktion f abhängen soll. Durch den

DOI 10.1515/9783110425222-007

Zuweisungsoperator : = wird *f* die gewünschte Vorschrift zugewiesen, diese aber nicht ausgewertet. Betrachten wir Beispiele möglicher Definitionen:

```
f[x_]:=x²; f[3]                        9

g[x_,x2_,z_]:=x+x2-z²; g[1,2,3]        -6

abc[xyz_]:=√xyz; abc[m]                √m
```

Der Unterstrich „_" (Muster) wird bei der Funktionsdefinition nur innerhalb der eckigen Klammern verwendet, um Mathematica mitzuteilen, welches die Variablen sind, von denen die Funktion abhängt, siehe auch Abschnitt 7.7 und Anhang A.2. Im eigentlichen Ausdruck und bei späterem Einsetzen in die Funktion wird der Unterstrich nicht mehr eingesetzt. Funktions- und Variablennamen dürfen dabei länger als nur ein Zeichen sein, wobei Leerzeichen nicht erlaubt sind, da diese bekanntlich als Multiplikation interpretiert werden. Das letzte Beispiel soll dabei zeigen, dass der bei der Funktionsdefinition gewählte Variablenname tatsächlich nur ein Platzhalter ist, mit dessen Hilfe man die Funktion definiert. Später kann man dafür auch beliebige Variablen und Ausdrücke einsetzen. Betrachten wir hierzu noch ein paar Beispiele:

```
Clear[f];
f[x_,y_]:=x²+2 y-3; f[a,b]             -3+a²+2 b

f[x,x²]                                -3+3 x²
```

Das zweite Beispiel zeigt, dass Mathematica das in beide Argumente eingesetzte *x* als eine einzige Variable versteht und auch gleich die resultierenden Terme x^2 und $2x^2$ zusammenfasst. Ferner kann man eine Funktion auch mit Hilfe anderer Funktionen definieren:

```
Clear[g];
g[z_]:=f[3z,1-z²]; g[x]               -3+9 x²+2 (1-x²)
```

```
Clear[h];
h[z_]=f[3z,1-z²]; h[x]                -3+9 x²+2 (1-x²)
```

Der Unterschied bei der Verwendung von „:=" (SetDelayed) und „=" (Set) wird hierbei erst klar, wenn der Leser ?g und ?h eingibt: Im ersten Fall wird zur Berechnung des Funktionswertes von *g(x)* das *x* tatsächlich jedes Mal neu gemäß Vorschrift in die Funktion *f* eingesetzt, wogegen bei *h* gleich der fertige Funktionsausdruck abgespeichert wurde. Mit „?" kann man übrigens zu allen Funktionen und Kommandos Informationen abfragen; der Leser gebe z. B. ?Sin ein. In beiden Fällen wurde auf Grund der Klammern keine Zusammenfassung der Terme vorgenommen. Allerdings ist zulässig, das Ganze noch mit einem Simplify zu umschließen:

```
Clear[h];
h[z_]=Simplify[f[3z,1-z²]]; h[y]      -1+7 y²
```

Bei Mathematica ist bereits eine außerordentlich große Zahl von Funktionen vordefiniert. Diese können in der Hilfe in den einzelnen Teilrubriken des Eintrags *guide/MathematicalFunctions* nachgeschlagen werden. Es würde den Rahmen dieses Werkes sprengen, alle implementierten Funktionen aufzuzählen. Zumindest die gebräuchlichsten univariaten Funktionen sind aber in Tab. 7.1 zusammengestellt.

Beispiel 7.1.1.1. Potenzfunktionen kann man u. a. mit Hilfe des Operators „ˆ" oder der Eingabepalette eingeben, siehe Tabelle 7.1. Intern werden sie stets als Funktion Power dargestellt:

x^2 //FullForm   Power[x,2]

$x^{2/3}$ //FullForm   Power[x,Rational[2,3]]

Der Exponent $\frac{2}{3}$ ist dabei eine rationale Zahl. Potenzen mit rationalen Exponenten lassen sich aber gleichwertig auch mit Hilfe von Wurzeln ausdrücken, genauer ist $x^{1/n} = \sqrt[n]{x}$ für $n \in \mathbb{N}$. Mathematica erlaubt es, n-te Wurzeln direkt mit Hilfe der Eingabepalette einzugeben, siehe auch Tab. 7.1. Trotzdem ist sich Mathematica dessen bewusst, dass es sich dabei um nichts anderes als Potenzen mit rationalem Exponenten handelt:

$\sqrt{x}$ //FullForm   Power[x,Rational[1,2]]

$\sqrt[3]{x}$ //FullForm   Power[x,Rational[1,3]]

Man beachte: Der mit Version 9 eingeführte Befehl Surd und dessen Ableger CubeRoot, siehe auch Tabelle 7.1, sind anders definiert als die eben besprochene Wurzelfunktion. Sichtbar wird dies wie folgt: Gibt man z. B. die 3. Wurzel via Esc cbrt Esc ein, so erhält das Wurzelzeichen einen Haken und wird nicht mehr auf Power zurückgeführt:

$\sqrt[3]{x}$ //FullForm   Surd[x,3]

Zu unterschiedlichen Ergebnissen führen beide Ansätze für den Fall eines negativen Arguments, da Surd reelle Wurzelwerte ergibt:

$\sqrt[3]{-2.}$ 0.629961+1.09112 i

$\sqrt[3]{-2.}$ -1.25992

FullSimplify[Sign[x] $\sqrt[3]{\text{Abs[x]}}$**-**$\sqrt[3]{x}$**, x∈Reals]**   0
                                                                              •

Eine weitere Funktion von praktischem Interesse ist Kroneckers δ, implementiert als KroneckerDelta[x1,x2,...]. Dieses ist gleich 1 für $x_1 = x_2 = \dots$ und gleich 0 sonst.

Beim Thema Funktionen sollte abschließend eine Mathematica-Spezialität angesprochen werden, auf die der Leser zumindest beim Durchstöbern der Hilfe schon gestoßen sein mag: die *reinen Funktionen*, welche in anderen Programmiersprachen

Tab. 7.1. Gebräuchliche univariate Funktionen mit kontinuierlichem Definitionsbereich.

Befehl	Beschreibung
Power[x,y]	Potenzfunktion x^y. Alternativ Eingabe als x^y oder als x^y über Eingabepalette oder Strg + ^ .
Sqrt[x]	Quadratwurzel. Eingabe $\sqrt{x}$ via Eingabepalette oder Strg + 2 .
Surd[x,n]	Reellwertige n-te Wurzel. Eingabe $\sqrt[n]{x}$ via Esc surd Esc . Spezialfall $n = 3$: CubeRoot[x] bzw. Esc cbrt Esc . (seit V. 9)
Exp[x]	Exponentialfunktion. Eingabe e^x mit Eingabepalette.
Log[x,b]	Logarithmus zur Basis b; fehlt das optionale Argument b, wird der natürliche Logarithmus berechnet.
ExpIntegralEi[x]	Integralexponentialfunktion $\mathrm{Ei}(x) = \int_{-\infty}^{x} \exp(t)/t\, dt$. Analog Integrallogarithmus LogIntegral: $\mathrm{Li}(x) = \int_0^x 1/\ln t\, dt$.
Sin[x]	Sinus von x; analog: Cos, Tan, Cot.
ArcSin[x]	Arcussinus, analog: ArcCos, ArcTan, ArcCot.
Sinh[x]	Sinus hyperbolicus von x; analog: Cosh, Tanh, Coth.
ArcSinh[x]	Areasinus, analog: ArcCosh, ArcTanh, ArcCoth.
Sec[x]	Secansfunktion; analog: Cosecans Csc, Arcusfunktionen ArcSec, ArcCsc, hyperbolische Varianten Sech, Csch, Areafunktionen ArcSech, ArcCsch.
SinIntegral[x]	Integralsinus $\mathrm{Si}(x) = \int_0^x \sin(t)/t\, dt$. Analog Integralcosinus CosIntegral und die hyperbolischen Varianten SinhIntegral und CoshIntegral.
Gamma[x]	Gammafunktion $\Gamma(x)$.
Beta[a,b]	Betafunktion $\Gamma(a) \cdot \Gamma(b)/\Gamma(a+b)$.
ProductLog[x]	Lamberts W-Funktion, die Umkehrfunktion zu $y \cdot e^y$.
HypergeometricPFQ[{a1,...,ap},{b1,...,bq},x]	Hypergeometrische Funktion $_pF_q$; Ordnung (p, q) durch Länge der Parameterlisten bestimmt.
Erf[x]	Fehlerintegral $\frac{2}{\sqrt{\pi}} \int_0^x e^{-t^2}\, dt$. Umkehrfunktion InverseErf.
UnitStep[x]	Gleich 0 für $x < 0$, sonst 1.
KroneckerDelta[x1,x2,...]	Gleich 1 für $x_1 = x_2 = \ldots$, sonst 0.
DiracDelta[x]	Dirac'sche δ-Funktion, charakterisiert durch $\delta(x) = 0$ für $x \neq 0$ und $\int_{-\infty}^{\infty} f(x) \cdot \delta(x - a)\, dx = f(a)$.

üblicherweise als anonyme Funktionen oder Lambda-Funktionen bezeichnet werden. Diese namenlosen Funktionen können mit Hilfe des Function-Befehls oder des abschließenden Kürzels „&" definiert werden: Function[*Definition*] oder (*Definition*)&. Die Argumente reiner Funktionen werden mit Hilfe des Kreuzes „#" bezeichnet: #1 für das erste Argument, #2 für das zweite, usw., wobei man bei Funktionen einer Veränderlichen auch nur # allein verwenden kann. Ein Beispiel:

f=Function[#^{2}]	#1^2 &
f //FullForm	Function[Power[Slot[1],2]]
f[x]	x^2

Mathematica zeigt reine Funktionen in der Kurzschreibweise an, speichert sie intern aber via Function; das Kreuz „#" wird als Funktion Slot gespeichert. Wir hätten die Funktion *f* völlig gleichwertig auch via f=#1^2& oder f=(#^{2})& definieren können. In eine reine Funktion kann man wie gewohnt Argumente einsetzen, wie die dritte Zeile zeigt. Wer sich an der Variablenbezeichnung mit dem Kreuz stört, kann eine reine Funktion auch ganz klassisch definieren, muss dann aber ein zweites Argument angeben:

g=Function[y,y^2]	Function[y,y^2]
g //FullForm	Function[y,Power[y,2]]
g[x]	x^2

Reine Funktionen mehrerer Veränderlicher definiert man analog:

f2=Function[(#1+#2)^2]	(#1+#2)^2 &
f2 //FullForm	Function[Power[Plus[Slot[1],Slot[2]], 2]]
f2[a, b]	(a+b)^2

Auch hier hätte man f_2 äquivalent über f2=(#1+#2)^2& definieren können, oder, wenn einem die Variablenbezeichnung mit Kreuz fremd erscheint, mit selbst wählbaren Variablennamen:

g2=Function[{x,y}, (x+y)^2]	Function[{x,y}, (x+y)^2]
g2 //FullForm	Function[List[x,y], Power[Plus[x,y],2]]
g2[a, b]	(a+b)^2

In allen obigen Beispielen hatten wir die reine Funktion jeweils selbst in einer Variablen abgelegt; der Vorteil reiner Funktionen ist es aber gerade, dass man diese Speicherplatzbelegung umgehen kann:

```
(#1^3-5 #2*#3+7)&[x,y,z]                      7+x^3-5 y z

Table[(#^2-3 #+1)&[x], {x,1,10}]            {-1,-1,1,5,11,19,29,41,55,71}
```

In beiden Fällen haben wir die Argumente direkt in die reine Funktion eingesetzt.

7.1.2 Berechnungen mit Funktionen

Nachdem wir in Abschnitt 7.1.1 ausführlich kennengelernt haben, wie man Funktionen definiert, wollen wir diese nun nutzen, um weiterführende Berechnungen anzustellen.

Beispiel 7.1.2.1. Zahlreiche komplexere Funktionen lassen sich zumindest in Spezialfällen auch durch elementare Funktionen ausdrücken. Um eine solche Ausdrucksweise zu finden, kann man das Kommando FunctionExpand verwenden. Ein paar Beispiele:

```
FunctionExpand[Sin[ArcCos[x]]]              √(1-x) √(1+x)

FunctionExpand[Gamma[x] Gamma[1-x]]         π Csc[π x]

FunctionExpand[x*HypergeometricPFQ[{},{3/2},-x^2/4]]   Sin[x]   •
```

Natürlich kann man die gewöhnlichen Rechenoperationen auf Funktionen bzw. deren Funktionswerte anwenden. Seit Version 7 gibt es aber auch noch eigens definierte Befehle für den Fall, dass es sich bei den Berechnungen um ein und dieselbe Funktion, jedoch mit versetzten Argumenten, handelt: DiscreteShift, DifferenceDelta und DiscreteRatio. Durch **DiscreteShift[f[x], {x,k,h}]** wird das Argument x von f insgesamt k-mal um h versetzt, d. h. es resultiert $f(x + k \cdot h)$. Lässt man im Befehl das Argument h weg, so wird $h = 1$ gesetzt. Lässt man auch k weg, d. h. ersetzt man $\{x,k,h\}$ schlicht durch x, so wird noch $k = 1$ gesetzt.

```
Clear[f]; DiscreteShift[f[x], x]            f[1+x]

DiscreteShift[f[x], {x,1,1}]                f[1+x]

DiscreteShift[f[x], {x,2,h}]                f[2h+x]
```

Exakt die gleichen Regeln gelten auch für die beiden anderen Befehle, nur wird hier an Stelle des Versetzens entweder Differenzen- oder Quotientenbildung durchgeführt. Betrachten wir exemplarisch den Differenzenoperator $\Delta_h f(x) := f(x + h) - f(x)$:

```
DifferenceDelta[f[x], {x,1,h}]              -f[x]+f[h+x]

DifferenceDelta[f[x], {x,2,h}]              f[x]-2 f[h+x]+f[2h+x]
```

Im zweiten Fall wurde Δ_h zweimal hintereinander angewendet:

$$\Delta_h^2 f(x) := \Delta_h\big(\Delta_h f(x)\big) = \Delta_h\big(f(x+h) - f(x)\big)$$
$$= \big(f(x+2h) - f(x+h)\big) - \big(f(x+h) - f(x)\big).$$

Mit Version 10 sind die Befehle `FunctionDomain` und `FunctionRange` hinzugekommen, mit denen man den maximalen Definitions- bzw. Wertebereich eines Funktionsausdrucks bestimmen kann. Deren Anwendung illustriert folgendes Beispiel:

`FunctionDomain[Log[x], x]` $\qquad$ $x > 0$

`FunctionRange[Sin[x], x, y]` $\qquad$ $-1 \leq y \leq 1$

`FunctionDomain[Log[Sin[x]], x]` $\qquad$ $C[1] \in \text{Integers} \, \&\&$
$\qquad\qquad\qquad\qquad\qquad\qquad\qquad 2\pi\, C[1] < x < \pi + 2\pi\, C[1]$

`FunctionRange[Log[Sin[x]], x, y]` $\qquad$ $y \leq 0$

Hierbei steht das „`C[1]`" in der vorletzten Ausgabe für eine unbestimmte, ganzzahlige Konstante C_1. So ist etwa die untere Grenze für das Argument x als ganzzahliges Vielfaches von 2π zu lesen. Das `&&` (gleichwertig: `And`) ist die UND-Verknüpfung.

Ausblick: Neben dem UND gibt es noch weitere logische Verknüpfungen: `||` bzw. `Or` als ODER-Verknüpfung, `Xor` als Exklusiv-ODER, und `!` oder `Not` bewirken eine Verneinung. Achtung: Die Bedeutung von „`!`" ist kontextabhängig; angewendet wie in Tabelle 7.2, bewirkt es die Berechnung der Fakultät.

7.2 Folgen

Funktionen mit diskretem Definitionsbereich, z. B. der Form $\mathbb{N}$ oder $\mathbb{N}_0$, heißen auch *Folgen*. Üblicherweise notiert man eine Folge $a : \mathbb{N} \to B$, $n \mapsto a(n)$ kompakter als $(a_n)_{\mathbb{N}}$, wobei das n-te Folgenglied $a_n := a(n)$ ist. Folgen kann man, genau wie Funktionen, *explizit* definieren durch Angabe einer Funktionsvorschrift. Gelegentlich ist aber eine *rekursive Darstellung* (Differenzengleichung) günstiger, oder sogar die einzig mögliche Definition, wenn nämlich eine explizite Darstellung unbekannt ist. Für eine rekursive Darstellung müssen $k \geq 1$ Startwerte $a_1, \ldots, a_k$ vorgegeben werden, für alle weiteren Werte gibt man eine Rekursionsvorschrift an: $a_n := f(a_{n-1}, \ldots, a_{n-k})$.

Da Folgen einfach spezielle Funktionen sind, werden sie prinzipiell genauso definiert wie Funktionen allgemein, siehe Abschnitt 7.1.1. Einziger Unterschied ist hierbei, dass der Definitionsbereich eingeschränkt werden muss. Man erreicht dies, indem man den Bedingungsoperator „`/;`" verwendet. Ohne eine solche Einschränkung erlaubt **Mathematica** im Prinzip eine jede komplexe Zahl als Argument.

Tab. 7.2. Gebräuchliche Funktionen mit diskretem Definitionsbereich.

Befehl	Beschreibung	
`Factorial[n]`	Fakultät $n! = n \cdot (n-1) \cdots 1$, auch Eingabe n! möglich.	
`Hyperfactorial[n]`	Hyperfakultät $H(n) = n^n \cdot (n-1)^{n-1} \cdots 1^1$.	(seit V. 7)
`FactorialPower[x,n]`	Fallende Faktorielle $x_{(n)} = x \cdot (x-1) \cdots (x-n+1)$.	(seit V. 7)
`Binomial[n,k]`	Binomialkoeffizient $\binom{n}{k}$.	
`Pochhammer[n,k]`	Pochhammer-Symbol $(n)_k = n \cdots (n+k-1)$.	
`Multinomial[n1,...,nk]`	Multinomialkoeffizient $\binom{n_1+\dots+n_k}{n_1,\dots,n_k}$.	
`Fibonacci[n]`	n-te Fibonacci-Zahl.	
`HarmonicNumber[n]`	n-te harmonische Zahl: $1 + \frac{1}{2} + \dots + \frac{1}{n}$.	
`Bernoulli[n]`	n-te Bernoulli-Zahl.	

Beispiel 7.2.1. Die Folge der natürlichen Quadratzahlen kann man explizit wie folgt definieren:

```
a[n_]:=n^2 /; n ∈ Integers && n≥1;    a[3]          9
```

```
a[3.2]                                            a[3.2]
```

Auf Grund der Einschränkung des Definitionsbereichs auf natürliche Zahlen ist der Funktionswert an der Stelle 3.2 nicht definiert. Man beachte, dass in obiger Definition „/; " der Bedingungsoperator ist, dagegen das Semikolon am Zeilenende wie gewohnt die Hintereinanderausführung mehrerer Kommandos erlaubt und dabei die Ausgabe unterdrückt. Das && ist dabei wieder die UND-Verknüpfung.

Manche Folgen werden rekursiv definiert. Ein erstes Beispiel wäre die Vorschrift $a_0 = 1$, $a_n := n \cdot a_{n-1}$, $n \in \mathbb{N}$. Diese gibt man in **Mathematica** wie folgt ein:

```
Clear[a];  a[0]=1;
a[n_]:=n a[n-1] /; n ∈ Integers && n>=1;
a[5]                                              120
```

Der Startwert wird explizit zugewiesen, die Rekursionsvorschrift dagegen nur definiert. Offenbar wird hierbei nichts anderes als die Fakultät einer natürlichen Zahl berechnet. Unter Zuhilfenahme der Funktion `Factorial` bzw. von „!", siehe Tabelle 7.2, hätte man die Folge also auch gleichwertig explizit definieren können als `a[n_]:=n!`. Wer diese Lösung der Differenzengleichung nicht selbst erkennt, kann auch **Mathematica** damit befassen:

```
RSolve[{a[n]==n a[n-1], a[0]==1}, a[n], n]   {{a[n]→Pochhammer[1,n]}}
```

```
RSolveValue[{a[n]==n a[n-1], a[0]==1}, a[n], n]    Pochhammer[1,n]
```

Während `RSolve` die Lösung in Form einer Liste von Regeln ausgibt, die man mittels Ersetzungsoperator „/." auswerten kann (vgl. das Beispiel in Abschnitt 8.4), gibt die mit Version 10 eingeführte Variante `RSolveValue` direkt die Lösung aus (leider etwas ungewohnt als Pochhammer-Symbol, vgl. Tabelle 7.2). Auch für die zwei folgenden Beispiele gibt es jeweils wieder explizite Lösungen:

```
Clear[a];  a[1]=1;
a[n_]:=a[n-1]+1/n /; n ∈ Integers && n>=1;
a[4]                                                      25/12
```

Diese Rekursion ergibt die harmonischen Zahlen, explizit implementiert als `HarmonicNumber`, siehe Tabelle 7.2. Schließlich noch die Fibonacci-Zahlen, `Fibonacci` gemäß Tabelle 7.2:

```
Clear[a];  a[1]=1; a[2]=1;
a[n_]:=a[n-1]+a[n-2] /; n ∈ Integers && n>=1;
a[20]                                                     6765
```

Um die explizite Lösung dieser Differenzengleichung 2. Ordnung zu finden, hätten wir wieder den Befehl `RSolve` verwenden können:

```
Clear[a];  RSolve[a[n]==a[n-1]+a[n-2], a[n], n]
```

```
{{a[n]→C[1] Fibonacci[n]+C[2] LucasL[n]}}
```

```
RSolve[{a[n]==a[n-1]+a[n-2],a[2]==1,a[1]==1}, a[n], n]
```

```
{{a[n]→Fibonacci[n]}}
```

Ohne Startwerte resultiert diesmal eine Lösung, die noch von zwei Konstanten C_1 und C_2 abhängt (vgl. auch das Beispiel am Ende von Abschnitt 7.1.2), mit den Startwerten $a_2 = a_1 = 1$ dagegen die üblichen Fibonacci-Zahlen.   •

Ebenfalls der Auswertung von Differenzengleichungen dient der seit Version 7 verfügbare Befehl `RecurrenceTable`, der an Stelle einer expliziten Lösung einen gewünschten Ausschnitt an Folgengliedern berechnet, etwa die Fibonacci-Zahlen 1 bis 10:

```
RecurrenceTable[{a[n]==a[n-1]+a[n-2],a[2]==1,a[1]==1},a[n],{n,1,10}]
```

```
{1,1,2,3,5,8,13,21,34,55}
```

Bemerkung 7.2.2. Möglicherweise hat der Leser beim Testen von Beispiel 7.2.1 gemerkt, dass die letztgemachte Berechnung, die der 20. Fibonacci-Zahl a_{20}, etwas länger gedauert hat. Wenn nicht, probiere der Leser die Berechnung einer etwas höheren Fibonacci-Zahl. Grund dafür ist, dass **Mathematica** die Berechnung etwas ungeschickt angeht: Um a_{20} zu berechnen, benötigt man a_{19} und a_{18}, für diese beiden wiederum a_{18}, a_{17} bzw. a_{17}, a_{16}, usw. Die Zahl der Funktionsaufrufe wächst also exponentiell, was die lange Rechenzeit erklärt.

Abhilfe schafft hier die *Zwischenspeicherung*. Dabei wird ein einmal berechneter Wert im Speicher abgelegt, was die Zahl der nötigen Funktionsaufrufe reduziert (dafür allerdings den Arbeitsspeicher belastet).

```
Clear[a];
a[1]=1; a[2]=1;
a[n_]:=a[n]=a[n-1]+a[n-2];
a[100]                          354224848179261915075

?a                             Global `a
                               a[1]=1  ...
                               a[100]=354224848179261915075
                               a[n_]:=a[n]=a[n-1]+a[n-2]
```

Offenbar befindet sich schon eine beachtliche Menge von Werten im Arbeitsspeicher. Mit ? kann man übrigens zu allen Funktionen und Kommandos Informationen abfragen. Der Leser gebe z. B. ?Sin ein.

Fragt man eine höhere Fibonacci-Zahl ab, etwa a_{1000}, wird dies mit einer Fehlermeldung quittiert, da die obere Grenze der erlaubten Rekursionstiefe verletzt ist. Standardmäßig liegt diese bei 256, um Endlosrekursionen zu vermeiden. In diesem Fall aber hätte man sie mit $RecursionLimit=wert zuvor auf einen höheren Wert setzen müssen, maximal ∞. Nun muss man nach Änderung der maximalen Rekursionstiefe erst Clear[a] und anschließend erneut die Definition von a ausführen. •

Mit Version 7 wurden bei **Mathematica** weitere interessante Befehle rund um Zahlenfolgen implementiert. Der Befehl FindSequenceFunction etwa versucht, ausgehend von den ersten Folgengliedern $a_1, \ldots, a_k$ einer Zahlenfolge eine passende, explizite Folgenvorschrift zu finden. Wie die folgenden Beispiele zeigen, erkennt dieser Befehl z. B. die Fibonacci-Zahlen und die Quadratzahlen:

```
FindSequenceFunction[{1,1,2,3,5}, n]      Fibonacci[n]

FindSequenceFunction[{1,4,9,16}, m]       m²
```

Um die Folgenvorschrift ausgehend von abweichend indizierten Folgengliedern a_{n_1}, $\ldots$, a_{n_k} zu finden, verwendet man die Syntax

```
FindSequenceFunction[{{n1,a[n1]},...,{nk,a[nk]}}, n].
```

Ferner werden nun auch Befehle zu sog. *Erzeugendenfunktionen* von Zahlenfolgen angeboten, siehe auch Beispiel 8.5.1. Die (exponentielle) Erzeugendenfunktion einer Zahlenfolge $(a_n)_{\mathbb{N}_0}$ ist die sich aus der Potenzreihe $f(z) := \sum_{n=0}^{\infty} a_n z^n$ bzw. $g(z) := \sum_{n=0}^{\infty} \frac{a_n}{n!} z^n$ ergebende Funktionsvorschrift. Diese fasst wesentliche Eigenschaften der

Tab. 7.3. Erzeugendenfunktionen für Zahlenfolgen (seit Version 7).

Befehl	Beschreibung
`GeneratingFunction[a[n],n,z]`	Ergibt Erzeugendenfunktion der Zahlenfolge $(a_n)_{\mathbb{N}_0}$.
`ExponentialGeneratingFunction[a[n],n,z]`	
	Ergibt exponentielle Erzeugendenfkt. der Zahlenfolge $(a_n)_{\mathbb{N}_0}$.
`FindGeneratingFunction[{a0,a1,...,ak}, z]`	
	Ergibt Erzeugendenfunktion auf Basis der ersten Folgenglieder $a_0,\ldots,a_k$ der Zahlenfolge $(a_n)_{\mathbb{N}_0}$. Soll die Erzeugendenfunktion ausgehend von abweichend indizierten Folgengliedern $a_{n_1},\ldots,$ a_{n_k} gefunden werden, verwendet man als erstes Argument einen Ausdruck der Form `{{n1,a[n1]},...,{nk,a[nk]}}`.

Folge kompakt zusammen. Die zugehörigen Befehle finden sich in Tabelle 7.3. Die Erzeugendenfunktion der Fibonacci-Zahlen etwa,

`GeneratingFunction[Fibonacci[n],n,z]` $\qquad -\frac{z}{-1+z+z^2}$

erhält man auch bei Ausführung der folgenden Zeilen:

`FindGeneratingFunction[{0,1,1,2,3,5}, z]`

`FindGeneratingFunction[{{1,1}, {2,1}, {3,2}, {4,3}, {5,5}}, z]`

Einschränkungen des Definitionsbereichs wie im Beispiel 7.2.1 sind übrigens nicht nur für Folgen relevant, sondern auch für Funktionen, die nur abschnittsweise definiert werden sollen bzw. können. Dies mag folgendes Beispiel demonstrieren:

```
Clear[f];
f[x_]:=1 /; x<1 || x>=5;
f[x_]:=x /; 1<=x<3;
f[x_]:=½ (x-5)²+1 /; 3<=x<5;
Plot[f[x], {x,-2,7},
PlotRange -> {0,3}]
```

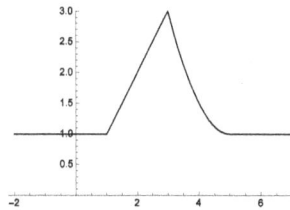

Der Grafikbefehl `Plot`, der hierbei verwendet wird, dient der grafischen Darstellung von Funktionen, siehe den späteren Abschnitt 7.4. Tatsächlich gibt es noch eine zweite Möglichkeit, Funktionen abschnittsweise zu definieren, nämlich mit Hilfe des Befehls `Piecewise`. Die Syntax ist `Piecewise[{{f1[x], bed1},...}, sonst]`. Dabei drückt die Bedingung *bed1* aus, in welchem Bereich die Funktion gleich $f_1(x)$ sein soll, usw., und das optionale Argument *sonst* gibt an, wie sich f außerhalb des spezifizierten Bereichs verhalten soll; Voreinstellung ist hier 0. Im obigen Beispiel hätten wir also analog

```
Clear[f];  f[x_]:=Piecewise[{{x, 1<=x<3}, {1/2 (x-5)^2+1, 3<=x<5}}, 1];
```

definieren können. Schließlich ist auch hier eine grafische Eingabe möglich: Durch die Tastenkombination $\boxed{\text{Esc}}$, pw, $\boxed{\text{Esc}}$ wird eine geschweifte Klammer erzeugt, durch $\boxed{\text{Strg}}$ + $\boxed{,}$ werden dahinter zwei Spalten angelegt. Durch $\boxed{\text{Strg}}$ + $\boxed{\leftarrow}$ kann man weitere Zeilen hinzufügen und so genügend Raum für die abschnittsweise Definition im klassischen Stil schaffen:

$$
\text{Clear[f];} \quad \text{f[x\_]:=}
\begin{cases}
1 & x<1 \\
x & 1<=x<3 \\
\frac{1}{2}\,(x-5)^2+1 & 3<=x<5 \\
1 & x>=5
\end{cases}
\;;
$$

7.3 Verzweigungen und Schleifen

Auch wenn das jetzt zu besprechende Thema nicht originär mit Funktionen und Folgen zu tun hat, so sind etwa die eben besprochenen abschnittsweise definierten Funktionen sowie die rekursive Berechnung von Folgen ein guter Anlass für dessen Behandlung. Es soll nun nämlich um Verzweigungen und Schleifen gehen, die man nicht nur in Mathematica, sondern in analoger Form in jeder Programmiersprache findet.

Bei Verzweigungen handelt es sich um bedingte Entscheidungen, die den weiteren Programmablauf beeinflussen. Von besonderer Bedeutung ist hierbei der Befehl If mit der Syntax If[bed, anw1, anw2]: Ist die Bedingung *bed* erfüllt, so werden die Anweisungen bei *anw1* ausgeführt, andernfalls die bei *anw2*. Die einzelnen Teilanweisungen werden dabei, wie gewohnt, durch Semikolon voneinander getrennt. Als Beispiel können wir eine zusammengesetzte Funktion mit Hilfe von If formulieren:

```
Clear[f];  f[x_]:=If[x<1, x, 2/x];
```

If-Bedingungen können auch verschachtelt werden:

```
Clear[f];  f[x_]:=If[1<=x<3, x, If[3<=x<5, 1/2 (x-5)^2+1, 1]];
```

Dies ist nun gerade die zusammengesetzte Funktion, die wir kürzlich in Abschnitt 7.2 besprochen haben. Wem diese Ineinanderschachtelung zu unübersichtlich erscheint, kann stattdessen Which verwenden. Which[bed1, anw1, bed2, anw2,...] prüft der Reihe nach die Bedingungen *bed1*, *bed2*, etc., und führt jene Anweisung aus, die zur ersten wahren Aussage gehört (so es denn diese gibt). Völlig gleichwertig hierzu könnte man also auch definieren:

```
Clear[f]; f[x_]:=Which[1<=x<3, x, 3<=x<5, 1/2 (x-5)^2+1, x<1 || x>=5, 1];
```

Von großer Bedeutung für das Programmieren sind Schleifen. Der einfachste Befehl für eine Schleife in Mathematica ist Do. Bei Do[anw, {t,t0,t1,s}] durchläuft die lokale Variable t die Werte t_0, t_0+s, t_0+2s, ..., so lange diese Werte $\leq t_1$ sind; bei jedem

Durchlauf wird der Anweisungsblock *anw* ausgeführt. Für die Iteratoren dieser Schleife gelten dabei die gleichen Regeln wie beim `Table`-Kommando, siehe Tabelle 4.1 auf Seite 33: Gibt man *s* nicht an, so wird *s* = 1 gewählt, lässt man zusätzlich t_0 weg, so wird t_0 = 1 gesetzt. Falls man auch noch *t* weglässt, also nur noch {*t1*} angibt, so wird die Schleife einfach t_1-mal ausgeführt (siehe auch die Befehle `Nest` und `NestList` aus Abschnitt 4.2.5 sowie Bemerkung 20.1.2). Auch kann man beim `Do`-Kommando, genau wie beim `Table`-Kommando aus Abschnitt 4.2.1, den Laufindex die Werte einer explizit vorgebbaren Liste durchlaufen lassen: `Do[anw, {t,{t1,t2,...}}]`.

Die ersten fünf Quadratzahlen gibt man z. B. wie folgt aus:

```
t=-23; Do[Print[t^2], {t,1,5}]          1    4    9    16    25

t                                                   -23
```

Hierbei wird deutlich, dass das *t* innerhalb der Schleife nur lokal definiert ist und das *t* außerhalb der Schleife nicht beeinflusst. Anders verhält es sich bei der `For`-Schleife, welche die Syntax `For[init, bed, inkr, anw]` besitzt. Zuerst werden die Anweisungen bei *init* ausgeführt, anschließend wird die Bedingung *bed* geprüft. Bei deren Zutreffen werden die Anweisungen bei *anw* und *inkr* (in dieser Reihenfolge) abgearbeitet. Der Anweisungsblock bei *anw* ist dabei optional.

```
For[t=1, t<=5, t++, Print[t^2]]          1    4    9    16    25

t                                                   6
```

Hier wird nun *t* global verändert, ferner ist gut erkennbar, dass das Inkrement zuletzt ausgeführt wird. Genau wie bei C bewirkt eine jede Ausführung von `t++`, dass der Wert von *t* um 1 erhöht wird. Gleichwertig hätte man auch `t+=1` oder `t=t+1` schreiben können; `t+=k` bewirkt eine Erhöhung von *t* um *k*. Analog verwendet man bei Subtraktion `--` bzw. `-=`, bei Multiplikation `*=`, bei Division `/=`.

Eine dritte von **Mathematica** angebotene Schleife ist die `While`-Schleife, welche folgende Syntax aufweist: `While[bed, anw]`. Die Anweisungen werden so lange durchlaufen, wie die Bedingung erfüllt ist (siehe auch die Befehle `NestWhile` und `NestListWhile` aus Bemerkung 20.1.2). Auch hier werden Variablen global geändert, etwa ist

```
t=1; While[t<=5, Print[t^2]; t++]          1    4    9    16    25

t                                                   6
```

In manch einem Fall will man die Schleife nicht bis zum Schluss durchlaufen, sondern sie bei Eintreten gewisser Ereignisse vorzeitig verlassen. Durch `Break[]` verlässt man die innerste Schleife vollständig, bei `Continue[]` überspringt man die verbleibenden Anweisungen des aktuellen Durchlaufs. Im folgenden Beispiel wird Division durch 0 vermieden:

```
SeedRandom[1];   Do[ x=RandomInteger[{0,5}];
If[x==0, Print[x]; Continue[]]; Print[1/x], {t,1,10}]
```

$\frac{1}{4}$ $\frac{1}{2}$ $\frac{1}{4}$ 0 1 0 0 $\frac{1}{2}$ 0 0

```
SeedRandom[1];   Do[ x=RandomInteger[{0,5}];
If[x==0, Print[x]; Break[]]; Print[1/x], {t,1,10}]
```

$\frac{1}{4}$ $\frac{1}{2}$ $\frac{1}{4}$ 0

Der `RandomInteger`-Befehl erzeugt hierbei in $\{0, 1, \ldots, 5\}$ gelegene (Pseudo-)Zufallszahlen, eine jede davon mit der gleichen Wahrscheinlichkeit von $\frac{1}{6}$, siehe auch Abschnitt 20.1. Immer wenn die aktuelle Zufallszahl gleich 0 ist, wird dieser Wert ausgegeben. Anschließend werden im ersten Fall die verbleibenden Anweisungen des aktuellen Durchlaufs, insbesondere die Division $1/x$, übersprungen, im zweiten Fall die Schleife sogar endgültig verlassen. Durch die explizite Wahl des seed-Wertes (Samen, Saat, siehe Bemerkung 20.1.3) wird sichergestellt, dass in beiden Fällen die gleiche Folge von Pseudozufallszahlen durchlaufen wird. Übrigens wird in beiden Beispielen die Zählervariable t nicht explizit benötigt, es werden lediglich zehn Durchläufe erfordert. Deshalb könnte man hier auch an Stelle des Iterators `{t,1,10}` kurz `{10}` schreiben.

Beispiel 7.3.1. Nun haben wir genügend Wissen gesammelt, um ein echtes Anwendungsbeispiel besprechen zu können. Wir wollen das *Heronsche Verfahren* implementieren, mit welchem man näherungsweise den Wert der Wurzel $\sqrt{p}$, $p > 0$, bestimmen kann. Dieses auf Heron von Alexandria (ca. 60 n. Chr.) zurückgehende Intervallschachtelungsverfahren ist für seine rasche Konvergenz bekannt. Zu Beginn wählt man zwei Startwerte $0 < a_0 \le b_0$ so, dass $a_0 \cdot b_0 = p$ ist. Ist $p > 1$, so wählt man z. B. $a = 1$ und $b = p$, ansonsten umgekehrt. Nun berechnet man rekursiv

$$a_{n+1} = \frac{2p}{a_n + b_n}, \qquad b_{n+1} = \frac{a_n + b_n}{2},$$

so dass stets $a_n \cdot b_n = p$ und $a_n \le \sqrt{p} \le b_n$ gelten. Man kann b_n als Näherungswert für $\sqrt{p}$ verwenden, $b_n - a_n$ gibt Auskunft über die Güte der Näherung.

Zu Beginn wollen wir uns damit begnügen, den Wert von $\sqrt{2} \approx 1.41421$ zu approximieren. Eine mögliche Realisation könnte wie folgt aussehen:

```
p=2.0; a=1; b=p;
While[b-a>10^-6, {a,b}={2p/(a+b), (a+b)/2}];
Print[b]; Clear[a,b,p];                              1.41421
```

Erst wenn eine Genauigkeit von zumindest 10^{-6} erreicht ist, bricht die `While`-Schleife ab und gibt den aktuellen Wert von b als Näherung für $\sqrt{2}$ zurück. Wie man durch Einfügen eines `Print`-Kommandos in die Schleife leicht nachprüft, wird diese Genauigkeit bereits nach fünf Schritten erreicht, es liegt die Schachtelung $[1; 2] \supset$

$[1.33333; 1.5] \supset [1.41176; 1.41667] \supset [1.14421; 1.41422] \supset [1.41421; 1.41421]$ vor.

Zum gleichen Resultat würden wir auch mit Hilfe einer For-Schleife gelangen. Eine Lösung wäre

```
p=2.0;
For[a=1; b=p, b-a>10⁻⁶, {a,b}={ 2p/(a+b) , (a+b)/2 }];
Print[b]; Clear[a,b,p];                          1.41421
```

bei der auf das vierte Argument, *anw*, verzichtet wurde. Der Leser versuche eine passende Do-Schleife zu finden. Diese würde nach einer wählbaren Zahl von Schritten sogar automatisch abbrechen, auch wenn keine Genauigkeitsschwelle erreicht wurde, was Endlosschleifen vermeidet.   •

Wir werden auf dieses Beispiel später in Abschnitt 7.6 wieder zurückkommen.

7.4 Funktionsgraphen zeichnen

Nachdem wir in den vorigen Abschnitten 7.1 und 7.2 kennengelernt haben, wie man Funktionen und Folgen definieren kann, ist es naheliegend, nun zu diskutieren, wie man ebendiese grafisch darstellt. Dabei werden uns auch die bereits gewonnenen Kenntnisse über 2D- und 3D-Grafikobjekte aus Kapitel 6 von Nutzen sein, denn viele der dort besprochenen Optionen finden auch hier Ihre Anwendung.

7.4.1 Reellwertige Funktionen $f(x)$ einer Variablen

Grundlegend für das Zeichnen des Graphen einer reellwertigen Funktion $f(x)$ ist der Plot-Befehl, wie wir ihn zuletzt gegen Ende von Abschnitt 7.2 eingesetzt hatten. Die Syntax ist denkbar einfach: Plot[f[x], {x,a,b}, Optionen] zeichnet eine Funktion $f(x)$ im Intervall $[a; b]$, wobei erneut der Name x der Variablen austauschbar ist. Beide Achsen sind linear skaliert. Daneben gibt es noch die an sich völlig gleichwertigen Varianten

- LogPlot, Hochachse logarithmisch skaliert,
- LogLinearPlot, Rechtsachse logarithmisch skaliert, und
- LogLogPlot, hier beide Achsen logarithmisch skaliert.

In puncto globale Optionen kann man jene einsetzen, die wir in Abschnitt 6.2.1 besprochen haben. Daneben gibt es noch die Behälterbefehle AxesStyle (für die Achsen), FrameStyle (für den Rahmen) und PlotStyle (für die Graphen), innerhalb derer man die Grafikdirektiven aus Tabelle 6.4 einsetzen kann. Erinnert sei auch nochmal an das BaseStyle-Kommando auf Seite 71, mit dessen Hilfe man die Beschriftungen formatieren kann. Betrachten wir dazu zwei Beispiele:

```
Plot[Exp[x], {x,0,5},
GridLines -> {Automatic, Automatic},
GridLinesStyle -> {
AbsoluteDashing[{5,5}],
AbsoluteDashing[{2,2}]},
PlotStyle -> {Thickness[0.01],
AbsoluteDashing[{10,5}],
GrayLevel[0.4]},
BaseStyle -> {FontSize -> 12}]
```

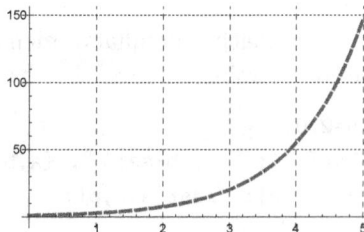

```
LogPlot[Exp[y], {y,0,5},
GridLines -> {None, Automatic},
GridLinesStyle -> {"",
AbsoluteDashing[{6,3,3,3}]},
PlotStyle -> Thickness[0.01],
BaseStyle -> {FontSize -> 12}]
```

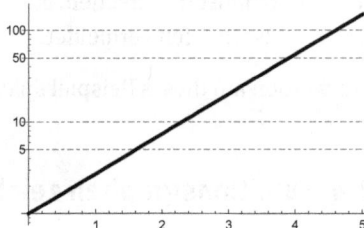

Im zweiten Beispiel wird auf Gitterlinien für die X-Achse verzichtet. Mit PlotStyle wird die Gestalt des Graphen beeinflusst, im ersten Fall grau und gestrichelt, im zweiten Fall schwarz und durchgezogen. Es sei dem Leser angeraten, hier selbst ein wenig zu experimentieren.

Seit Version 8 sind die Varianten LogPlot etc. fast schon wieder hinfällig (abgesehen von einer leichteren Positionierung von Gitterlinien u. Ä.), denn seither gibt es die Option ScalingFunctions, mit deren Hilfe man einzelne Achsen logarithmisch skalieren lassen kann ("Log") oder nicht (None). Im zweiten Beispiel von eben hätte man also alternativ mit Plot[..., ScalingFunctions -> {None,"Log"}] arbeiten können.

Der Plot-Befehl erlaubt es nicht nur, einen einzelnen Funktionsgraphen darzustellen, es können auch die Graphen von mehreren Funktionen zugleich ausgegeben werden. Dazu gibt man als Argument an Stelle einer einzelnen Funktion eine Liste von Funktionen an: Plot[{f1[x], f2[x], ...}, {x,a,b}, Optionen]. Diese werden dann über dem gemeinsamen Bereich [a; b] gezeichnet. Als Beispiel betrachten wir die Dichtefunktion $f_n(x)$ der χ^2-Verteilung mit $2n$ Freiheitsgraden, welche wie folgt definiert ist:

$$f[x\_,n\_] := \frac{2^{-n}}{(n-1)!} \, x^{n-1} \, Exp[-\tfrac{x}{2}];$$

```
Plot[
Evaluate[Table[f[x,n], {n,1,5}]],
{x,0,20}]
```

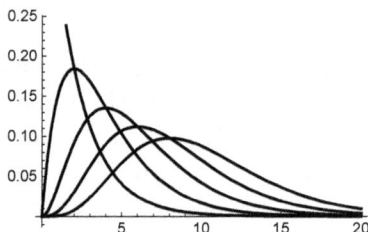

Durch das `Table`-Kommando, siehe Abschnitt 4.2.1, wird eine Liste definiert, in diesem Fall mit den fünf Funktionen $f_1(x), \dots, f_5(x)$. Damit diese Liste aber auch tatsächlich erzeugt wird, bevor das `Plot`-Kommando seine Wirkung entfaltet, muss man erst `Evaluate` anwenden.

Die eben erzeugte Grafik ist schon recht ansehlich (dem Nutzer ab Version 10 sei auch ein Austesten der Option `PlotTheme` empfohlen). Allerdings ist nicht klar, welcher Graph zu welcher Funktion gehört. Deshalb können wir, wie oben auch geschehen, das `PlotStyle`-Kommando einsetzen und die einzelnen Graphen unterschiedlich einfärben:

```
Plot[
Evaluate[Table[f[x,n], {n,1,5}]],
{x,0,20},
PlotStyle -> {{GrayLevel[0]},
{GrayLevel[0.2]}, {GrayLevel[0.4]},
{GrayLevel[0.6]}, {GrayLevel[0.8]}}]
```

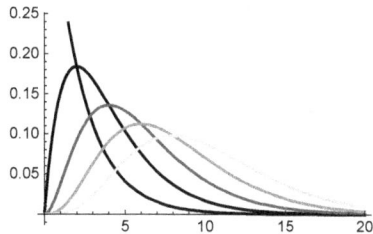

Die erste Funktion der Liste wird schwarz gezeichnet (`GrayLevel[0]`), die zweite dunkelgrau (`GrayLevel[0.2]`), usw.; effizienter wäre wieder der Einsatz des `Table`-Kommandos gewesen. Nachdem wir die Farbcodierung kennen, ist es uns nun möglich, die Graphen den Funktionen zuzuordnen. Ohne Kenntnis des Codes ist dies dagegen schwer, Abhilfe kann hier eine Legende schaffen. Seit Version 9 ist es möglich, eine solche ohne Laden eines Paketes zu erzeugen. Dazu stehen gleich mehrere Befehle zur Verfügung: Mit `LineLegend` werden die Farben durch Linien dargestellt (s. u.), mit `PointLegend` durch Punkte (könnte man in Abschnitt 19.2.1 einsetzen), mit `BarLegend` durch einen Farbbalken (siehe Abschnitt 7.4.3), und mit `SwatchLegend` durch frei wählbare Muster. Eine denkbare Lösung für obiges Beispiel wäre zunächst die Ergänzung folgender Option in `Plot`:

```
PlotLegends -> LineLegend[{"n=1",...}, LegendFunction -> Framed]
```

Dann würde eine eingerahmte Legende nebenstehend zum Plot erzeugt. Um die Legende innerhalb des Plots zu platzieren, würde man `LineLegend` noch durch das Kommando `Placed` umschließen:

```
PlotLegends -> Placed[
LineLegend[{"n=1",...}, LegendFunction -> Framed], {0.85,0.6}]
```

Das zweite Argument von `Placed` bestimmt dabei die relative Position der Legende. Würden wir in obigem Beispiel {0.5,0.5} angeben, läge der Mittelpunkt der Legende auf dem des Plots; in unserem Fall ist die Legende also etwas nach rechts oben verschoben. Will man nun die Schriftart abweichend von der des Plots wählen (Letztere legt man ja über `BaseStyle` fest), so könnte man beispielsweise schreiben:

```
PlotLegends -> Placed[
LineLegend[{"n=1",...}, LabelStyle -> {FontFamily -> "Helvetica",
FontSize -> 12}, LegendFunction -> Framed], {0.85,0.6}]
```

Etwas ärgerlich scheint es dem Autor, dass Mathematica die Zwischenräume zwischen Rahmen und Text sowie zwischen den Textzeilen sehr großzügig bemisst (dies bewirkt der Befehl `Framed`, den wir bei `LegendFunction` aufgerufen haben). Dies kann man lösen, indem man ausnutzt, dass Mathematica aus den farbigen Linien und den Einträgen zunächst eine zweidimensionale Liste wie in Abschnitt 4.2.3 baut und dann umrahmt. Wir lassen nun den Rahmen weg und stellen die Liste direkt mit Hilfe von `Grid` aus Abschnitt 4.2.4 dar. Dank der vielfältigen Optionen von `Grid` sollte man oftmals in der Lage sein, seine Legende wunschgemäß zu formatieren. Wir packen nun alle Einstellungen in eine eigens definierte Funktion namens `leglayout` (vgl. Abschnitt 7.1) und rufen diese über die Option `LegendLayout` auf:

```
leglayout[legende_]:=Grid[legende,
Frame -> True];


Plot[ (... s.o. ...),
PlotLegends -> Placed[
LineLegend[{"n=1",...,"n=5"},
LabelStyle -> {FontFamily -> "Helvetica",
FontSize -> 12},
LegendLayout -> leglayout], {0.85,0.6}] ]
```

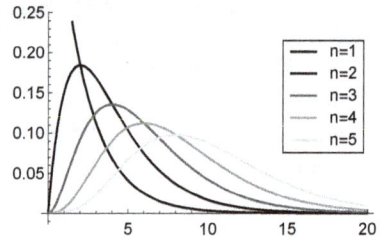

Für weitergehende Informationen sei der Leser auf den Hilfeeintrag *guide/Legends* verwiesen.

Für Präsentationszwecke wünscht man sich gelegentlich, die Bereiche, die sich zwischen den einzelnen Graphen ergeben, farbig zu schraffieren. Dies macht die Option `Filling` des `Plot`-Befehls möglich, deren Syntax sich am leichtesten in Beispielen erläutern lässt.

```
Plot[
Evaluate[Table[f[x,n], {n,1,5}]],
{x,0,20}, Filling -> Axis]
```

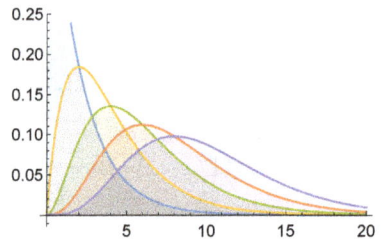

Per Voreinstellung werden alle Flächen zwischen den Graphen gefüllt, wobei die Farbfüllungen Transparenz aufweisen. Will man dagegen selbst festlegen, welche Zwischenräume mit welcher Farbe gefüllt werden sollen, so zählt man in geschweiften Klammern nach `Filling` einfach die betroffenen Funktionsgraphen in der Form *Fkt.nr.* -> {*Ziel, Farbe*} auf. Um z. B. den Zwischenraum zwischen Graph Nr. 1

und der X-Achse, den zwischen Graph Nr. 2 und 3 und den zwischen Graph Nr. 3 und 4 jeweils in einem Grauton zu füllen, lautet der Code wie folgt:

```
Plot[Evaluate[Table[f[x,n],
{n,1,5}]], {x,0,20},
Filling -> {1 -> {Axis,GrayLevel[0.8]},
2 -> {{3},GrayLevel[0.5]},
3 -> {{4},GrayLevel[0.2]}}]
```

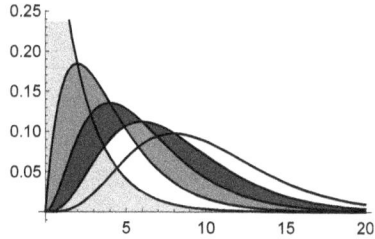

Manchmal ist es nicht möglich, eine Funktionsvorschrift explizit anzugeben. Wenn die Funktion $y(x)$ stattdessen implizit in Form einer Gleichung $f(x, y(x)) = c$ gegeben ist, kann man die zugehörige Lösungsmenge dieser Gleichung mittels `ContourPlot` grafisch ausgeben lassen, siehe Abschnitt 7.4.3. Im folgenden Beispiel wird durch die Gleichung $x^2 + y^2 = 2$ ein Kreis mit Radius $\sqrt{2}$ definiert:

```
ContourPlot[x²+y²==2,
{x,-√2,√2}, {y,-√2,√2},
Axes -> True, Frame -> False]
```

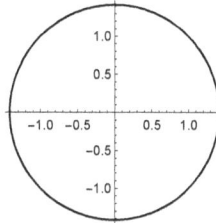

Die zwei letzten Optionen wurden dabei nur verwendet, um ein Koordinatensystem an Stelle eines Rahmens anzeigen zu lassen.

Ausblick: Auf ähnliche Weise kann man auch Ungleichungen grafisch darstellen, nämlich als Flächen des $\mathbb{R}^2$ bzw. Teilräume des $\mathbb{R}^3$. Dafür sind die Befehle `RegionPlot` und `RegionPlot3D` zuständig; weitere Details hierzu folgen in Abschnitt 10.4.

Zu guter Letzt soll noch kurz das Thema Folgen angeschnitten werden. Wie in Abschnitt 7.2 erläutert, sind auch Folgen letztlich Funktionen einer Variablen, aber mit einem diskreten Definitionsbereich wie etwa $\mathbb{N}$. Deshalb kann das `Plot`-Kommando nicht verwendet werden, wir müssen stattdessen auf `ListPlot` zurückgreifen. Um mit dessen Hilfe z. B. die Folge $a_n := \frac{1}{n} \cdot \sin(n)$ grafisch darzustellen, welche offenbar gegen 0 konvergiert, könnte der nötige Code lauten:

```
Clear[a];
a[n_] := 1/n Sin[n] /; n∈Integers && n>0

ListPlot[Table[{n,a[n]}, {n,1,500}]]
```

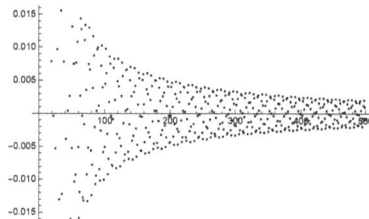

Hierbei haben wir zuerst mit Hilfe des `Table`-Kommandos aus Abschnitt 4.2 eine Liste der Paare (n, a_n) für $n = 1, \dots, 500$ erzeugt und diese anschließend grafisch ausgegeben. Die sich ergebende Punktwolke wird offenbar durch die Funktionsgraphen $\pm\frac{1}{x}$ eingehüllt, dazwischen oszilliert der Sinus hin und her. Weitere Details zu `ListPlot` und dessen Optionen werden u. a. in den Abschnitten 13.1 und 19.2.1 behandelt.

7.4.2 Reellwertige Funktionen $f(x, y)$ zweier Variablen

Der grundlegende Befehl zum Zeichnen des Funktionsgraphen von $f(x, y)$ ist `Plot3D`. Die Syntax ist analog zu `Plot`: `Plot3D[f[x,y], {x,a,b}, {y,c,d}, Optionen]` zeichnet eine Funktion $f(x, y)$ über dem Bereich $[a; b] \times [c; d]$. Auch hier sind die Namen x und y austauschbar, ferner sind beide Achsen linear skaliert. In puncto Optionen stehen nun, im Gegensatz zu `Plot`, auch die in Abschnitt 6.2.2 besprochenen 3D-Optionen zur Verfügung. Aus Platzgründen können diese nicht nochmals illustriert werden, der Leser sei zu eigenständigem Experimentieren aufgerufen.

Betrachten wir als einfaches Beispiel die Funktion $f(x, y) = e^{-(x^2+y^2)}$, die im Bereich $[-2; 2]^2$ von folgender Gestalt ist:

```
f[x_,y_]:=Exp[-(x^2+y^2)];

Plot3D[f[r,s], {r,-2,2}, {s,-2,2}]
```

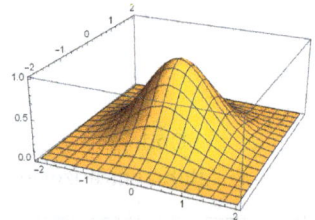

An Hand des eingezeichneten Gitters erkennt man, an welchen Stellen **Mathematica** tatsächlich einen Funktionswert berechnet hat, nämlich genau in den Schnittpunkten. Der Rest ist einfach „glatt" gefüllt worden. Die Standardeinstellung bzgl. der Linienzahl in X- bzw. Y-Richtung, festgelegt durch `PlotPoints`, ist dabei 15. Im aktuellen Beispiel scheint dies ausreichend, bei sehr feinen Funktionen können aber Details „verschluckt" werden. Erhöhen wir im Beispiel die Linienzahl auf 40:

```
Plot3D[f[r,s], {r,-2,2}, {s,-2,2},
PlotPoints -> 40, Mesh -> All]
```

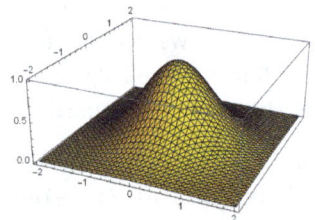

Der Verlauf der gezeichneten Fläche ist deutlich glatter geworden, die Rechenzeit aber auch merklich angestiegen. Sollten nun noch die Gitterlinien stören, so kann man diese über die Option `Mesh` ausschalten:

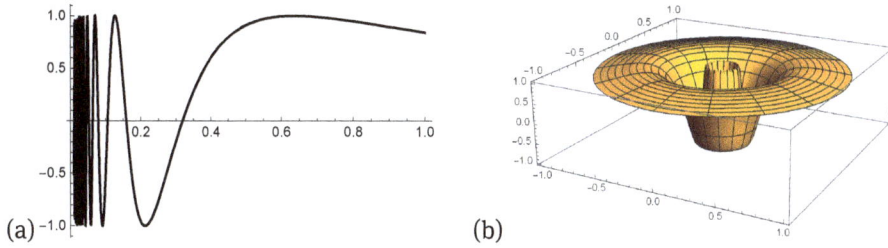

Abb. 7.1. Die Funktion $\sin\left(\frac{1}{x}\right)$ in der X-Z-Ebene und rotiert.

```
Plot3D[f[r,s], {r,-2,2}, {s,-2,2},
PlotPoints -> 40, Mesh -> False]
```

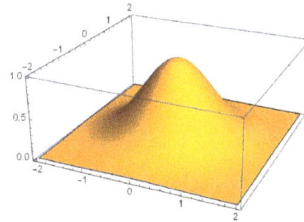

Falls die Funktion in Zylinder- oder Kreiskoordinaten an Stelle der kartesischen Koordinaten definiert ist, so muss man statt `Plot3D` die Befehle `RevolutionPlot3D` und `SphericalPlot3D` verwenden.

Eine reellwertige Funktion zweier Variablen kann man auch aus einer Funktion $g(x)$ konstruieren, die nur von einer Variablen x abhängt, indem man diese in der X-Z-Ebene zeichnet und dann um die Z-Achse rotieren lässt. Lässt man etwa die Funktion $g(x) = e^{-x^2}$ rotieren, so erhält man die bisher in diesem Kapitel diskutierte Funktion $f(x, y) = e^{-(x^2+y^2)}$. Um die zugehörige Rotationsgrafik zu erzeugen, steht der Befehl `RevolutionPlot3D` zur Verfügung. Betrachten wir dazu diesmal ein anderes Beispiel, nämlich die Funktion $\sin\left(\frac{1}{x}\right)$, welche in Abbildung 7.1 (a) gezeichnet ist. Die zugehörige Rotationsgrafik ist in Abbildung 7.1 (b) zu sehen. Der nötige Quellcode ist

```
RevolutionPlot3D[Sin[1/x], {x,0.1,1}, PlotPoints -> 40]
```

7.4.3 Konturgrafiken

Eine Alternative zu den dreidimensionalen Darstellungen des Graphen einer Funktion $f(x, y)$ zweier Variablen des vorigen Abschnitts 7.4.2 stellen Kontur- und Dichtegrafiken dar, implementiert über die Kommandos `ContourPlot` bzw. `DensityPlot`. Bei diesen zweidimensionalen Grafiken wird die dritte Dimension, der Funktionswert, durch Grauwerte bzw. Farben codiert. Im ersten Fall wird eine Art Landkarte mit Höhenlinien angelegt, im zweiten Fall ein Gitter. In beiden Fällen werden die sich ergebenden Zwischenräume mit den entsprechenden Farbwerten gefüllt. Das Beispiel der

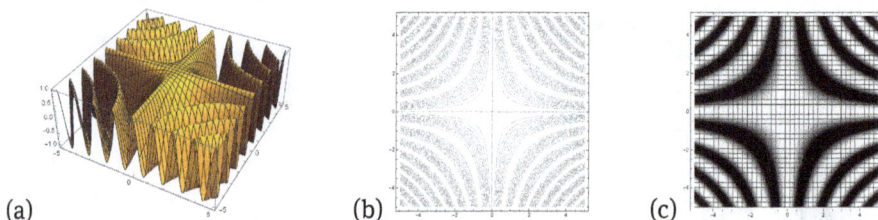

(a)   (b)   (c)

Abb. 7.2. Die Funktion $\cos(x \cdot y)$, dargestellt auf dreierlei Weise.

Funktion $\cos(x \cdot y)$ ist in Abbildung 7.2 zu sehen, als `Plot3D` in (a), `ContourPlot` in (b) und `DensityPlot` in (c). Diese Grafiken wurden durch folgenden Code erzeugt:

```
Plot3D[Cos[x y], {x,-5,5}, {y,-5,5}, PlotPoints->40, Mesh->Full]

ContourPlot[Cos[x y], {x,-5,5}, {y,-5,5}, ContourShading->False]

DensityPlot[Cos[x y], {x,-5,5},{y,-5,5}, PlotPoints->40, Mesh->Full,
MeshStyle->Black, ColorFunction->GrayLevel]
```

Die Syntax dieser beiden Befehle ist ähnlich zu der von `Plot3D`. Neben den üblichen Grafikoptionen erlaubt es `ContourPlot`, über `ContourStyle->None` die Höhenlinien zu unterdrücken, durch `ContourShading->False` dagegen die farbliche Füllung. `ContourStyle->Black` erzeugt schwarze Höhenlinien. Bei `DensityPlot` kann man das Zeichnen der Gitterlinien durch `Mesh->False` verhindern, wogegen diese durch `MeshStyle->Black` schwarz eingefärbt werden. Bei beiden Kommandos führt `ColorFunction->GrayLevel` zu einer Graustufengrafik. Seit Version 9 kann man jeweils, analog zu den Ausführungen in Abschnitt 7.4.1, eine Legende hinzufügen, bei `PlotLegends->Automatic` ist diese vom Typ `BarLegend`. Wie immer sei der Leser dazu aufgefordert, all diese Optionen durchzuprobieren.

⚡ **Ausblick:** Die 3D-Variante der Konturgrafik ist `ContourPlot3D`, siehe auch Abschnitt 10.4. Diese stellt zu gegebener Funktion $f(x, y, z)$ von *drei* Variablen jenen Bereich der Definitionsmenge dar, über dem ein gewisser Funktionswert angenommen wird. Mit Version 10 hinzugekommen ist auch `DensityPlot3D`, ferner für Schnittgrafiken noch `SliceContourPlot3D` und `SliceDensityPlot3D`.

7.4.4 Parametrisch definierte Funktionen zeichnen

Bisher haben wir nur reellwertige Funktionen betrachtet, die ggf. von mehreren Variablen abhängen dürfen. Nun ist es aber auch denkbar, dass der Funktionswert mehrdimensional ist, die Funktion dafür aber nur von einer Variablen abhängt, d. h. $\boldsymbol{f}(t) = (f_1(t), f_2(t))$ im zweidimensionalen Fall und $\boldsymbol{f}(t) = (f_1(t), f_2(t), f_3(t))$ im dreidimensionalen. Um derartige Funktionen darstellen zu können, bietet Mathematica die

Kommandos `ParametricPlot` und `ParametricPlot3D` an. Wir testen Ersteres an der durch $f(t) := \big(2\cos(t) + \cos(-4t), 2\sin(t) + \sin(-4t)\big)$ definierten Hypotrochoide:

```
ParametricPlot[
{2 Cos[t]+Cos[-4 t], 2 Sin[t]+Sin[-4 t]},
{t,0,2 π}, AspectRatio -> 1]
```

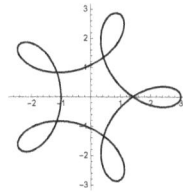

Die beiden Komponenten $f_1(t)$ und $f_2(t)$ sind in einer Liste anzugeben, die sonstige Syntax des `ParametricPlot`-Kommandos gleicht der von `Plot`. Auch bei `ParametricPlot3D` verhält es sich ähnlich:

```
ParametricPlot3D[
{Cos[2 π t], Sin[2 π t], t/5]}, {t,0,5}]
```

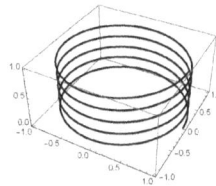

Die Qualität der ausgegebenen Kurve lässt sich hierbei erneut über die Option `Plot-Points` beeinflussen.

7.5 Interpolation

Zu $n+1$ Punkten $(x_0, y_0), \dots, (x_n, y_n)$ gibt es stets ein Polynom vom Grade $\leq n$, welches diese Punkte miteinander verbindet. Dieses kann man mit Hilfe der Lagrangeschen Interpolationsformel berechnen – oder mit **Mathematica**, via `InterpolatingPolyno-mial`. Wir wollen nun in einer gemeinsamen Grafik die Datenpunkte und das passende Polynom ausgeben lassen. Für Ersteres verwenden wir wieder den `ListPlot`-Befehl aus Abschnitt 7.4.1:

```
daten={{1,2}, {3,6}, {4,6}, {6,1}, {7,5}};
p[x_]=InterpolatingPolynomial[daten, x];
bild1=Plot[p[x], {x,0,7.5}];
bild2=ListPlot[daten,
    PlotStyle -> PointSize[0.03]];
Show[bild1, bild2]
```

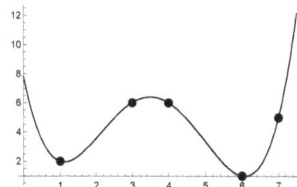

Offenbar hat **Mathematica** das interpolierende Polynom korrekt berechnet, die Datenpunkte werden miteinander verbunden. Durch Ausführen von `Expand[p[x]]` wird klar, dass es sich tatsächlich auch um ein Polynom vom Grade 4 handelt (passend zu den fünf Datenpunkten). Doch schon dieses Beispiel zeigt, dass die Interpolation durch ein einzelnes Polynom auch seine Tücken hat, nämlich sobald man extrapoliert. Im Beispiel strebt das Polynom auch links der 1 gegen $+\infty$, obwohl die Daten eher ein

weiteres Absinken erwarten lassen würden. Deswegen bietet Mathematica auch den
Befehl `Interpolation` an, bei dem abschnittsweise Polynome vorgebbaren Grades
möglichst glatt zusammengesetzt werden.

```
Clear[f];
f=Interpolation[daten];
bild1=Plot[f[x], {x,0,7.5}];
Show[bild1, bild2]
```

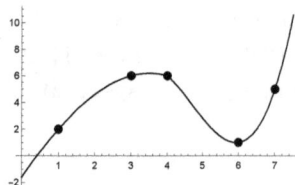

Alternativ hätte man auch den Befehl `ListInterpolation` verwenden können. Den
Grad der abschnittsweisen Polynome kontrolliert man über die Option `Interpola-
tionOrder`, der Vorgabewert ist 3. Stückweise linear approximiert man wie folgt:

```
Clear[f];
f=Interpolation[daten,
InterpolationOrder -> 1];
bild1=Plot[f[x], {x,0,7.5}];
Show[bild1, bild2]
```

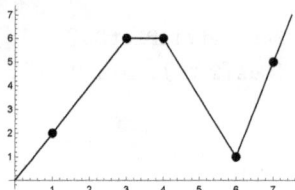

Führt der Leser `f` allein aus, bzw. besser gleich `f //InputForm`, so wird er feststellen,
dass durch `Interpolation` eine `InterpolatingFunction` erzeugt wurde.

In beiden bisherigen Beispielen wurde tatsächlich eine Hermite-Interpolation
durchgeführt; wünscht man stattdessen eine Spline-Interpolation (zur fachlichen
Vertiefung sei das Buch von Stoer (2005) empfohlen), so muss man die Option `Method`
von `"Hermite"` auf `"Spline"` ändern:

```
Clear[f];
f=Interpolation[daten, Method->"Spline"];
bild1=Plot[f[x], {x,0,7.5}];
Show[bild1, bild2]
```

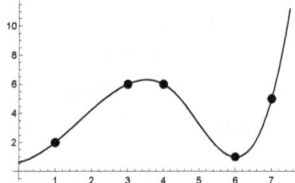

Führt man nun `f // InputForm` aus, so erkennt man im Kern der `Interpolating-
Function` eine Instanz des mit Version 7 eingeführten `BSplineFunction`. Eine ver-
gleichende Grafik zeigt, dass man `BSplineFunction` selbst nicht extrapolieren kann:

```
Show[Plot[
{f[x], BSplineFunction[...][x]},
{x,0,7.5}, PlotStyle->{Gray,Black}],
bild2]
```

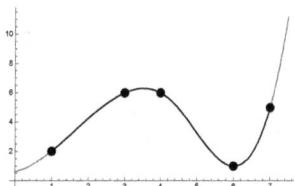

Der Leser wird übrigens sicherlich bemerkt haben, dass uns Mathematica schon die
ganze Zeit durch eine Fehlermeldung auf die Extrapolationsproblematik aufmerksam
gemacht hatte.

Abschließend sei auch der Befehl `FunctionInterpolation` erwähnt, der direkt auf eine Funktion (anstatt eines Satzes von Stützstellen) angewendet wird. Diese Funktion wird in einer vorgebbaren Zahl von Stellen ausgewertet, und basierend auf diesen Punkten wird dann eine Interpolation durchgeführt. Die resultierende interpolierende Funktion wird als Approximation der ursprünglichen Funktion verwendet

```
Clear[f];
f=FunctionInterpolation[Sqrt[x], {x,1,5}];
Plot[{Sqrt[x],f[x]}, {x,0,7.5},
    PlotStyle -> {Gray,Black}]
```

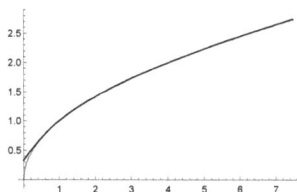

Auch hier erscheint wieder obige Fehlermeldung, da wir die Interpolation ja nur im Bereich von 1 bis 5 durchgeführt hatten. Insbesondere für x nahe 0 ist ein Extrapolationsfehler sichtbar.

Ausblick: Ein alternativer Zugang zum Thema Spline-Interpolation wird durch das Paket `Splines` geboten, insbesondere durch den dortigen Befehl `SplineFit`. Der interessierte Leser sei auf Abschnitt 14.1 in Weiß (2008) sowie auf den Hilfeeintrag *Splines/guide/SplinesPackage* verwiesen.

Ausblick: Neben der Interpolation mit Polynomen können auch trigonometrische Funktionen für diese Zwecke eingesetzt werden, was zur Fourier-Transformation eines Datensatzes führt. Hier bietet Mathematica die fest implementierten Funktionen `Fourier` und `InverseFourier` an, welche wir in Abschnitt 19.7 im Rahmen der Zeitreihenanalyse im Frequenzbereich genauer kennenlernen werden. Ferner werden auch die Befehle `FourierDCT` und `FourierDST` für die diskrete Fourier-Cosinus- bzw. Fourier-Sinus-Transformation angeboten.

7.6 Exkurs: Funktionen programmieren und Pakete erstellen

Um nicht bei einem jeden Einsatz den Code der programmierten Funktionalität von Neuem tippen zu müssen, ist es sinnvoll, diesen in einer Funktion abzulegen und so dem wiederholten Einsatz zugänglich zu machen. Im Falle des Heron-Verfahrens aus Beispiel 7.3.1 ist dies möglich, indem man den gesamten Code zwischen runde Klammern $(\dots)$ setzt:

```
wurzel[p_,e_]:=( If[p>1, a=1;b=p, a=p;b=1];
    While[b-a>e, {a,b}={2p/(a+b), (a+b)/2}];
    Print[b]  ) /; p>0 && e>0;
```

Nun können sowohl das Argument p der Wurzelfunktion als auch die Genauigkeitsschwelle e frei bestimmt werden, mit der Einschränkung $p, e > 0$. Damit von Beginn an tatsächlich $b \geq a$ ist, wurde eine If-Bedingung definiert, ansonsten stimmt der Code mit dem aus Beispiel 7.3.1 überein. Probieren wir die wurzel-Funktion aus:

wurzel[2.0, 0.0001]	1.41422
wurzel[0.5, 0.0001]	0.707108
wurzel[2, 0.0001]	$\frac{577}{408}$
a	$\frac{816}{577}$
b	$\frac{577}{408}$

Die Berechnungen funktionieren einwandfrei, im Falle einer Angabe von 2 als ganzer Zahl wird sogar ein Bruch als Näherung ausgegeben. Ein Nachteil der bisherigen Lösung offenbart sich allerdings bei den zwei letzten Kommandos: Die Variablen a und b sind global definiert worden, belasten also auch nach Berechnung der Wurzel noch weiter den Arbeitsspeicher.

Diesen Nachteil umgeht man, wenn man den Anweisungsverbund stattdessen in einem Module ablegt: Module[{x,y,...}, anw] bzw. Module[{x=x0,...}, anw]. Zuerst werden die lokalen Variablen festgelegt, evtl. wird diesen auch ein Startwert zugewiesen, dann folgen die übrigen Anweisungen. Im Beispiel des Heron-Verfahrens erhält man:

```
Clear[a,b,wurzel];
wurzel[p_,e_]:=Module[{a,b}, If[p>1, a=1; b=p, a=p; b=1];
While[b-a>e, {a,b}={2p/(a+b),(a+b)/2}]; Print[b]]  /; p>0 && e>0;
```

wurzel[2.0, 0.0001]	1.41422
a	a

Nun wurde a tatsächlich nur lokal mit Werten belegt. Neben Module gibt es noch zwei weitere Möglichkeiten, einen Anweisungsverbund zu definieren. Eine davon ist With, welches die Syntax With[{x=x0,...}, anw] besitzt, bei dem aber $x,...$ Konstanten sind. Entsprechend erzeugt

```
With[{x=5}, x=6; x]
```

```
Set::setraw: Cannot assign to raw object 5.
```

5

eine Fehlermeldung. Zu guter Letzt steht auch noch Block zur Verfügung. Im Gegensatz zu Module, mit dem es sich die Syntax teilt, können nun *globale* Variablen verändert werden, aber nur zeitweise! Nach Beenden von Block stehen die früheren Werte wieder zur Verfügung:

```
Clear[a,x,f];  f=x²;  Block[{x=a}, f]      a²

f                                          x²

Clear[a,x,f];  f=x²;  Module[{x=a}, f]     x²
```

Tatsächlich heißt die innerhalb von Module lokal definierte Variable nur scheinbar x, in Wirklichkeit ist ihr Name von der Form x$*Nr* mit einer laufenden Nummer, z. B.

```
Module[{x}, x]                             x$14
```

Beispiel 7.6.1. Kehren wir zurück zu Beispiel 7.3.1 und legen noch etwas Feinschliff an. Die Funktion wurzel wurde zuletzt schon zufriedenstellend definiert, zur Sicherheit soll aber noch eine Obergrenze von Iterationsschritten eingebaut werden, um Endlosschleifen zu vermeiden. Gesetzt der Fall, dass die Funktion wegen dieser oberen Grenze abbricht, sollte dies dem Benutzer auch mitgeteilt werden. Das Unterdrücken solcher Warnmeldungen mit Hilfe von Off hatten wir schon im Tipp auf S. 30 kennengelernt, zum Erzeugen benötigt man Message. Fehlermeldungen werden in der Form *Kategorie*::*Meldung* benannt, also z. B.

```
a::abc="Aus `2` und `1` folgt `2`.";

Message[a::abc, 3, 7]

a::abc: Aus 7 und 3 folgt 7.
```

Durch `` `k` `` wird ein Platzhalter erzeugt, an dessen Stelle später das k-te Zusatzargument von Message eingefügt wird. Verbessern wir nun also die Wurzelfunktion ein weiteres Mal:

```
Clear[wurzel];

wurzel::fehler := "Nach `1` Iterationen wurde erst eine Genauigkeit
von `2` erreicht!"

wurzel[p_,e_:0.001,m_:100]:=Module[{a,b,n},
n=1; If[p>1, a=1.; b=N[p], a=N[p]; b=1.];
While[b-a>e && n<m, n+=1; {a, b}={2p/(a+b), (a+b)/2}];
If[n>=m,
Message[wurzel::fehler, n, b-a]; $Failed, b] ] /; p>0 && e>0;
```

Das Argument m gibt die obere Schranke vor; wird diese erreicht, so wird eine Fehlermeldung erzeugt und $Failed ausgegeben, ansonsten wie bisher der Näherungswert. Man beachte, dass wir die Argumente e und m als optional definiert haben; gibt der Benutzer diese nicht an, so wird der von uns verwendete Vorgabewert benutzt, siehe auch Abschnitt 7.7 und Anhang A.2. Testen wir dies:

```
wurzel[2, 10^-20]                          1.41421
```

```
wurzel[2, 10^-20, 5]
```

```
wurzel::fehler: Nach 5 Iterationen wurde erst eine Genauigkeit von 3.18...`*^-12
erreicht!
```

```
$Failed
```

Im ersten Fall verzichten wir auf Angabe von m, also wird $m = 100$ verwendet. Im zweiten Fall reichen fünf Iterationsschritte nicht zur gewünschten Genauigkeit.   •

Bemerkung 7.6.2. Um numerische Berechnungen wie unser oben programmiertes Heron-Verfahren zu beschleunigen, bietet Mathematica den Befehl `Compile` an, der mit Version 8 noch um Optionen beispielsweise zur Parallelisierung erweitert wurde. Dadurch wird eine vorkompilierte Funktion erzeugt, d. h. Code-Interpretationen während der eigentlichen Ausführung der Berechnung entfallen. Seit Version 8 besteht nun zusätzlich noch die Möglichkeit, für eine derart kompilierte Funktion auch passenden C-Code zu erzeugen, und geg. C-Code direkt von Mathematica aus (aber mit einem externen Kompilierer) in eine ausführbare Datei umzuwandeln und diese in einem Notebook auszuführen. Dazu werden die Pakete `CCodeGenerator`` (Befehl `CCodeGenerate`) bzw. `CCompilerDriver`` (Befehl `CreateExecutable`) benötigt. Details und Beispiele findet der Leser bei den entsprechenden Hilfeeinträgen *CCodeGenerator/guide/CCodeGenerator* bzw. *CCompilerDriver/guide/CCompilerDriver*.   •

Dadurch, dass wir Wolfram Language, in einem Anweisungsverbund verpackt, über Funktionen innerhalb des aktuellen Notebooks verfügbar gemacht haben, konnten wir unnötige Wiederholungen vermeiden und das Notebook kürzer und übersichtlicher halten. Konsequenterweise kann man sich nun fragen, ob man den Code auch über Sitzungen und Notebooks hinweg wiederverwenden kann. Die Antwort ist ja, dazu muss der Code lediglich in einem Paket abgespeichert werden, welches man dann später, wie in Abschnitt 3.8 beschrieben, laden kann.

Ein Paket ist eine gewöhnliche ASCII-Datei, versehen mit der Endung .m bzw. seit Version 10 auch mit der Endung .wl. Letztere wird motiviert durch die Wolfram Language und bietet z. B. für MATLAB-Nutzer den Vorteil, dass die entsprechende Datei nicht mit MATLAB-Dateien verwechselt werden kann. Aus Gründen der Abwärtskompatibilität wollen wir im Folgenden aber mit der Endung .m fortfahren. Da ein Paket eine ASCII-Datei ist, kann man diese mit einem jeden Texteditor erstellen. Um das Paket jedoch über die Mathematica-Oberfläche einzugeben, erzeugt man über *File → New → Package* eine neue Datei (welche beim Abspeichern eine der o. g. Endungen erhält). Es öffnet sich der Package-Editor, dessen Oberfläche mit Version 11 noch etwas verbessert wurde. Hier gibt man nun den Quelltext des Pakets ein.

Bemerkung 7.6.3. Ein alternativer Weg zur Paketerstellung besteht darin, ein gewöhnliches Notebook anzulegen und darin *eine* Zelle als *Initialization Cell* zu deklarieren. Letzteres erreicht man nach Markieren der Zellklammer über *Cell → Cell Properties*. Man kann auch wie in Abschnitt 3.4 verfahren und bei *Style* den Zelltyp *Code* auswählen (Tastenkombination ⌑Alt⌑+8); neben der optischen Hervorhebung durch einen grauen Hintergrund und einer Unterbindung des Zeilenumbruchs impliziert dies insbesondere auch die Eigenschaft *Initialization Cell*. Ferner muss, je nach Version, die Option *AutoGeneratedPackage* auf *Automatic* gestellt werden, vgl. Abschnitt 3.7.

In die Initialization Cell gibt man dann den vollständigen Paket-Quelltext ein. Speichert man nun das Notebook, etwa unter dem Namen `abc.nb`, so wird parallel dazu die ASCII-Datei `abc.m` erstellt, welche nur den Inhalt dieser Initialization Cell enthält. ●

Tipp! Das eigentliche Anwendungsgebiet der *Initialization Cell* besteht darin, dass deren Inhalt beim Öffnen des Notebooks automatisch ausgeführt wird, etwa um benötigte Pakete oder Funktionsdefinitionen vor der weiteren Ausführung des Notebooks zu laden.

Welchen Text hat man nun, auf welche Weise auch immer, für ein Paket einzugeben? Zuoberst sollte innerhalb von Kommentaren (`*...*`) eine kurze Beschreibung des Paketes stehen, der weitere Inhalt folgt innerhalb von

```
BeginPackage["Kategorie`Paket`"] ... EndPackage[].
```

Im Falle des Heron-Verfahrens aus Beispiel 7.6.1 wäre es naheliegend, das Paket `Eigen`Heron`` zu taufen. Damit Mathematica bei späterem Laden via `Needs["Eigen`-Heron`"]` die Paketdatei `Heron.m` auch tatsächlich findet, muss diese „an passender Stelle" in einem Ordner namens `Eigen` abgelegt werden. Die passende Stelle für den Ordner `Eigen` kann hierbei das Unterverzeichnis `Applications` bei dem nach Ausführen von `$UserBaseDirectory` angezeigten Pfad sein, oder einer der Pfade bei `$Path`, also z. B. `C:\...\AddOns\ExtraPackages`.

Innerhalb von `BeginPackage[...]` ... `EndPackage[]` sollte zuerst für eine jede Funktion eine Kurzbeschreibung in der Form `funktion::usage:="Text";` angelegt werden, welche man später nach Laden des Pakets durch `?funktion` abfragen kann. Anschließend folgen zwischen `Begin["Kategorie`Paket`Private`"]` ... `End[]` die eigentlichen Funktionsdefinitionen. In Abbildung 7.3 ist als Beispiel der Quelltext des Paketes `Heron.m` zu sehen. Man beachte, dass **Mathematica** für „ß" und Umlaute eigene Befehlskürzel verwendet. Der Leser lade dieses Paket und teste die Funktion *heron*, welche die gleichen Resultate wie obige `wurzel`-Funktion liefern sollte. Durch `?heron` kann die Kurzbeschreibung abgefragt werden.

```
(* Wurzelberechnung bis zu vorgebbarer Genauigkeit mit Heron-Verfahren. *)
(* Christian Wei\[SZ], Hamburg, 2017 *)

BeginPackage["Eigen`Heron`"]
  heron::usage:="heron[p,e,m] berechnet die Wurzel von p>0 bis zu vorgebbarer
  Genauigkeit e>0 gem\[ADoubleDot]\[SZ] des Heron-Verfahrens.
  Dabei maximal m Iterationen. Vorgabewerte: e=0.001, m=100."

  Begin["Eigen`Heron`Private`"]
    heron::fehler:="Nach `1` Iterationen wurde erst eine Genauigkeit von `2`
    erreicht!"

    heron[p_,e_:0.001,m_:100]:=Module[{a,b,n},
      n=1;
      If[p>1, a=1.; b=N[p], a=N[p]; b=1.];
      While[b-a>e && n<m,
        n+=1; {a, b}={2 p/(a+b), (a+b)/2}];
      If[n>=m, Message[heron::fehler, n, b-a]; $Failed, b]
    ] /; p>0 && e>0;

  End[]
EndPackage[]
```

Abb. 7.3. Quellcode des Paketes Heron.m.

7.7 Exkurs: Muster und Regeln

Bei fortgeschrittenen Anwendungen von **Mathematica** stößt man immer wieder auf
Situationen, in denen gewisse Bestandteile eines Ausdrucks zu identifizieren und zu
manipulieren sind. Damit der Benutzer eine Beschreibung dieser Bestandteile formulieren kann, bietet die **Wolfram Language** eine Reihe von Befehlen zur Mustererkennung an. Zentral ist dabei der Befehl Blank, der uns in Form seines abkürzenden Äqui-
valents, des Unterstrichs „_", schon häufiger begegnet ist, z. B. im Abschnitt 7.1 zu
Funktionen. Auch in Anhang A.2 spielt das Thema Muster eine bedeutende Rolle.

Der einzelne Unterstrich „_" ist Platzhalter für *genau* einen Ausdruck, der doppelte Unterstrich „__" (BlankSequence) steht für *mindestens* einen Ausdruck, der
dreifache Unterstrich „___" (BlankNullSequence) für *keinen oder beliebig viele* Ausdrücke. In Kombination mit weiteren Befehlen kann man nun Muster formulieren. So
beschreibt beispielsweise {_} eine Liste mit genau einem Argument, {__} eine Liste
mit mindestens einem Argument und {___} eine Liste mit beliebig vielen Argumenten. Testen wir dies an ein paar Beispielen:

```
MatchQ[{a}, {_}]                              True
```

```
MatchQ[{a,b}, {_}]                            False
```

`MatchQ[{a,b}, {__}]`	True
`MatchQ[{}, {__}]`	False
`MatchQ[{}, {___}]`	True

Der hier verwendete Befehl `MatchQ` prüft, ob der Ausdruck im ersten Argument zum Muster im zweiten passt. Das zweite Beispiel ergibt hierbei `False`, da das Muster Listen mit genau einem Argument beschreibt, während im vierten Beispiel die leere Liste zu einem Widerspruch bzgl. Listen mit mindestens einem Element führt.

Einem Platzhalter kann man einen Namen geben, indem man diesen vorneweg setzt, z. B. `x_` für einen Platzhalter namens x. Bei den obigen Beispielen wäre eine Namensgebung ohne Belang; benötigt werden Namen, wenn **Mathematica** mit den Ausdrücken, die sich an Stelle der Platzhalter befinden, irgendwelche Umformungen durchführen soll. Ein uns längst bekanntes Beispiel ist die Definition von Funktionen:

```
Clear[f]; f[x_,y_] := x+2y;
```

`f[a]`	`f[a]`
`f[a,b]`	a+2 b
`f[a,b,c]`	`f[a,b,c]`

f ist hier als Funktion von genau zwei Argumenten definiert, deren erstes zum Zweifachen des zweiten addiert werden soll. Modifizieren wir die Definition ein klein wenig:

```
Clear[f]; f[x_,y__] := x+2y;
```

`f[a]`	`f[a]`
`f[a,b]`	a+2 b
`f[a,b,c]`	a+2 b c

Nun sind zwei oder mehr Argumente erlaubt. Interessant ist, was mit dem dritten und weiteren Argumenten passiert: Wegen

`x+2y //FullForm`	`Plus[x, Times[2,y]]`

steht das zweite Argument innerhalb von `Times`. Da alle weiteren Argumente dem zweiten Argument zugeordnet sind, werden diese als zusätzliche Argumente in die Funktion `Times` hineingeschrieben, weswegen also der Produktterm anwächst. Umgekehrt hätten wir entsprechend erhalten:

```
Clear[f]; f[x__,y_] := x+2y;
```

`f[a,b,c]`	a+b+2 c

Setzen wir ins zweite Argument nun den Platzhalter aus drei Unterstrichen, so darf das zweite Argument auch völlig fehlen. Da `Times[2]` schlicht 2 ergibt, folgt also

```
Clear[f]; f[x_,y___] := x+2y;
```

`f[a]`	$2+a$
`f[a,b]`	$a+2b$
`f[a,b,c]`	$a+2bc$

Zu guter Letzt hatten wir schon in Beispiel 7.6.1 kennengelernt, dass man einem Platzhalter auch einen Vorgabewert verleihen kann, der immer dann eingesetzt wird, wenn der entsprechende Ausdruck fehlt:

```
Clear[f]; f[x_,y_:7] := x+2y;
```

`f[a]`	$14+a$
`f[a,b]`	$a+2b$
`f[a,b,c]`	`f[a,b,c]`

Für weitere Beispiele zu Mustern sei der Leser auf Anhang A.2 verwiesen.

Nachdem wir nun durch Mustererkennung auf Bestandteile eines Ausdrucks zugreifen können, ist es von Interesse, wie man Transformationsregeln formulieren und anwenden kann. Regeln formuliert man als `Rule[a,b]` oder kurz `a -> b` und meint damit die Ersetzung von *a* durch *b*. Derartige Regeln sind uns schon häufiger untergekommen, z. B. in Abschnitt 5.4 bei vorübergehenden Wertzuweisungen oder in Abschnitt 7.2 bei der Lösungsmenge einer Differenzengleichung. Um Regeln nur auf bestimmten Ebenen eines Ausdrucks anzuwenden, siehe Bemerkung 3.5.1, kann man `Replace` verwenden, mit der Syntax `Replace[Ausdruck, Regeln, Ebenen]`. Lässt man das dritte Argument weg, wird als Vorgabe {0} angenommen, also werden die Regeln nur auf äußerster Ebene angewendet. Für die Anwendung der Regeln auf allen Ebenen bietet **Mathematica** zusätzlich noch das Kommando `ReplaceAll` an, welches wir in den oben genannten Beispielen schon in seiner Kurzform „`/.`" (Ersetzungsoperator) kennengelernt haben.

`Replace[1+x+x`^{2}`, x -> a]`	$1+x+x^2$
`Replace[1+x+x`^{2}`, x -> a, {1}]`	$1+a+x^2$
`ReplaceAll[1+x+x`^{2}`, x -> a]`	$1+a+a^2$
`1+x+x`^{2}` /. x -> a`	$1+a+a^2$

Auf äußerster Ebene kommt *x* nicht vor, aber einmal auf erster Ebene und einmal auf zweiter (der Leser führe z. B. `1+x+x`^{2}` //TreeForm` aus). Statt einer einzelnen Regel können wir auch stets eine Liste von Regeln übergeben:

```
ReplaceAll[1+x+x², {x -> a,x² -> x}]          1+a+x
```

Auf Ebene 0 wurde keine Übereinstimmung gefunden, auf Ebene 1 konnte jede Regel einmal angewendet werden. Da `ReplaceAll` offenbar in bereits vorgenommenen Ersetzungen nicht weitersucht, bleibt das nun auf Ebene 1 befindliche *x* unentdeckt. Für solche Fälle kann man `ReplaceRepeated` oder die gleichwertige Kurzform „`//.`" verwenden:

```
ReplaceRepeated[1+x+x², {x -> a,x² -> x}]     1+2 a
```

Zu guter Letzt wollen wir noch den Befehl `ReplaceList` besprechen. Genau wie bei der Voreinstellung von `Replace` wird hier nur die äußerste Ebene auf Anwendbarkeit der Regeln untersucht. Es resultiert nun aber eine Liste mit *allen* Möglichkeiten, gemäß welcher dort eine Ersetzung hätte durchgeführt werden können. Um dies an einem Beispiel zu verdeutlichen, wollen wir folgende Datensequenz betrachten:

```
daten={1,3,4,4,1,1,1,4,3,4};
```

Uns interessiert nun, ob und wie oft die Teilsequenz (1, *, *, 4) darin vorkommt, d. h. eine 1, auf die genau drei Stellen später eine 4 folgt. Mit unseren Kenntnissen zur Musterbeschreibung übersetzen wir dies wie folgt:

```
muster={___,1,_,_,4,___};
```

An den Rändern haben wir den dreifachen Unterstrich gewählt, da dieser Platzhalter für keine oder beliebig viele Argumente ist. Lassen wir nun in den Daten nach dem Muster suchen:

```
ReplaceList[daten, muster -> 0]          {0,0,0}
```

Es wird eine neue Liste erzeugt, die laut unserer Vorgabe für jeden „Treffer" eine 0 enthält. Offenbar gibt es derer drei: An den Positionen 1 und 4, 5 und 8 sowie 7 und 10 tritt jeweils das Pärchen (1, 4) auf, mit einer Lücke der Größe 2 zwischen beiden Partnern.

Weiterführende Informationen ... rund um das Thema Muster und Regeln findet der Benutzer in der Hilfe, z. B. unter *guide/Patterns*, *tutorial/PatternsOverview* und *tutorial/PatternsAndTransformationRules*. Ferner seien Benutzer aller Versionen auf die Abschnitte 2.3 und 2.4 bei Wolfram (2003) verwiesen.

---

8 Analysis

Es ist schwer, eine griffige Definition der Disziplin *Analysis* (im englischen Sprachraum *calculus*) zu geben. Leichter ist es, zentrale Begriffe und Ideen aufzuzählen, welche die Analysis von anderen Gebieten abgrenzen. Im Mittelpunkt der Analysis steht sicherlich der Funktionsbegriff, der allerdings auch in Disziplinen wie der Algebra eine wichtige Rolle spielt. Anders ist aber die Betrachtungsweise der Funktionen: Im Vordergrund steht hier das Infinitesimale, der Grenzwert, zentral ist das Kontinuum der reellen oder komplexen Zahlen, sind Stetigkeit, Differentiation, Integration, u. v. m. Uns interessiert hier nun die Frage, inwiefern uns Mathematica zu den genannten Stichworten Hilfsmittel bereitstellt. Funktionen und Folgen haben wir ja bereits in den Abschnitten 7.1 und 7.2 besprochen, einige gebräuchliche Funktionen sind in den Tab. 7.1 und 7.2 zusammengefasst. Vom Grenzwert ausgehend werden wir im Folgenden Mathematicas Fähigkeit zu Integration und Differentiation untersuchen, siehe die Abschnitte 8.1 bis 8.4. Auch werden wir die Themen Potenzreihen (Abschnitt 8.5) und Differentialgleichungen (Abschnitt 8.6) besprechen, und das Kapitel mit einem Einblick in die komplexe Analysis, die Funktionentheorie, abschließen, siehe Abschnitt 8.7.

> **i** **Weiterführende Informationen ...** zur fachlichen Vertiefung der Themen der Abschnitte 8.1 bis 8.5 findet der Leser beispielsweise in den Büchern von Walter (2007, 2005). Für Abschnitt 8.6 sei Walter (2000) empfohlen, und für Abschnitt 8.7 das Buch von Freitag & Busam (2006).

8.1 Grenzwerte

Zur exakten Grenzwertberechnung bietet Mathematica den `Limit`-Befehl[8] an. Dessen Syntax ist `Limit[f, x -> x0]`, übersetzt $\lim_{x \to x_0} f(x)$, wobei an Stelle von x_0 auch $\pm\infty$ stehen darf, siehe Tab. 5.4. Optional kann man auch das Argument `Direction -> wert` angeben, welches festlegt, ob der linksseitige (Wert `1`) oder rechtsseitige Grenzwert (Wert `-1`) berechnet wird. Betrachten wir ein paar Beispiele:

`Limit[`$\frac{a\,x^2+b}{c-d\,x^2}$`, x -> ∞]` $\qquad\qquad -\frac{a}{d}$

`Limit[Exp[Tan[x]], x ->` $\frac{\pi}{2}$`, Direction -> 1]` $\qquad \infty$

`Limit[Exp[Tan[x]], x ->` $\frac{\pi}{2}$`, Direction -> -1]` $\qquad 0$

Da der Tangens bei $\frac{\pi}{2}$ von $-\infty$ nach $+\infty$ springt, hat im zweiten Beispiel die Rich-

---

8 Den Spezialfall des Grenzwertes von Summen und Produkten hatten wir schon in Beispiel 5.2.1 behandelt.

DOI 10.1515/9783110425222-008

tung der Grenzwertbetrachtung einen bedeutenden Einfluss. Neben der expliziten Grenzwertberechnung erlaubt es Mathematica mittels SumConvergence seit Version 7 auch, Reihen $\sum_{n=r}^{\infty} a_n$ auf Konvergenz zu prüfen, wobei Mathematica dabei u. a. wohlbekannte Konvergenzkriterien wie Wurzel- und Quotientenkriterium anwendet. Die Syntax ist SumConvergence[a[n], n]. SumConvergence erkennt beispielsweise, dass die Reihe $\sum_{n=1}^{\infty} \frac{1}{n^k}$ genau für $Re(k) > 1$ konvergiert:

```
SumConvergence[1/n^k,n]                          Re[k]>1
```

Sollte der Befehl Limit scheitern, ist aber zumindest zu erwarten, dass sich der Grenzwert numerisch ausdrücken lässt, so kann man sich durch das numerische Gegenstück zu Limit behelfen, dem Befehl NLimit aus dem Paket NumericalCalculus`.

```
f[x_]:=x /; x<1
f[x_]:=2/x /; x>1                                Limit[f[x], x→1,
Limit[f[x], x->1, Direction->1]                  Direction→1]


Needs["NumericalCalculus`"]

NLimit[f[x], x->1, Direction->1]          1.

NLimit[f[x], x->1, Direction->-1]         2.
```

Während Limit bei der mit /; abschnittsweise definierten Funktion f, die in $x = 1$ von 1 auf 2 springt, zu keiner Grenzwertberechnung in der Lage ist, liefert NLimit zumindest einen Näherungswert. Würde man allerdings die zusammengesetzte Funktion mit Hilfe des Befehls Piecewise definieren (siehe Abschnitt 7.2 ab Seite 91), kann auch Limit erfolgreich eingesetzt werden. Im folgenden Beispiel kann Limit ohnehin wieder verwendet werden:

```
Limit[(Sin[x+h]-Sin[x])/h , h->0]                Cos[x]
```

Mathematica erkennt, dass der Grenzwert des Differenzenquotienten des Sinus gleich dessen Ableitung, des Cosinus, ist. Ein Thema, mit dem wir uns im anstehenden Abschnitt näher beschäftigen wollen. Zuvor sei aber noch aus gegebenem Anlass auf den in Version 10 eingeführten Befehl DifferenceQuotient hingewiesen, der den eingegebenen Differenzenquotienten gleich noch vereinfacht (im Beispiel unter Zuhilfenahme eines Additionstheorems):

```
DifferenceQuotient[Sin[x], {x,h}]                2 Cos[h/2+x] Sin[h/2]
                                                 ─────────────────────
                                                          h

Limit[DifferenceQuotient[Sin[x], {x,h}], h->0]   Cos[x]
```

8.2 Differentiation von Funktionen

Um eine Funktion $f(x_1, x_2, \ldots)$ k_1-mal nach x_1, k_2-mal nach x_2, usw., abzuleiten, kann man `Derivative[k1,k2,...][f][x1,x2,...]` eingeben. Tatsächlich wird diese Ableitung intern auch auf diese Weise abgespeichert:

```
Clear[f];
```

```
Derivative[2,4,3][f][x,y,z]
```
$f^{(2,4,3)}[x,y,z]$

```
% //FullForm
```
`Derivative[2,4,3][f][x,y,z]`

Im Falle einer Funktion einer Variablen kann man die Eingabe der Ableitung auch intuitiver durch Eingabe einer entsprechenden Anzahl von Hochkommas „ ' " erreichen:

```
f'''[x]
```
$f^{(3)}[x]$

```
% //FullForm
```
`Derivative[3][f][x]`

Auch eine konkrete Funktion wie den Cosinus kann man auf diese Weise ableiten, in diesem Fall wird die Ableitung auch konkret ausgeführt:

```
Derivative[1][Cos][x]
```
`-Sin[x]`

```
Cos'[x]
```
`-Sin[x]`

```
Cos[x]'
```
`Cos[x]´`

Man beachte, dass dabei das Hochkomma vor das Argument zu setzen ist. Insgesamt gesehen ist die Hochkommaschreibweise plausibel, aber nicht verallgemeinerbar für mehrere Argumente. Umgekehrt ist die explizite Verwendung von `Derivative` eher weniger intuitiv, was wohl der Grund dafür ist, dass **Mathematica** noch eine zweite Möglichkeit parallel anbietet: den Befehl `D`. Die entsprechende Syntax ist nun `D[f[x1,x2,...], {x1,k1}, {x2,k2},...]`. Allerdings erzeugt auch `D` wieder eine `Derivative`-Funktion:

```
D[f[x,y,z], {x,2}, {y,4}, {z,3}]
```
$f^{(2,4,3)}[x,y,z]$

```
% //FullForm
```
`Derivative[2,4,3][f][x,y,z]`

Die Syntax von `D` scheint dem Autor etwas einfacher zu sein, was wohl der Grund für diese „doppelte Buchführung" ist. Noch überzeugender ist die grafische Variante von `D`, die Eingabe mit Hilfe des Zeichens „∂". Dieses kann der Benutzer entweder über die Eingabepalette einfügen, oder durch die Tastenkombination ⎡Esc⎤, pd, ⎡Esc⎤ für ∂, und ⎡Strg⎤+⎡-⎤ für den Index. Und nun erfolgt die partielle Ableitung tatsächlich in der gewohnten Schreibweise:

```
∂x,x,y,y,y,z,z,z f[x,y,z]
```
$f^{(2,4,3)}[x,y,z]$

```
% //FullForm
```
`Derivative[2,4,3][f][x,y,z]`

Letztlich ist es dem Leser überlassen, sich für eine der Varianten zu entscheiden, alle machen schließlich das Gleiche. Im konkreten Beispiel des Cosinus etwa würde man zu obigem Resultat auch durch folgenden Code gelangen:

```
D[Cos[x], x]                              -Sin[x]

∂ₓ Cos[x]                                 -Sin[x]
```

Bemerkung 8.2.1. In manchen Fällen kann auch die numerische Variante zu D hilfreich sein, die allerdings auf Funktionen einer Variablen beschränkt ist: ND im Paket NumericalCalculus`. Durch ND[f[x], {x,n}, x0] wird der Wert der Ableitung $f^{(n)}(x_0)$ an der Stelle x_0 angenähert. Wie die zwei ersten Zeilen des folgenden Beispiels zeigen, wäre in diesem Fall die Verwendung von ND gar nicht nötig gewesen; bei sehr komplexen Funktionen (etwa bei der Maximierung einer Likelihood-Funktion zur Zeitreihenmodellierung, siehe Abschnitt 19.7.2) kann das Umgehen einer analytischen Ableitung aber sehr zeitsparend sein:

```
D[Exp[Sin[x]], x]                         e^Sin[x] Cos[x]

% /. x->2.                                -1.03312

ND[Exp[Sin[x]], x, 2]                     -1.03312
```

Eine händische Approximation mit Hilfe des Differenzenquotienten sähe so aus:

```
fh[x_,h_]=
DifferenceQuotient[Exp[Sin[x]], {x,h}];   0.01      -1.04219
Table[{h,fh[2.,h]},                       0.001     -1.03403
{h,{0.01,0.001,0.0001}}] //TableForm      0.0001    -1.03321    •
```

Die mehrdimensionalen Analoga zu erster und zweiter Ableitung, Gradient bzw. Jacobi-Matrix sowie Hesse-Matrix, kann man sich natürlich manuell aus partiellen Ableitungen via ∂ zusammenstellen, oder den Befehl D entsprechend einsetzen (zum Teil erst seit Version 7 möglich):

> D[f[x1,...], {{x1,...}}] ergibt den Gradienten von f,
> D[f[x1,...], {{x1,...}, 2}] ergibt die Hesse-Matrix von f,
> D[{f1[x1,...],...}, {{x1,...}}] ergibt die Jacobi-Matrix von $(f_1,...)^\top$.

Seit Version 9 kann auch der Befehl Grad für den gleichen Zweck verwendet werden:

> Grad[f[x1,...], {x1,...}] ergibt den Gradienten von f,
> Grad[Grad[f[x1,...], {x1,...}], {x1,...}] ergibt die Hesse-Matrix von f,
> Grad[{f1[x1,...],...}, {x1,...}] ergibt die Jacobi-Matrix von $(f_1,...)^\top$.

Zudem sind seither auch Befehle für die Divergenz (Div), die Rotation (Curl) und den Laplace-Operator (Laplacian) vorhanden, vgl. den Hilfeeintrag *guide/VectorAnalysis*.

Zu guter Letzt sei noch erwähnt, dass in Anhang A erläutert wird, auf welche Weise Mathematica die Ableitung von Funktionen berechnet. Auf genau diese Weise werden wir dort unseren eigenen Ableitungsoperator programmieren.

8.3 Integration von Funktionen

Das Gegenstück zum Differenzieren ist das Integrieren. Um ein unbestimmtes Integral, also eine Stammfunktion, einer gegebenen Funktion f zu bestimmen, gibt man einfach `Integrate[f[x], x]` ein, oder noch eleganter $\int f[x]\,dx$. Letzteres erreicht man über die Eingabepalette oder per $\boxed{\text{Esc}}$, int, $\boxed{\text{Esc}}$ für $\int$ und $\boxed{\text{Esc}}$, dd, $\boxed{\text{Esc}}$ für d. Dann kann man in Sekundenbruchteilen z. B. folgendes Integral berechnen lassen:

$\int (b^2 \text{Cos}[a\,x]^2 + c^2 \text{Sin}[a\,x]^2)^{-1}\,dx$ $\qquad\qquad \dfrac{\text{ArcTan}\left[\frac{c\,\text{Tan}[a\,x]}{b}\right]}{a\,b\,c}$

Um dagegen ein bestimmtes Integral zu berechnen, muss die Syntax wie folgt verändert werden: `Integrate[f[x], {x,a,b}]` bzw. $\int_a^b f[x]\,dx$. Die Integrationsgrenzen dürfen dabei auch $\pm\infty$ sein. Ein Beispiel:

$\int_0^\infty \text{Exp}[-x^2]\,dx$ $\qquad\qquad \dfrac{\sqrt{\pi}}{2}$

Seit Version 10 kann man auch geometrische Regionen als Integrationsbereich angeben, etwa fertig implementierte Regionen wie in den Tab. 6.1 und 6.2, oder selbst definierte Regionen wie die Ellipse aus Abschnitt 10.4:

```
ellipse=ImplicitRegion[2x^2+5y^2-1==0, {x,y}];
```

```
Integrate[1, x ∈ ellipse]
```
$\qquad\qquad 2\sqrt{2}\ \text{EllipticE}[\tfrac{3}{5}]$

In einigen Fällen ist eine Stammfunktion nicht bekannt, entsprechend kann ein zugehöriges bestimmtes Integral nicht berechnet werden. Dann ist man auf numerische Verfahren der Integration angewiesen, etwa via `NIntegrate`, welches die Syntax `NIntegrate[f[x], {x,a,b}]` aufweist. Hier können nun allerdings noch zusätzliche Optionen angegeben werden, die z. B. das Integrationsverfahren festlegen. Welche Optionen mit welchen Voreinstellungen verfügbar sind, kann man einsehen über `Options[NIntegrate]`.

```
Plot[
Sin[Exp[x^2]], {x,0,2},
PlotStyle -> Black,
Filling -> {1 -> Axis},
FillingStyle -> LightGray]
```

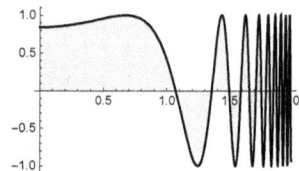

```
Integrate[Sin[Exp[x^2]], {x,0,2}]
```
$\qquad \int_0^2 \text{Sin}[e^{x^2}]\,dx$

```
NIntegrate[Sin[Exp[x^2]], {x,0,2}]
```
$\qquad 0.781606$

Die Funktion $\sin\left(e^{x^2}\right)$ sieht recht unangenehm aus, und ob der numerisch berechnete Wert des bestimmten Integrals (also des vorzeichenbehafteten Flächeninhalts) tatsächlich korrekt ist, können wir durch „händisches Nachrechnen" (unter Anwendung der Mittelpunktsregel) prüfen:

```
Table[{n,                                        10      0.837707
N[1/n Sum[Sin[Exp[((x-1/2)/n)^2]], {x,1,2n}]]},  100     0.782008
{n,{10,100,1000,10000}}] //TableForm            1000     0.781609
                                                10000     0.781606
```

n ist hierbei die Zahl der Teilintervalle pro Einheitsintervall, und die Verschiebung $x - 1/2$ führt dazu, dass die Funktion tatsächlich in der Intervallmitte ausgewertet wird. Offenbar hatte `NIntegrate` gute Arbeit geleistet.

Ausblick: Um ein bestimmtes Integral $\int_a^{a+h} f(x)\,dx$ einer Funktion f zu approximieren, kann man z. B. die Funktion in den $n + 1$ äquidistanten Stellen $x_i = a + i \cdot h/n$, $i = 0, \ldots, n$, auslesen und auf diesen Punkten basierend ein Interpolationspolynom P_n berechnen, siehe auch Abschnitt 7.5. Anschließend integriert man das Polynom und erhält die Approximation

$$\int_a^{a+h} f(x)\,dx \approx \int_a^{a+h} P_n(x)\,dx =: \sum_{i=0}^{n} w_i \cdot f(x_i).$$

Die sich hier ergebenden Faktoren w_i nennt man *Newton-Cotes-Gewichte*, die resultierenden Gesamtformeln zur approximativen Berechnung eines bestimmten Integrals führen zur Trapezregel ($n = 1$), Simpson-Regel ($n = 2$), usw. Zur Berechnung der Newton-Cotes-Gewichte (oder etwa der Gewichte der Gaußschen Quadratur) kann das Paket `NumericalDifferentialEquationAnalysis` eingesetzt werden, welches in Abschnitt 14.1 in Weiß (2008) und in der Hilfe unter *NumericalDifferentialEquation-Analysis/guide/NumericalDifferentialEquationAnalysisPackage* beschrieben wird. Zur fachlichen Vertiefung sei das Buch von Stoer (2005) empfohlen.

Ebenfalls im Rahmen der Integrationstheorie bedeutsam ist der *Cauchysche Hauptwert* eines Integrals $\int_a^b f(x)\,dx$. Dieser ist definiert als der Grenzwert

$$\lim_{\epsilon \to 0} \left(\int_a^{c-\epsilon} f(x)\,dx + \int_{c+\epsilon}^b f(x)\,dx \right) \qquad \text{für ein } a < c < b,$$

wobei c eine Singularität des Integrationsbereichs ist. Da beide Grenzwerte nicht unabhängig voneinander ausgeführt werden, muss aus der Existenz des Hauptwertes nicht zwangsweise die Existenz des Integrals $\int_a^b f(x)\,dx$ folgen:

```
Integrate[1/x, {x,-1,3}]
```

Integrate::idiv: Integral of $\frac{1}{x}$ does not converge on {-1, 3}. ≫

$\int_{-1}^3 \frac{1}{x}\,dx$

```
Integrate[1/x, {x,-1,3}, PrincipalValue -> True]        Log[3]

% //N                                                   1.09861
```

Übrigens ist auch bei NIntegrate die Option PrincipalValue verfügbar, wenn auch in anderer Notation:

```
NIntegrate[1/x, {x,-1,0,3}, Method -> {"PrincipalValue"}]

NIntegrate::izero: Integral and error estimates are 0 on all integration
subregions. Try increasing the value of the MinRecursion option. If value of
integral may be 0, specify a finite value for the AccuracyGoal option.

1.09861
```

Die Singularität $c = 0$, um die herum integriert wird, muss hier explizit angegeben werden. Trotz der Fehlermeldung wird der Hauptwert korrekt approximiert.

8.4 Extremwertbestimmung

Um die lokalen Extremwerte einer gegebenen Funktion zu bestimmen, kann man einerseits ganz klassisch die erste Ableitung bzw. den Gradienten gleich Null setzen und die gefundenen Nullstellen in die zweite Ableitung bzw. die Hesse-Matrix einsetzen, um festzustellen, welche dieser Stellen Extremstellen welchen Typs sind.

```
f[x_]:=x^3-8 x^2+17 x+5;
Plot[f[x], {x,-1,6}]
```

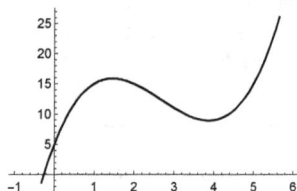

```
f1[x_]=∂_x f[x];  f2[x_]=∂_x f1[x];
x /. Solve[f1[x]==0, x]                    {1/3 (8 - √13),  1/3 (8 + √13)}

{x1, x2}=%;  N[f2[x1]]                     -7.2111

N[f2[x2]]                                  7.2111
```

Nach der Grafikausgabe bestimmen wir die Nullstellen der ersten Ableitung, wobei wir den Solve-Befehl aus Abschnitt 10.3 verwenden. Dieser gibt die Lösungsmenge in Form einer Liste von Regeln („x→...") aus. Das „x /." vor Solve bewirkt, dass diese Regeln auf das zuvorstehende x angewendet werden, so dass sich eine blanke Liste von Lösungen ergibt, vgl. Abschnitt 7.7. Den beiden gefundenen Lösungen geben wir zu Beginn der zweiten Eingabe die Namen x_1 und x_2 und setzen diese nun in die zweite Ableitung ein. Da $f''(x_2) > 0$ ist, ist $x_2 = \frac{1}{3} \cdot (8 + \sqrt{13}) \approx 3.86852$ eine Minimalstelle (den Näherungswert berechnet man durch N[x2]). Der zugehörige Funktionswert ist

```
f[x2] //FullSimplify
```
$\frac{1}{27} (335 - 26\sqrt{13})$

was man analog zu 8.9354 nähert. Zumindest diese Näherungslösung des lokalen Minimums hätte man auch direkt mit Hilfe des Befehls FindMinimum finden können. Die Syntax ist FindMinimum[f[x1,...], {x1,x10}, ...], wobei x_{10} ein konkreter Startwert für die Variable x_1, usw., sein muss. Probieren wir dies im Beispiel aus:

```
FindMinimum[f[x], {x,0}]
```

```
FindMinimum::cvmit: Failed to converge to the requested accuracy or precision ...
```

$\{-2.617010996188405 \times 10^{312}, \{x \to -1.37806 \times 10^{104}\}\}$

Bei Vorgabe des Startwerts 0 scheitert die Suche nach einem Minimum, vermutlich, weil sich davor das Maximum befindet. Ändern wir den Startwert zu 5:

```
FindMinimum[f[x], {x,5}]
```
$\{8.9354, \{x \to 3.86852\}\}$

Nun wird die lokale Minimalstelle gefunden. In gleicher Weise kann man auch Find-Maximum für Maxima einsetzen; bei Startwert 0 wird das lokale Maximum korrekt entdeckt. Ferner kann man bei beiden Befehlen den Lösungsraum einschränken, indem man beim Argument noch Bereichsgrenzen angibt: {x1, x10,x1min,x1max}, ... Tatsächlich können sogar allgemeinere Einschränkungen, analog dem gleich zu besprechenden Minimize-/Maximize-Befehl, angegeben werden, indem man an Stelle der Funktion f[x1,...] schreibt: {f[x1,...], restr}.

Die einzelnen Bestandteile der Ausgabe von FindMinimum bzw. FindMaximum, den Extremalwert und die Extremalstelle, kann man seit Version 7 auch isoliert abfragen, indem man FindMinValue und FindArgMin bzw. FindMaxValue und FindArgMax einsetzt, bei gleicher Syntax wie bei FindMinimum bzw. FindMaximum.

Daneben bietet **Mathematica** auch die Kommandos Maximize und Minimize zur Suche nach exakten *globalen* Extrema an. Die Syntax ist Minimize[{f[x1, ...], restr}, {x1,...}], analog auch für Maximize, wobei durch die optionalen Restriktionen der betrachtete Bereich eingeschränkt werden kann. Erlaubt sind hierbei die Angabe von Ungleichungen, ferner eine Einschränkung der Art x∈Integers auf ganzzahlige Werte (vgl. Tab. 5.2) sowie seit Version 10 auch auf geometrische Regionen wie Sphere, Ball u. Ä. (vgl. Tab. 6.1 und 6.2). Wendet man beide Befehle ohne Einschränkung auf $f(x)$ an, so erkennt **Mathematica** korrekterweise, dass die Funktion nach beiden Seiten unbeschränkt ist, also keine globalen Extrema existieren können:

```
Minimize[f[x], x]
```

```
Minimize::natt: The minimum is not attained at any point ...
```

$\{-\infty, \{x \to -\infty\}\}$

```
Maximize[f[x], x]
```

```
Maximize::natt: The maximum is not attained at any point ...
```

$\{\infty, \{x \to \infty\}\}$

Schränkt man nun den Definitionsbereich von links ein, so ist die Funktion nach unten beschränkt. Wie der Leser an Hand des oben gezeichneten Funktionsgraphen von $f(x)$ erkennt, ist die Funktion $f(x)$ im Bereich $x \geq 0$ in der 0 minimal (global betrachtet) mit Minimalwert 5. Schränken wir dagegen den Bereich noch stärker auf $x \geq 1$ ein, so ist das lokale Minimum $(x_2, f(x_2))$ von oben tatsächlich auch global. Dies wird auch von Mathematica so erkannt:

```
Minimize[{f[x], x>=0}, x]
```
$\{5, \{x \to 0\}\}$

```
Minimize[{f[x], x>=1}, x] //Simplify
```
$\{\frac{1}{27}(335 - 26\sqrt{13}), \{x \to \frac{1}{3}(8 + \sqrt{13})\}\}$

Analog kommt auch `Maximize` zur richtigen Lösung, wenn man den Definitionsbereich zu $x \leq 5$ bzw. $x \leq 6$ einschränkt, was der Leser nachprüfen möge. Seit Version 7 kann man auch bzgl. `Minimize` und `Maximize` Extremalwert und Extremalstelle einzeln abfragen, indem man `MinValue` und `ArgMin` bzw. `MaxValue` und `ArgMax` einsetzt.

Schließlich gibt es noch die numerischen Gegenstücke `NMaximize` und `NMinimize` (und seit Version 7 auch die Ableger `NMinValue` und `NArgMin` bzw. `NMaxValue` und `NArgMax`). Die Syntax ist völlig analog zu der bei `Minimize` und `Maximize`. Testen wir beide Funktionen mit $f(x)$:

```
NMinimize[f[x], x]
```

```
NMinimize::cvdiv: Failed to converge ... The function may be unbounded.
```

$\{-7.031200734983196 \times 10^{316}, \{x \to -4.1274 \times 10^{105}\}\}$

Mathematica erkennt, dass die Funktion nach unten unbeschränkt ist, gibt also kein Minimum an; diese Antwort ist richtig. Schränken wir nun den Suchraum an den Rändern ein:

```
NMinimize[{f[x], x>=0}, x]
```
$\{5., \{x \to -1.38051 \times 10^{-30}\}\}$

```
NMinimize[{f[x], x>=1}, x]
```
$\{8.9354, \{x \to 3.86852\}\}$

Beide Antworten sind (numerisch) korrekt, wie oben bereits erläutert.

Leider nicht korrekt arbeitet im betrachteten Beispiel `NMaximize`, denn dieses gibt sich mit dem (korrekt entdeckten) lokalen Maximum zufrieden, obwohl die Funktion ja auch nach oben unbeschränkt und dieses damit nicht global ist:

```
NMaximize[f[x], x]
```
$\{15.8794, \{x \to 1.46482\}\}$

Erst nach Einschränkung des Definitionsbereichs stimmt das ausgegebene Resultat,

```
NMaximize[{f[x], x<=6}, x]      {35., {x→6.}}
```

```
NMaximize[{f[x], x<=5}, x]      {15.8794, {x→1.46482}}
```

denn der Randwert $f(6) = 35$ ist größer als der Wert des lokalen Maximums $f(x_1) \approx 15.8794$, der Wert $f(5) = 15$ dagegen nicht. Insgesamt betrachtet sollte also der Leser *äußerste Vorsicht* walten lassen, wenn es um die Ergebnisse von NMaximize und NMinimize geht: Selbst beim betrachteten Polynom, einer Funktion, die an Einfachheit nur schwer zu überbieten ist, geht die Suche nach globalen Extremstellen u. U. schief. Der Leser sollte deshalb stets ein wenig mit den Optionen dieser beiden Befehle, vgl. Options[NMaximize] bzw. Options[NMinimize], experimentieren.

Die Funktionen FindMinimum und FindMaximum, die sich ausschließlich auf lokale Extremstellen konzentrieren, scheinen dagegen etwas verlässlicher zu sein. Allerdings ist das betrachtete Beispiel der Funktion $f(x)$ vermutlich trotzdem keine allzu große Motivation, diese beiden Befehle einzusetzen, wenn man doch ähnlich leicht sogar die exakten Extrema finden kann. Deshalb wollen wir noch ein etwas anspruchsvolleres Beispiel betrachten, bei dem eine exakte Berechnung der Ableitung und deren Nullstellen sehr aufwändig wäre.

Beispiel 8.4.1. Wir erzeugen einen Datensatz, indem wir die Funktion $\log(2x + 3)$ in den Stellen 1 bis 100 auswerten, dann aber durch einen zufälligen Fehler, gleichverteilt im Intervall $[-0.5; 0.5]$, stören, siehe auch Abschnitt 20.1:

```
n=100;  daten=Table[Log[2 x+3]+RandomReal[{-0.5,0.5}], {x,1,n}];
fehler[a_,b_]:=∑ⁿₓ₌₁ (daten[[x]]-Log[a x+b])²;
```

Anschließend definieren wir eine Funktion, die in Abhängigkeit von den Parametern a und b alle quadratischen Fehler der Datenwerte zu $\log(ax + b)$ aufsummiert. Diesen Ausdruck wollen wir nun bzgl. a und b minimieren, d. h. jene Werte für a und b bestimmen, bei denen der quadratische Fehler minimiert wird. Diese *Kleinste-Quadrate-Schätzung* ist ein gebräuchliches Verfahren der Regressionsanalyse, vgl. auch Abschnitt 19.6.

```
FindMinimum[fehler[a,b], {a,0}, {b,1}]
```

```
{7.32264, {a→2.01607, b→3.41402}}
```

```
FindMinimum[fehler[a,b], {a,2}, {b,3}]
```

```
{7.32264, {a→2.01607, b→3.41402}}
```

Der gewählte Startwert hat in diesem Fall keine Auswirkung. Die Schätzwerte liegen recht nah bei den wahren Werten $a = 2$ und $b = 3$. Allerdings mag der Leser, wenn er das Beispiel selbst ausführt, zu einem ganz anderen Ergebnis kommen, da ja der (Pseudo-)Zufall im Spiel ist. Probieren wir abschließend noch NMinimize aus:

```
NMinimize[fehler[a,b], {a,b}]
```

```
NMinimize::nrnum: The function value -786.465-871.055i is not a real number at
{a,b} = {-0.535769, -0.13703}.
```

```
NMinimize[...]
```

Ohne Einschränkung des Suchraums scheitert die Suche nach dem Minimalwert, da
NMinimize in der falschen Richtung sucht und negative Werte innerhalb des Logarithmus erzeugt. Immerhin klappt das Ganze, wenn wir auf $a, b \geq 0$ einschränken:

```
NMinimize[{fehler[a,b], a>=0, b>=0}, {a,b}]
```

```
{7.32264, {a→2.01607, b→3.41402}}                                      •
```

8.5 Reihendarstellung und Transformation von Funktionen

Potenzreihen werden bei Mathematica durch das SeriesData-Objekt repräsentiert.
SeriesData[x, x0, {a0,...,ar}, m, n, k] beschreibt eine Reihe beginnend mit
$\sum_{i=m}^{m+r} a_{i-m} \cdot (x-x_0)^{i/k} + O(x^{n/k})$, d. h. die ersten $(r+1)$ Terme werden explizit angegeben,
der Rest mit Hilfe des Landau-Symbols O abgeschätzt. In vielen Fällen wird $k = 1$ sein,
d. h. es werden nur ganzzahlige Exponenten betrachtet, und oft auch $m \geq 0$, d. h. die
Exponenten sind nichtnegativ. Die Exponentialreihe $\exp(x) = \sum_{i=0}^{\infty} x^i / i!$ würde man
bis zur Potenz 5 angeben als

```
expreihe=SeriesData[x, 0, {1,1,1/2,1/6,1/24,1/120}, 0, 6, 1]
```

$1 + x + \frac{x^2}{2} + \frac{x^3}{6} + \frac{x^4}{24} + \frac{x^5}{120} + O[x]^6$

Man beachte, dass Mathematica die Potenz außerhalb des Landau-Symbols schreibt.
Ganz allgemein drückt O[x,x0]^n einen Term der Ordnung $(x - x_0)^n$ aus, wobei $x_0 = 0$
gesetzt wird, falls nicht explizit angegeben. Den k-ten Koeffizienten der Reihe kann
man durch SeriesCoefficient[*reihe*, *k*] abfragen, z. B.

```
SeriesCoefficient[expreihe, 3]
```
$\frac{1}{6}$

Um aus den explizit bestimmten Termen eines SeriesData-Objekts eine Funktion zu
gewinnen, muss man den Befehl Normal einsetzen:

```
expreihe //FullForm
```

```
SeriesData[x, 0, List[1, 1, ..., Rational[1, 120]], 0, 6, 1]
```

```
Normal[expreihe]
```

$1 + x + \frac{x^2}{2} + \frac{x^3}{6} + \frac{x^4}{24} + \frac{x^5}{120}$

```
Normal[expreihe] //FullForm

Plus[1, x, ..., Times[Rational[1, 120], Power[x, 5]]]
```

Zentrales Kommando im Zusammenhang mit Potenzreihen ist `Series`, welches eine gegebene Funktion in eine Taylor-Reihe umwandelt: `Series[f[x], {x,x0,n}]` erzeugt das `SeriesData`-Objekt zu $\sum_{k=0}^{n} f^{(k)}(x_0)/k! \cdot (x-x_0)^k + O(x^{n+1})$, also z. B.

`Series[Exp[x], {x,0,5}]` $\quad 1 + x + \frac{x^2}{2} + \frac{x^3}{6} + \frac{x^4}{24} + \frac{x^5}{120} + O[x]^6$

wieder obige Exponentialreihe. Einen Eindruck über die immer besser werdende Anpassung vermittelt die folgende Abbildung (noch eindrucksvoller wird es, wenn man die Grafik mittels `Manipulate` animiert, vgl. Abschnitt 16.5 f). Hierbei werden die Polynome zunehmenden Grades durch heller werdende Grautöne repräsentiert:

```
stil=Table[{GrayLevel[x]}, {x,0.1,0.6,0.15}];
AppendTo[stil, {Thickness[0.01],Black}];
funk=Table[
Normal[Series[Exp[x],{x,0,n}]], {n,1,4}];
AppendTo[funk,Exp[x]];
Plot[Evaluate[funk], {x,0,2}, PlotStyle -> stil]
```

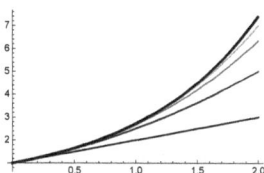

Das numerische Gegenstück zu `Series` ist `NSeries` des Pakets `NumericalCalculus`, welches prinzipiell die gleiche Syntax besitzt, allerdings eine *Laurent-Reihe* mit Koeffizienten von $-n$ bis n annähert. Bei analytischen Funktionen empfiehlt es sich deshalb, `//Chop` hinten anzuhängen, um unnötige Terme zu vermeiden:

```
Needs["NumericalCalculus`"]

NSeries[Exp[x], {x,0,5}] //Chop
```

$1. + x + 0.5\,x^2 + 0.166667\,x^3 + 0.0416667\,x^4 + 0.00833333\,x^5 + O[x]^6$

Schließlich kann man noch zwei Reihen mit `ComposeSeries` verknüpfen, und mit `InverseSeries` die Inverse einer gegebenen Reihe bestimmen, d. h. eine Reihe, deren Verknüpfung mit der ursprünglichen Reihe gleich der identischen Abbildung $x \mapsto x$ ist:

`iexpreihe=InverseSeries[expreihe, x]`

$(x-1) - \frac{1}{2}(x-1)^2 + \frac{1}{3}(x-1)^3 - \frac{1}{4}(x-1)^4 + \frac{1}{5}(x-1)^5 + O[x-1]^6$

`ComposeSeries[iexpreihe, expreihe]` $\quad x + O[x]^6$

Mathematica bietet auch eine Reihe bekannter Transformationen von Funktionen an, sowie deren jeweilige Umkehrungen. Diese sind in Tab. 8.1 zusammengefasst. Numerische Varianten zu den Fouriertransformationen (und weitere Befehle zur Fourieranalyse) wurden mit Version 7 fest implementiert, einen Überblick bietet der

Tab. 8.1. Transformationen von Funktionen.

Befehl	Beschreibung
`FourierTransform[f[t],t,ω]`	Fourier-Transf. von $f(t)$ in $g(\omega) := \frac{1}{\sqrt{2\pi}} \int_{-\infty}^{\infty} f(t) \cdot e^{i\omega t} \, dt$. Umkehrung: `InverseFourierTransform[g[ω],ω,t]`.
`FourierSinTransform[f[t],t,ω]`	Fourier-Transf. von $f(t)$ in $g(\omega) := \sqrt{\frac{2}{\pi}} \int_{0}^{\infty} f(t) \cdot \sin(\omega t) \, dt$. Umkehrung: `InverseFourierSinTransform[g[ω],ω,t]`.
`FourierCosTransform[f[t],t,ω]`	Fourier-Transf. von $f(t)$ in $g(\omega) := \sqrt{\frac{2}{\pi}} \int_{0}^{\infty} f(t) \cdot \cos(\omega t) \, dt$. Umkehrung: `InverseFourierCosTransform[g[ω],ω,t]`.
`LaplaceTransform[f[t],t,s]`	Laplace-Transformation von $f(t)$ in $g(s) := \int_{0}^{\infty} f(t) \cdot e^{-s \cdot t} \, dt$. Umkehrung: `InverseLaplaceTransform[g[s],s,t]`.
`ZTransform[f[n],n,z]`	Z-Transformation von $f(n)$ in $g(z) := \sum_{n=0}^{\infty} f(n) \cdot z^{-n}$. Umkehrung: `InverseZTransform[g[z],z,t]`.

Hilfeeintrag *guide/FourierAnalysis*. Beispielhaft für diese Transformationen wollen wir die Z-Transformation anwenden:

Beispiel 8.5.1. Sei X eine Zufallsvariable mit diskreter Verteilung über $\mathbb{N}_0$, sei $p(k) := P(X = k)$ die Wahrscheinlichkeit dafür, dass X den Wert k annimmt. Dann nennt man $w_X(z) := \sum_{k=0}^{\infty} p(k) \cdot z^k$ die wahrscheinlichkeitserzeugende Funktion der Verteilung, siehe auch Tab. 7.3. Vergleicht man diesen Ausdruck mit Tab. 8.1, so wird klar, dass $w_X(z^{-1})$ gleich der Z-Transformierten von $p(k)$ ist. Wir wollen nun $w_X(z)$ für einige Standardverteilungen ausrechnen; Benutzer ab Version 8 können dies übrigens direkt mit einem vorgefertigten Befehl tun, siehe Abschnitt 13.1.

Für die Poisson-Verteilung $\mathrm{Poi}(\lambda)$ ist $p(k) = e^{-\lambda} \cdot \lambda^k / k!$, siehe auch Beispiel 13.1.1. In diesem Fall nimmt $w_X(z)$ eine sehr einfache Form an:

`ZTransform[Exp[-λ] λ^k/k!, k, z^-1]` $e^{-\lambda + z\lambda}$

Die Binomialverteilung $\mathrm{Bin}(n, p)$ besitzt den endlichen Träger $\{0, \ldots, n\}$, mit $p(k) = \binom{n}{k} \cdot p^k \cdot (1 - p)^{n-k}$. Entsprechend muss $w_X(z)$ ein Polynom vom Grad n in z sein:

`ZTransform[Binomial[n,k] p^k (1-p)^{n-k}, k, z^-1]` $(1 - p)^n \left(\frac{-1 + p - pz}{-1 + p}\right)^n$

Mathematica erkennt hierbei nicht, dass sich der Faktor $(1-p)^n$ wegkürzt. Eine ähnliche Wahrscheinlichkeitserzeugende besitzt die negative Binomialverteilung $\mathrm{NB}(n, p)$, nämlich $w_X(z) = \left(\frac{p}{1-(1-p)z}\right)^n$. Daraus kann man durch Anwendung der inversen Z-Transformation die Wahrscheinlichkeiten $p(k)$ rekonstruieren:

`FullSimplify[InverseZTransform[(p/(1-(1-p)z^-1))^n, z, k]]` $\frac{(1-p)^k \, p^n \, \mathrm{Gamma}[k+n]}{\mathrm{Gamma}[1+k] \, \mathrm{Gamma}[n]}$

Der gefundene Ausdruck ist richtig, aber etwas kompliziert. Die Gamma-Faktoren ergeben schlicht $\binom{n+k-1}{k}$.   •

8.6 Differentialgleichungen

Eine (gewöhnliche) *Differentialgleichung n-ter Ordnung* ist eine Gleichung der Form

$$y^{(n)}(x) = f(x, y(x), y'(x), \ldots, y^{(n-1)}(x)).$$

Gesucht ist also eine Funktion $y(x)$, die diese Gleichung erfüllt. Eine solche Lösungs-
funktion ist, im Falle der Existenz, i. Allg. nur bis auf konstante Terme bestimmt.
Durch zusätzliche Vorgabe eines Anfangswertes

$$y(x_0) = y_0, \ y'(x_0) = y_1, \ \ldots, \ y^{(n-1)}(x_0) = y_{n-1}$$

kann eine eindeutige Lösung resultieren, insgesamt spricht man dann von einem
Anfangswertproblem. Analog zum RSolve-Befehl für Differenz*en*gleichungen stellt
Mathematica zum Lösen von Differen*tial*gleichungen den Befehl DSolve zur Verfü-
gung, der in seiner einfachsten Form drei Argumente umfasst: die Gleichung, die
Funktion $y(x)$ und die Variable x.

   DSolve[y'[x]==a y[x], y[x], x] $\{\{y[x] \to e^{ax} C[1]\}\}$

   DSolve[{y'[x]==a y[x], y[0]==5}, y[x], x] $\{\{y[x] \to 5\, e^{ax}\}\}$

Im ersten Fall ist eine sehr elementare Differentialgleichung erster Ordnung ohne
Anfangswert zu lösen, entsprechend ist das Resultat nur bis auf eine Konstante C_1
eindeutig. Im zweiten Fall ist zusätzlich der Anfangswert $y(0) = 5$ gegeben, wodurch
die Lösung eindeutig wird. Man beachte, dass man sowohl die Gleichung als auch
den Anfangswert mit dem Gleichheitsoperator „==" angeben muss. DSolve ist dabei
nicht auf Gleichungen erster Ordnung beschränkt:

   DSolve[y''''[x]+2 y'''[x]-2 y''[x]+8 y[x]==0, y[x], x]

   $\{\{y[x] \to e^{-2x} C[3] + e^{-2x} x\, C[4] + e^x C[2]\, Cos[x] + e^x C[1]\, Sin[x]\}\}$

Um die Lösungsfunktionen direkt auszugeben (nicht in Form von Regeln), kann man
seit Version 10 DSolveValue verwenden. Die numerische Variante von DSolve heißt
NDSolve (seit Version 9 auch NDSolveValue) und ergibt eine Lösung in Form einer
interpolierenden Funktion, d. h. in der Gestalt[9]

$$\text{InterpolatingFunction}[\{\{xmin, xmax\}\}, <>][x]$$

---

9 Seit Version 10 wird ein Teil der Ausgabe visuell dargestellt, vgl. Abschnitte 3.1 und 14.1.

siehe Abschnitt 7.5. Das erste Argument gibt dabei den Bereich der Funktion an, über dem diese interpoliert, d. h. über dem der Funktionsverlauf durch Stützstellen gesichert ist. Jenseits dieses Bereiches muss dagegen extrapoliert werden, was schnell zu grob falschen Werten führen kann und deswegen von **Mathematica** mit einer entsprechenden Warnung quittiert wird. Das zweite Argument „<>" ist dagegen ein Platzhalter für die Liste der Stützstellen, welche man bei Interesse über //FullForm einsehen kann. Eine interpolierende Funktion kann man wie gewohnt numerisch auswerten und auch zeichnen lassen. Betrachten wir als Beispiel die Differentialgleichung $y'(x) = y(x)$, $y(0) = 5$, deren exakte Lösung wir oben schon zu $5e^x$ bestimmt haben:

```
f[x_]=y[x] /. NDSolve[{y'[x]==y[x], y[0]==5}, y[x], {x,0,5}][[1]]
```

```
InterpolatingFunction[{{0.,5.}}, <>][x]
```

Da die Lösungen immer in der verschachtelten Form {{y[x]→...}} ausgegeben werden, haben wir den oben schon erwähnten Ersetzungsoperator „/." verwendet, zudem durch [[1]] auf die innere Liste zugegriffen. Nun berechnet man etwa f[0] zu 5. und f[0.3] zu 6.74931, wobei der erste Wert einer Stützstelle entspricht und dadurch (weitestgehend) exakt ist, der zweite entsteht durch Interpolation. Vergleichen wir diese approximative Lösung grafisch mit der exakten:

```
Plot[{f[x], 5 e^x}, {x,0,5},
PlotStyle -> {Gray,Black}]
```

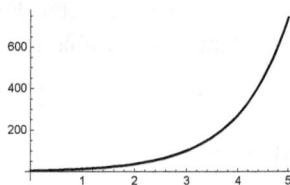

Kein Unterschied ist zu erkennen. Erst wenn wir die Differenz zwischen beiden Funktionen betrachten, stellen wir fest, dass die gefundene Näherungslösung von der exakten abweicht, mit zunehmenden Fehler für $x \to 5$:

```
Plot[f[x]-5 e^x, {x,0,5},
PlotRange -> {-0.001,0.0001}]
```

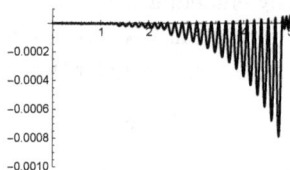

Ein nützliches Hilfsmittel bei Differentialgleichungen $y'(x) = f(x, y(x))$ erster Ordnung sind Richtungsfelder, welche ohne Kenntnis einer Lösung erstellt werden können, da offenbar durch $f(x, y)$ die Steigung der unbekannten Lösung an jeder Stelle (x, y) gegeben ist. Zur praktischen Umsetzung verwendet man den Befehl VectorPlot (seit Version 7), welcher übrigens die dreidimensionale Variante VectorPlot3D besitzt. Die Syntax ist VectorPlot[{1,f[x,y]}, {x,x0,x1}, {y,y0,y1}], welche wir am Beispiel der Differentialgleichung $y'(x) = \exp(y(x)) \cdot \sin(x)$ testen wollen:

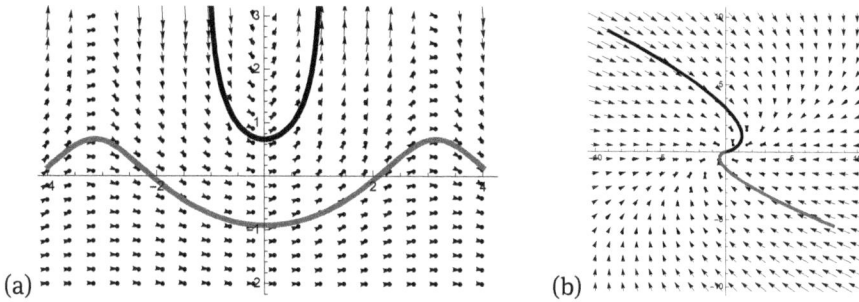

Abb. 8.1. Richtungsfeld und Lösungen zweier Differentialgleichungen.

```
DSolve[y'[x]==Exp[y[x]] Sin[x], y[x], x]
```

```
Solve::ifun: Inverse functions are ..., so some solutions may not be found.
```

$$\{\{y[x] \to -Log[-C[1]+Cos[x]]\}\}$$

```
feld=VectorPlot[{1, Exp[y] Sin[x]}, {x,-4,4}, {y,-2,3},
Axes -> True, Frame -> False, VectorPoints -> 20,
VectorStyle -> {Black,Arrowheads[0.025]}];
```

Trotz der ausgegebenen Warnung wurde die Lösungsgesamtheit entdeckt. Beim anschließend erstellten Richtungsfeld wurde die voreingestellte Zahl von 15×15 Richtungsvektoren auf 20×20 erhöht, die Größe der Pfeilspitzen mit Hilfe des schon aus Abschnitt 6.1 bekannten Arrowheads einheitlich auf 0.025 eingestellt. Das Resultat ist in Abb. 8.1 (a) zu sehen, wo zudem zwei Lösungen, mit $C_1 = \frac{1}{2}$ und $C_1 = -\frac{3}{2}$, eingezeichnet sind. Offenbar wird die Form der Lösung stark von den Anfangsbedingungen beeinflusst. Der noch fehlende Code:

```
lsg1=Plot[-Log[-1/2+Cos[x]], {x,-1,1},
PlotStyle -> {Thickness[0.01], GrayLevel[0]}];
```

```
lsg2=Plot[-Log[3/2+Cos[x]], {x,-4,4},
PlotStyle -> {Thickness[0.01], GrayLevel[0.4]}];
```

```
Show[feld, lsg1, lsg2]
```

Der Befehl DSolve kann auch für mehrere simultane Differentialgleichungen, also *Differentialgleichungssysteme*, eingesetzt werden, entsprechend gibt man nun eine Liste von Gleichungen und eine Liste von Funktionen vor.

```
DSolve[{x'[t]==-x[t]+y[t], y'[t]==-y[t]}, {x[t],y[t]}, t]
```

$$\{\{x[t] \to e^{-t}(C[1]+t\,C[2]), y[t] \to e^{-t}C[2]\}\}$$

Im Falle eines zweidimensionalen Systemes erster Ordnung kann man wieder ein Richtungsfeld zeichnen lassen, wobei die Richtung nun bestimmt ist durch $-x + y$ in X-Richtung, und $-y$ in Y-Richtung. In dieses Richtungsfeld wollen wir wieder zwei Lösungen einzeichnen lassen, einmal für $(C_1, C_2) = (1, 2)$, das andere Mal für $(C_1, C_2) = (1, -2)$. Da hier die Lösung parametrisch gegeben ist, benötigen wir das Grafikkommando ParametricPlot aus Abschnitt 7.4.4.

```
feld=VectorPlot[{-x+y, -y}, {x,-10,10}, {y,-10,10},
Axes -> True, Frame -> False, VectorPoints -> 20,
VectorStyle -> {Black,Arrowheads[0.02]}];

lsg1=ParametricPlot[{Exp[-t] (1+2t), 2Exp[-t]}, {t,-1.5,4},
PlotStyle -> {Thickness[0.01], GrayLevel[0]}];

lsg2=ParametricPlot[{Exp[-t] (1-2t), -2Exp[-t]}, {t,-1,5},
PlotStyle -> {Thickness[0.01], GrayLevel[0.4]}];

Show[feld, lsg1, lsg2]
```

Die fertige Grafik zeigt Abb. 8.1 (b).

8.7 Funktionentheorie

Die bisherigen Abschnitte zur Analysis beschäftigten sich ausschließlich mit reellen Funktionen. Die dabei behandelten Themen wie Differentiation und Integration lassen sich aber auch auf die in Abschnitt 5.1 bereits kurz besprochene Ebene der komplexen Zahlen fortsetzen. Mit den Funktionen aus Tab. 5.3 können wir neben Real- und Imaginärteil auch Betrag und Argument einer komplexen Zahl abfragen und diese somit händisch in ihre Polardarstellung (u. u.) überführen. Bequemer geht dies allerdings mit TrigToExp und ExpToTrig:

z=1+I 3; Abs[z]	$\sqrt{10}$
Arg[z]	ArcTan[3]
ExpToTrig[$\sqrt{10}$ e$^{\text{I ArcTan[3]}}$]	1+i 3

Auch ein symbolisches Rechnen mit komplexen Zahlen ist möglich, was exemplarisch u. a. durch ComplexExpand demonstriert werden soll:

TrigToExp[r Cos[φ]+I r Sin[φ]]	e$^{i\varphi}$ r
ComplexExpand[(a+I b)(c+I d)]	a c−b d+i (b c+a d)

Eine derartige komplexe Analysis wird im hiesigen Sprachraum als *Funktionentheorie* bezeichnet. Mit dieser Disziplin sind insbesondere drei große Namen verbunden, nämlich die von A.-L. Cauchy, B. G. F. Riemann und K. T. W. Weierstraß. Einem jeden dieser drei Mathematiker ist ein eigenständiger Zugang zur Funktionentheorie zuzuordnen, welche sich aber letztlich als gleichwertig erweisen. Im Folgenden beschränken wir uns auf komplexwertige Funktionen $f : D \to \mathbb{C}$, $D \subseteq \mathbb{C}$ offen, eines komplexen Arguments $z = x + iy$, wobei i die imaginäre Einheit bezeichnet. Betrachten wir Real- und Imaginärteil von $f(z)$ getrennt, siehe auch Tab. 5.3, so können wir schreiben:

$$f(z) = u(x, y) + i \cdot v(x, y) \quad \text{mit} \quad z = x + iy.$$

Eine solche Funktion f heißt *analytisch* oder *holomorph* über D, wenn sie dort komplex differenzierbar ist. Äquivalent dazu ist die Forderung, dass f dort im Sinne der reellen Analysis total differenzierbar ist und die sog. *Cauchy-Riemannschen Differentialgleichungen* gelten:

$$\frac{\partial u}{\partial x} = \frac{\partial v}{\partial y}, \qquad \frac{\partial u}{\partial y} = -\frac{\partial v}{\partial x}.$$

Beispielsweise erweist sich die komplexe Exponentialfunktion als analytisch:

```
Clear[f,u,v]; f[x_,y_]:=Exp[x+I y];
```

```
u[x_,y_]=ComplexExpand[Re[f[x,y]]]                    e^x Cos[y]
```

```
v[x_,y_]=ComplexExpand[Im[f[x,y]]]                    e^x Sin[y]
```

```
∂_x u[x,y]  -  ∂_y v[x,y]                             0
```

```
∂_y u[x,y]  +  ∂_x v[x,y]                             0
```

Hierbei führt `ComplexExpand` die Berechnung seines Arguments unter der Annahme durch, dass alle vorkommenden Variablen reell sind. Die Funktion $f(z) = \bar{z}$, also `f[x_,y_]:=Conjugate[x+I y]`, würde übrigens die erste Differentialgleichung verletzen, ist somit nicht analytisch. Der Leser sei aufgefordert, dies nachzuprüfen.

Es zeigt sich, dass analytische Funktionen genau jene sind, die sich um jeden Punkt $a \in D$ lokal in eine *Potenzreihe* entwickeln lassen (was den Weierstraßschen Zugang zur Funktionentheorie widerspiegelt). Wie uns Mathematica in diesem Zusammenhang hilfreich sein kann, haben wir schon in Abschnitt 8.5 besprochen. Kann dagegen nur sichergestellt werden, dass f in einem Ringgebiet um ein gewisses $a \in D$ analytisch ist, so lässt sich f zumindest in eine *Laurent-Reihe* um a entwickeln. Auch diese lässt sich mit den beiden in Abschnitt 8.5 besprochenen Befehlen `Series` und `NSeries` berechnen. Der Leser teste dies z. B. an der Funktion $\exp(z)/z^2$, entwickelt um $z = 0$.

Besitzt f in einer Stelle $a \in D$ eine Singularität, so dass die Laurent-Entwicklung $f(z) = \sum_{n=-\infty}^{\infty} a_n \cdot (z - a)^n$ nicht von Haus aus zu einer simplen Potenzreihe führt, so heißt der Koeffizient a_{-1} das *Residuum* von f in a. Ein solches Residuum kann man exakt durch den Befehl `Residue` mit der Syntax `Residue[f[z], {z,a}]` berechnen lassen, die entsprechende numerische Variante `NResidue` ist über das Paket `NumericalCalculus`` verfügbar. Ein Beispiel:

```
Series[ (z+1)/(z^2(z-2)) , {z,0,3}]
```
$$-\frac{1}{2z^2} - \frac{3}{4z} - \frac{3}{8} - \frac{3z}{16} - \frac{3z^2}{32} - \frac{3z^3}{64} + O[z]^4$$

```
Residue[ (z+1)/(z^2(z-2)) , {z,0}]
```
$$-\frac{3}{4}$$

Der Potenzreihenanteil dieses Beispiels ist $-\frac{3}{8}\sum_{n=0}^{\infty}\left(\frac{z}{2}\right)^n$. Nehmen wir das zum Anlass, uns eine vollständige Laurent-Reihe zu basteln:

```
Simplify[∑_{n=1}^∞ (1/z)^n + ∑_{n=0}^∞ (z/2)^n]
```
$$-\frac{z}{2-3z+z^2}$$

```
Factor[Denominator[%]]
```
$$(-2+z)(-1+z)$$

Der Konvergenzbereich dieser Reihe ist ein Ringgebiet in der komplexen Ebene:

```
SumConvergence[(1/z)^n, n] && SumConvergence[(z/2)^n, n]
```

$$\frac{1}{\text{Abs}[z]}<1 \;\&\&\; \text{Abs}[z]<2$$

```
RegionPlot[
Abs[x+I y]>1 && Abs[x+I y]<2,
{x,-2,2}, {y,-2,2},
PlotStyle -> Gray,
BoundaryStyle -> None]
```

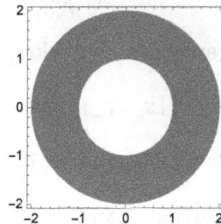

Eine der möglichen Anwendungen, die sich aus dem Residuensatz ergeben, liegt in der Berechnung reeller Integrale. So kann man zeigen, dass sich das Integral $\int_{-\infty}^{\infty} u_a(x)\,dx$ der Funktion $u_a(x) = \cos(x)/(x^2 + a^2)$, $a > 0$, berechnen lässt als $2\pi i \cdot Res(f_a; ia)$, wobei $f_a(x) = \exp(ix)/(x^2 + a^2)$ ist. f_a ist offenbar so gewählt, dass $u_a(x) = Re(f_a(x))$ gilt, und ia ist der einzige Pol der oberen Halbebene. Prüfen wir dies nach (denn natürlich kann **Mathematica** das Integral auch direkt berechnen):

```
Clear[f,x,u]; f[x_]:= Exp[I x]/(x^2 + a^2) ;
```

```
u[x_] = ComplexExpand[Re[f[x]]]
```
$$\frac{\text{Cos}[x]}{a^2 + x^2}$$

```
Residue[f[x], {x,I a}]
```
$$-\frac{i\,e^{-a}}{2a}$$

```
%*2 Pi I
```
$$\frac{e^{-a}\,\pi}{a}$$

```
Simplify[∫_{-∞}^{∞} u[x] dx, a>0]
```
$$\frac{e^{-a}\,\pi}{a}$$

9 Lineare Algebra

In diesem Abschnitt werden wir erfahren, inwiefern man Mathematica im Rahmen der Linearen Algebra einsetzen kann. Diese beschäftigt sich u. a. mit linearen Abbildungen und deren Darstellungsmatrizen. Wir beginnen dabei mit dem Thema Vektoren und Matrizen in Abschnitt 9.1, welches wir in Abschnitt 9.2 um einen kleinen Exkurs über dünnbesetzte Matrizen ergänzen. In Abschnitt 9.3 werden wir dann gängige Verfahren der Linearen Algebra durch Beispiele kennenlernen; wichtige Befehle hierzu sind in Tab. 9.4 auf Seite 147 zusammengefasst. Schließlich befassen wir uns in Abschnitt 9.4 mit numerischen Ansätzen zur Linearen Algebra.

Weiterführende Informationen ... gibt es in der Hilfedatei unter *guide/MatricesAndLinearAlgebra*. ⓘ
Um das nötige Fachwissen aufzufrischen, sei das Buch von Kowalsky & Michler (2003) empfohlen, bzw. für die numerische Lineare Algebra aus Abschnitt 9.4 die Bücher von Stoer (2005); Stoer & Burlisch (2005).

9.1 Vektoren und Matrizen

Vektoren und Matrizen sind bei Mathematica als spezielle Art von Liste implementiert, siehe Bemerkung 4.2.3.1. Auf Grund ihrer immensen Bedeutung für die Mathematik gibt es für sie aber einige Befehle, die weit über die in Abschnitt 4.2 besprochenen Funktionalitäten für Listen hinausgehen. Eine Auswahl dieser Befehle wollen wir in diesem und in späteren Abschnitten besprechen. *guide/MatricesAndLinearAlgebra*.

Da Vektoren und Matrizen letztlich nur spezielle Listen sind, kann man deren Komponenten mittels [[·]] abfragen, vgl. Abschnitt 4.2. Mit Version 10 hinzugekommen ist noch Indexed, welches bei unbestimmten Variablen die jeweiligen Komponenten symbolisiert, und bei bestimmten den konkreten Wert wiedergibt:

Clear[x]; Indexed[x,1]^2+Indexed[x,2]^2 $\qquad x_1{}^2 + x_2{}^2$

v2={x, y, z}; Indexed[v2,2] $\qquad y$

Zwei n-dimensionale Vektoren v_1 und v_2 addiert bzw. subtrahiert man wie Zahlen mit „+" und „−". Bei der Produktbildung mit „∗" wird das Produkt komponentenweise ausgeführt, siehe auch Abschnitt 4.2.2, man kann auf diese Weise aber auch einen Skalar in den Vektor hineinmultiplizieren. Das Operationszeichen für das Skalarprodukt $v_1^\top v_2$ hingegen ist ein Punkt „.". Daneben bietet Mathematica für dreidimensionale Vektoren noch das Vektorprodukt Cross an, und die Dimension eines Vektors bestimmt man mit Length, siehe Tab. 4.2 auf Seite 35. Weitere Kommandos, die Berechnungen mit Vektoren durchführen, sind in Tab. 9.1 zusammengefasst.

DOI 10.1515/9783110425222-009

Tab. 9.1. Kommandos zum Arbeiten mit Vektoren.

Befehl	Beschreibung
`Total[v]`	Komponentensumme $v_1 + \ldots + v_n$.
`Norm[v,p]`	Minkowski p-Norm von v: $\|v\|_p = (\|v_1\|^p + \ldots + \|v_n\|^p)^{1/p}$. Auch `Infinity` bzw. ∞ für p möglich, ergibt Maximumsnorm. Angabe von p optional: Fehlt p, so wird $p = 2$ (euklidische Norm) gesetzt.
`Normalize[v]`	Normierung des Vektors v bzgl. euklidischer Norm.
`Projection[u,v]`	Projektion von u auf v: $u^\top v / \|v\|_2^2 \cdot v$.
`EuclideanDistance[u,v]`	Euklidischer Abstand $\|u - v\|_2$. Dessen Quadrat: `SquaredEuclideanDistance`.
`ManhattanDistance[u,v]`	Manhattan- bzw. Blockabstand $\|u - v\|_1$.
`ChebyshevDistance[u,v]`	Tschebyschew- bzw. Maximumsabstand $\|u - v\|_\infty$.
`BrayCurtisDistance[u,v]`	Bray-Curtis-Abstand $\|u - v\|_1 / \|u + v\|_1$.
`CanberraDistance[u,v]`	Canberra-Abstand $\sum_{i=1}^{n} \|u_i - v_i\| / (\|u_i\| + \|v_i\|)$.

Beispiel 9.1.1. Betrachten wir die Vektoren $v_1 := (1, 2, 3)^\top$ und $v_2 := (x, y, z)^\top$. Dann könnten folgende Verknüpfungen von Interesse sein:

`v1={1, 2, 3}; v2={x, y, z}; v1+v2`	`{1+x, 2+y, 3+z}`
`v1*v2`	`{x, 2y, 3z}`
`7*v2`	`{7x, 7y, 7z}`
`Cross[v1, v2]`	`{-3y+2z, 3x-z, -2x+y}`
`v1.v2`	`x+2y+3z`

Das zuletzt berechnete Skalarprodukt liefert als Resultat eine Zahl, daher der Name. Die quadrierte euklidische Norm eines Vektors stimmt mit dem Skalarprodukt des Vektors mit sich selbst überein:

`v2.v2`	$x^2 + y^2 + z^2$
`Norm[v2, 2]`^{2}	$\text{Abs}[x]^2 + \text{Abs}[y]^2 + \text{Abs}[z]^2$
`Norm[v2, 3]`	$\left(\text{Abs}[x]^3 + \text{Abs}[y]^3 + \text{Abs}[z]^3\right)^{1/3}$
`Norm[v2, Infinity]`	`Max[Abs[x],Abs[y],Abs[z]]`
`Total[v2]`	`x+y+z`

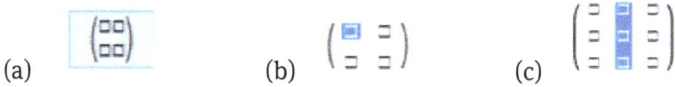

Abb. 9.1. Matrizen über die Eingabepalette eingeben.

Maße des Abstands zwischen zwei Vektoren greifen häufig auf geeignete Normen zurück, siehe Tab. 9.1. Auch hierzu ein paar Beispiele:

```
v3=2*v1
```
$\{2,4,6\}$

```
EuclideanDistance[v1,v3]
```
$\sqrt{14}$

```
ManhattanDistance[v1,v3]
```
6

```
BrayCurtisDistance[v1,v3]
```
$\frac{1}{3}$

```
CanberraDistance[v1,v3]
```
1   •

Mit Version 9 neu hinzugekommen ist der Befehl `CoordinateTransform`, mit dem man Vektoren zwischen verschiedenen Arten von Koordinatensystem transformieren kann. Die Syntax erklärt sich aus den folgenden Beispielen: Den in kartesischen Koordinaten definierten 2D-Vektor $(x, y)^\top$ transformiert man in Polarkoordinaten via

```
CoordinateTransform["Cartesian" -> "Polar", {x,y}]
```
$\{\sqrt{x^2 + y^2},\ \text{ArcTan}[x,y]\}$

den in Kugelkoordinaten definierten 3D-Vektor $(r, \theta, \varphi)^\top$ in kartesische via

```
CoordinateTransform["Spherical" -> "Cartesian", {r,θ,φ}]
```
$\{r\,\text{Cos}[\varphi]\,\text{Sin}[\theta],\ r\,\text{Sin}[\theta]\,\text{Sin}[\varphi],\ r\,\text{Cos}[\theta]\}$

Weiterführende Informationen ... zum Thema Abstandsmaße findet der Leser in Abschnitt 19.3 zur Clusteranalyse sowie in Abschnitt 21.2, wo wir uns mit der Ähnlichkeit von Sequenzen beschäftigen, und ferner in der Hilfe unter *guide/DistanceAndSimilarityMeasures*.

Wie in Bemerkung 4.2.3.1 beschrieben, werden zweidimensionale Listen mit Teillisten gleicher Länge von **Mathematica** als Matrix erkannt, die Teillisten repräsentieren die Zeilen der Matrix. Entsprechend kann man Matrizen in Listenform eingeben, wobei es für spezielle Matrixtypen vorgefertigte Befehle gibt, siehe Tab. 9.2. Zusätzlich steht auch ein entsprechender Knopf der Eingabepalette *Basic Math Input* zur Verfügung. Dieser ist in Abb. 9.1 (a) wiedergegeben. Nach einem Klick wird im Notebook an der aktuellen Cursorposition eine leere 2 × 2-Matrix erstellt, siehe Abb. 9.1 (b). Im jeweils markierten Kästchen kann man nun Einträge vornehmen, von Leerkästchen zu Leer-

Tab. 9.2. Spezielle Matrizen erzeugen.

Befehl	Beschreibung
DiagonalMatrix[{d1,...,dn},k]	$n \times n$-Diagonalmatrix mit Hauptdiagonale $d_1, \ldots, d_n$. Optionales Argument k bewirkt, dass k-te Diagonale besetzt wird: $k = 0$ ist Hauptdiagonale, Nebendiagonalen in oberer Hälfte mit positiven Indizes, unten negativ.
Diagonal[A,k]	Ergibt Liste der Elemente der k-ten Diagonale.
IdentityMatrix[n]	Erzeugt $n \times n$-Einheitsmatrix.
HankelMatrix[n]	Erzeugt $n \times n$-Hankel-Matrix.
HilbertMatrix[n]	Erzeugt $n \times n$-Hilbert-Matrix.
ToeplitzMatrix[n]	Erzeugt $n \times n$-Töplitz-Matrix.
ConstantArray[c,{m,n}]	Erzeugt $m \times n$-Matrix, deren Komponenten allesamt gleich c sind.
ArrayFlatten[{{A1,...},...}]	Erzeugt Blockmatrix aus den Einzelmatrizen $\mathbf{A}_1, \ldots$

kästchen kann man mit der Tabulatortaste wandern. Um weitere Zeilen einzufügen, drückt man die Tastenkombination Strg + ←, für weitere Spalten Strg + , (Komma). Um Zeilen oder Spalten zu löschen, markiert man Selbige, vgl. Abb. 9.1 (c), und drückt dann die Taste Entf. Obwohl man die Matrix in Matrixform eingibt, wird sie intern als Liste gespeichert, d. h. um eine Matrix in Matrixform auszugeben, benötigt man wieder das Kommando MatrixForm, siehe Abschnitt 4.2.1.

Bemerkung 9.1.2. Es gibt noch eine weitere Möglichkeit, eine leere Matrix (oder auch Tabelle oder Palette) an der gewünschten Stelle im Notebook einzufügen, wobei man hier sogar zusätzlich Umrandungslinien erstellen lassen kann, nämlich über das Menü *Insert → Table/Matrix → New*. •

Für Matrizen sind die Rechenoperationen analog wie bei Vektoren definiert: „+" bzw. „*" bewirken komponentenweise Addition bzw. Multiplikation, wogegen „." der Operator der Matrizenmultiplikation ist. Für Potenzen quadratischer Matrizen kann man nicht die von Zahlen gewohnte Notation ^k verwenden, hier benötigt man den Befehl MatrixPower, siehe Tab. 9.3.

Beispiel 9.1.3. Wir geben zwei Matrizen **A** und **B** ein, Erstere über die Eingabepalette:

$$A = \begin{pmatrix} a & b \\ c & d \end{pmatrix} \qquad\qquad \{\{a, b\}, \{c, d\}\}$$

Tab. 9.3. Kommandos zum Arbeiten mit Matrizen, siehe auch Tab. 9.4.

Befehl	Beschreibung
`Dimensions[A]`	Liste der Dimensionen von **A**.
`MatrixPower[A,k]`	k-te Potenz $\mathbf{A}^k$ der quadratischen Matrix **A**.
`MatrixFunction[f,A]`	Wendet zur Funktion f gehörige Potenzreihe auf quadratische Matrix **A** an. (seit V. 9)
`MatrixExp[A]`	Wie `MatrixFunction` mit `Exp` statt f. Umkehrung durch `MatrixLog` (seit V. 9).
`Transpose[A]`	Transponierte der Matrix **A**. Auch Eingabe $A^\top$ möglich, $\top$ durch Esc, tr, Esc.
`ConjugateTranspose[A]`	Konjugiert-komplex Transponierte (Hermitesche) von **A**. Auch Eingabe $A^\dagger$ möglich, $\dagger$ via Esc, ct, Esc.
`MatrixQ[A]`	Prüft, ob **A** eine Matrix ist. Weitere abprüfbare Matrixeigenschaften: `SquareMatrixQ` (ob quadratische Matrix, seit V. 10), `SymmetricMatrixQ` (ob symmetrische Matrix, seit V. 7), `AntisymmetricMatrixQ` (ob schiefsymmetr. M., seit V. 10), `HermitianMatrixQ` (ob Hermitesche Matrix), `PositiveDefiniteMatrixQ` (ob positive definite Matrix; analog `PositiveSemidefiniteMatrixQ`, `NegativeDefiniteMatrixQ`, `NegativeSemidefiniteMatrixQ`, `IndefiniteMatrixQ` seit V. 10), `NormalMatrixQ` (ob normale Matrix, seit V. 10), `DiagonalizableMatrixQ` (ob diagonalisierb. M., seit V. 10), `OrthogonalMatrixQ` (ob orthogonale Matrix, seit V. 10).

```
B=DiagonalMatrix[{1, 2}]; MatrixForm[B]
```
$$\begin{pmatrix} 1 & 0 \\ 0 & 2 \end{pmatrix}$$

```
A+B //MatrixForm
```
$$\begin{pmatrix} 1+a & b \\ c & 2+d \end{pmatrix}$$

```
A.A //MatrixForm
```
$$\begin{pmatrix} a^2+bc & ab+bd \\ ac+cd & bc+d^2 \end{pmatrix}$$

```
MatrixPower[A, 2] //MatrixForm
```
$$\begin{pmatrix} a^2+bc & ab+bd \\ ac+cd & bc+d^2 \end{pmatrix}$$ •

Unter Verwendung der eben besprochenen Matrizenmultiplikation kann man nun auch Potenzreihen auf Matrizen anwenden. Zur Umsetzung kann man dabei den seit Version 9 verfügbaren Befehl `MatrixFunction` verwenden, und im Spezialfall von

Exponential- bzw. Logarithmusfunktion auch direkt `MatrixExp` bzw. `MatrixLog`. Der Leser führe z. B. aus:

```
FullSimplify[MatrixFunction[Exp, A]]
```

```
FullSimplify[MatrixExp[A]]
```

Der `Norm`-Befehl aus Tab. 9.1 kann übrigens auch auf Matrizen angewendet werden, wobei hier das zweite Argument gleich 1, 2, `Infinity` oder `"Frobenius"` sein muss. Diese Matrixnormen sind definiert als

$$\|\mathbf{A}\|_p := \max\left\{\|\mathbf{A}x\|_p \mid \|x\|_p = 1\right\}, \qquad p = 1, 2, \infty,$$

insbesondere ist $\|\cdot\|_1$ die Spaltensummen-, $\|\cdot\|_\infty$ die Zeilensummennorm. Die Frobeniusnorm einer Matrix $\mathbf{A}$ berechnet sich schlicht als euklidische Norm über alle Elemente.

Beispiel 9.1.4. Die in Tab. 9.2 aufgeführten Hankel-, Hilbert- und Töplitz-Matrizen sind allesamt von schöner Gestalt, etwa ist

```
Z=ToeplitzMatrix[4]; Z //MatrixForm
```
$$\begin{pmatrix} 1 & 2 & 3 & 4 \\ 2 & 1 & 2 & 3 \\ 3 & 2 & 1 & 2 \\ 4 & 3 & 2 & 1 \end{pmatrix}$$

Als Norm dieser Matrix erhält man u. A.

```
Norm[Z,2]
```
$$\sqrt{2\left(21 + 4\sqrt{26}\right)}$$

```
Norm[Z,"Frobenius"]
```
$$4\sqrt{6} \qquad\qquad \bullet$$

Den Inhalt einer Matrix visualisiert man mit dem Kommando `MatrixPlot`, was vor allem bei großen Matrizen nützlich sein kann. Dabei werden die Werte der Matrixkomponenten durch Farben dargestellt, wobei man die Art der Farbcodierung über die Funktion `ColorFunction -> Typ` festlegen kann, also z. B. `GrayLevel` für Grauwerte:

```
MatrixPlot[Z,
ColorFunction -> GrayLevel]
```

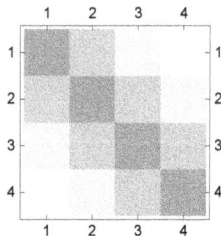

Auch kann man selbst explizit eine Farbcodierung festlegen. Der Leser probiere etwa das Kommando `MatrixPlot[Z, ColorRules -> {1 -> Red, 2 -> Blue, _ -> Gray}]` aus: Der Wert 1 wird dann durch die Farbe Rot repräsentiert, 2 durch Blau, alle weiteren Zahlen durch die Farbe Grau. Der Unterstrich „_" steht dabei für ein Muster, siehe auch Abschnitt 7.7 und Anhang A.2. Eine sinnvolle Anwendung findet dieses Kommando vor allem bei Matrizen, bei denen extreme Werte von Bedeutung sein können, z. B. Abstands-, Ähnlichkeits- oder Korrelationsmatrizen. Für diese kann es auch sinnvoll sein, eine Farbregel auf Basis einer Ungleichung zu definieren. Führt der Leser das Beispiel `MatrixPlot[Z, ColorRules->{x_ /; x>=3 -> Black,_ -> Gray}]` aus, so wird er feststellen, dass Werte größer gleich 3 schwarz gezeichnet werden, alle übrigen grau. Hierbei wurde der Bedingungsoperator „`/;`" verwendet, mit dessen Hilfe man die Bedingung $x \geq 3$ für das Muster namens x definieren konnte.

Mathematica erlaubt nicht nur die Konstruktion von Matrizen, sondern auch die Extraktion von Bestandteilen von Matrizen. Ein Beispiel ist der `Diagonal`-Befehl aus Tab. 9.2, welcher die k-te Diagonale einer Matrix abfragt. Aber auch Zeilen, Spalten und Blöcke können abgefragt werden, und zwar mit Hilfe der Befehle `Take` und `Join` aus Tab. 4.2 sowie des `Span`-Operators „`; ;`", siehe Abschnitt 4.2.1.

Beispiel 9.1.5. Verwenden wir weiterhin die Matrizen **A** und **B** aus Beispiel 9.1.3. Um die Spalten von **B** an die von **A** anzuhängen, können wir `Join` verwenden:

```
Join[A,B,2] //MatrixForm
```
$$\begin{pmatrix} a & b & 1 & 0 \\ c & d & 0 & 2 \end{pmatrix}$$

Da Matrizen bei Mathematica zeilenweise organisiert sind, wird das Argument 2 benötigt, um anzuzeigen, dass die Verschmelzung auf zweiter Ebene, also Spaltenebene, erfolgt. Will man dagegen die Zeilen von **B** an die von **A** anhängen, so findet die Verschmelzung auf erster Ebene statt, wobei die Angabe der 1 optional ist:

```
Join[A,B] //MatrixForm
```
$$\begin{pmatrix} a & b \\ c & d \\ 1 & 0 \\ 0 & 2 \end{pmatrix}$$

Eine Matrix mit gleichen Komponenten kann man folgendermaßen erzeugen:

```
X=ConstantArray[-7,{3,2}];
X //MatrixForm
```
$$\begin{pmatrix} -7 & -7 \\ -7 & -7 \\ -7 & -7 \end{pmatrix}$$

Will man aus Einzelmatrizen eine Blockmatrix zusammensetzen, kann man `Array-Flatten` verwenden, siehe Tab. 9.2:

```
Y=ArrayFlatten[{{A,B},{X,X}}];
Y //MatrixForm
```
$$\begin{pmatrix} a & b & 1 & 0 \\ c & d & 0 & 2 \\ -7 & -7 & -7 & -7 \\ -7 & -7 & -7 & -7 \\ -7 & -7 & -7 & -7 \end{pmatrix}$$

Um nun wiederum blockartige Bestandteile dieser Matrix abzufragen, kann man `Part` und `Span` kombinieren. Ein paar Beispiele:

```
Y[[All,{2,3}]] //MatrixForm
```
$$\begin{pmatrix} b & 1 \\ d & 0 \\ -7 & -7 \\ -7 & -7 \\ -7 & -7 \end{pmatrix}$$

```
Y[[{1,4},All]] //MatrixForm
```
$$\begin{pmatrix} a & b & 1 & 0 \\ -7 & -7 & -7 & -7 \end{pmatrix}$$

```
Y[[2;;4,2;;3]] //MatrixForm
```
$$\begin{pmatrix} d & 0 \\ -7 & -7 \\ -7 & -7 \end{pmatrix}$$

Das zweite Beispiel zeigt dabei, dass man auch Zeilen bzw. Spalten überspringen kann. Bei dem alternativen Verfahren mit Hilfe von Take funktioniert dies nicht:

```
Take[Y,All,{2,3}] //MatrixForm
```
$$\begin{pmatrix} b & 1 \\ d & 0 \\ -7 & -7 \\ -7 & -7 \\ -7 & -7 \end{pmatrix}$$

```
Take[Y,{1,4},All] //MatrixForm
```
$$\begin{pmatrix} a & b & 1 & 0 \\ c & d & 0 & 2 \\ -7 & -7 & -7 & -7 \\ -7 & -7 & -7 & -7 \end{pmatrix}$$

```
Take[Y,{2,4},{2,3}] //MatrixForm
```
$$\begin{pmatrix} d & 0 \\ -7 & -7 \\ -7 & -7 \end{pmatrix}$$

9.2 Exkurs: Dünn besetzte Matrizen

In der Praxis trifft man häufig auf sehr große Matrizen, bei denen die meisten Einträge aber gleich 0 oder irgendeinem anderen einheitlichen Wert sind. Eine solche Matrix nennt man naheliegenderweise dünn besetzt. Beispiele können Abstandsmatrizen im Rahmen einer Clusteranalyse oder Ähnlichkeitsmatrizen im Rahmen einer Biosequenzanalyse sein, siehe Abschnitt 21.2. Speichert man eine derart große Matrix wie bisher beschrieben in Listenform ab, so erfordert dies enormen Speicherbedarf, obwohl es sich bei den Einträgen fast immer um den gleichen Wert handelt. Um dieser Speicherplatzverschwendung bei dünn besetzten Matrizen Herr zu werden, bietet Mathematica das Konzept des SparseArray an. Wenn ein solcher erst einmal definiert ist, rechnet man damit so, wie man es von gewöhnlichen Matrizen her gewohnt ist. Auch lassen sich z. B. die Funktionen zur Linearen Algebra aus Abschnitt 9.3 anwenden. Der einzige Unterschied zu den Matrizen in Listenform ergibt sich bei der Definition. Die nötige Syntax ist

```
SparseArray[Regeln, Dimension, Standardwert]
```

Die Dimension der Matrix legt man dabei durch eine Liste der Form $\{m,n\}$ fest, zu m Zeilen und n Spalten. Das optionale Argument *Standardwert*, bei dessen Fehlen 0 gewählt wird, bezeichnet jenen Wert, mit dem die meisten Einträge der Matrix übereinstimmen. Die wenigen Abweichungen davon definiert man mit Hilfe von Regeln der Art $\{k,l\}$ -> *Wert*, d. h. die Komponente (k, l) der Matrix soll einen bestimmten Wert erhalten. Dabei gibt es zwei gleichwertige Möglichkeiten, die Gesamtheit aller Regeln zu formulieren: Entweder als Liste $\{\{k1,l1\}$ -> *Wert1*,...$\}$ von Einzelregeln, oder als Liste von Koordinaten, der eine passende Liste mit Werten zugeordnet ist, etwa $\{\{k1,l1\},...\}$ -> $\{Wert1,...\}$. Betrachten wir ein Beispiel:

```
A=SparseArray[{{1,1}->1,{2,1}->2,{1,3}->3}, {4,4}]
```

```
SparseArray[< 3 >,{4,4}]
```

```
A //MatrixForm
```

$$\begin{pmatrix} 1 & 0 & 3 & 0 \\ 2 & 0 & 0 & 0 \\ 0 & 0 & 0 & 0 \\ 0 & 0 & 0 & 0 \end{pmatrix}$$

```
SparseArray[ {{1,1},{2,1},{1,3}} -> {1,2,3},
{4,4}] //MatrixForm
```

$$\begin{pmatrix} 1 & 0 & 3 & 0 \\ 2 & 0 & 0 & 0 \\ 0 & 0 & 0 & 0 \\ 0 & 0 & 0 & 0 \end{pmatrix}$$

Beide Definitionen führen zur gleichen 4×4-Matrix, welche man sich wie gewohnt mit //MatrixForm in üblicher Matrixnotation ausgeben lassen kann. Da hier der Standardwert gleich 0 ist, kann man das entsprechende Argument weglassen, wie im Beispiel geschehen. Wäre der Standardwert dagegen -1, so müsste man dies wie folgt angeben:

```
SparseArray[{{1,1}->1,{2,1}->2,{1,3}->3}, {4,4}, -1]
```

```
SparseArray[< 3 >,{4,4},-1]
```

```
% //MatrixForm
```

$$\begin{pmatrix} 1 & -1 & 3 & -1 \\ 2 & -1 & -1 & -1 \\ -1 & -1 & -1 & -1 \\ -1 & -1 & -1 & -1 \end{pmatrix}$$

Wie oben bereits erwähnt, kann man mit SparseArrays genauso arbeiten wie mit gewöhnlichen Matrizen auch, etwa Teile davon in doppelten eckigen Klammern „[[·]]" abfragen. Über eine einzelne Zahl hinausgehende Ausschnitte eines SparseArrays werden dabei aber wieder als `SparseArray` zurückgegeben; der Leser probiere etwa `A[[2,1]]` und `A[[2;;3, 1;;3]]` aus. Will man einen `SparseArray` dagegen in eine gewöhnliche Matrix umwandeln, so muss man den Befehl `Normal` verwenden:

`Normal[A]`   `{{1,0,3,0},{2,0,0,0},{0,0,0,0},{0,0,0,0}}`

Manchmal mag es etwas mühselig sein, die vom Standardwert abweichenden Werte alle einzeln zu definieren, vor allem, wenn diese eigentlich recht regelmäßig auftreten. Liegt etwa eine Bandstruktur vor, so kann man das Kommando `Band` verwenden. Durch `Band[{k,1}] -> {x1,x2,...}` wird das in (k, l) beginnende, diagonale Band bis zum Ende mit den vorgegebenen Werten $x_1, x_2, \ldots$ besetzt. Durch `Band[{k,1},{k+i,1+i}] -> {x0,...,xi}` wird das diagonale Band von (k, l) bis $(k + i, l + i)$ mit den vorgegebenen Werten besetzt. Zwei Beispiele:

`SparseArray[{Band[{1,2}] -> {1,2,3},`
`Band[{2,1}] -> {4,5,6}}, {4,4}] //MatrixForm`
$$\begin{pmatrix} 0 & 1 & 0 & 0 \\ 4 & 0 & 2 & 0 \\ 0 & 5 & 0 & 3 \\ 0 & 0 & 6 & 0 \end{pmatrix}$$

`SparseArray[{Band[{2,2},{3,3}] -> {a,b},`
`{3,4}->c}, {4,4}] //MatrixForm`
$$\begin{pmatrix} 0 & 0 & 0 & 0 \\ 0 & a & 0 & 0 \\ 0 & 0 & b & c \\ 0 & 0 & 0 & 0 \end{pmatrix}$$

Für komplexere Besetzungsmuster kann man, völlig analog wie oben bei `MatrixPlot`, auf den Unterstrich „_" (Muster) und den Bedingungsoperators „/;" zurückgreifen. Im Beispiel

`SparseArray[{{x_,y_}/; x<y && x>1 -> x^2+y},`
`{4,4}] //MatrixForm`
$$\begin{pmatrix} 0 & 0 & 0 & 0 \\ 0 & 0 & 7 & 8 \\ 0 & 0 & 0 & 13 \\ 0 & 0 & 0 & 0 \end{pmatrix}$$

etwa ordnet man genau jenen Komponenten (x, y) einen Wert zu, die $x < y$ erfüllen sowie $x > 1$, d. h. Werten des oberen Dreiecks ab Zeile 2. Die Komponente $(2, 3)$ erfüllt beispielsweise beide Bedingungen. Der jeweils zugeordnete Wert berechnet sich dabei nach der Formel $x^2 + y$, also zum Beispiel für die Komponente $(2, 3)$ zu $2^2 + 3 = 7$.

9.3 Verfahren der Linearen Algebra

Kurz gesagt kann Mathematica immer dann für Zwecke der Linearen Algebra eingesetzt werden, wenn die interessierenden linearen Abbildungen in Matrixform gegeben sind, insbesondere also endlichdimensionale Vektorräume vorliegen. Die Matrizen müssen dabei nicht zwangsweise in Listenform gegeben sein, auch die dünn besetzten Matrizen `SparseArray` aus Abschnitt 9.2 können verwendet werden. Da die dann zur

Verfügung stehenden Befehle in der Anwendung unproblematisch sind, wollen wir im Folgenden nur beispielhaft vorstellen, welche verschiedenartigen Einsatzfelder es gibt.

Beispiel 9.3.1. Es soll die zur linearen Abbildung $f : \mathbb{R}^4 \to \mathbb{R}^3$ gehörige 3×4-Darstellungsmatrix

$$A = \begin{pmatrix} 1 & 1 & 2 & 0 \\ 1 & -1 & 1 & -1 \\ 2 & 0 & 3 & -1 \end{pmatrix};$$

untersucht werden. Eine Basis des Kernes dieser Matrix berechnet sich zu

`{v1,v2}=NullSpace[A]` $\qquad\qquad$ {{1,-1,0,2}, {-3,-1,2,0}}

d. h. der Kern ist zweidimensional und lässt sich darstellen als folgendes Erzeugnis: $\langle v_1, v_2 \rangle = \langle (1, -1, 0, 2)^\top, (-3, -1, 2, 0)^\top \rangle$. Aus der zu A gehörigen Zeilenstufenform

`RowReduce[A] //MatrixForm` $\qquad \begin{pmatrix} 1 & 0 & \frac{3}{2} & -\frac{1}{2} \\ 0 & 1 & \frac{1}{2} & \frac{1}{2} \\ 0 & 0 & 0 & 0 \end{pmatrix}$

liest man ferner ab, dass der Rang von A gleich 2 ist (was man auch unmittelbar via `MatrixRank[A]` tun könnte). Tatsächlich ist also die Dimensionsformel erfüllt: $4 = 2 + 2$. Zu guter Letzt wollen wir nun noch die Lösungsmenge des linearen Gleichungssystems $A \cdot x = b$ bestimmen, wobei $b = (0, 2, 2)^\top$ ist. Dazu verwenden wir `LinearSolve`, siehe auch Abschnitt 9.4:

`b={0,2,2}; xs=LinearSolve[A, b]` $\qquad$ {1,-1,0,0}

Mathematica gibt dabei *eine* spezielle Lösung x_s des Gleichungssystems aus; die Lösungsgesamtheit ist jedoch gegeben zu

$$\begin{pmatrix} 1 \\ -1 \\ 0 \\ 0 \end{pmatrix} + \langle \begin{pmatrix} 1 \\ -1 \\ 0 \\ 2 \end{pmatrix}, \begin{pmatrix} -3 \\ -1 \\ 2 \\ 0 \end{pmatrix} \rangle$$

Eine Probe:

`A.(xs + v1 - 2 v2)` $\qquad\qquad$ {0,2,2} $\qquad$ •

Eine Reihe von Konzepten (z. B. der Determinantenbegriff) sind nur für den Spezialfall von Endomorphismen definiert, d. h. für quadratische Matrizen. Versucht man etwa für die nichtquadratische Matrix A aus Beispiel 9.3.1 die Determinante zu berechnen, gibt Mathematica konsequenterweise eine Fehlermeldung aus:

```
Det[A]
```

```
Det::matsq: Argument ... at position 1 is not a square matrix.
```

Beispiel 9.3.2. Betrachten wir nun den durch die Darstellungsmatrix

$$B = \begin{pmatrix} 3 & 4 & 3 \\ -1 & 0 & -1 \\ 1 & 2 & 3 \end{pmatrix};$$

definierten Endomorphismus. Dessen Eigenwerte berechnen sich zu

```
Eigenvalues[B]                              {2,2,2}
```

d. h. $\lambda = 2$ ist einziger Eigenwert der algebraischen Vielfachheit 3. Entsprechend berechnen sich Determinante und Spur von **B** zu

```
Det[B]                                      8
```

```
Tr[B]                                       6
```

Die Eigenwerte hätte man übrigens auch am charakteristischen Polynom ablesen können, welches direkt verfügbar ist via

```
CharacteristicPolynomial[B, x]              8 - 12 x + 6 x² - x³
```

```
Factor[%]                                   -(-2 + x)³
```

Bestimmen wir nun ein Erzeugendensystem des Eigenraumes zu λ. Man erhält

```
Eigenvectors[B]            {{1,-1,1}, {0,0,0}, {0,0,0}}
```

Der Eigenraum ist also nur eindimensional (geometrische Vielfachheit von λ gleich 1), weshalb **B** nicht diagonalisiert werden kann. Zumindest die Jordan-Normalform **J** kann aber bestimmt werden:

```
{S, J} = JordanDecomposition[B];
Print["S=", MatrixForm[S], ", J=", MatrixForm[J]]
```

$$S = \begin{pmatrix} 1 & 1 & -1 \\ -1 & 0 & \frac{1}{2} \\ 1 & 0 & 0 \end{pmatrix}, \quad J = \begin{pmatrix} 2 & 1 & 0 \\ 0 & 2 & 1 \\ 0 & 0 & 2 \end{pmatrix}$$

Mit ausgegeben wird hierbei auch eine Transformationsmatrix **S**, welche die Beziehung $S^{-1} \cdot B \cdot S = J$ erfüllt. Probe:

```
Inverse[S].B.S //MatrixForm
```
$$\begin{pmatrix} 2 & 1 & 0 \\ 0 & 2 & 1 \\ 0 & 0 & 2 \end{pmatrix}$$

Die Matrixexponentialfunktion einer Jordan-Normalform ist von äußerst einfacher Gestalt, in unserem Fall

```
MatrixExp[J] //MatrixForm
```

$$\begin{pmatrix} e^2 & e^2 & \frac{e^2}{2} \\ 0 & e^2 & e^2 \\ 0 & 0 & e^2 \end{pmatrix}$$

Da für ähnliche Matrizen $\mathbf{J}$ und $\mathbf{B} = \mathbf{S} \cdot \mathbf{J} \cdot \mathbf{S}^{-1}$ ganz allgemein gilt, dass $\exp(\mathbf{B}) = \mathbf{S} \cdot \exp(\mathbf{J}) \cdot \mathbf{S}^{-1}$, kann man nun die Matrixexponentialfunktion von $\mathbf{B}$ leicht berechnen:

```
S.MatrixExp[J].Inverse[S] //MatrixForm
```

$$\begin{pmatrix} 2e^2 & 5e^2 & 4e^2 \\ -e^2 & -2e^2 & -2e^2 \\ e^2 & 3e^2 & 3e^2 \end{pmatrix}$$

Zur Probe führe der Leser das Kommando `MatrixExp[B] //MatrixForm` aus, welches direkt die Matrixexponentialfunktion von $\mathbf{B}$ berechnet. •

Wie eingangs erwähnt, können die Befehle zur Linearen Algebra auch auf dünn besetzte Matrizen angewendet werden.

Beispiel 9.3.3. Wir wollen die Eigenstruktur der Matrizen $\mathbf{X}_n := \mathbf{I}_n - \frac{1}{n}\mathbf{E}_n$ untersuchen, wobei $\mathbf{I}_n$ die $n \times n$-Einheitsmatrix bezeichnet, $\mathbf{E}_n$ die $n \times n$-Matrix aus lauter Einsen. Eine direkte Umsetzung der Definition mit Hilfe gewöhnlicher Matrizen sieht etwa wie folgt aus:

```
X[n_]:=IdentityMatrix[n]-1/n ConstantArray[1,{n,n}];
```

```
X[3] //MatrixForm
```

$$\begin{pmatrix} \frac{2}{3} & -\frac{1}{3} & -\frac{1}{3} \\ -\frac{1}{3} & \frac{2}{3} & -\frac{1}{3} \\ -\frac{1}{3} & -\frac{1}{3} & \frac{2}{3} \end{pmatrix}$$

```
Timing[X[1000];]
```
$\{0.546875, \text{Null}\}$

Während die Berechnung von $\mathbf{X}_3$ praktisch augenblicklich geschieht, und ferner die regelmäßige Gestalt der Matrizen $\mathbf{X}_n$ demonstriert, benötigt das Erzeugen von $\mathbf{X}_{1000}$ spürbar mehr Zeit. Deswegen ist es sinnvoll, hier mit den `SparseArray`-Objekten aus Abschnitt 9.2 zu arbeiten, da ja die Matrizen von äußerst einfacher Form sind. Eine mögliche Umsetzung:

```
XS[n_]:= SparseArray[{Band[{1,1}] -> Table[1,{n}]}, {n,n}]
    -SparseArray[{}, {n,n}, 1/n];
```

```
XS[3]
```
$\text{SparseArray}[\texttt{<3>}, \{3,3\}, -\frac{1}{3}]$

```
Timing[XS[1000];]
```
$\{0., \text{Null}\}$

Natürlich hätte man die Gesamtmatrix auch gleich auf einen Schlag definieren können, obige Variante zeigt aber nochmals verschiedene Facetten des `SparseArray`-Befehls auf. Der Erfolg dieses Konstrukts ist leicht messbar, das Erstellen von $\mathbf{X}_{1000}$ benötigt nun praktisch kaum noch Zeit.

Unser eigentliches Interesse liegt nun darin, die Eigenstruktur der allgemeinen Matrizen $\mathbf{X}_n$ zu erkunden. Dabei kann uns Mathematica insoweit helfen, als es uns durch Beispiele eine Idee von dieser geben soll, die dann letztlich wiederum in einen händisch ausgeführten, exakten Beweis mündet. Betrachten wir also die Eigenstruktur erst einmal für kleine n, etwa

`Eigenvalues[X[5]]`   {1,1,1,1,0}

`Eigenvectors[X[5]]`   {{-1,0,0,0,1},...,{-1,1,0,0,0},{1,1,1,1,1}}

Hier wird schon deutlich, dass im allgemeinen Fall wohl gilt: $\mathbf{X}_n$ hat die Eigenwerte 1 und 0, Ersteren mit algebraischer Vielfachheit $n - 1$. Ein Eigenvektor zur 0 ist $(1,\ldots,1)^\top$, wogegen eine Eigenbasis zu 1 aus den Vektoren $v_2,\ldots,v_n$ besteht mit $v_k = (-1,0,\ldots,0,1,0,\ldots)^\top$, mit der 1 in der k-ten Komponente. Den Beweis kann man leicht durch Nachrechnen führen.

Obwohl unser eigentliches Ziel also schon erreicht ist, wollen wir probehalber das Ganze nochmal bei einer größeren Matrix prüfen:

`Timing[Eigenvalues[X[150]]]`   {2.35938, {1,...,1,0}}

Hier vergeht schon einige Rechenzeit. Wer nun hofft, bei der `SparseArray`-Variante würde es schneller gehen, wird leider eines Besseren belehrt:

`Timing[Eigenvalues[XS[150]]]`   {2.14063, {1,...,1,0}}

Der kleine Geschwindigkeitsgewinn dürfte wohl auf die schnellere Berechnung der Matrix $\mathbf{X}_{150}$ zurückzuführen sein:

`Timing[X[150];]`   {0.015625, Null}

Die Befehle zur Linearen Algebra selbst benötigen dagegen stets gleich viel Zeit, unabhängig vom Matrixtyp.   •

9.4 Numerische Lineare Algebra

Wie schon die Analysis ist auch die Lineare Algebra oft auf numerische Ansätze angewiesen. Dazu gehören insbesondere effiziente Ansätze zur Lösung linearer Gleichungssysteme $\mathbf{A} \cdot \mathbf{x} = \mathbf{b}$ und zur Berechnung der Eigenwerte einer Matrix, was beides in diesem Abschnitt behandelt werden soll. Beginnen wir mit den Gleichungssystemen. In Mathematica können diese mit Hilfe des Befehls `LinearSolve` gelöst werden, siehe Beispiel 9.3.1. Per Hand wird man wohl eine Gauß-Elimination durchführen. Im Falle einer invertierbaren Matrix $\mathbf{A} \in \mathbb{R}^{n \times n}$ ist eine Gauß-Elimination letztlich gleichwertig zu einer *Dreieckszerlegung (LR-, LU-Zerlegung)* der Matrix $\mathbf{A}$: Für eine solche Matrix $\mathbf{A}$ gibt es stets eine Permutationsmatrix $\mathbf{P}$, so dass die Zerlegung $\mathbf{P} \cdot \mathbf{A} = \mathbf{L} \cdot \mathbf{R}$ möglich ist, mit einer unteren Dreiecksmatrix $\mathbf{L}$ mit lauter Einsen auf der Diagonale,

Tab. 9.4. Auswahl von Befehlen zur Linearen Algebra.

Befehl	Beschreibung
NullSpace[A]	Kern der Matrix **A**.
LinearSolve[A,b]	*Eine* (spezielle) Lösung des Gleichungssystems **A**x = **b**.
RowReduce[A]	Zeilenstufenform der Matrix **A**.
MatrixRank[A]	Rang der Matrix **A**.
PseudoInverse[A]	Pseudoinverse der Matrix **A**.
Inverse[A]	Inverse der quadratischen Matrix **A**.
Det[A]	Determinante der quadratischen Matrix **A**.
Tr[A]	Spur der quadratischen Matrix **A**.
CharacteristicPolynomial[A,x]	Charakteristisches Polynom der quadr. Matrix **A** in x.
Eigenvalues[A]	Liste der Eigenwerte der quadratischen Matrix **A**.
Eigenvectors[A]	Liste der Eigenvektoren der quadratischen Matrix **A**.
Eigensystem[A]	Liste der Eigenwerte und Liste der Eigenvektoren der quadratischen Matrix **A**, beide wiederum als Teil einer äußeren Liste.
JordanDecomposition[A]	Jordan-Zerlegung der quadratischen Matrix **A**: Liste mit Transformationsmatrix und Jordan-Normalform.
LUDecomposition[A]	LU-Zerlegung der quadratischen Matrix **A**.
SingularValueDecomposition[A]	Singulärwertzerlegung der numerischen Matrix **A**.
SingularValueList[A]	Liste der Singulärwerte der numerischen Matrix **A**.
QRDecomposition[A]	QR-Zerlegung der numerischen Matrix **A**.
HessenbergDecomposition[A]	Hessenberg-Zerlegung der numerischen Matrix **A**.
SchurDecomposition[A]	Schur-Zerlegung der numerischen Matrix **A**.
CholeskyDecomposition[A]	Cholesky-Zerlegung der symmetr., positiv definiten Matrix **A**.
Orthogonalize[v1,v2,...]	Orthonormierung der Vektoren $v_1, v_2, \ldots$
Normalize[v]	Normierung des Vektors v bzgl. euklidischer Norm.

und einer oberen Dreiecksmatrix **R**. Hat man eine derartige Zerlegung bestimmt, so löst man das Gleichungssystem **A** · x = b in zwei Schritten:
Vorwärtselimination: Berechne y := **R**x als Lösung des Systems **L**y = **P**b.
Rückwärtselimination: Berechne x als Lösung des Systems **R**x = y.

Betrachten wir ein Beispiel:

$$A = \begin{pmatrix} -3 & 2 & 6 \\ 2 & 4 & -2 \\ 1 & 1 & 1 \end{pmatrix}; \quad \{Z, \text{pvec}, c\} = \text{LUDecomposition}[A]$$

{{{1,1,1}, {2,2,-4}, {-3,$\frac{5}{2}$,19}}, {3,2,1}, 1}

Der Befehl LUDecomposition führt eine Dreieckszerlegung aus, wobei das erste Element der ausgegebenen Liste gleich **Z** := (**L** – **I**) + **R** ist, das zweite Element die benötigte Permutation in Listenform und das dritte ein Schätzwert der Kondition cond$_\infty$(**A**). Um dieses Resultat in unsere Notation zu übersetzen, ist etwas Aufwand nötig: Die Matrix **R** entspricht dem oberen Dreieck (inklusive Diagonale) von **Z**, was wir seit Version 7 mittels UpperTriangularize herausfiltern können:

```
R=UpperTriangularize[Z];
R //MatrixForm
```
$$\begin{pmatrix} 1 & 1 & 1 \\ 0 & 2 & -4 \\ 0 & 0 & 19 \end{pmatrix}$$

Analog erhalten wir **L** mittels LowerTriangularize; allerdings wollen wir nur den Inhalt ab der ersten Nebendiagonale abgreifen und die Diagonale selbst mit Einsen besetzen:

```
L=LowerTriangularize[Z,-1]+IdentityMatrix[3];
L //MatrixForm
```
$$\begin{pmatrix} 1 & 0 & 0 \\ 2 & 1 & 0 \\ -3 & \frac{5}{2} & 1 \end{pmatrix}$$

Schließlich können wir aus dem Permutationsvektor leicht eine Permutationsmatrix erzeugen:

```
P=Part[IdentityMatrix[3], pvec];
P //MatrixForm
```
$$\begin{pmatrix} 0 & 0 & 1 \\ 0 & 1 & 0 \\ 1 & 0 & 0 \end{pmatrix}$$

Prüfen wir nun, ob Mathematica richtig gerechnet hat:

```
L.R==P.A
```
                                                                True

Nun endlich können wir die Früchte unserer Bemühungen ernten und das Gleichungssystem $A \cdot x = b$ mit $b = (1, 2, 3)^\top$ in zwei Schritten lösen:

```
b={1,2,3}; y=LinearSolve[L, P.b]
```
                                                        {3,-4,20}

```
LinearSolve[R, y]
```
                                                  {$\frac{35}{19}$, $\frac{2}{19}$, $\frac{20}{19}$}

Wäre es uns hier ausschließlich um die Lösung des Gleichungssystems gegangen, hätten wir diese natürlich auch bequemer erhalten können. So kann man etwa im Anschluss an die Dreieckszerlegung gleich den Befehl LUBackSubstitution anwenden,

```
LUBackSubstitution[{Z, pvec, c}, b]
```
                                                  {$\frac{35}{19}$, $\frac{2}{19}$, $\frac{20}{19}$}

oder von vornherein `LinearSolve` einsetzen:

`LinearSolve[A, b]` $\{\frac{35}{19}, \frac{2}{19}, \frac{20}{19}\}$

Bemerkung 9.4.1. Tatsächlich scheint es so, dass Mathematicas `LinearSolve` bei quadratischen Matrizen intern eine Dreieckszerlegung durchführt. Dies wird klar, wenn man sich `LinearSolve` genauer ansieht. Wendet man diesen allein auf obige Matrix **A** an, so wird eine `LinearSolveFunction` erzeugt:

`f=LinearSolve[A]`   `LinearSolveFunction[{3,3}, <>]`

In diese Funktion kann man nun verschiedene Vektoren **b** einsetzen, das jeweilige Gleichungssystem wird effizient gelöst. Der Leser probiere `f[b]` aus. Grund für diese Effizienz ist eine Dreieckszerlegung:

`f //InputForm`

```
LinearSolveFunction[{3,3}, {1, True, {{{1,1,1},{2,2,-4},
{-3,5/2,19}},{3,2,1}, 1}, {0, Automatic, Automatic}}]
```

Hier erkennt der Leser nun, dass offenbar im Hintergrund `LUDecomposition` ausgeführt wurde.   •

Die Dreieckszerlegung kann übrigens auch eingesetzt werden, um die Determinante von **A** zu berechnen. Da die Determinante einer Dreiecksmatrix schlicht das Produkt der Diagonalelemente ist, ergibt sich die Determinante von **PA** als Produkt der Diagonalelemente von **R**. Da det **P** = ±1 ist, ist somit det **A** vollständig bestimmt.

Eine analoge Anwendung ergibt sich übrigens auch für ein der Dreieckszerlegung verwandtes, aber numerisch robusteres Verfahren: die *QR-Zerlegung*. Eine jede Matrix $\mathbf{A} \in \mathbb{R}^{n \times n}$ lässt sich zerlegen zu $\mathbf{A} = \mathbf{Q}^\top \cdot \mathbf{R}$ mit einer orthogonalen Matrix **Q** (also det **Q** = ±1) und einer oberen Dreiecksmatrix **R**. Ausgehend von einer solchen Zerlegung löst man nun an Stelle des Systems $\mathbf{A} \cdot \boldsymbol{x} = \boldsymbol{b}$ das System $\mathbf{R}\boldsymbol{x} = \mathbf{Q}\boldsymbol{b}$. Probieren wir dies für obiges Beispiel aus:

`{Q,R}=QRDecomposition[A];`
`Q //MatrixForm`

$$\begin{pmatrix} -\frac{3}{\sqrt{14}} & \sqrt{\frac{2}{7}} & \frac{1}{\sqrt{14}} \\ \frac{37}{\sqrt{3990}} & 5\sqrt{\frac{10}{399}} & \frac{11}{\sqrt{3990}} \\ \frac{2}{\sqrt{285}} & -\sqrt{\frac{5}{57}} & \frac{16}{\sqrt{285}} \end{pmatrix}$$

`R //Simplify //MatrixForm`

$$\begin{pmatrix} \sqrt{14} & \frac{3}{\sqrt{14}} & -3\sqrt{\frac{7}{2}} \\ 0 & \sqrt{\frac{285}{14}} & \sqrt{\frac{133}{30}} \\ 0 & 0 & 2\sqrt{\frac{19}{15}} \end{pmatrix}$$

`Simplify[Transpose[Q].R]==A`   True

`LinearSolve[R, Q.b]` $\{\frac{35}{19}, \frac{2}{19}, \frac{20}{19}\}$

Durch die vielen Wurzeln sind die resultierenden Matrizen komplizierter, weswegen wir Simplify einsetzen mussten. Bei rein numerischer Lösung (welche sich durch Einfügen von N bei der Definition von **A** auslösen lässt) ist dies natürlich unnötig.

Zu guter Letzt kann man bei einer positiv definiten, symmetrischen Matrix $\mathbf{A} \in \mathbb{R}^{n \times n}$ das Gleichungssystem $\mathbf{A} \cdot x = b$ effizient lösen, indem man zuerst eine *Cholesky-Zerlegung* durchführt: Es gibt eine obere Dreiecksmatrix **R**, so dass $\mathbf{A} = \mathbf{R}^\top \mathbf{R}$ ist. Hat man eine derartige Zerlegung bestimmt, so löst man das Gleichungssystem $\mathbf{A} \cdot x = b$ in zwei Schritten:

Vorwärtselimination: Berechne $y := \mathbf{R}x$ als Lösung des Systems $\mathbf{R}^\top y = b$.

Rückwärtselimination: Berechne x als Lösung des Systems $\mathbf{R}x = y$.

Betrachten wir ein Beispiel:

$$A = \begin{pmatrix} 1 & 2 & 3 \\ 2 & 5 & 4 \\ 3 & 4 & 16 \end{pmatrix};$$

```
Eigenvalues[A] //N //Chop                {18.0119, 0.04221, 3.9459}
```

Da alle Eigenwerte positiv sind, ist **A** positiv definit. Führen wir nun die Cholesky-Zerlegung durch:

```
R=CholeskyDecomposition[A];
R //MatrixForm
```
$$\begin{pmatrix} 1 & 2 & 3 \\ 0 & 1 & -2 \\ 0 & 0 & \sqrt{3} \end{pmatrix}$$

```
Transpose[R].R==A                        True

b={1,2,7}; y=LinearSolve[Transpose[R], b]    {1,0,\frac{4}{\sqrt{3}}}

LinearSolve[R, y]                        {-\frac{25}{3}, \frac{8}{3}, \frac{4}{3}}
```

Via LinearSolve[A, b] prüft man leicht nach, dass dies tatsächlich die korrekte Lösung ist. Auch die Cholesky-Zerlegung kann übrigens zur Determinantenrechnung einsetzt werden, hier ist nun $\det \mathbf{A} = (\det \mathbf{R})^2$.

Wenden wir uns nun der Eigenwertproblematik zu. Prinzipiell scheint das hierzu nötige Vorgehen für die Matrix $\mathbf{A} \in \mathbb{R}^{n \times n}$ einfach: Über eine Determinantenberechnung erhält man das charakteristische Polynom, dessen Nullstellen dann die Eigenwerte sind. Aber genau die Nullstellenberechnung ist hier das Problem, da schon die Lösungsformeln für $n = 3$ und 4 sehr komplex sind. Ab $n \geq 5$ ist man ohnehin auf numerische Verfahren der Nullstellenbestimmung angewiesen, siehe Abschnitt 10.3.

Ein völlig anderer Ansatz zur numerischen Eigenwertberechnung ergibt sich interessanterweise aus der QR-Zerlegung. In seiner einfachsten Form lautet der Algorithmus wie folgt:

1. Setze $\mathbf{A}_0 := \mathbf{A}$.
2. Für $k = 0, 1, \ldots$:
   Zerlege $\mathbf{A}_k$ zu $\mathbf{A}_k =: \mathbf{Q}_k^\top \cdot \mathbf{R}_k$ und berechne $\mathbf{A}_{k+1} := \mathbf{R}_k \cdot \mathbf{Q}_k$.

Ist $\mathbf{A}$ invertierbar mit betragsmäßig verschiedenen Eigenwerten $\lambda_1, \ldots, \lambda_n$, so konvergiert das Verfahren gegen eine Dreiecksmatrix mit Eigenwerten $\lambda_1, \ldots, \lambda_n$. Probieren wir dies aus, unter Verwendung einer Do-Schleife (siehe Abschnitt 7.3):

$$A = \begin{pmatrix} 1 & 2 & 3 & 2 \\ 5 & 3 & -1 & 8 \\ 6 & -2 & -8 & 9 \\ 4 & 2 & 1 & 7 \end{pmatrix};$$

```
Eigenvalues[N[A]]          {11.8983,-10.281,1.31432,0.0684181}
```

```
Ak=N[A];
Do[ {Q,R}=QRDecomposition[Ak]; Ak=R.Transpose[Q], {100}];
Ak //MatrixForm
```

$$\begin{pmatrix} 11.8983 & 7.17753 & 6.85966 & -0.598261 \\ -6.76131 \times 10^{-6} & -10.281 & -4.66277 & 1.5253 \\ 4.78217 \times 10^{-95} & 9.72269 \times 10^{-89} & 1.31432 & -0.0454919 \\ -1.34791 \times 10^{-223} & -2.1982 \times 10^{-218} & -3.20184 \times 10^{-129} & 0.0684181 \end{pmatrix}$$

Zu Vergleichszwecken haben wir die Eigenwerte mit **Mathematicas** `Eigenvalues` bestimmt. Anschließend haben wir 100 Schritte des obigen Algorithmus ausführen lassen und dabei offenbar die Eigenwerte in guter Genauigkeit erhalten. Trotzdem ist die Matrix noch immer recht weit von einer Dreiecksmatrix entfernt, denn das Element $(2, 1)$ der Matrix ist noch von Größenordnung 10^{-6}. Dies zeigt bereits, dass das Verfahren sehr langsam konvergiert; der Leser untersuche das Resultat bei nur 20 oder 50 Schritten. An Stelle einer festen Zahl von Iterationsschritten könnte man auch eine Genauigkeitsschwelle festlegen, etwa

```
err=1; While[err>10^-6,
(* s.o. *) err=Max[Abs[LowerTriangularize[Ak,-1]]] ]
```

Nach 114 Schritten wäre ein jeder Eintrag im unteren Dreieck vom Absolutbetrag $< 10^{-6}$. Mit den vielen Iterationen einhergehend werden insgesamt sehr viele Rechenoperationen ausgeführt. Eine erste Optimierung ergibt sich, wenn man die Matrix $\mathbf{A}$ zuerst auf Hessenberg-Form bringt: Eine jede Matrix $\mathbf{A} \in \mathbb{R}^{n \times n}$ ist ähnlich zu einer Hessenberg-Matrix $\mathbf{H}$, bei welcher unterhalb der ersten Nebendiagonalen nur Nullen stehen. Somit haben $\mathbf{A}$ und $\mathbf{H}$ die gleichen Eigenwerte. Insbesondere aber gilt: Wendet man obigen Algorithmus auf eine Hessenberg-Matrix an, so erhält man nach jedem Schritt erneut eine Hessenberg-Matrix. Modifizieren wir also obigen Code:

```
{T,H}=HessenbergDecomposition[N[A]];  H //MatrixForm
```

$$
\begin{pmatrix}
1. & -4.10258 & -0.216266 & 0.349371 \\
-8.77496 & 3.23377 & -12.0926 & -8.32848 \\
0. & -6.54236 & -2.17614 & -1.48208 \\
0. & 0. & -0.570392 & 0.942374
\end{pmatrix}
$$

Die Matrix $\mathbf{T}$ ist die Transformationsmatrix, welche zur Transformation von $\mathbf{A}$ nach $\mathbf{H}$ benötigt wird. Wenden wir nun auf $\mathbf{H}$ das Verfahren an:

```
Ak=H;
Do[ {Q,R}=QRDecomposition[Ak]; Ak=R.Transpose[Q], {100}];
Ak //MatrixForm
```

$$
\begin{pmatrix}
11.8983 & 7.17753 & -6.85966 & 0.598261 \\
-6.76131 \times 10^{-6} & -10.281 & 4.66277 & -1.5253 \\
0. & -1.52148 \times 10^{-89} & 1.31432 & -0.0454919 \\
0. & 0. & -2.01514 \times 10^{-128} & 0.0684181
\end{pmatrix}
$$

Der Rechenaufwand pro Schritt wurde reduziert, und für eine `While`-Schleife wie oben müsste man nun nicht mehr das untere Dreieck, sondern nur die erste Nebendiagonale auswerten: `Diagonal[Ak, -1]`. Aber auch jetzt konvergiert das Verfahren nicht zügiger als zuvor; dies erreichen wir jedoch durch eine zusätzliche Shift-Strategie:

1. Setze $\mathbf{A}_{n,0} := \mathbf{A}$.
2. Für $m = n, n-1, \ldots, 1$:
   (a) Für $k = 0, 1, \ldots$:
       i.   Wähle Shift $\sigma := (\mathbf{A}_{m,k})_{m,m}$.
       ii. Setze $\mathbf{A}^{*}_{m,k} := \mathbf{A}_{m,k} - \sigma \cdot \mathbf{I}_m$.   (Vorwärtsshift)
       iii. Zerlege $\mathbf{A}^{*}_{m,k}$ zu $\mathbf{A}^{*}_{m,k} =: \mathbf{Q}^{\top}_{m,k} \cdot \mathbf{R}_{m,k}$.
       iv. Berechne $\mathbf{A}_{m,k+1} := \mathbf{R}_{m,k} \cdot \mathbf{Q}_{m,k} + \sigma \cdot \mathbf{I}_m$.   (Rückwärtsshift)
   (b) Erhalte $\mathbf{A}_{m,\infty}$, und daraus Eigenwert $\lambda_m := (\mathbf{A}_{m,\infty})_{m,m}$.
   (c) Streiche letzte Zeile und Spalte von $\mathbf{A}_{m,\infty}$, erhalte $\mathbf{A}_{m-1,0}$.

Tatsächlich wird man die Schritte i bis iv nur so lange durchlaufen, bis die Komponente $(\mathbf{A}_{m,k+1})_{m,m-1}$ nahe genug bei 0 ist; dies lässt sich wieder mit einer `While`-Schleife verwirklichen. Ferner bauen wir in den folgenden Code noch einen Zähler k ein, um bei jedem Eigenwert zu messen, nach wievielen Schritten wir die gewünschte Genauigkeit erreicht haben.

```
n=Length[A]; Ak=N[A];
Do[Ak=Take[Ak,m,m]; k=0;

While[Abs[Ak[[m,m-1]]]>10^-50,
  k++;  shift=Ak[[m,m]];
  Ak=Ak-shift*IdentityMatrix[m];                    8 11.8983
  {Q,R}=QRDecomposition[Ak];                         6 1.31432
  Ak=R.Transpose[Q]+shift*IdentityMatrix[m] ];       3 0.0684181
Print[k," ",Ak[[m,m]]], {m,n,1,-1}]                  0 -10.281
```

Zu Beginn der While-Schleife haben wir die Durchlaufbedingung formuliert: Erst wenn $|(\mathbf{A}_{m,k+1})_{m,m-1}| \le 10^{-50}$ ist, akzeptieren wir die Approximation des Eigenwerts λ_m als akzeptabel und gehen zu $m - 1$ über. Das ausgegebene Resultat rechtfertigt den Aufwand: Den ersten Eigenwert erhalten wir bereits nach 8 Schritten, anschließend wird die Matrix und somit der Rechenaufwand pro Schritt reduziert. Nunmehr genügen 6 Schritte, usw. Es sei dem Leser als Übung überlassen, das gleiche Verfahren auf **H** anzuwenden, was die Zahl der Rechenoperationen nochmals reduziert. Als Resultat wird letztlich

```
n=Length[H]; Ak=H;                                   6 1.31432
⋮                                                    3 0.0684181
                                                     7 -10.281
                                                     0 11.8983
```

ausgegeben, d. h. die Eigenwerte werden in anderer Reihenfolge bestimmt.

10 Algebra und Zahlentheorie

Wie wir in Abschnitt 5.1 erfahren haben, ist Mathematica als Computeralgebrasystem zur exakten Rechnung mit ganzen und rationalen Zahlen in der Lage. Entsprechend ist es nicht verwunderlich, dass Mathematica eine Vielzahl von Funktionen zur Zahlentheorie anbietet, die sich mit Fragestellungen rund um ganze Zahlen beschäftigt, siehe Abschnitt 10.1. Danach wollen wir uns den algebraischen Fähigkeiten von Mathematica zuwenden und zuerst in Abschnitt 10.2 das Thema Polynome besprechen. Die Abschnitte 10.3 und 10.4 widmen sich dann dem Lösen von Gleichungen, Abschnitt 10.5 den algebraischen Zahlkörpern und Abschnitt 10.6 der Gruppentheorie.

ℹ **Weiterführende Informationen ...** zur fachlichen Vertiefung findet der Leser beispielsweise in folgenden Büchern: Zur Zahlentheorie aus Abschnitt 10.1 sei Bundschuh (2008) empfohlen, zur Algebra der Abschnitte 10.2 bis 10.6 das Buch von Bosch (2013). Die historische Entwicklung der Algebra behandeln Alten et al. (2014).

10.1 Elementare Zahlentheorie

Zahlentheorie beschäftigt sich mit Fragestellungen rund um ganze Zahlen. Häufig geht es dabei um die multiplikativen Bausteine der ganzen Zahlen: die Primzahlen. Die 500. Primzahl etwa ist 3571, was man auf zweierlei Art bestätigen kann:

```
Prime[500]                    3571

PrimePi[3571]                 500
```

Lässt sich eine Primzahl in der Form $2^p - 1$ schreiben, so nennt man sie eine Mersenne-Primzahl. Seit Version 10 kann man diese mit Mathematica wie folgt berechnen:

```
Table[MersennePrimeExponent[n], {n,5}]    {2,3,5,7,13}

2^%-1                                     {3,7,31,127,8191}
```

Die Zahl 3570 dagegen ist offenbar nicht prim, tatsächlich faktorisiert sie sich zu $3570 = 2 \cdot 3 \cdot 5 \cdot 7 \cdot 17$:

```
FactorInteger[3570]          {{2,1}, {3,1}, {5,1}, {7,1}, {17,1}}
```

Da jeder Primfaktor nur in Potenz 1 vorkommt, ist 3570 eine quadratfreie Zahl, mit einer ungeraden Anzahl von Primfaktoren. Entsprechend ist

```
MoebiusMu[3570]              -1
```

Von den natürlichen Zahlen kleiner 3570 sind insgesamt 768 teilerfremd zu 3570:

DOI 10.1515/9783110425222-010

Tab. 10.1. Auswahl zahlentheoretischer Funktionen.

Befehl	Beschreibung
Prime[n]	n-te Primzahl.
NextPrime[n]	Kleinste Primzahl größer gleich n.
PrimePi[n]	Anzahl der Primzahlen kleiner gleich n.
MersennePrimeExponent[n]	Exponent p der n-ten Mersenne-Primzahl $2^p - 1$. (seit V. 10)
PolygonalNumber[r,n]	n-te Dreieckszahl ($r = 3$), Quadratzahl ($r = 4$), etc. (seit V. 10)
IntegerExponent[n,d]	Ergibt größtes $k \in \mathbb{N}_0$ mit $d^k \vert n$ („d^k teilt n").
FactorInteger[n]	Liste $\{\{p1,k1\}, \dots\}$ der Primfaktoren von $n = p_1^{k_1} \cdots p_r^{k_r}$.
MoebiusMu[n]	Möbiussche μ-Funktion mit Wertebereich $\{-1, 0, 1\}$; $\mu(n) \neq 0$ genau dann, wenn n quadratfrei: $+1$ bei gerader, -1 bei ungerader Zahl von Primfaktoren.
Quotient[m,n]	Ganzzahliger Quotient von m durch n.
Mod[m,n]	Rest bei Division von m durch n: $m \pmod n$.
PowerMod[a,b,n]	Ergibt $a^b \pmod n$.
Divisors[n]	Liste aller Teiler von n.
PerfectNumber[n]	n-te vollkommene Zahl. (seit V. 10)
DivisorSigma[k,n]	Funktion $\sigma_k(n) := \sum_{d\vert n} d^k$.
EulerPhi[n]	Eulers ϕ-Funktion: $\phi(n)$ ist Anzahl der zu n teilerfremden Zahlen kleiner gleich n.
GCD[n1,n2,...]	Größter gemeinsamer Teiler (ggT) von $n_1, n_2, \dots$
ExtendedGCD[m,n]	Ergibt Liste $\{g, \{r, s\}\}$ mit $g = mr + ns$.
LCM[n1,n2,...]	Kleinstes gemeinsames Vielfaches (kgV) von $n_1, n_2, \dots$
Zeta[s]	Riemannsche Zetafunktion $\zeta(s) := \sum_{n=1}^{\infty} n^{-s}$.
PrimitiveRoot[n]	Primitivwurzel modulo n, wenn $n = 1, 2, 4, p^k$ oder $2p^k$, p ungerade Primzahl.
ChineseRemainder[{a1,...},{b1,...}]	Kleinstes $x \in \mathbb{N}_0$ mit $x \equiv a_1 \pmod{b_1}, \dots$

```
EulerPhi[3570]                    768
```

3570 besitzt insgesamt 32 Teiler, nämlich

```
Divisors[3570]                    {1,2,3,5,...,1785,3570}
```

```
Length[%]                         32
```

Deren Quadratsumme ergibt

```
DivisorSigma[2,3570]              18850000
```

Ist eine Zahl halb so groß wie die Summe ihrer Teiler, so heißt sie eine vollkommene Zahl. Derartige Zahlen kann man seit Version 10 mittels PerfectNumber berechnen:

```
Table[PerfectNumber[n], {n,4}]    {6,28,496,8128}
```

Dass Mathematica hier tatsächlich lauter vollkommene Zahlen ausgegeben hat, prüft man durch anschließendes Ausführen von 1/2 (Total /@ Divisors[%]) nach.

Eine andere namhafte Art von Zahlen, die Stirling-Zahlen, wird uns in der Wahrscheinlichkeitstheorie in Kapitel 13 wieder begegnen, genauer gesagt beim Umrechnen von Momenten mittels MomentConvert, siehe Tab. 13.5. Will man z. B. faktorielle Momente in gewöhnliche Momente umrechnen, benötigt man die Stirling-Zahlen 1. Art (für die umgekehrte Richtung jene 2. Art):

```
Table[Table[             0   1
  StirlingS1[n,m],       0  -1   1
  {m,0,n}], {n,1,4}]     0   2  -3   1
//TableForm              0  -6  11  -6   1
```

```
MomentConvert[FactorialMoment[4], "Moment"] //TraditionalForm
```

$$-6\,\mu_1 + 11\,\mu_2 - 6\,\mu_3 + \mu_4$$

Weitere zahlentheoretische Funktionen sind in Tab. 10.1 zusammengefasst.

ℹ **Weiterführende Informationen ...** findet der Leser in den Hilfeeinträgen zu *guide/NumberTheoretic-Functions* und *guide/NumberTheory*. Die letztgenannte Adresse bietet auch einen Überblick über die zahlreichen neuen zahlentheoretischen Funktionen, die mit Version 7 eingeführt wurden.

10.2 Polynome

Der vorige Abschnitt 10.1 beschäftigte sich mit dem Ring der ganzen Zahlen, nun behandeln wir den Ring der Polynome. Viele Fragestellungen bzgl. ganzer Zahlen (Reduktion modulo m, gemeinsame Teiler, etc.) lassen sich völlig analog auf Polynome

Tab. 10.2. Berechnungen rund um Polynome.

Befehl	Beschreibung
PolynomialQ[f,{x1,...}]	Prüft, ob $f(x_1, ...)$ ein Polynom in $x_1, ...$ ist.
Variables[pol]	Liste der Variablen des gegebenen Polynoms.
CoefficientList[pol,{x1,...}]	Liste der Koeffizienten des Polynoms bzgl. $x_1, ...$
MonomialList[pol]	Liste der Monome des gegebenen Polynoms. (seit V. 7)
PolynomialMod[pol,m]	Reduziert Polynom modulo m, wobei m Polynom sein kann.
PolynomialRemainder[p,q,x]	Rest $r(x)$ der Division von $p(x)$ durch $q(x)$.
PolynomialQuotient[p,q,x]	Polynomanteil der Division von $p(x)$ durch $q(x)$.
PolynomialGCD[p1,...]	Größter gemeinsamer Teiler (ggT) der Polynome $p_1, ...$
PolynomialLCM[p1,...]	Kleinstes gemeinsames Vielfaches (kgV) der Polynome $p_1, ...$
Resultant[p,q,x]	Resultante der Polynome $p(x)$ und $q(x)$.

übertragen, wie Tab. 10.2 zeigt. Neben den dort aufgelisteten Funktionalitäten finden auch die uns bereits bekannten Befehle Expand und vor allem Factor aus Tab. 5.7 ihre Anwendung. Bei all diesen Kommandos erlaubt es die Option Modulus -> k, Polynome auch über den Restklassenringen $\mathbb{Z}_k$ zu betrachten. Dies hat Einfluss auf die Reduzibilität von Polynomen:

Factor[x⁴+1] $1+x^4$

Factor[x⁴+1, Modulus -> 3] $(2+x+x^2)\,(2+2\,x+x^2)$

Während $x^4 + 1$ über $\mathbb{Z}$ irreduzibel ist (Eisenstein-Kriterium), zerfällt es modulo jeder Primzahl. Entsprechend gilt für den ggT von $x^4 + 1$ und $x^2 + x + 2$:

PolynomialGCD[x⁴+1, 2+x+x²] 1

PolynomialGCD[x⁴+1, 2+x+x², Modulus -> 3] $2+x+x^2$

Trotzdem kann man auch über $\mathbb{Z}$ beide Polynome durcheinander teilen, mit Rest:

PolynomialMod[x⁴+1, 2+x+x²] $3+3\,x$

PolynomialRemainder[x⁴+1, 2+x+x², x] $3+3\,x$

PolynomialQuotient[x⁴+1, 2+x+x², x] $-1-x+x^2$

Wir überprüfen die Richtigkeit dieser Zerlegung:

Expand[(-1-x+x²) (2+x+x²)+(3+3 x)] $1+x^4$

Tab. 10.3. Spezielle Polynome.

Befehl	Beschreibung
LegendreP[n,m,x]	Legendre-Polynom $P_n^{(m)}(x)$.
GegenbauerC[n,m,x]	Gegenbauer-Polynom $C_n^{(m)}(x)$.
ChebyshevT[n,x]	n-tes Tschebyschew-Polynom 1. Art.
ChebyshevU[n,x]	n-tes Tschebyschew-Polynom 2. Art.
HermiteH[n,x]	n-tes Hermite-Polynom.
LaguerreL[n,m,x]	Laguerre-Polynom $L_n^{(m)}(x)$.
JacobiP[n,a,b,x]	n-tes Jacobi-Polynom $P_n^{(a,b)}(x)$.
BernoulliB[n,x]	n-tes Bernoulli-Polynom, siehe auch Tab. 7.2.
EulerE[n,x]	n-tes Euler-Polynom, siehe auch Tab. 7.2.
Fibonacci[n,x]	n-tes Fibonacci-Polynom, siehe auch Tab. 7.2.

In Tab. 10.3 sind einige namhafte Polynome aufgelistet. Eines dieser Polynome wollen wir auf Quadratfreiheit hin untersuchen. Dazu berechnen wir die Resultante des Polynoms und seiner Ableitung:

`p[x_]:=EulerE[5,x]; p[x]` $\qquad -\frac{1}{2} + \frac{5\,x^2}{2} - \frac{5\,x^4}{2} + x^5$

`Resultant[p[x], ∂ₓp[x], x]` $\qquad 0$

Die Resultante zweier Polynome ergibt 0 genau dann, wenn beide Polynome gemeinsame Faktoren haben. Ergo ergibt die eines Polynoms zu seiner Ableitung den Wert 0 genau dann, wenn Faktoren mehrfach auftreten. Dies ist hier der Fall, wie man durch Faktorisieren bestätigt:

`Factor[p[x]]` $\qquad \frac{1}{2}\left(-1 + 2\,x\right)\left(-1 - x + x^2\right)^2$

Mathematica bietet auch Funktionalitäten rund um die elementarsymmetrischen Polynome

$$s_1(x_1,\ldots,x_n) = x_1 + \ldots + x_n, \qquad s_2(x_1,\ldots,x_n) = x_1 x_2 + x_1 x_3 + \ldots + x_{n-1} x_n,$$

$$\ldots, \qquad s_n(x_1,\ldots,x_n) = x_1 \cdots x_n$$

an. Das Polynom $s_3(x_1, x_2, x_3, x_4)$ lässt man wie folgt berechnen:

`SymmetricPolynomial[3, {x1,x2,x3,x4}]` $\qquad$ x1 x2 x3+x1 x2 x4+...

Um dagegen ein gegebenes Polynom in den elementarsymmetrischen Polynomen auszudrücken, verwendet man den Befehl `SymmetricReduction`:

```
SymmetricReduction[x1³+x2³+x3³, {x1,x2,x3}]
```

{3 x1 x2 x3+(x1+x2+x3)³-3 (x1+x2+x3) (x1 x2+x1 x3+x2 x3), 0}

Ein jedes symmetrische Polynom lässt sich als Polynom elementarsymmetrischer Polynome schreiben, wie auch in diesem Fall, was man am Rest 0 erkennt. Um das
Resultat übersichtlicher zu gestalten, kann man die identifizierten elementarsymmetrischen Polynome durch festlegbare Kürzel ersetzen lassen:

```
SymmetricReduction[x1³+x2³+x3³, {x1,x2,x3}, {s1,s2,s3}]
```

{s1³-3 s1 s2+3 s3, 0}

Schließlich kann man über den Befehl `HornerForm` ein gegebenes Polynom auf die
numerisch effiziente Horner-Form bringen. Die Syntax erklärt sich am einfachsten an
Hand eines Beispiels:

```
HornerForm[a4 x⁴+a3 x³+a2 x²+a1 x+a0, x]     a0+x (a1+x (a2+x (a3+a4 x)))
```

Das zweite Argument gibt dabei die Variable des Polynoms an. Der numerische Vorteil
der Horner-Form wird ersichtlich, wenn man den Befehl `TreeForm` anwendet:

```
TreeForm[
a x²+b x+c,
AspectRatio -> 0.4]
```

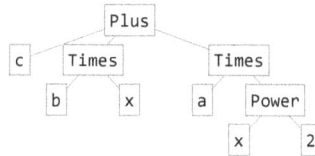

```
TreeForm[
HornerForm[a x²+b x+c, x],
AspectRatio -> 0.4]
```

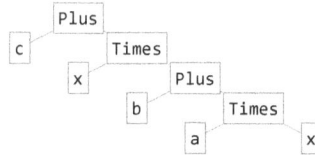

Auf Mathematicas Funktionalitäten zur Graphentheorie werden wir übrigens ausführlich in Kapitel 12 eingehen.

10.3 Gleichungen

Wie in Kapitel 1 erläutert, war das Lösen von Gleichungen über Jahrhunderte hinweg
ein zentrales Thema der Algebra. Entsprechend soll dieses Thema hier angemessen
behandelt werden. Dabei handelte es sich insbesondere um polynomiale Gleichungen
der Form $x^n + a_{n-1}x^{n-1} + \ldots + a_0 = 0$, für die eine allgemein gültige Lösungsformel
gefunden werden sollte. Quadratische Gleichungen konnten vermutlich schon die Ba-

bylonier um 1000 v. Chr. herum lösen, wogegen die Lösungsformeln für die kubische[10] und quartische Gleichung, kurz hintereinander, im 16. Jh. n. Chr. entdeckt wurden. Gerade diese beiden unmittelbar aufeinander folgenden Entdeckungen lösten eine Art Euphorie aus, dass die Lösung der quintischen Gleichung nun auch nicht mehr fern sei. Doch weder Ehrenfried Walter von Tschirnhaus' Transformationen (1683) noch deren Weiterentwicklung durch Erland Samuel Bring (1786) brachten den Durchbruch. Rückblickend ist dies nicht überraschend, denn 1824 konnte Niels Hendrik Abel beweisen, dass die allgemeine Gleichung fünften (und höheren) Grades nicht lösbar ist. 1829/31 konnte Evariste Galois dann ein allgemeines Kriterium zur Lösbarkeit algebraischer Gleichungen angeben. Lösbarkeit im algebraischen Sinne bedeutet hierbei, dass sich eine Lösungsformel der Art angeben lässt, dass diese neben den Rechenoperationen nur noch Wurzeln einsetzt. Komplexere Lösungsansätze sind also durch Abels Erkenntnis keineswegs ausgeschlossen, und ein solcher wurde 1877 auch von Felix Christian Klein gefunden.

Die exakte Lösung einer (auch nichtpolynomialen) Gleichung bzw. eines Gleichungssystems erlaubt (prinzipiell) der bei **Mathematica** implementierte `Solve`-Befehl, dessen allgemeine Syntax `Solve[{gleich1,...}, {x1,...}]` ist. Für den Spezialfall linearer Gleichungssysteme kann man alternativ auch den `LinearSolve`-Befehl aus Kapitel 9 verwenden, für polynomiale Gleichungen steht auch `Roots` zur Verfügung. Die Anwendung von `Solve` auf die allgemeine Gleichung zweiten Grades ergibt die bekannte Lösungsformel:

`Solve[x²+p x+q==0, x]`

$$\{\{x \to \tfrac{1}{2}(-p - \sqrt{p^2 - 4\,q})\}, \ \{x \to \tfrac{1}{2}(-p + \sqrt{p^2 - 4\,q})\}\}$$

Es sei daran erinnert, dass der Gleichheitsoperator durch „==" gegeben ist, siehe Tab. 2.1. Die Lösungsmenge wird in Form einer Liste von Regeln ausgegeben, eine explizite Liste von Lösungen erhält man durch Verwendung des Ersetzungsoperators „/.", wie im Beispiel aus Abschnitt 8.4 gezeigt.

Damit die allgemeine Lösung der kubischen Gleichung nicht übermäßig ausufert, sollte man diese durch die Tschirnhaus-Transformation $y := x + a_2/3$ zuerst auf die Form $y^3 + py + q = 0$ bringen. Selbst dann ist die Lösung nicht gerade kompakt:

`Solve[y³+p y+q==0, y]`

$$\left\{\left\{y \to -\left(\frac{2^{\frac{1}{3}}\,p}{\left(-27\,q+\sqrt{108\,p^3+729\,q^2}\right)^{\frac{1}{3}}}\right) + \frac{\left(-27\,q+\sqrt{108\,p^3+729\,q^2}\right)^{\frac{1}{3}}}{3\,2^{\frac{1}{3}}}\right\}, \ \ldots\right\}$$

---

[10] Eine auf Lüneburg (2008) zurückgehende deutsche Übersetzung des Lösungsschemas für die kubische Gleichung, welches von Tartaglia in Gedichtform präsentiert wurde, siehe auch Kapitel 1, findet der Leser ganz zu Beginn dieses Buches.

Zwar kann man auch die quartische Gleichung durch $y := x + a_3/4$ auf eine einfache Form bringen, $y^4 + py^2 + qy + r = 0$, aber selbst dann ist ihre Lösungsformel für praktische Zwecke zu komplex. Für die quintische Gleichung konnte Bring zeigen, dass diese durch (hochkomplexe) Transformationen stets auf die Form $y^5 + y + \beta = 0$ gebracht werden kann, als Lösung erhält man aber nur

```
Solve[y⁵+y+β==0, y]        {{y→Root[β+#1+#1⁵ &, 1]}, ...}
```

Die Lösung wird in Form von `Root`-Objekten ausgegeben, siehe Abschnitt 10.5. Diese kann man aber zumindest numerisch auswerten, der Leser führe z. B. den Befehl `Plot[Root[β+#1+#1⁵ &, 1], {β,-2,2}]` aus. Wieviele der Nullstellen eines Polynoms reell sind, kann man übrigens mittels `CountRoots` berechnen, und Intervalle, in denen sich diese befinden, gibt man via `RootIntervals` aus:

```
CountRoots[x⁵-x²-x+1, x]     3
```

```
RootIntervals[x⁵-x²-x+1]    {{{-2,0}, {0,1}, {1,1}}, {{1},{1},{1}}}
```

In den drei ausgegebenen „Intervallen" $(-2; 0)$, $(0; 1)$ und $\{1\}$ liegt jeweils eine der drei verschiedenen reellen Nullstellen des Polynoms, sämtlich mit Vielfachheit 1, vgl. die zweite Teilliste. Bei Anwendung von `Solve` bzw. `Roots` wird der Leser feststellen, dass sich die zweite der Nullstellen wieder nur numerisch auswerten lässt. Will man deshalb gleich direkt eine numerische Nullstellenberechnung durchführen, verwendet man das numerische Gegenstück zu `Solve` bzw. `Roots`, nämlich `NSolve` bzw. `NRoots`, siehe auch Abschnitt 5.2. Ein Beispiel:

```
NSolve[{2-3 x y+5 x y²==x³, x²+y³==1}, {x,y}]
```

```
{{x→12.9937, y→-5.51606}, ..., {x→-1.07284, y→-0.53249}}
```

Verwandt ist der Befehl `FindRoot`, der *eine* Lösung des gegebenen Gleichungssystems sucht. Bemerkenswert ist hierbei, dass man die Lösungssuche durch Vorgabe eines Startwertes beeinflussen und auch den Suchraum begrenzen kann. Die Syntax ist

```
FindRoot[{a[x,...]==b[x,...],...}, {x,x0,xmin,xmax}, ...]
```

Ohne Einschränkung des Lösungsraums lässt man die Argumente x_{min}, x_{max} weg. Wir versuchen nun, Lösungen für die Gleichung $\sin(\exp(x)) = 0.5$ im Intervall $[2; 3]$ zu finden. Lässt sich der Leser via `Plot[Sin[Exp[x]], {x,0,4}]` den Funktionsgraphen zeichnen, wird er feststellen, dass es vier derartige Lösungen gibt. Zumindest eine davon lässt sich finden:

```
FindRoot[Sin[Exp[x]]==0.5, {x,2,2,3}]
```

```
FindRoot::regex: Reached the point {1.88112} ... outside the region {{2.,3.}}.
```

```
{x→1.88112}
```

```
FindRoot[Sin[Exp[x]]==0.5, {x,2.5,2,3}]                {x → 2.57185}
```

Beginnen wir die Suche an der linken Intervallgrenze, so wird Mathematica zwar fündig, aber auf der falschen Seite der 2, außerhalb von [2; 3]. Lassen wir die Suche dagegen bei 2.5 beginnen, dann wird eine der Lösungen gefunden.

Für die Behandlung komplexerer Systeme von Gleichungen und Ungleichungen ist der Befehl Reduce geeignet, der das gegebene System in ein äquivalentes System umwandelt, welches weniger umfangreich ist und idealerweise nur noch aus expliziten Lösungen besteht. Die Syntax ist Reduce[*system, vars, bereich*]: An Stelle von *system* stehen die gegebenen Gleichungen und Ungleichungen, verknüpft durch logische Operatoren, siehe Beispiel 7.2.1. Bei *vars* steht eine Liste der Zielvariablen, und optional kann man bei *bereich* die Lösungsgesamtheit auf bestimmte Zahlbereiche einschränken (etwa auf ganze Zahlen via Integers, siehe Tab. 5.2) sowie seit Version 10 auch auf geometrische Regionen wie Sphere, Ball u. Ä. (vgl. Tab. 6.1 und 6.2).

```
Reduce[y==x && x²+y²<=1, {x,y}]                -1/√2 ≤ x ≤ 1/√2 && y==x
```

```
Reduce[y==x && x²+y²<=1, {x,y}, Integers]      x==0 && y==0
```

```
Reduce[y==x && x²+y²==1, {x,y}]          (x==-1/√2 || x==1/√2) && y==x
```

Zunächst geht es hierbei um den Schnitt der Geraden $y = x$ mit dem Einheitskreis; ohne weitere Einschränkungen ergibt sich eine unendliche Menge von Lösungen. Schränkt man dagegen auf Ganzzahligkeit ein, verbleibt nur noch die Lösung $(0, 0)$, während bei Schnitt der Geraden mit der Kreis*linie* die zwei Lösungen $(-1/\sqrt{2}, -1/\sqrt{2})$ und $(1/\sqrt{2}, 1/\sqrt{2})$ resultieren. Auch im Falle der obigen nichtpolynomialen Gleichung arbeitet Reduce sehr zufriedenstellend:

```
Reduce[Sin[Exp[x]]==1/2, x, Reals]
```

$C[1] \in$ Integers && $C[1] \geq 0$ && (x==Log[$\frac{\pi}{6}$+2πC[1]] || x==Log[$\frac{5\pi}{6}$+2πC[1]])

```
Reduce[Sin[Exp[x]]==1/2 && 2<=x<=3, x]
```

x==Log[$\frac{17\pi}{6}$] || x==Log[$\frac{25\pi}{6}$] || x==Log[$\frac{29\pi}{6}$] || x==Log[$\frac{37\pi}{6}$]

Im ersten Fall wird mit Hilfe der Konstanten $C_1 \in \mathbb{N}_0$ eine unendliche Lösungsmenge angegeben, im zweiten Fall die vier expliziten Lösungen im Intervall [2; 3].

Eng verwandt zu Reduce ist der Befehl FindInstance, der aber nicht die Lösungsgesamtheit, sondern nur eine einzelne Lösung sucht. Der Leser wiederhole obige Beispiele zu Reduce, ersetze dabei aber stets Reduce durch FindInstance.

10.4 Algebraische Kurven und Flächen

Nach den eben diskutierten Themen Polynome und Lösung von Gleichungen ist es nur noch ein kleiner Schritt hin zu den algebraischen Kurven und algebraischen Flächen. Ist $f(x, y)$ ein Polynom in den zwei Argumenten x und y, so heißt die Lösungsmenge der Gleichung $f(x, y) = 0$ eine *algebraische Kurve*; ein einfaches Beispiel hatten wir zum Ende von Abschnitt 7.4.1 kennengelernt, nämlich die Kreislinie als Lösung der Gleichung $x^2 + y^2 - a = 0$ mit einer Zahl $a > 0$, welche man mit Hilfe von `ContourPlot` visualisieren kann. Wäre man stattdessen an der Kreis*fläche* interessiert, müsste man die Ungleichung $x^2 + y^2 - a \le 0$ vorgeben und via `ContourPlot` darstellen, vgl. Abschnitt 7.4.3. Analog spricht man bei der Lösungsmenge einer polynomialen Gleichung $f(x, y, z) = 0$ in drei Argumenten x, y, z von einer *algebraischen Fläche*, die man nun mittels `ContourPlot3D` visualisiert (und die sogar Einzug in die Kunst gehalten hat, siehe S. 337). Als Beispiel betrachten wir die durch die Funktion $f(x, y, z) := x^2 - (1 - y)^3 y^3 + z^2$ definierte Zitrone:

```
ContourPlot3D[x²+z²-y³(1-y)³==0,
{x,-0.2,0.2}, {y,0,1}, {z,-0.2,0.2},
ViewPoint->{2,1,1}]
```

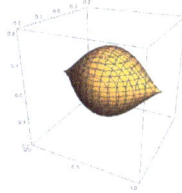

Genauer gesagt handelt es sich bei dieser algebraischen Fläche lediglich um die Zitronenschale, eine komplette Zitrone hätte die *Un*gleichung $x^2 - (1 - y)^3 y^3 + z^2 \le 0$ ergeben. Deren direkte grafische Darstellung erfolgt dann über `RegionPlot3D`.

Seit Version 10 kann man die durch derartige Gleichungen und Ungleichungen definierten Regionen mittels `ImplicitRegion` symbolisieren und dann etwa beim Befehl `Reduce` als Bereichseinschränkung angeben (vgl. Abschnitt 10.3). Insbesondere können die mit Version 10 eingeführten geometrischen Berechnungen auf derartig definierte Regionen angewandt werden, siehe Kapitel 11. Für den Moment beschränken wir uns aber auf die simple grafische Darstellung:

```
zitrone=ImplicitRegion[x²+z²-y³(1-y)³<=0, {x,y,z}];
```

```
RegionQ[zitrone]                          True
```

```
RegionPlot3D[zitrone,
PlotRange->{{-0.15,0.15}, {0,1},
{-0.15,0.15}},
PlotPoints->50, ViewPoint->{2,1,1}]
```

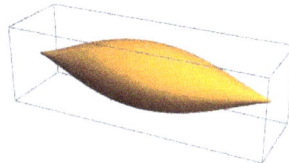

Analog funktioniert dies auch mit algebraischen Kurven, was mit dem Beispiel einer Ellipse illustriert werden soll:

```
ellipse=ImplicitRegion[2x²+5y²-1==0, {x,y}];
RegionQ[ellipse]                                    True
```

```
RegionPlot[ellipse,
PlotRange->{{-1,1}, {-1,1}}]
```

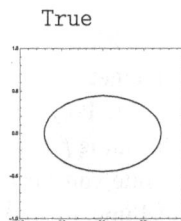

Ohne `PlotRange` wäre die Ellipse leider zu einem Kreis deformiert worden.

10.5 Algebraische Zahlkörper

Eine komplexe Zahl $a \in \mathbb{C}$ heißt *algebraisch* über $\mathbb{Q}$, wenn es ein Polynom $p \neq 0$ mit rationalen Koeffizienten gibt, so dass $p(a) = 0$ ist, also a eine Wurzel (Nullstelle) von p. Alle anderen komplexen Zahlen, für die dies nicht gilt (etwa π, e, usw.), heißen transzendent. Der Bereich der algebraischen Zahlen, der natürlich ganz $\mathbb{Q}$ umfasst, ist bei Mathematica als `Algebraics` implementiert. Mit ihm kann man z. B. bestätigen, dass $\sqrt{5}$ algebraisch ist (da Wurzel von $x^2 - 5$), π aber nicht:

```
Sqrt[5] ∈ Algebraics                                True
```

```
Pi ∈ Algebraics                                     False
```

Mathematica erlaubt es, einzelne algebraische Zahlen als solche abzuspeichern, mit Hilfe von `AlgebraicNumber`. Wenn wir etwa die offenbar algebraischen Zahlen $\sqrt{2}$ und $\sqrt{3}$ entsprechend ausdrücken wollen, verwenden wir den Befehl `ToNumberField`:

```
ToNumberField[{Sqrt[2],Sqrt[3]}]
```

$\{$AlgebraicNumber$[$Root$[1-10\#1^2+\#1^4\&,4]$, $\{0,-\frac{9}{2},0,\frac{1}{2}\}]$,
AlgebraicNumber$[$Root$[1-10\#1^2+\#1^4\&,4]$, $\{0,\frac{11}{2},0,-\frac{1}{2}\}]\}$

Das Resultat ist eine Liste mit den zwei `AlgebraicNumber`-Varianten von $\sqrt{2}$ und $\sqrt{3}$. Um deren Syntax erläutern zu können, müssen wir etwas ausholen. Sind $a_1, \ldots, a_n \in \mathbb{C}$ endlich viele, über $\mathbb{Q}$ algebraische Zahlen, so gilt für die resultierende *endliche Körpererweiterung* $\mathbb{Q}(a_1, \ldots, a_n)$, dass ein sog. *primitives Element c* existiert, also eine ebenfalls algebraische Zahl $c \in \mathbb{C}$, die erfüllt: $\mathbb{Q}(a_1, \ldots, a_n) = \mathbb{Q}(c)$. Ein solches primitives Element hat Mathematica oben berechnet, dargestellt als `Root[1-10#1²+#1⁴&,4]`. Derartige `Root`-Objekte sind uns bereits in Abschnitt 10.3 begegnet. Um deren ungewöhnliche Syntax zu verstehen, muss man wissen, dass eine jede algebraische Zahl a ein eindeutig bestimmtes Minimalpolynom m_a besitzt, also ein normiertes Polynom $m_a \neq 0$ kleinsten Grades, welches a als Wurzel besitzt. Auch das primitive Element c besitzt ein solches Minimalpolynom, im obigen Beispiel nämlich das Polynom $1 - 10x^2 + x^4$. Als irreduzibles Polynom vierten Grades besitzt es vier verschiedene Wurzeln, wobei die vierte davon (in Mathematicas Zählweise) als primitives Element auserwählt wurde, deshalb also die 4 als zweites Argument innerhalb Root. Die Variablenbezeichnung mit Kreuz „#" verwendet Mathematica dabei für die reinen Funktionen, siehe Abschnitt 7.1.1.

Fassen wir das Gesagte also zusammen: Durch ToNumberField[liste], wobei das Argument eine Liste algebraischer Zahlen a_i sein muss, berechnet Mathematica zuerst das zugehörige primitive Element c und drückt es als Root-Objekt aus. Das Root-Objekt einer algebraischen Zahl gibt uns Auskunft über dessen Minimalpolynom und darüber, um die wievielte Wurzel davon es sich handelt. Zweitens berechnet es für jede algebraische Zahl a_i ein Polynom p_i so, dass $p_i(c) = a_i$ ist. Die fertige Funktion AlgebraicNumber zu a_i enthält nun als erstes Argument das primitive Element c in Root-Schreibweise, als zweites eine Liste der Koeffizienten von p_i. Sind wir nur an diesem Polynom interessiert und wünschen dieses auch in Funktionsschreibweise, etwa mit einer Variablen namens x, so wenden wir den Befehl AlgebraicNumberPolynomial an:

pols[x_]=AlgebraicNumberPolynomial[%,x] $\{-\frac{9x}{2} + \frac{x^3}{2}, \frac{11x}{2} - \frac{x^3}{2}\}$

pols[Root[1-10 #1^2+#1^4&,4]] //RootReduce $\{\sqrt{2}, \sqrt{3}\}$

In die jeweiligen Polynome haben wir anschließend das primitive Element eingesetzt und durch RootReduce algebraische Umformungen veranlasst. Es zeigt sich, dass Mathematica die Polynome tatsächlich passend berechnet hatte. Noch quält uns aber die Frage, welche Zahl sich nun eigentlich hinter dem mysteriösen Root-Objekt verbirgt; wir klären dies mittels ToRadicals auf:

ToRadicals[Root[1-10 #1^2+#1^4&,4]] $\sqrt{5 + 2\sqrt{6}}$

Diese Zahl ist also die vierte Wurzel des Polynoms $1 - 10x^2 + x^4$, die übrigen Wurzeln berechnen sich zu

Solve[1-10 x^2+x^4==0, x]

$\{\{x \to -\sqrt{5 - 2\sqrt{6}}\}, \{x \to \sqrt{5 - 2\sqrt{6}}\}, \{x \to -\sqrt{5 + 2\sqrt{6}}\}, \{x \to \sqrt{5 + 2\sqrt{6}}\}\}$

% //FullSimplify

$\{\{x \to \sqrt{2} - \sqrt{3}\}, \{x \to -\sqrt{2} + \sqrt{3}\}, \{x \to -\sqrt{5 + 2\sqrt{6}}\}, \{x \to \sqrt{2} + \sqrt{3}\}\}$

Die durch FullSimplify angeregte Vereinfachung zeigt, dass sich unser primitives Element sogar noch einfacher als $\sqrt{2} + \sqrt{3}$ schreiben lassen würde. Dass Mathematica aber eben nicht in der Lage war, auch die dritte der vier obigen Wurzeln zu vereinfachen (der Leser überlege das Resultat einer solchen Vereinfachung), verblüfft.

Insgesamt haben wir bestätigt, dass der Zahlkörper $\mathbb{Q}(\sqrt{2}, \sqrt{3})$ identisch zu $\mathbb{Q}(\sqrt{2} + \sqrt{3})$ ist, und dass man $\sqrt{2}$ bzw. $\sqrt{3}$ erhält, indem man das primitive Element $\sqrt{2} + \sqrt{3}$ in die Polynome $-\frac{9}{2}x + \frac{1}{2}x^3$ bzw. $\frac{11}{2}x - \frac{1}{2}x^3$ einsetzt. Dass $\sqrt{2} + \sqrt{3}$ dabei das Minimalpolynom $1 - 10x^2 + x^4$ besitzt, können wir auch folgendermaßen prüfen:

```
MinimalPolynomial[Sqrt[2]+Sqrt[3],x]          1-10 x²+x⁴
```

Welche Elemente gehören nun zum Zahlkörper $\mathbb{Q}(\sqrt{2} + \sqrt{3})$? Um dies zu prüfen, können wir wieder obigen Befehl `ToNumberField` verwenden, geben dort aber ein zweites Argument an, nämlich unser primitives Element:

```
ToNumberField[Sqrt[5], Root[1-10 #1²+#1⁴&,4]]
```

```
ToNumberField::nnfel: √5 does not belong to the algebraic number field generated
by Root[1-10 #1²+#1⁴&,4]. ≫
```

```
ToNumberField[√5, Root[1-10 #1²+#1⁴&,4]]
```

```
ToNumberField[Sqrt[6], Root[1-10 #1²+#1⁴&,4]]
```

```
AlgebraicNumber[Root[1-10 #1²+#1⁴&,4], {-5/2,0,1/2,0}]
```

```
RootReduce[AlgebraicNumberPolynomial[%, Root[1-10 #1²+#1⁴&,4]]]
```

$\sqrt{6}$

Offenbar ist $\sqrt{5} \notin \mathbb{Q}(\sqrt{2}+\sqrt{3})$, jedoch $\sqrt{6} \in \mathbb{Q}(\sqrt{2}+\sqrt{3})$. Dabei erhält man $\sqrt{6}$, indem man das primitive Element $\sqrt{2} + \sqrt{3}$ in das Polynom $\frac{1}{2}x^2 - \frac{5}{2}$ einsetzt.

In Abschnitt 10.2 hatten wir angemerkt, dass die Befehle der Tab. 5.7 und 10.2 auch über den Restklassenringen $\mathbb{Z}_k$ angewendet werden können. Analoges gilt für die hier besprochenen Körpererweiterungen, wobei man nun die Option `Extension -> c` verwendet. So ist etwa das Polynom $x^2 - 2$ nicht über $\mathbb{Q}$ faktorisierbar, wohl aber über $\mathbb{Q}(\sqrt{2} + \sqrt{3})$:

```
Factor[x²-2, Extension -> Sqrt[2]+Sqrt[3]]          -(√2 - x)(√2 + x)
```

Zu guter Letzt bietet Mathematica auch einige Befehle rund um die *Einheitswurzeln* an, d. h. die Wurzeln der Polynome $x^n - 1$. So können wir gezielt alle Einheitswurzeln einer bestimmten Körpererweiterung abfragen, z. B.

```
NumberFieldRootsOfUnity[Sqrt[2]+Sqrt[3]]          {-1,1}
```

oder prüfen, ob ein bestimmtes Element überhaupt eine Einheitswurzel ist:

```
RootOfUnityQ[I]                                    True
```

Die irreduziblen Bestandteile der Polynome $x^n - 1$ sind die *Kreisteilungspolynome*. Das 4. Kreisteilungspolynom fragt man beispielsweise wie folgt ab:

```
Cyclotomic[4,x]                                    1 + x²
```

```
Solve[Cyclotomic[4,x]==0,x]                        {{x→-i}, {x→i}}
```

Die Wurzeln dieses Polynoms sind gerade ±i (imaginäre Einheit), so dass obige Prüfung von i tatsächlich das korrekte Ergebnis geliefert hat.

Ausblick: Neben dem in Abschnitt 5.1 diskutierten Ring der ganzen Zahlen und den Körpern der rationalen, reellen und komplexen Zahlen sowie den eben besprochenen algebraischen Zahlkörpern bietet Mathematica auch noch zwei etwas exotischere Zahlbereiche an, nämlich den Quaternionenschiefkörper über das Paket `Quaternions`` sowie die Familie der endlichen Körper $GF(p^k)$ (Galois-Felder) über das Paket `FiniteFields``. Nach dem Laden eines dieser Pakete können die jeweiligen Elemente eingegeben und mit den gewöhnlichen Operatoren „+", „**" im Falle des Schiefkörpers bzw. „+", „*" im Falle des Körpers verknüpft werden. Für weitere Informationen sei auf die zugehörigen Hilfeeinträge der Rubrik *Quaternions/tutorial/Quaternions* und *FiniteFields/tutorial/FiniteFields* verwiesen.

10.6 Gruppentheorie

Lange Zeit beschränkten sich **Mathematica**s Beiträge zur Theorie der Gruppen, einer der grundlegensten algebraischen Strukturen, auf wenige Funktionalitäten im Bereich der Permutationsgruppen, welche durch das Paket `Combinatorica`` bereitgestellt wurden (Weiß, 2008, Abschnitt 12.1). Mit Version 7 wurde in einem ersten Schritt eine umfangreiche Datensammlung zur Gruppentheorie angelegt, auf die man mit dem Befehl `FiniteGroupData` zugreifen kann. Hinzu kamen ferner zwei Befehle zur Bestimmung der Anzahl endlicher (abelscher) Gruppen vorgegebener Größe n:

$$\texttt{FiniteGroupCount[n]} \quad \text{bzw.} \quad \texttt{FiniteAbelianGroupCount[n]}.$$

In einem zweiten Erweiterungsschritt wurden dann mit Version 8 zahlreiche Funktionen zu *Permutations*gruppen fest implementiert. Da man eine jede endliche Gruppe aber äquivalent durch eine Permutationsgruppe repräsentieren kann (Satz von Cayley), steht einem somit ein Zugang zu sämtlichen endlichen Gruppen zur Verfügung. Und während der Befehl `FiniteGroupData` nur in einer Datenbank hinterlegtes Wissen zu vordefinierten Gruppen abfragt, kann man nun selbst beliebige (endliche) Gruppen definieren (nämlich als Permutationsgruppen) und von diesen Eigenschaften berechnen lassen.

Beginnen wir zunächst mit den beiden `GroupCount`-Befehlen:

```
DiscretePlot[ {FiniteGroupCount[n],
FiniteAbelianGroupCount[n]},
{n,1,50}, Joined -> True,
PlotRange -> {0,55}]
```

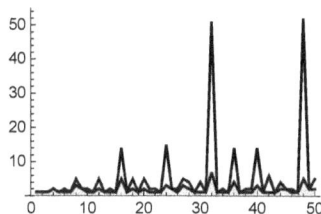

Hierbei wurde bewusst der ebenfalls mit Version 7 eingeführte Befehl DiscretePlot verwendet, welcher eine zum Table-Kommando aus Tab. 4.1 analoge Syntax besitzt. Natürlich hätte man das Beispiel auch leicht mit dem aus Abschnitt 7.4.1 bekannten ListPlot-Befehl realisieren können.

Wenden wir uns nun dem eigentlich interessanten Befehl, FiniteGroupData, zu. Die grundlegende Syntax dieses Befehls lautet

FiniteGroupData[Gruppe, "Eigenschaft"].

Als *Gruppe* ist dabei entweder in Anführungszeichen direkt der Name der Gruppe anzugeben, falls diese benannt ist, ansonsten bei durchindizierten Gruppenfamilien das Konstrukt {"Typ", n}. Um die implementierten namhaften Gruppen zu erfahren, führe man

FiniteGroupData[]

{BabyMonster, C1, ..., Monster, ..., Tetrahedral, ..., Vierergruppe}

aus. Die durchindizierten Gruppenfamilien sind in der Ausgabe von FiniteGroupData[All] einsehbar, etwa die Diëdergruppen D_n: {"DihedralGroup", n}. Die abfragbaren Eigenschaften sind

FiniteGroupData["Properties"]

{AlternateNames, ..., CommutatorSubgroup, ConjugacyClasses, ..., InnerAutomorphismGroup, ..., Subgroups, SylowSubgroups, Transitivity}

Fragen wir etwa die übliche Notation der 5. Diëdergruppe ab:

FiniteGroupData[{"DihedralGroup", 5}, "Notation"] D_5

Bevor wir weitere Beispiele betrachten, soll gleich die zweite Einsatzmöglichkeit von FiniteGroupData vorgestellt werden, nämlich die Zugehörigkeit vorgebbarer Gruppen zu bestimmten Klassen zu prüfen. Als Klassen werden dabei angeboten:

FiniteGroupData["Classes"]

{Abelian, ..., Nonabelian, ..., Nontransitive, ..., Transitive}

Untersuchen wir nun etwas ausführlicher die Kleinsche Vierergruppe V, deren vier Elemente üblicherweise wie folgt bezeichnet werden:

FiniteGroupData["Vierergruppe", "ElementNames"]   {1,i,j,k}

Mathematica-intern werden diese einfach mit 1 bis 4 durchnummeriert. Die Kleinsche Vierergruppe gehört den folgenden, bei Mathematica definierten Klassen an:

FiniteGroupData["Vierergruppe", "Classes"]   {Abelian, ...}

Insbesondere ist sie also abelsch, was wir wie folgt bestätigen:

```
FiniteGroupData["Vierergruppe", "Abelian"]        True
```

Entsprechend umfasst ihr Zentrum alle Elemente:

```
FiniteGroupData["Vierergruppe", "Center"]         {1,2,3,4}
```

Eine Verknüpfungstafel wird nach Ausführung der folgenden Befehlszeile angezeigt:

```
FiniteGroupData["Vierergruppe", "MultiplicationTable"] //TableForm
```

Etwas mehr Elemente als die Kleinsche Viergruppe umfasst das Monster:

```
FiniteGroupData["Monster", "Order"]
```

808 017 424 794 512 875 886 459 904 961 710 757 005 754 368 000 000 000

Der Leser führe unmittelbar im Anschluss `Speak[%]` aus, siehe auch Tab. 5.6. Irgendwo zwischen diesen Extremen ist gewöhnlich die Diëdergruppe angesiedelt:

```
FiniteGroupData[{"DihedralGroup", n}, "Order"]      2 n
```

Mit Version 8 gab es bei **Mathematica** eine wesentliche Erweiterung in puncto Gruppentheorie. Während der Befehl `FiniteGroupData` nur in einer Datenbank hinterlegtes Wissen zu vordefinierten Gruppen abfragt, kann man nun selbst (endliche) Gruppen definieren und von diesen Eigenschaften berechnen lassen. Wie schon erwähnt sind Gruppen dabei als Permutationsgruppen zu definieren, was gemäß dem Satz von Cayley keine Einschränkung darstellt.

Formal ist eine Permutation über einer (Index-)Menge $\{1, \ldots, n\}$ eine bijektive Abbildung dieser Menge auf sich selbst, was unter dem Strich zu einer Vertauschung der Zahlen $1, \ldots, n$ führt. Eine gängige Notation für derartige Permutationen ist die *Zykel*schreibweise. Ein einzelnes Zykel $(i_1, i_2, i_3, \ldots, i_n)$ meint dabei jene Permutation, die i_1 auf i_2, i_2 auf i_3, usw., abbildet, wobei eine Permutation u. U. durch mehrere Zykel zu beschreiben ist. Ein Beispiel: $(1, 2, 3)(4)$ ist eine Zykelschreibweise jener Permutation der Zahlen 1 bis 4, welche 1 auf die 2, 2 auf die 3, 3 auf die 1 und 4 auf sich selbst abbildet; die (4) hätte man deshalb auch weglassen können. Um eine eindeutige Darstellung einer Permutation zu erreichen, verwendet **Mathematica** die Definition durch elementfremde Zykel der Länge ≥ 2 (lexikographisch geordnet). Im Beispiel würde also `Cycles[{{1,2,3}}]` geschrieben, da Zykel der Länge 1 ignoriert werden. Insbesondere wäre die identische Abbildung `Cycles[{}]`. Die Validität eines selbst definierten Zykels prüft man mittels `PermutationCyclesQ`:

```
PermutationCyclesQ[Cycles[{{1,2,3},{4}}]]         True
```

```
PermutationCyclesQ[Cycles[{{1,2,3},{3}}]]         False
```

Im zweiten Fall ist die Elementfremdheit verletzt, was auch durch einen zusätzlich ausgegebenen Fehlertext bestätigt wird.

Eine alternative Schreibweise ist von der Form $\left(\begin{smallmatrix}1,\dots,n\\i_1,\dots,i_n\end{smallmatrix}\right)$, womit jene Permutation gemeint ist, welche die 1 auf i_1 abbildet, 2 auf i_2, usw. Ein konkretes Beispiel: $\left(\begin{smallmatrix}1,2,3,4\\2,3,1,4\end{smallmatrix}\right)$ ist jene Permutation der Zahlen 1 bis 4, welche 1 auf die 2, 2 auf die 3, 3 auf die 1 und 4 auf sich selbst abbildet. Es handelt sich also um exakt die gleiche Permutation, die wir oben in Zykelschreibweise angegeben hatten. Wenn man nun vereinbart, dass die Werte der ersten Zeile immer aufsteigend geordnet sind, genügt es, die der zweiten Zeile anzugeben, um zu wissen, wie die Permutation definiert ist. Im obigen Beispiel etwa wäre dies (2, 3, 1, 4). Und genau diese Konvention wird auch von **Mathematica** übernommen, wobei **Mathematica** wieder auf Listen zurückgreift; obige Permutation wäre bei **Mathematica** also {2,3,1,4}. Von der Zykel- zur Listenschreibweise wechselt man via PermutationList, zurück geht es mittels PermutationCycles:

```
PermutationList[Cycles[{{1,2,3}}], 4]          {2,3,1,4}
```

```
PermutationCycles[{2,3,1,4}]                   Cycles[{{1,2,3}}]
```

Das zweite Argument „4" von PermutationList gibt die Länge n des Wertebereichs $\{1,\dots,n\}$ an. Die Validität prüft man nun mittels PermutationListQ:

```
PermutationListQ[{1,2,2}]                      False
```

Offenbar ist $\left(\begin{smallmatrix}1,2,3\\1,2,2\end{smallmatrix}\right)$ keine Permutation, da die zwei Werte 2 und 3 beide auf die 2 abgebildet werden, womit die Abbildung nicht mehr bijektiv ist.

! **Tipp!** Das schon genannte Paket Combinatorica` ist auch weiterhin parallel verfügbar; zur Beschreibung von dessen Funktionalität sei auf Kapitel 12 in Weiß (2008) verwiesen. Während sich die Syntax bzgl. der Zykelschreibweise von der oben genannten unterscheidet, existiert die Listenschreibweise von Permutationen in beiden Zugängen zur Gruppentheorie. Somit stellen PermutationList und PermutationCycles eine Möglichkeit dar, zwischen den beiden Zugängen zu wechseln.

Kehren wir nun zur verbreiteteren Zykelschreibweise zurück. Das folgende Beispiel verdeutlicht die Wirkung einer Permutation:

```
Permute[{1,2,3,4}, Cycles[{{1,3,2}}]]          {2,3,1,4}
```

Das erste Argument von Permute ist die zu permutierende Liste. Aber Achtung: Nicht der Inhalt der Liste wird permutiert, sondern die *Positionen* der Liste! Das Element an Position 1 etwa, in unserem Fall die Zahl „1", wird auf Position 3 geschoben (auf der Position der „1" erscheint aber nicht die „3"). Das Ganze würde auch funktionieren, wenn an erster Position die Zeichenkette "Otto" stehen würde, anschließend stände sie an Position 3.

Wollen wir tatsächlich die *Werte* der Liste permutieren, müssen wir Permutation-Replace anwenden:

```
PermutationReplace[{1,2,3,4}, Cycles[{{1,3,2}}]]     {3,1,2,4}
```

Wenden wir uns nun den Permutationsgruppen zu. Prinzipiell werden Permutationen wie Abbildungen miteinander verknüpft, allerdings verwendet Mathematica die etwas unübliche Leserichtung von links nach rechts:

```
PermutationProduct[Cycles[{{1,2},{3,4}}], Cycles[{{1,3,4}}]]
```

```
Cycles[{{1,2,3}}]
```

So wird zuerst die linksstehende Permutation $(1, 2)(3, 4)$ angewendet, und dann erst $(1, 3, 4)$: $1 \mapsto 2 \mapsto 2$, $2 \mapsto 1 \mapsto 3$, $3 \mapsto 4 \mapsto 1$ und $4 \mapsto 3 \mapsto 4$. Bei der Verknüpfung von Permutationen ist also deren Reihenfolge wichtig, sie ist i. A. nicht-kommutativ. Eine Ausnahme liegt vor, wenn wir eine Permutation mit ihrer Inversen verknüpfen, hier resultiert jedes Mal die identische Abbildung (das neutrale Element):

```
p=Cycles[{{1,2,3}}];
pinv=InversePermutation[p]                      Cycles[{{1,3,2}}]

PermutationProduct[p,pinv]                      Cycles[{}]

PermutationProduct[pinv,p]                      Cycles[{}]
```

Wendet man `PermutationReplace` auf ein weiteres Zykel an, so wird eine Konjugation ausgeführt:

```
PermutationReplace[Cycles[{{1,2},{3,4}}], p]   Cycles[{{1,4},{2,3}}]

PermutationProduct[
pinv, Cycles[{{1,2},{3,4}}], p]                 Cycles[{{1,4},{2,3}}]
```

Eine Menge von Permutationen, die zusammen mit der besprochenen Verknüpfung eine Gruppenstruktur aufweisen, nennt man *Permutationsgruppe*. Solche Gruppen kann man nun einerseits selbst definieren, indem man ein Erzeugendensystem angibt, also eine Liste von Zykeln, durch deren (wiederholte) Verknüpfung sich alle weiteren Gruppenelemente erzeugen lassen. So definiert man etwa die schon oben besprochene Kleinsche Vierergruppe als

```
vierer=PermutationGroup[{Cycles[{{1,2}}], Cycles[{{3,4}}]}];
```

Andererseits gibt es vorgefertigt eine Reihe namhafter Gruppen, einen Gesamtüberblick bietet übrigens die Hilfeseite *guide/NamedGroups*, ganz ähnlich wie wir das von `FiniteGroupData` her kennen. Das sind zum einen die elementaren Gruppenfamilien, wie sie in Tabelle 10.4 aufgeführt sind, dann aber auch eine große Auswahl sporadischer Gruppen, wie z. B. das oben besprochene Monster: `MonsterGroupM[]`.

```
a3=AlternatingGroup[3];     s3=SymmetricGroup[3];
```

Sämtliche Elemente der alternierenden Gruppe A_3 (analog der symmetrischen Gruppe S_3) gibt man mittels `GroupElements[a3]` aus. Generell gibt es zwei Arten von Permutationen: gerade und ungerade. Diese Eigenschaft kann man über die *Signatur*

Tab. 10.4. Einige seit Version 8 verfügbare Befehle zur Gruppentheorie.

Befehl	Beschreibung
`SymmetricGroup[n]`	Symmetrische Gruppe S_n.
`AlternatingGroup[n]`	Alternierende Gruppe A_n.
`CyclicGroup[n]`	Zyklische Gruppe C_n.
`DihedralGroup[n]`	Diëdergruppe D_n.
`AbelianGroup[{n1,n2,...}]`	Endlich erzeugte abelsche Gruppe als direktes Produkt zyklischer Gruppen vom Grad n_1, n_2, ...
Berechnungen basierend auf Gruppen:	
`GroupOrder[gruppe]`	Ordnung der Gruppe.
`GroupGenerators[gruppe]`	Erzeugendensystem der Gruppe.
`GroupElements[gruppe, {i1,...}]`	Liste aus i_1-tem, ... Element (lexikographische Ordnung). Ohne zweites Argument alle Gruppenelemente.
`GroupElementQ[gruppe, g]`	Prüft, ob die Permutation g der Gruppe angehört.
`GroupElementPosition[gruppe, g]`	Lexikographische Position von g in Gruppe. Statt g allein kann auch Liste von Permutationen stehen.
`GroupMultiplicationTable[gruppe]`	Verknüpfungstafel der Gruppe.
`GroupCentralizer[gruppe, g]`	Zentralisator der Gruppe zur Permutation g.

einer Permutation messen, diese ist nämlich gleich 1 für gerade und −1 für ungerade Permutationen. Die symmetrische Gruppe S_n, welche *alle* Permutationen über den Zahlen $1, \ldots, n$ umfasst, setzt sich für $n \geq 2$ aus beiden Sorten zusammen (jeweils gleich viele davon). Entnimmt man aus S_n alle geraden Permutationen (davon gibt es $n!/2$ Stück), so erhält man die alternierende Gruppe A_n. Um die Signatur der Elemente obiger Gruppen zu prüfen, müssen wir leider erst den Umweg über die Listendarstellung beschreiten:

```
PermutationList[#,3]& /@ GroupElements[a3]
Signature /@ %                                {1,1,1}

PermutationList[#,3]& /@ GroupElements[s3]
Signature /@ %                                {1, -1, -1, 1, 1, -1}
```

Hierbei haben wir zunächst eine reine Funktion (Abschnitt 7.1.1) definiert und auf die einzelnen Gruppenelemente angewandt, um diese in Listen der Länge 3 zu transferieren, anschließend haben wir darauf jeweils den Befehl `Signature` angewandt.

Will man dagegen die *Ordnung* der einzelnen Elemente berechnen, bedarf es keines Umweges:

```
PermutationOrder /@ GroupElements[a3]      {1,3,3}
```

```
PermutationOrder /@ GroupElements[s3]      {1,2,2,3,3,2}
```

Zu vorgegebener Gruppe kann man gewisse Eigenschaften berechnen lassen, einige davon sind in Tab. 10.4 aufgeführt, ein Gesamtüberblick findet sich in der Hilfe unter *guide/GroupTheory*. Betrachten wir hierzu ein paar Beispiele. Die Ordnung des Monsters kann man via `GroupOrder[MonsterGroupM[]]` berechnen lassen, die der Kleinschen Vierergruppe via

```
GroupOrder[vierer]                          4
```

Eine Verknüpfungstafel wird nach Ausführung der folgenden Befehlszeile angezeigt:

```
TableForm[
GroupMultiplicationTable[vierer], TableHeadings -> Automatic]
```

Welche Permutation dabei eigentlich die zweite ist, zeigt

```
GroupElements[vierer, {2}]                  {Cycles[{{3,4}}]}
```

Die lexikographische Anordnung der Elemente in der Gruppe bezieht sich dabei auf das erzeugte Bild, womit das neutrale Element immer an erster Position steht. Ein mögliches Erzeugendensystem der symmetrischen Gruppe S_5 ist

```
GroupGenerators[SymmetricGroup[5]]
```

```
{Cycles[{{1,2}}],Cycles[{{1,2,3,4,5}}]}
```

Den Zentralisator zu einem einzelnen Gruppenelement kann man direkt berechnen:

```
GroupCentralizer[SymmetricGroup[5], Cycles[{{1,2}}]]
```

```
PermutationGroup[Cycles[{{3,4}}],Cycles[{{1,2}}]]
```

Um dagegen das gesamte Zentrum zu erhalten, ist etwas mehr Anstrengung nötig:

```
gruppe=abc;
ordnung=GroupOrder[gruppe];

zentrum=GroupElements[gruppe]; g=2;
While[g<ordnung && Length[zentrum]>1,
  zentrum=Intersection[zentrum, GroupElements[
  GroupCentralizer[gruppe, GroupElements[gruppe,{g}][[1]] ]
  ]]; g++];
zentrum
```

An Stelle von „*abc*" teste der Leser `vierer` oder `SymmetricGroup[5]`. Die Idee des obigen Programms ist es, den Durchschnitt über die Zentralisatoren aller Gruppenelemente zu bilden, wobei

-   dazu jeweils die Menge (=Liste) der Elemente des Zentralisators zu betrachten ist, nicht das von `GroupCentralizer` eigentlich erzeugte Objekt `PermutationGroup`,
-   nicht die einelementige Liste benötigt wird, wie sie von `GroupElements[gruppe, {g}]` erzeugt wird, sondern deren einziges Element,
-   der Zentralisator zum neutralen Element übergangen werden muss (Mathematica kann diesen nicht berechnen!), deshalb Start bei $g = 2$,
-   und die `While`-Schleife, vgl. Abschnitt 7.3, auch dann schon endet, wenn das Zentrum auf das neutrale Element geschrumpft ist.

Der eingesetzte Befehl `Intersection` ist uns schon aus Abschnitt 4.2.2 bekannt.

An dieser Stelle kann der Leser übrigens die Leistungsfähigkeit seines Rechners bzw. die von **Mathematica** ausreizen. Bei Anwendung des Codes auf `Symmetric-Group[n]` mit wachsendem n wird man schnell auf die Meldung stoßen:

```
No more memory available.
Mathematica kernel has shut down.
Try quitting other applications and then retry.
```

Der Grund dafür: Die Ordnung von S_n ist bekanntlich $n!$, was sehr schnell wächst und somit den Rechenaufwand für die Zentrumsbestimmung explodieren lässt.

```
Do[                                        120
Print[GroupOrder[SymmetricGroup[n]]],      720
{n,5,10}]                                  5040
                                           40 320
                                           362 880
                                           3 628 800
```

Beim Rechner des Autors war es genauer gesagt die Funktion `Intersection`, die hier schon beim ersten Aufruf bei Vorgabe der Gruppe S_{10} überfordert war.

11 Geometrie

Seit langem bietet Mathematica ein reichhaltiges Programm an geometrischen Funktionalitäten an, welches mit Version 10 nochmals massiv ausgebaut wurde. Im Folgenden gehen wir auf mit Mathematica erzeugbare geometrische Regionen ein, siehe hierzu auch die Abschnitte 6.1 und 10.4. Anschließend lernen wir Möglichkeiten der netzbasierten Darstellung geometrischer Regionen kennen und besprechen diverse geometrische Transformationen.

Ausblick: Seit Version 11 bietet Mathematica sogar die Möglichkeit des 3D-Drucks. Mit Hilfe des Befehls `Printout3D` können ein mit `Graphics3D` erzeugtes Objekt (vgl. Abschnitt 6.1) bzw. eine geometrische Region im Sinne von `RegionQ` (siehe Abschnitt 10.4 sowie die nun folgenden Ausführungen) in ein entsprechendes Druckformat umgewandelt werden. Für Informationen zu Formaten und Optionen sei auf *guide/3DPrinting* verwiesen.

11.1 Geometrische Regionen und deren Eigenschaften

Die Wolfram Language umfasst eine Reihe elementargeometrischer Funktionalitäten. Einige hatten wir bereits in Abschnitt 6.1 kennengelernt, als wir die Befehle `Graphics`, `Graphics3D` und `ExampleData` besprochen hatten. Diese Befehle erlaubten uns die grafische Darstellung elementarer zwei- und dreidimensionaler Objekte wie Polygone, Kreis, Kugel, Tori, etc. Ferner haben wir insbesondere in Abschnitt 10.4 kennengelernt, wie man als Lösungsmengen von (Un-)Gleichungen definierte geometrische Regionen festlegen und visualisieren kann (ab Version 10); mit derartigen Regionen werden wir uns weiter unten nochmals beschäftigen.

Die Liste fertig implementierter geometrischer Objekte lässt sich mit Hilfe des Befehls `PolyhedronData["Typ"]` spürbar erweitern, beispielsweise um die regulären Polyeder (Vielflächner, Vielflache) `Tetrahedron`, `Cube`, `Octahedron`, `Dodecahedron`, `Icosahedron` sowie die Sternpolyeder `GreatIcosahedron`, `GreatDodecahedron`, `GreatStellatedDodecahedron` und `SmallStellatedDodecahedron`. Einen Gesamtüberblick erhält man durch Ausführung von `PolyhedronData[]`. Ein Beispiel:

```
Show[
PolyhedronData["Icosahedron"],
Boxed -> False]
```

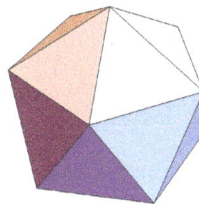

DOI 10.1515/9783110425222-011

Der Befehl `PolyhedronData` selbst erlaubt dabei *nicht* die Angabe von Optionen, mit denen man die Position oder Skalierung des Objektes beeinflussen kann, hierzu muss man die in Abschnitt 11.3 beschriebenen Transformationen einsetzen bzw. wie im obigen Beispiel den Befehl `Show`.

Dafür bietet `PolyhedronData` eine Reihe von Optionen, die sich mit Eigenschaften der einzelnen Objekte beschäftigen, siehe auch den Hilfeeintrag *ref/PolyhedronData*. Die Syntax ist dabei `PolyhedronData["Typ", "Eigenschaft"]`. So kann man sich z. B. das Netz des obigen Ikosaeders wie folgt anzeigen lassen:

```
PolyhedronData[
"Icosahedron", "NetImage"]
```

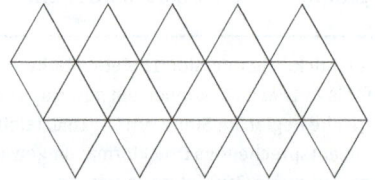

Die Daten zu den Kanten erhält man über die Option `"Edges"`, zu den Flächen über `"Faces"`. Will man sich nur die Kanten des Objektes anzeigen lassen, führt man das Kommando `Graphics3D[PolyhedronData["Typ", "Edges"]]` aus. `Graphics3D[PolyhedronData["Typ", "Faces"]]` ergibt dagegen das gleiche Resultat wie `PolyhedronData["Typ"]` allein; allerdings erlaubt erstere Variante die Anwendung von Transformationen, siehe Abschnitt 11.3.

Mathematica bietet eine Reihe von Operationen an, die man auf die Polyeder und Sternpolyeder anwenden kann. Diese sind nach Laden des Paketes `PolyhedronOperations`` verfügbar. So kann man beispielsweise mit `Truncate` die Ecken eines Würfels stutzen, was zu folgendem Resultat führt:

```
Needs["PolyhedronOperations`"]

Show[
Truncate[PolyhedronData["Cube"], 0.5],
Boxed -> False]
```

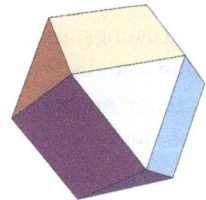

Regelrecht abschneiden und in das leere Innere blicken kann man dagegen wie folgt:

```
Show[
OpenTruncate[PolyhedronData["Cube"], 0.5],
Boxed -> False]
```

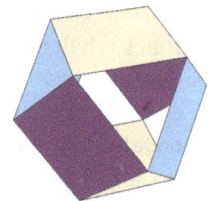

Weitere Informationen zu in diesem Paket implementierten Funktionen finden sich in der Hilfe unter *PolyhedronOperations/tutorial/PolyhedronOperations*.

Tab. 11.1. Reguläre Polygone mit zwei bis zwölf Ecken: `Digon`, `Triangle`, `Square`, `Pentagon`, `Hexagon`, `Heptagon`, `Octagon`, `Nonagon`, `Decagon`, `Undecagon`, `Dodecagon`.

Befehl	Beschreibung
`NumberOfVertices[Typ]`	Zahl der Ecken des Objektes *Typ*.
`NumberOfEdges[Typ]`	Zahl der Kanten des Objektes *Typ*.
`Vertices[Typ]`	Koordinaten der Ecken des Objektes *Typ* bei Kantenlänge 1.
`Area[Typ]`	Fläche des Objektes *Typ* bei Kantenlänge 1.
`InscribedRadius[Typ]`	Inkreisradius des Objektes *Typ* bei Kantenlänge 1.
`CircumscribedRadius[Typ]`	Umkreisradius des Objektes *Typ* bei Kantenlänge 1.

Neben den bisher schon besprochenen können auch weitere Eigenschaften der Polyeder mit `PolyhedronData` abgefragt werden, siehe den Hilfeeintrag *ref/PolyhedronData*. So können wir eine übersichtliche Tabelle der wichtigsten Charakteristika der fünf regelmäßigen Polyeder anlegen:

```
polyeder= {"Tetrahedron", "Cube", "Octahedron",
"Dodecahedron", "Icosahedron"};
TableForm[Table[
{polyeder[[i]], PolyhedronData[polyeder[[i]], "FaceCount"],
PolyhedronData[polyeder[[i]], "VertexCount"],
PolyhedronData[polyeder[[i]], "EdgeCount"],
PolyhedronData[polyeder[[i]], "SurfaceArea"],
PolyhedronData[polyeder[[i]], "Volume"]}, {i,1,5}]]
```

Tetrahedron	4	4	6	$\sqrt{3}$	$\frac{1}{6\sqrt{2}}$
Cube	6	8	12	6	1
Octahedron	8	6	12	$2\sqrt{3}$	$\frac{\sqrt{2}}{3}$
Dodecahedron	12	20	30	$3\sqrt{5(5+2\sqrt{5})}$	$\frac{1}{4}(15+7\sqrt{5})$
Icosahedron	20	12	30	$5\sqrt{3}$	$\frac{5}{12}(3+\sqrt{5})$

Die Gesamtoberfläche und das Volumen in den zwei letzten Spalten sind die bei Kantenlänge 1. Die Gesamtoberfläche bei beliebiger Kantenlänge a erhält man durch weitere Multiplikation mit a^2, das Volumen durch Multiplikation mit a^3.

Neben geometrischen Eigenschaften von Polyedern können auch solche von Polygonen (Vielecken) abgefragt werden. Dazu ist aber das Paket `Polytopes`` zu laden. Mit diesem können u. a. die in Tab. 11.1 zusammengefassten Eigenschaften abgefragt werden. Beispielsweise ergibt **Vertices[Undecagon]** eine Liste der Eckkoordinaten

```
Show[ Graphics[{EdgeForm[Dashed], White,
    Rectangle@@Transpose[RegionBounds[dreieck]]},
    PlotRange -> {{0,1},{0,1}},
  Axes -> True, BaseStyle -> {Medium}],
  Graphics[{Gray, dreieck}],
  Graphics[{Blue, PointSize[Large],
    Point[RegionNearest[dreieck,punkt]]}],
  Graphics[{Blue, Thick, Dashed,
    Line[{punkt,
      RegionNearest[dreieck,punkt]}]}],
  Graphics[{Red, PointSize[Large],
    Point[punkt]}],
  Graphics[{Black, PointSize[Large],
    Point[RegionCentroid[dreieck]]}]]
```

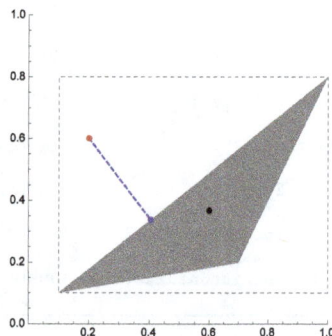

Abb. 11.1. Dreieck und Punkt aus dem Beispiel in Abschnitt 11.1.

des regelmäßigen Elfecks. Mit Hilfe des `Polygon`-Befehls aus Tab. 6.1 in Abschnitt 6.1 kann man dies nutzen, um folgende überlagerte Grafik zu erzeugen:

```
Needs["Polytopes`"]
Show[Graphics[{
{GrayLevel[0], Polygon[1.05*Vertices[Undecagon]]},
{GrayLevel[0.6], Polygon[Vertices[Undecagon]]},
{GrayLevel[1], Polygon[0.5*Vertices[Undecagon]]}
}, AspectRatio -> 1]];
```

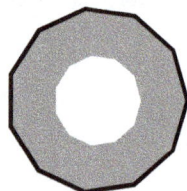

Weitere Informationen zu Polygonen und deren Eigenschaften findet der Leser in der Hilfe unter *Polytopes/tutorial/Polytopes*.

Eine Vielzahl weiterer geometrischer Berechnungen wurde mit Version 10 implementiert, von denen wir eine Auswahl am Beispiel des folgenden Dreiecks (vgl. Tab. 6.1) studieren wollen:

```
dreieck=Triangle[
{{0.1,0.1}, {1,0.8}, {0.7,0.2}}];
Graphics[{Gray,dreieck}]

(*oder seit Version 11.1:*)
Region[dreieck, BaseStyle -> Gray]
```

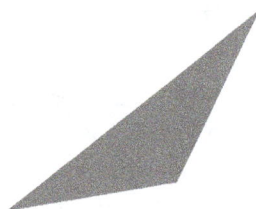

Der zuletzt genannte `Region`-Befehl verbindet die formale Repräsentation des Typs „`Region`" mit einer grafischen Darstellung und erlaubt dabei die Grafikoptionen aus Abschnitt 6.2. Legen wir ein kleinstmögliches Rechteck um obiges Dreieck („bounding box"), so haben dessen linke untere bzw. rechte obere Ecke folgende Koordinaten:

```
RegionBounds[dreieck]                        {{0.1,1}, {0.1,0.8}}
```

Der Schwerpunkt des Dreiecks ist

```
RegionCentroid[dreieck]                      {0.6,0.366667}
```

und der Flächeninhalt beträgt

```
RegionMeasure[dreieck]                       0.165
```

Für ein solches zweidimensionales Inhaltsmaß hätte man auch `Area[dreieck]` verwenden können (wenn auch unter Konflikt mit `Polytopes`, vgl. Bemerkung 3.8.1). Betrachten wir zusätzlich noch den Punkt $(0.2, 0.6)^\top$. Dieser liegt außerhalb des Dreiecks:

```
punkt={0.2,0.6}; Element[punkt, dreieck]     False
```

```
RegionMember[dreieck, punkt]                 False
```

Tatsächlich muss ein jeder Punkt x des Dreiecks folgenden Bedingungen genügen:

```
Simplify[              (x₁|x₂) ∈ Reals && 6. x₂ ≥ 0.5 + 1. x₁
RegionMember[dreieck, x]]  && 0.0285714 + 1. x₁ ≥ 1.28571 x₂
                       && 1.x ≤ 0.6 + 0.5 x₂
```

Der obige Punkt weist folgenden Abstand zum Dreieck auf:

```
RegionDistance[dreieck, punkt]               0.333282
```

Der zu ihm nächstgelegene Punkt des Dreiecks ist

```
RegionNearest[dreieck, punkt]                {0.404615,0.336923}
```

Die Gesamtsituation veranschaulicht Abb. 11.1.

11.2 Netzbasierte Regionen

Etwa im Hinblick auf einen schnellen Bildaufbau oder einen sparsamen Umgang mit Speicherplatz kann es sinnvoll sein, komplexe geometrische Objekte zu diskretisieren und z. B. durch aneinandergefügte Linien oder Dreiecke approximativ darzustellen. Für derartige Zwecke bringt **Mathematica** seit Version 10 eine Reihe von Werkzeugen mit sich, von denen wir manche nun kennenlernen werden. Als Beispiel wollen wir dabei wieder die Zitrone aus Abschnitt 10.4 heranziehen:

```
zitrone=ImplicitRegion[x²+z²-y³(1-y)³<=0, {x,y,z}];
```

```
zitronenschale=ImplicitRegion[x²+z²-y³(1-y)³==0, {x,y,z}];
```

Mit Hilfe des Befehls `DiscretizeRegion` können wir die Oberfläche der Zitrone, also deren Schale, durch ein Dreiecksgitter approximieren,

```
DiscretizeRegion[zitronenschale]
```

und dieses durch Einfügen der Option `MaxCellMeasure -> {"Area" -> 10^{-4}}` weiter verfeinern. Dagegen setzt sich die Diskretisierung der gefüllten Zitrone tatsächlich bis in deren Inneres fort, was man am besten durch Aufschneiden der Zitrone erkennt:

```
DiscretizeRegion[zitroneschale,
{{-0.2,0.2},{0.5,1},{-0.2,0.2}},
MaxCellMeasure -> {"Area" -> 0.01},
ViewPoint -> {1,-1.5,1}, PlotTheme -> "Lines",
MeshCellStyle -> {1 -> Black}]
```

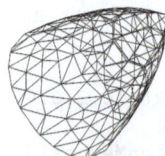

```
DiscretizeRegion[zitrone,
{{-0.2,0.2},{0.5,1},{-0.2,0.2}},
MaxCellMeasure -> {"Area" -> 0.01},
ViewPoint -> {1,-1.5,1}, PlotTheme -> "Lines",
MeshCellStyle -> {1 -> Black}]
```

Zwecks Halbierung der Zitrone wurden die Werte der Variable y auf $y \geq 0.5$ eingeschränkt (vgl. auch die Koordinatenachsen in Abschnitt 10.4). Außerdem wurden nur die Gitterlinien gezeichnet, und diese in schwarz.

Der Befehl `BoundaryDiscretizeRegion` wiederum würde nur die Außenhaut der Zitrone diskretisieren. Ist das zu diskretisierende geometrische Objekt nicht als Region, sondern schon als fertiges Grafikobjekt vorgegeben, so lauten die analogen Befehle `DiscretizeGraphics` und `BoundaryDiscretizeGraphics`.

Eine andere Art der Gittererzeugung ist die Triangulation einer gegebenen Menge von Punkten. Wir wollen hier beispielhaft Punkte aus dem Inneren der Zitrone zufällig auswählen (siehe auch Abschnitt 20.1):

```
f[x_,y_,z_]:=x^2+z^2-y^3(1-y)^3;
```

```
data={};
Do[ punkt={RandomReal[{-0.15,0.15}],
RandomReal[{0,1}],
RandomReal[{-0.15,0.15}]};
If[ f@@punkt<=0, AppendTo[data, punkt]],
{10000}];
```

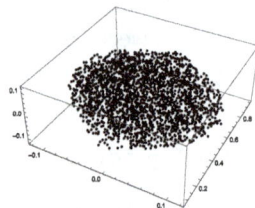

```
ListPointPlot3D[data,
PlotStyle -> {Black, PointSize[0.01]}]
```

Um eine konvexe Hülle für diese Punkte zu erzeugen, führen wir aus:

```
ConvexHullMesh[data]
```

Eine Delaunay-Triangulation würde `DelaunayMesh[data]` ergeben.

11.3 Geometrische Transformationen

Die in Abschnitt 11.1 besprochenen Polyeder werden von **Mathematica** um den Nullpunkt zentriert in bestimmter Ausrichtung erzeugt. Wollen wir sie anderweitig im Koordinatensystem platzieren, müssen wir sie einer Transformation T unterziehen. Genauer gesagt wird ein jeder Punkt x des Objektes zu $T(x)$ transformiert, bzw. genügt es bei regelmäßigen Körpern wie Polyedern, nur die Eckpunkte abzubilden. Eine wichtige Familie von Transformationen bilden dabei die *affinen Transformationen* $T : x \mapsto Ax + b$, mit einer Transformationsmatrix A und einem Translationsvektor b. Wegen $T(0) = b$ beschreibt b die Verschiebung des Nullpunkts, während man durch entsprechende Wahl von A beispielsweise eine Rotation bewirken kann. Populäre Beispiele solcher Transformationsmatrizen sind in Tab. 11.2 aufgeführt.

Beispiel 11.3.1. Betrachten wir ein paar bekannte Typen von Rotationsmatrizen:

```
RotationMatrix[θ] //MatrixForm
```
$$\begin{pmatrix} \text{Cos}[\theta] & -\text{Sin}[\theta] \\ \text{Sin}[\theta] & \text{Cos}[\theta] \end{pmatrix}$$

```
RotationMatrix[θ, {0,0,1}] //MatrixForm
```
$$\begin{pmatrix} \text{Cos}[\theta] & -\text{Sin}[\theta] & 0 \\ \text{Sin}[\theta] & \text{Cos}[\theta] & 0 \\ 0 & 0 & 1 \end{pmatrix}$$

Die erste Matrix führt im zweidimensionalen Raum eine Rotation um den Winkel θ durch, die zweite im dreidimensionalen Raum, wobei die Drehachse das Erzeugnis $\langle (0, 0, 1)^\top \rangle$ ist, d. h. es wird um die Z-Achse rotiert. Wie der Leser leicht nachrechnet, siehe Kapitel 9, besitzen solche Rotationsmatrizen die Determinante 1.

Wollen wir die Vektoren entlang der einzelnen Koordinatenachsen neu skalieren, etwa alle X-Komponenten mit dem Faktor v_1 vervielfachen, usw., so führt dies zu einer simplen Diagonalmatrix:

```
ScalingMatrix[{v1,v2,v3}] //MatrixForm
```
$$\begin{pmatrix} v1 & 0 & 0 \\ 0 & v2 & 0 \\ 0 & 0 & v3 \end{pmatrix}$$

Tab. 11.2. Arten von Transformationsmatrizen.

Befehl	Beschreibung
`RotationMatrix[`θ`,{x,y,z}]`	Matrix zur 3D-Rotation um Winkel θ entlang Vektor $(x, y, z)^{\top}$. Bei 2D-Rotation nur Winkel angeben.
`ScalingMatrix[{vx,...}]`	Skalierung um Faktor v_x in x-Richtung, etc. Skalierung in Richtung x um Faktor v via `ScalingMatrix[v,{x1,...}]`.
`ShearingMatrix[`θ`,v,n]`	Matrix zur Scherung um Winkel θ in Richtung v und normal zu n.
`ReflectionMatrix[n]`	Matrix zur Spiegelung normal zu n.

`ShearingMatrix[`θ`, {1,0}, {0,1}]` $\qquad \begin{pmatrix} 1 & \mathrm{Tan}[\theta] \\ 0 & 1 \end{pmatrix}$

Die zweite Matrix führt eine Scherung um den Winkel θ parallel zur X-Achse aus; was dies grafisch bedeutet, werden wir weiter unten in Beispiel 11.3.2 klar machen. •

Durch einen einfachen Trick kann man eine jede affine Transformation $x \mapsto \mathbf{A}x + \boldsymbol{b}$ auch komplett durch eine Matrixmultiplikation beschreiben. Dazu geht man zu *homogenen Koordinaten* über, also von n-dimensionalen Vektoren x zu $(n + 1)$-dimensionalen Vektoren $\tilde{x} := (x_1, \ldots, x_n, 1)^{\top}$, d. h. an die ursprünglichen Vektoren wird schlicht eine 1 angehängt. Definiert man nun die Matrix $\mathbf{T}$ als

$$\mathbf{T} := \begin{pmatrix} \mathbf{A} & \boldsymbol{b} \\ 0\ldots0 & 1 \end{pmatrix},$$

so ergibt die Multiplikation $\mathbf{T} \cdot \tilde{x}$

$$\begin{pmatrix} \mathbf{A} & \boldsymbol{b} \\ 0\ldots0 & 1 \end{pmatrix} \cdot \begin{pmatrix} x \\ 1 \end{pmatrix} = \begin{pmatrix} \mathbf{A}x + \boldsymbol{b} \\ 1 \end{pmatrix},$$

beschreibt also eine affine Transformation. Eine derartige Transformation ist bei Mathematica über `AffineTransformation[{A,b}]` implementiert:

`A={{a11,a12}, {a21,a22}};` $\qquad \begin{pmatrix} a11 & a12 \\ a21 & a22 \end{pmatrix}$
`A //MatrixForm`

`b={b1,b2};` $\qquad$ `TransformationFunction[` $\begin{pmatrix} a11 & a12 & b1 \\ a21 & a22 & b2 \\ 0 & 0 & 1 \end{pmatrix}$ `]`
`AffineTransformation[{A, b}]`

$$\texttt{TransformationMatrix[\%]} \qquad \begin{pmatrix} \texttt{a11} & \texttt{a12} & \texttt{b1} \\ \texttt{a21} & \texttt{a22} & \texttt{b2} \\ 0 & 0 & 1 \end{pmatrix}$$

Dabei ist die erweiterte Transformationsmatrix in die Funktion `Transformation-Function` eingebettet; ist man an der Matrix allein interessiert, muss man zusätzlich noch `TransformationMatrix` anwenden. Obwohl man mit `AffineTransformation` jegliche Art von affiner Transformation repräsentieren kann, gibt es für Spezialfälle wie die aus Tab. 11.2 nochmals eigene Kommandos: `RotationTransform`, `TranslationTransform`, `ScalingTransform`, `ShearingTransform`, `ReflectionTransform`. Der Leser vergleiche etwa das Resultat folgender Befehle:

```
AffineTransform[{RotationMatrix[θ, {0,0,1}], {0,0,0}}]
```

```
RotationTransform[θ, {0,0,1}]
```

Will man eine affine Transformation $x \mapsto \mathbf{A}x + \boldsymbol{b}$ nun auf ein konkretes geometrisches Objekt anwenden, führt man den Befehl `GeometricTransformation[obj, {A,b}]` aus. Wobei auch hier wieder einige Spezialfälle fertig implementiert sind: `Rotate`, `Translate`, `Scale`.

Beispiel 11.3.2. Versuchen wir in diesem Beispiel, einen simplen Kreis, bei Mathematica `Circle[]`, verschiedenen Transformationen zu unterwerfen. Eine Scherung um $45°$ parallel zur X-Achse *plus* eine Verschiebung des Nullpunkts zum Punkt $(2, 5)$ lässt sich folgendermaßen ausführen:

```
Graphics[
GeometricTransformation[Circle[],
{ShearingMatrix[Pi/4, {1,0}, {0,1}],
{2,5}}], Axes -> True]
```

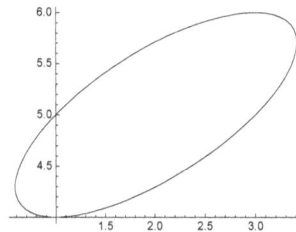

Wollen wir dagegen die X-Werte verdoppeln, also den Kreis in X-Richtung strecken, so erreichen wir dies wie folgt:

```
Graphics[
GeometricTransformation[Circle[],
{ScalingMatrix[2, {1,0}], {2,5}}],
Axes -> True]
```

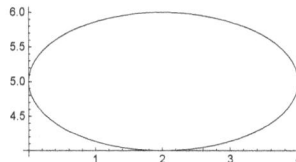

Auch hier war wieder eine Verschiebung des Nullpunkts zum Punkt $(2, 5)$ mit von der Partie. Zum gleichen Resultat wären wir auch gelangt, hätten wir eine der folgenden Zeilen ausgeführt:

```
Graphics[GeometricTransformation[Circle[],
{ScalingMatrix[{2,1}], {2,5}}], Axes -> True]
```

```
Graphics[Translate[Scale[Circle[], {2,1}], {2,5}], Axes -> True]
```

Im ersten Fall haben wir die Skalierungsmatrix durch Angabe des X- und Y-Faktors definiert, siehe Tab. 11.2, im zweiten Fall haben wir die fertigen Befehle Scale und Translate verwendet. •

Natürlich sind wir mit den geometrischen Transformationen nicht auf simple 2D-Beispiele eingeschränkt. So können wir die Transformationen etwa auf die drei folgenden geometrischen Objekte aus Abschnitt 11.1 anwenden: ein kleines Sterndodeka-eder (Sterneckiges Dodekaeder) und den regelmäßigen Zwanzig- und Zwölfflächner. Genauer gesagt wenden wir die Transformationen auf deren begrenzende Flächen an, repräsentiert durch die Eigenschaft "Faces". Wir zeigen die Objekte mit Hilfe des Show-Befehls aus Abschnitt 6.1 in einer Grafik an:

```
Show[{ Graphics3D[Scale[
PolyhedronData["SmallStellatedDodecahedron", "Faces"], 3, {0,0,0}]],
Graphics3D[Translate[PolyhedronData["Icosahedron", "Faces"],
{3,0,-1}]],
Graphics3D[Translate[Scale[
PolyhedronData["Dodecahedron", "Faces"], 1.2, {0,0,0}], {-3,1,1}]]}]
```

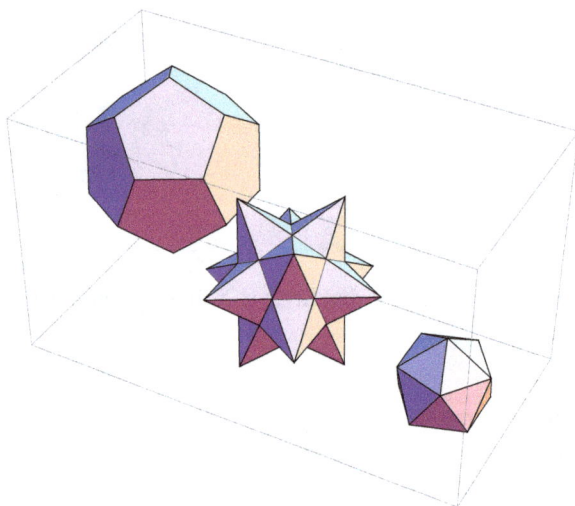

Insbesondere können die verfügbaren Transformationen mit den in Version 10 neu eingeführten Transformationen und mit den geometrischen Regionen kombiniert werden. Eine transformierte Region erzeugt man in der Form TransformedRegion[reg, trans], und auf diese können dann beispielsweise die in Abschnitt 11.2 diskutierten

Befehle angewendet werden. Außerdem wurden eine Reihe weiterer Transformationen implementiert, insbesondere solche, welche elementare Mengenoperationen wie Vereinigung, Durchschnitt oder Differenz umsetzen. Eine kleine Beispielgalerie:

```
dreieck=Triangle[{{0.1,0.1}, {1,0.8}, {0.7,0.2}}];
kreis=Disk[{0.5,0.5}, 0.3];

RegionPlot[ RegionUnion[dreieck, kreis] ]

RegionPlot[ RegionIntersection[dreieck, kreis] ]

RegionPlot[ RegionDifference[dreieck, kreis] ]

RegionPlot[ RegionDifference[kreis, dreieck] ]

RegionPlot[ RegionSymmetricDifference[kreis, dreieck] ]
```

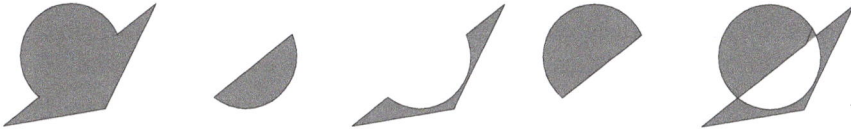

Hierbei wurden auch die Optionen `PlotStyle -> Gray`, `BoundaryStyle -> Black`, `Frame -> False` gesetzt. In drei Dimensionen funktionieren die Befehle analog:

```
DiscretizeRegion[RegionUnion[
Ball[{0,1,0},0.2], zitrone],
ViewPoint -> {2,-1,1}]
```

Für ein kartesisches Produkt geometrischer Regionen steht der Befehl `RegionProduct` zur Verfügung:

```
DiscretizeRegion[
RegionProduct[
Line[{{0},{5}}],
RegularPolygon[6] ]]
```

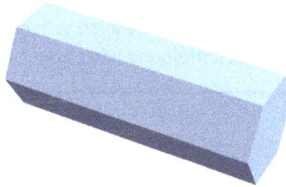

Weitergehende Informationen zu geometrischen Transformationen findet der Leser in der Hilfe unter *guide/GeometricTransforms*.

12 Graphentheorie

Ein *Graph* $G = (V, E)$ besteht aus einer Menge V von *Knoten* (engl.: vertex, node), und einer Menge E von *Kanten* (engl.: edge), welche Knoten aus V miteinander verbindet. Können dabei die Kanten immer nur in einer Richtung durchschritten werden, d. h. zeigt eine jede Kante von einem der beiden jeweils begrenzenden Knoten zum anderen, so spricht man von einem *gerichteten Graphen* (engl.: *di*rected *graph*, digraph), andernfalls von einem *ungerichteten Graphen*. Beide Arten von Graphen finden unzählige praktische Anwendungen, etwa bei der Modellierung von Netzwerken (Computer-, Elektrizitäts-, Verkehrsnetzwerke, usw.) oder Molekülstrukturen, bei der Planung von Abläufen oder Verwaltung von Informationen. Insofern ist es nur folgerichtig, dass auch Mathematica eine Reihe von Funktionalitäten zur Graphentheorie anbietet. In Abschnitt 12.1 werden wir uns zunächst auf das maßgeschneiderte Zeichnen von Graphen konzentrieren, um dann in den Abschnitten 12.2 und 12.3 in die eigentliche Graphentheorie einzusteigen; dort werden wir uns detailliert mit ungerichteten bzw. gerichteten Graphen und deren Eigenschaften auseinandersetzen.

---

i **Weiterführende Informationen ...** zum Zeichnen von Graphen findet der Leser in der Hilfedatei unter *guide/GraphVisualization* sowie *tutorial/GraphDrawing*, bzw. zur eigentlichen Graphentheorie unter *guide/GraphConstructionAndRepresentation* und den weiteren dort verlinkten Guides. Als Fachlektüre zur Graphentheorie (bzw. allgemeiner zur diskreten Mathematik) sei das Buch von Koshy (2004) empfohlen.

⚡ **Ausblick:** Die im Folgenden zu besprechenden Funktionalitäten wurden größtenteils erst mit den Versionen 8 und 10 in Mathematica implementiert. Bis dahin (und weiterhin auch parallel verfügbar) wurden graphentheoretische Funktionalitäten über die Pakete `GraphUtilities` sowie `Combinatorica` angeboten (Letzteres wurde auch schon im Zusammenhang mit der Gruppentheorie in Abschnitt 10.6 erwähnt); zur Beschreibung von deren Funktionalität sei auf Kapitel 12 in Weiß (2008) verwiesen.

12.1 Graphen zeichnen

Der Beginn der Graphentheorie lässt sich auf das von Leonhard Euler (1707–1783) formulierte und 1736 gelöste *Königsberger Brückenproblem* datieren. Zu Eulers Zeit verteilte sich die ostpreußische Hauptstadt auf zwei Inseln im Pregel und die angrenzenden Flussufer. Die vier Stadtteile waren durch insgesamt sieben Brücken verbunden, in der in Abb. 12.1 (a) gezeigten Weise. Euler stellte sich die Frage, ob es möglich wäre, einen Rundgang durch alle Stadtteile zu unternehmen der Art, dass dabei eine jede Brücke genau einmal überquert würde. Einen Graphen, der so etwas erlaubt, nennt

DOI 10.1515/9783110425222-012

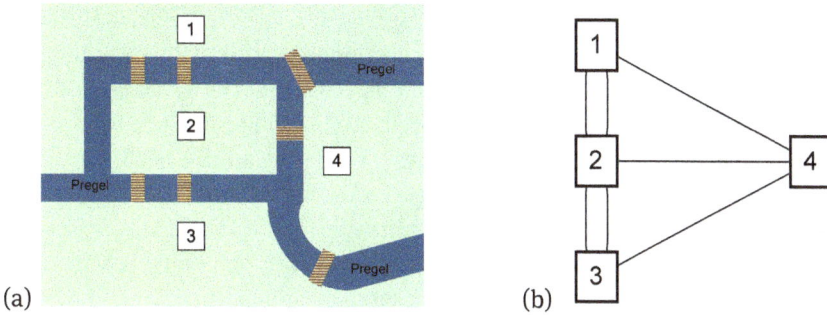

Abb. 12.1. Die ostpreußische Stadt Königsberg zu Eulers Zeiten.

man heutzutage übrigens *Eulersch*, siehe auch Abschnitt 12.2. Der in Abb. 12.1 (b) gezeigte Königsberger Graph erlaubt allerdings keinen solchen Rundgang, wie Euler 1736 zeigte, siehe Abschnitt 12.2. Diesen Graphen kann man mit Mathematica via

```
koenig={1->2, 1->2, 1->4, 2->3, 2->3, 2->4, 3->4};
GraphPlot[koenig, VertexLabeling -> True, MultiedgeStyle -> True,
VertexCoordinateRules -> {1 -> {0,1},2 -> {0,0},3 -> {0,-1},4 -> {1,0}}]
```

erzeugen; die Details dieses Befehlstexts werden im Laufe des Abschnitts klar werden.

Im aktuellen Abschnitt wollen wir uns ausschließlich auf das Zeichnen von Graphen beschränken und entsprechend nur auf den Befehl GraphPlot und dessen Verwandte eingehen. Obwohl GraphPlot per Voreinstellung die Graphen immer ungerichtet zeigt, müssen diese als gerichtete Graphen definiert werden[11]. Die gerichteten Kanten werden dabei mittels „->" (Rule-Operator) definiert, etwa wie folgt:

```
bsp={1->2, 1->2, 2->1, 2->3,
3->2, 3->4, 4->2, 4->4};
GraphPlot[bsp]
```

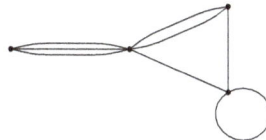

Der Graph besitzt die vier Knoten „1" bis „4", zwei Kanten von 1 nach 2, eine von 2 nach 1, usw. Die Knotenbezeichnungen zeigt man mit VertexLabeling -> True an:

```
GraphPlot[bsp, VertexLabeling -> True]
```

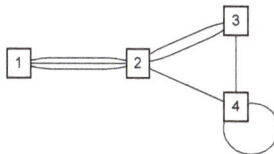

---

11 Ergänzend ist hierzu festzuhalten, vgl. die Abschnitte 12.2 und 12.3: Tatsächlich kann GraphPlot auch auf eine Adjazenzmatrix sowie auf ein Graph-Objekt angewandt werden.

Tatsächlich werden die Knoten mit gelben Kästchen gezeichnet, die obige Schwarz-Weiß-Darstellung wurde durch die zusätzlichen Optionen `PlotStyle -> Black` und `VertexRenderingFunction -> (Inset[Framed[#2, Background -> White], #1]&)` erreicht. Letzteres bewirkt, dass die Knotenbezeichnung in einen Rahmen mit weißem Hintergrund eingesetzt wird (`Framed`), und dieser wiederum an eine bestimmte Position innerhalb der Grafik (`Inset`). Aus Gründen der Lesbarkeit werden diese Optionen auch im Folgenden stillschweigend mit ausgeführt.

Eine Kante, die einen Knoten mit sich selbst verbindet, heißt eine *Schlinge*. Die Anzeige solcher Schlingen lässt sich unterdrücken:

```
GraphPlot[bsp, VertexLabeling -> True,
SelfLoopStyle -> False]
```

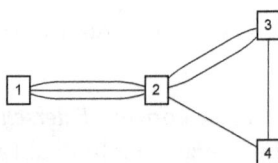

Werden zwei Knoten durch mehrere Kanten zugleich verbunden, so spricht man von *mehrfachen Kanten*. Auch diese lassen sich unterdrücken:

```
GraphPlot[bsp, VertexLabeling -> True,
MultiedgeStyle -> False]
```

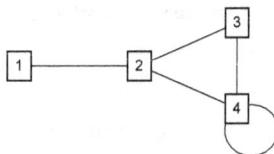

Ein Graph, der weder Schlingen noch mehrfache Kanten besitzt, heißt *schlicht*.

Obwohl der Graph gerichtet definiert wurde, wurde er bis dato ungerichtet angezeigt. Aber auch dies lässt sich leicht ändern:

```
GraphPlot[bsp, VertexLabeling -> True,
DirectedEdges -> True]
```

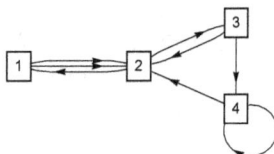

Schließlich können wir auch selbst die Position der Knoten festlegen, indem wir bei `VertexCoordinateRules` deren kartesische Koordinaten angeben. Im folgenden Beispiel wird zwecks Verdeutlichung noch das Koordinatensystem eingeblendet:

```
GraphPlot[bsp, VertexLabeling -> True,
VertexCoordinateRules -> {1 -> {1,1},
2 -> {2,1}, 3 -> {3,1}, 4 -> {2.5,2}},
Axes -> True, AxesOrigin -> {0,0}]
```

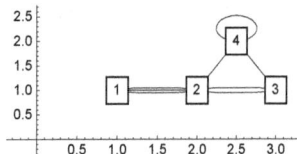

Nunmehr ist auch der Code des in Abb. 12.1 (b) gezeigten Königsberger Graphen klar geworden.

Der `GraphPlot`-Befehl und seine Verwandten `GraphPlot3D`, `LayeredGraphPlot` (siehe Beispiel 12.1.1) und `TreePlot` (siehe Beispiel 12.1.2) bieten noch eine Reihe wei-

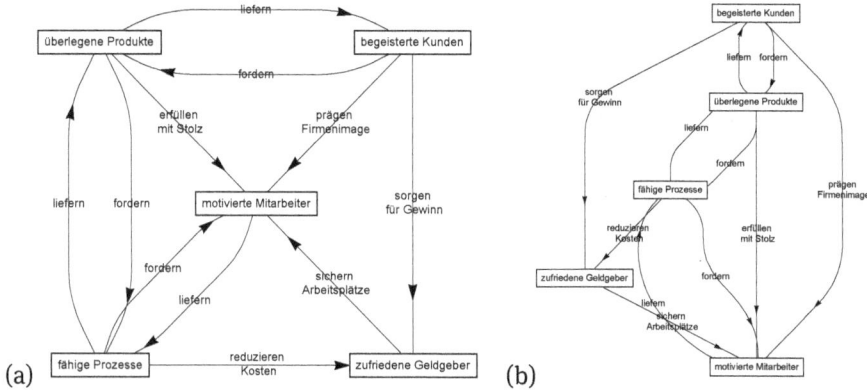

Abb. 12.2. Kausalzusammenhänge im TQM-Zielsystem, siehe Beispiel 12.1.1.

terer Optionen an, um das Erscheinungsbild zu beeinflussen. Etwa kann man eigens wählbare Bezeichnungen für Knoten und Kanten vergeben, und ferner auch die gewöhnlichen Grafikoptionen aus Kapitel 6 verwenden. Weitere Optionen kann der Leser im jeweiligen Hilfeeintrag nachschlagen.

Eingangs wurde auf die zahlreichen Anwendungsmöglichkeiten von Graphen verwiesen; eine davon ist der Einsatz als Zusammenhangsdiagramm.

Beispiel 12.1.1. Ein ganzheitliches Qualitätskonzept für Unternehmen, welches insbesondere eine starke Mitarbeiterorientierung aufweist, ist das *Total Quality Management (TQM)*. Die Kausalzusammenhänge im TQM-Zielsystem sind in Abb. 12.2[12] beschrieben. Offenbar gibt es fünf Knoten, deren Bezeichnung wir der Übersicht wegen in fünf Variablen ablegen wollen:

```
v1="zufriedene Geldgeber"; ... v5="motivierte Mitarbeiter";
```

Nun können wir die gezeigten Graphen definieren. Im Gegensatz zu oben schreiben wir nun für eine jede Kante $a \to b$ an Stelle von `a -> b` ausführlicher `{a -> b,"Text"}`, um ihr eine Beschriftung hinzuzufügen.

```
tqm={{v1 -> v5,"sichern\n Arbeitsplätze"}, {v5 -> v4,"liefern"}, ... };
```

Genau wie in vielen anderen Programmiersprachen bewirkt „\n" einen Zeilenumbruch in der Ausgabe, siehe auch Abschnitt 21.1. Nun können wir den gerichteten Graphen ausgeben:

```
GraphPlot[tqm, DirectedEdges -> True, VertexLabeling -> True,
MultiedgeStyle -> 0.2]
```

---

12 Abb. 12.2 erstellt in Anlehnung an Abbildung 2.3-1 in: PFEIFER, T.: *Qualitätsmanagement – Strategien, Methoden, Techniken.* 3. Auflage, Carl Hanser Verlag, München, Wien, 2001.

Die Option `MultiedgeStyle -> Wert` erlaubt es, den Abstand zwischen Mehrfachkanten zu vergrößern. Tatsächlich wurde für das Diagramm in Abb. 12.2 (a) sogar noch die Position der Knoten via `VertexCoordinateRules` explizit festgelegt, da die Ausgabe ansonsten etwas schief wirkte.

Ein alternativer Befehl, `LayeredGraphPlot`, unterscheidet sich von `GraphPlot` dadurch, dass versucht wird, die Knoten in Schichten anzuordnen, also eine Art Hierarchie darzustellen, siehe Abb. 12.2 (b):

```
LayeredGraphPlot[tqm, DirectedEdges -> True, VertexLabeling -> True,
MultiedgeStyle -> 0.4]
```

Leider werden dabei ein paar Texte und Pfeilspitzen verdeckt.   •

Eine ebenfalls in Anwendungen häufig anzutreffende Art von Graph sind sog. Bäume. Bei diesen sind „Rundwege" wie in allen bisherigen Beispielen ausgeschlossen, siehe auch die Diskussion in Abschnitt 12.2.

Beispiel 12.1.2. Charakterisch für Bäume ist es, dass je zwei Knoten durch genau einen Pfad verbunden werden, und dass auf n Knoten genau $n - 1$ Kanten kommen. Bäume kann man beispielsweise mit dem Befehl `TreePlot` zeichnen:

```
bsp2={1 -> 2, 2 -> 3, 2 -> 4, 4 -> 5};
TreePlot[bsp2, VertexLabeling -> True]
```

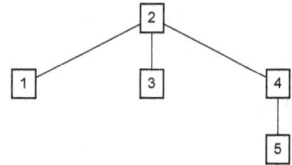

Die Ausrichtung des Baumes kann man durch optionales Positionieren der *Wurzel* beeinflussen, möglich sind `Left`, `Right`, `Top`, `Bottom`:

```
TreePlot[bsp2, Left,
VertexLabeling -> True]
```

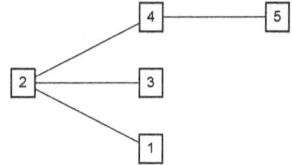

Im obigen Beispiel hat sich **Mathematica** für die „2" als Wurzel entschieden; wir können aber auch z. B. die „4" als Wurzel erzwingen:

```
TreePlot[bsp2, Top, 4,
VertexLabeling -> True]
```

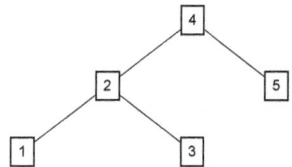

Solche *Wurzelbäume* werden zur Modellierung hierarchischer Strukturen eingesetzt, wie z. B. bei einem Stammbaum oder bei der Ordnerstruktur eines Speichermediums. Die Knoten werden dabei nach ihrer *Tiefe* bewertet, also der Länge des Pfades von der

Wurzel zum Knoten. Wie wir aus Abschnitt 3.5 wissen, werden in der **Wolfram Langua-** **ge** alle Kommandos als ineinanderverschachtelte Funktionen dargestellt, siehe auch den dort besprochenen Befehl `FullForm`. Daraus resultiert zwangsweise eine hierar- chische Struktur, die man mit Hilfe eines Baumes illustrieren kann. Dies leistet der Befehl `TreeForm`, den wir schon in Abschnitt 10.2 im Zusammenhang mit der Horner- Form (Seite 159) angewandt hatten.   •

12.2 Eigenschaften von ungerichteten Graphen

Von nun an soll nicht mehr das Zeichnen von Graphen im Vordergrund stehen, son- dern deren graphentheoretische Eigenschaften, wobei wir uns in diesem Abschnitt mit ungerichteten Graphen beschäftigen wollen; auf gerichtete Graphen werden wir anschließend in Abschnitt 12.3 eingehen. Wenn also im Folgenden von einem Gra- phen die Rede ist, ist immer ein ungerichteter gemeint. Um die Graphen einer gra- phentheoretischen Analyse zugänglich zu machen, müssen wir sie durch das mit Ver- sion 8 eingeführte `Graph`-Objekt repräsentieren; anschließend können wir z. B. die in den Tab. 12.1 und 12.2 zusammengefassten Befehle anwenden, siehe auch die Hilfe- Seite *guide/GraphPropertiesAndMeasurements*.

Erstellen wir auf Basis der (gerichteten) Kanten in der Liste *bsp* einen ungerichte- ten Graphen:

```
Graph[bsp, DirectedEdges -> False]
```

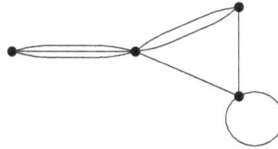

Es erscheint eine grafische Ausgabe analog zum `GraphPlot`-Befehl, dahinter verbirgt sich jedoch ein `Graph`-Objekt:

```
% //FullForm
```

```
Graph[List[1,2,3,4], List[UndirectedEdge[1,2],...]]
```

Um die grafische Ausgabe tatsächlich in eine „echte" Grafik umzuwandeln, kann man sie mit der rechten Maustatse anklicken und wählt im sich öffnenden PopUp-Menü *Convert To Graphics*. Alternativ wendet man den `GraphPlot`-Befehl auf das `Graph`- Objekt an.

Werfen wir einen Blick auf die Ausgabe von `FullForm`: Dort werden zunächst die vier Knoten aufgelistet, und anschließend sämtliche Kanten als `UndirectedEdge` (al- so nicht mehr als `Rule`). Tatsächlich hätte man den Graphen auch gleich direkt mit einer Liste solch ungerichteter Kanten definieren können, die man z. B. als `<->` oder via Esc, ue, Esc eingibt, und die dann als •–• dargestellt werden.

Tab. 12.1. Eigenschaften eines Graphen prüfen (seit Version 8).

Befehl	Beschreibung
GraphQ[obj]	Prüft, ob Graph-Objekt vorliegt.
AcyclicGraphQ[graph]	Prüft, ob Graph azyklisch.
BipartiteGraphQ[graph]	Prüft, ob Graph bipartit.
CompleteGraphQ[graph]	Prüft, ob Graph vollständig.
ConnectedGraphQ[graph]	Prüft, ob Graph zusammenhängend.
DirectedGraphQ[graph]	Prüft, ob Graph gerichtet ist; analog: UndirectedGraphQ.
EulerianGraphQ[graph]	Prüft, ob Eulerscher Graph vorliegt.
HamiltonianGraphQ[graph]	Prüft, ob Hamiltonscher Graph vorliegt.
IsomorphicGraphQ[gr1,gr2]	Prüft, ob beide Graphen isomorph sind. Einen zug. Isomorphismus findet man mittels FindGraphIsomorphism.
PlanarGraphQ[graph]	Prüft, ob Graph planar ist. (seit V. 9)
LoopFreeGraphQ[graph]	Prüft, ob Graph keine Schlingen besitzt.
SimpleGraphQ[graph]	Prüft, ob Graph schlicht ist.

Auch kann man Graph weitere Optionen zur Darstellung mitgeben, etwa zur Beschriftung der Knoten:

```
Graph[bsp, DirectedEdges -> False,
VertexLabels -> "Name"]
```

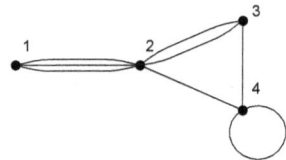

Wir wissen bereits, dass ein Graph, der weder Schlingen noch mehrfache Kanten besitzt, *schlicht* heißt. Ein schlichter Graph, bei dem ein jedes Paar verschiedener Knoten durch eine Kante miteinander verbunden ist, heißt *vollständig*. Der vollständige Graph mit n Knoten wird kurz als K_n bezeichnet. Der Graph K_5 sieht folgendermaßen aus:

```
k5=CompleteGraph[5,
VertexLabels -> "Name"]
```

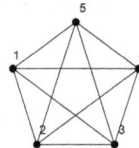

Die Vollständigkeit prüft man mittels CompleteGraphQ nach.

Tab. 12.2. Eigenschaften eines Graphen abfragen (seit Version 8).

Befehl	Beschreibung
VertexCount [*graph*]	Zahl der Knoten; analog ergibt EdgeCount die Zahl der Kanten.
EdgeList [*graph*]	Liste der Kanten des Graphs; analog VertexList für Knoten.
VertexDegree [*graph*]	Liste der Grade der einzelnen Knoten. Bei gerichteten Graphen unterscheidet VertexInDegree den Eingangs-, und VertexOut-Degree den Ausgangsgrad.
FindEulerianCycle [*graph*]	Ergibt, falls existent, Eulerschen Zyklus als geordnete Knotenliste. Analog ergibt FindHamiltonianCycle einen Hamiltonschen Kreis.

K_5 besitzt die folgenden 10 Kanten und 5 Knoten:

EdgeCount [k5]	10
EdgeList [k5]	{1 •—• 2, 1 •—• 3, ..., 4 •—• 5}
VertexCount [k5]	5
VertexList [k5]	{1,2,3,4,5}

Ein schlichter Graph heißt *bipartit*, wenn die Menge der Knoten so in zwei nichtleere Mengen zerteilt werden kann, dass eine jede Kante durch einen Knoten der einen und einen Knoten der anderen Menge begrenzt wird. Einen bipartiten Graphen mit Knotenpartition V_1, V_2, wobei V_1 aus m und V_2 aus n Knoten bestehe, nennt man *vollständig bipartit*, wenn zu jedem Paar $(v_1, v_2) \in V_1 \times V_2$ eine verbindende Kante existiert. Einen solchen Graphen bezeichnet man kurz als $K_{m,n}$. $K_{3,3}$ etwa sieht folgendermaßen aus:

```
k33=CompleteGraph[{3,3}]
```

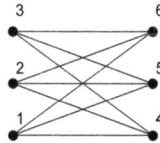

Analog eben bestimmt man die 9 Kanten und 6 Knoten von $K_{3,3}$. Wählt man als Partition die Knotenmengen $\{1, 2, 3\}$ und $\{4, 5, 6\}$, so gibt es nur Kanten *zwischen* diesen Mengen, aber nicht innerhalb, also ist der Graph tatsächlich bipartit. Nachprüfen lässt sich dies mittels BipartiteGraphQ.

Bemerkung 12.2.1. Einige weitere namhaften Graphen sind über den Befehl Graph-Data verfügbar, etwa:

```
GraphData[]
```

{..., {Complete,6}, ..., {Complete,20}, {CompleteBipartite,{2,3}},
..., {CompleteBipartite,{7,7}}, ..., {Cycle,5}, ..., {Cycle,20},
..., {Wheel,5}, ..., {Wheel,20}, WongGraph}

So kann man mit Hilfe von GraphData etwa den Kreis C_9 und das Rad W_{17} erzeugen:

```
GraphData[{"Cycle",9}]
```

```
GraphData[{"Wheel",17}]
```

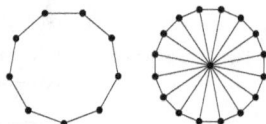

Von den verfügbaren Graphen kann man auch eine Reihe von Eigenschaften abfragen, nämlich jene, die nach Ausführen von GraphData["Properties"] aufgelistet werden. So kann man z. B. erfragen, ob W_{17} Eulersch ist (was dies bedeutet, wird weiter unten erläutert):

```
GraphData[{"Wheel",17}, "Eulerian"]          False
```

Für weitere Informationen sei auf den entsprechenden Hilfeeintrag verwiesen. •

Zwei Knoten eines Graphen heißen *adjazent* (benachbart), wenn sie durch eine Kante verbunden werden. Die Zahl der zu einem Knoten gehörigen Kanten heißt der *Grad* des Knotens. Die gesamte Information über den Graphen lässt sich in einer *Adjazenzmatrix* **A** zusammenfassen, deren Eintrag a_{ij} die Zahl der Kanten von i nach j ist. Im Falle eines ungerichteten Graphen ist die Adjazenzmatrix symmetrisch, da Kanten sowohl hin- als auch zurückführen; die Kanten werden also doppelt gezählt. Zeilen- bzw. Spaltensumme der Adjazenzmatrix geben den Grad des betreffenden Knotens wieder. Betrachten wir als Beispiel den Königsberg-Graphen:

```
koen=Graph[{1 <-> 2, 1 <-> 2, 1 <-> 4, 2 <-> 3, 2 <-> 3, 2 <-> 4, 3 <-> 4}]
```

```
Degrees[koen]                              {3,5,3,3}
```

```
Akoen=AdjacencyMatrix[koen];
Akoen //MatrixForm
```
$$\begin{pmatrix} 0 & 2 & 0 & 1 \\ 2 & 0 & 2 & 1 \\ 0 & 2 & 0 & 1 \\ 1 & 1 & 1 & 0 \end{pmatrix}$$

Wie man leicht an Abb. 12.1 (b) nachvollziehen kann, hat etwa der Knoten 1 den Grad 3, da genau 3 Kanten zu ihm gehören. Zwei dieser Kanten sind mit dem Knoten 2 verbunden, siehe die entsprechenden Einträge (1, 2) und (2, 1) der Adjazenzmatrix. Summiert man über alle Einträge von deren zweiter Zeile, erhält man 5, den Grad des Knotens 2.

Die eben erzeugte Adjazenzmatrix ist vom Typ `SparseArray`, vgl. Abschnitt 9.2. Allein mittels der Adjazenzmatrix könnte man sowohl ein `Graph`-Objekt erzeugen (im obigen Beispiel wäre die Befehlszeile `AdjacencyGraph[Akoen]`) als auch einen `GraphPlot`.

Ein *Weg* zwischen zwei Knoten u und v ist eine Folge von Knoten und verbindenden Kanten, welche durch u und v begrenzt wird. Ein Graph heißt *zusammenhängend*, wenn zwischen je zwei verschiedenen Knoten ein Weg existiert. Mit Hilfe der Adjazenzmatrix $\mathbf{A}$ kann man klären, auf wieviele verschiedene Weisen man von einem Knoten zu einem anderen schreiten kann: Der Eintrag (i, j) der Matrix $\mathbf{A}^k$ ist gerade die Anzahl der Wege der Länge k, die von i nach j führen, der Eintrag (i, j) der Matrix $\mathbf{A} + \mathbf{A}^2 + \ldots + \mathbf{A}^k$ die Anzahl der Wege der Länge $\le k$ von i nach j.

```
MatrixPower[Akoen, 2] //MatrixForm
```
$$\begin{pmatrix} 5 & 1 & 5 & 2 \\ 1 & 9 & 1 & 4 \\ 5 & 1 & 5 & 2 \\ 2 & 4 & 2 & 3 \end{pmatrix}$$

Die 2 in der Position $(1, 4)$ bzw. $(4, 1)$ besagt, dass es genau zwei Wege der Länge 2 zwischen 1 und 4 gibt. Wie der Leser an obigen Grafiken nachprüft, führen beide Wege über den Knoten 2.

Ein Weg mit übereinstimmenden Endknoten heißt *geschlossen* oder ein *Zyklus*. Existiert in einem zusammenhängenden Graphen ein Zyklus, welcher alle Kanten durchläuft, aber keine davon mehrfach, so heißen der spezielle Zyklus und der gesamte Graph *Eulersch* (denn dies ist gerade die allgemeine Formulierung des von Euler aufgeworfenen Königsberger Brückenproblems). Wie man zeigen kann (Koshy, 2004, S. 557), ist ein zusammenhängender Graph genau dann Eulersch, wenn jeder Knoten geraden Grad aufweist. Da dies beim Brückengraphen aus Abb. 12.1 nicht der Fall ist, war ein solcher Rundgang im Königsberg zu Eulers Zeiten nicht möglich.

```
EulerianGraphQ[koen]
```
                                       False

```
FindEulerianCycle[koen]
```
                                       {}

Werden bei einem Weg, abgesehen von den Endknoten, keine Knoten mehrfach durchlaufen, so heißt der Weg *einfach* oder ein *Pfad*. Ein geschlossener Pfad heißt *Kreis*. Besitzt ein zusammenhängender Graph einen Kreis, der alle Knoten durchläuft, so spricht man von einem *Hamiltonschen Graphen*, der spezielle Kreis heißt ebenfalls Hamiltonsch. Der Brückengraph aus Abb. 12.1 ist offenbar Hamiltonsch, denn $1 \to 2 \to 3 \to 4 \to 1$ wäre ein alle Stadtteile (Knoten) verbindender Kreis. Dies bestätigt man mit Mathematica:

```
HamiltonianGraphQ[koen]
```
                                       True

```
FindHamiltonianCycle[koen]
```
                                       {1,2,3,4,1}

Umgekehrt heißt ein Graph, der keinerlei Zyklen besitzt, *azyklisch*. Ein zusammenhängender, azyklischer Graph heißt ein *Baum*, siehe Beispiel 12.1.2.

Zu einem jeden zusammenhängenden Graphen existiert ein sog. *Spannbaum*, d. h. ein Teilgraph, welcher alle Knoten des Graphen umfasst und ein Baum ist. Sind die einzelnen Kanten mit Gewichten versehen, liegt also ein *gewichteter Graph* vor, so kann man unter allen Spannbäumen einen solchen wählen, welcher minimal bzw. maximal im Sinne seines Gesamtgewichtes ist. Will man etwa mehrere Orte durch ein Schienennetz verbinden, wobei sich für jeden Streckenabschnitt (Kante) die Baukosten (Gewicht) angeben lassen und dabei die Gesamtbaukosten minimal halten, so ist man an einem minimalen Spannbaum interessiert.

Als Beispiel betrachten wir eine vereinfachte Variante unseres Königsberg-Graphen, mit Gewichten versehen:

```
bspweight=Graph[
{1<->2, 1<->4, 2<->3, 2<->4, 3<->4},
EdgeWeight->{0.5,0.4,0.7,3.2,2.1}];
Graph[bspweight, VertexLabels->"Name",
EdgeLabels->"EdgeWeight"]
```

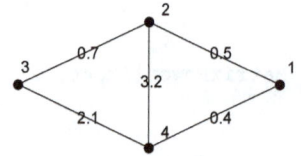

Dessen Gewichte fragt man wie folgt ab:

```
PropertyValue[bspweight, EdgeWeight]          {0.5,0.4,0.7,3.2,2.1}
```

Nun können wir im gewichteten Graphen mittels `FindSpanningTree` (seit Version 10) nach einem minimalen und einem maximalen Spannbaum suchen lassen:

```
HighlightGraph[bspweight,
FindSpanningTree[bspweight],
GraphHighlightStyle->"Thick",
VertexLabels->"Name"]
```

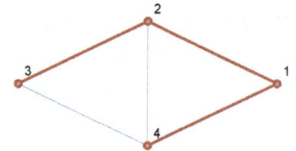

```
HighlightGraph[bspweight,
FindSpanningTree[bspweight, EdgeWeight ->
-PropertyValue[bspweight,EdgeWeight]],
GraphHighlightStyle->"Thick",
VertexLabels->"Name"]
```

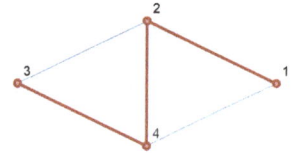

Im zweiten Fall mussten wir die Vorzeichen der Gewichte zunächst umdrehen, damit die Suche nach einem Minimum zu einem Maximum führt.

12.3 Eigenschaften von gerichteten Graphen

Einige der im vorigen Abschnitt 12.2 besprochenen Eigenschaften lassen sich analog auch auf gerichtete Graphen (Digraphen) übertragen. So kann man wieder die Zahl der von einem zum anderen Knoten führenden Kanten betrachten, wobei nun bei einem jeden Knoten zwischen *Eingangs- und Ausgangsgrad* zu unterscheiden ist, deren Summe den (Gesamt-)Grad ergibt. Mit Hilfe einer *Adjazenzmatrix*, welche nun i. A. nicht symmetrisch ist, kann man den Digraphen wieder vollständig beschreiben. Die Zeilen- bzw. Spaltensumme ist der Ausgangs- bzw. Eingangsgrad des jeweiligen Knotens. Im Falle unseres *bsp*-Graphen, siehe Seite 188 ff, würde man erhalten:

```
bspGraph=Graph[bsp];
AdjacencyMatrix[bspGraph] //MatrixForm
```
$$\begin{pmatrix} 0 & 2 & 0 & 0 \\ 1 & 0 & 1 & 0 \\ 0 & 1 & 0 & 1 \\ 0 & 1 & 0 & 1 \end{pmatrix}$$

```
VertexInDegree[bspGraph]
```
{1,4,1,2}

```
VertexOutDegree[bspGraph]
```
{2,2,2,2}

```
VertexDegree[bspGraph]
```
{3,6,3,4}

Beispielhaft können wir den Knoten „2" genauer analysieren: Wie die Abbildung des Graphen auf Seite 188 zeigt, führen vier Kanten zu „2" (eine von „4", eine von „3", zwei von „1") und zwei Kanten von diesem weg (eine nach „3", eine nach „1"). Der resultierende Eingangsgrad 4 bzw. Ausgangsgrad 2 ergibt sich auch als Summe der zweiten Spalte bzw. Zeile der Adjazenzmatrix.

Schauen wir im Nachgang nochmals auf die Kanten:

```
EdgeList[bspGraph]
```

{1↔2, 1↔2, 2↔1, 2↔3, 3↔2, 3↔4, 4↔2, 4↔4}

Analog zum Fall ungerichteter Graphen wurde unsere ursprüngliche Rule-Spezifikation überschrieben, diesmal durch das als ↔ dargestellte DirectedEdge (Esc, de, Esc).

Auch den Kanten eines Digraphen kann man wieder Gewichte zuordnen, die sich z. B. als Distanz interpretieren lassen. Eine häufige Fragestellung ist es nun, einen kürzesten Pfad von einem Knoten eines gewichteten Digraphen zu einem anderen zu finden, so er denn existiert, wobei Kürze hier im Sinne von geringstem Gesamtgewicht gemeint ist. Ein praktisches Beispiel könnte die kürzeste Fahrtroute zwischen zwei Orten sein.

Betrachten wir eine modifizierte Form des gerichteten *bsp*-Graphen:

```
bspdweight=Graph[Range[1,5], {1↔2,
2↔1, 3↔2, 2↔3, 4↔2, 3↔4, 4↔4},
EdgeWeight ->{0.5,0.7,1.7,0.3,0.4,0.1,0.2}];
GraphPlot[bspdweight, SelfLoopStyle -> True,
MultiedgeStyle -> True, VertexLabeling -> True,
DirectedEdges -> True]
```

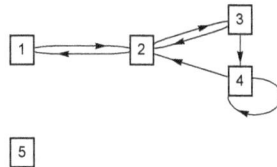

Im ersten Argument haben wir explizit einen 5. Knoten angefordert, der allerdings nicht erreichbar ist. Die gewählten Gewichte machen sich auch in der gewichteten Adjazenzmatrix bemerkbar:

$$\text{WeightedAdjacencyMatrix[bspdweight]} \quad \begin{pmatrix} 0 & 0.5 & 0 & 0 & 0 \\ 0.7 & 0 & 0.3 & 0 & 0 \\ 0 & 1.7 & .0 & 0.1 & 0 \\ 0 & 0.4 & 0 & 0.2 & 0 \\ 0 & 0 & 0 & 0 & 0 \end{pmatrix}$$
//MatrixForm

Die Kostenbilanz aller kürzesten Pfade wird in folgender Distanzmatrix zusammengefasst:

$$\text{GraphDistanceMatrix[bspdweight]} \quad \begin{pmatrix} 0. & 0.5 & 0.8 & 0.9 & \infty \\ 0.7 & 0. & 0.3 & 0.4 & \infty \\ 1.2 & 0.5 & 0. & 0.1 & \infty \\ 1.1 & 0.4 & 0.7 & 0. & \infty \\ \infty & \infty & \infty & \infty & 0. \end{pmatrix}$$
//MatrixForm

Hierbei erscheint ∞, wenn ein entsprechender Pfad nicht existiert.

FindShortestPath[bspdweight, 3, 2]   {3,4,2}

GraphDistance[bspdweight, 3, 2]   0.5

Der kürzeste Pfad von „3" nach „2" ist $3 \to 4 \to 2$, und er wirft die Kosten 0.5 auf, was man auch dem Eintrag (3, 2) der Abstandsmatrix entnimmt.

13 Wahrscheinlichkeitstheorie

Die Wahrscheinlichkeitstheorie ist eine mathematische Disziplin, die sich mit Gesetz-mäßigkeiten zufälliger Ereignisse und deren Modellierung befasst. Die gewonnenen Resultate finden ihre Anwendung vor allem in der induktiven Statistik, mit der wir uns in Kapitel 19 umfassend beschäftigen werden, und auch beim Thema Simulation in Kapitel 20 werden wir auf die hier besprochenen Themen zurückkommen. Grundle-gend für die Wahrscheinlichkeitstheorie ist das Konzept der Zufallsvariablen, welche die möglichen Ausgänge eines Experiments auf (zumeist) reelle Zahlen oder Vekto-ren abbildet und damit einen mathematischen Zugang erleichtert. Für derartige Zu-fallsvariablen gibt es eine Reihe von Begrifflichkeiten und Modellverteilungen, welche mittlerweile auch in **Mathematica** in großem Umfang implementiert sind, siehe Ab-schnitt 13.1. Trotzdem findet sich hin und wieder die eine oder andere Lücke, und wie man diese unter Einbindung von R schließend kann, erfahren wir in Abschnitt 13.2. Abschließend werden wir uns in Abschnitt 13.3 mit stochastischen Prozessen befas-sen, also mit in der Zeit ablaufenden Zufallsphänomenen.

Weiterführende Informationen... zur fachlichen Vertiefung bieten z. B. die Bücher von Basler (1994); Georgii (2015). Für Abschnitt 13.3.2 sei das Buch von Schlittgen & Streitberg (2001) empfohlen.

13.1 Zufallsvariablen und Verteilungen

Im Folgenden wollen wir annehmen, dass sich das betrachtete Zufallsphänomen durch eine reellwertige *Zufallsvariable* beschreiben lässt. Damit schließen wir sowohl den *univariaten* Fall (das Resultat des Zufallsexperiments ist eine einzelne reelle Zahl, und wir bezeichnen die Zufallsvariable in der Form X) als auch den *multivariaten* Fall (das Resultat des Zufallsexperiments ist eine reeller Vektor, und wir bezeichnen die Zufallsvariable in der Form $\boldsymbol{X}$) ein. Für die Modellierung solcher Zufallsvariablen (und damit der zugrundeliegenden Zufallsphänomene) wurde im Laufe der Zeit ein

Tab. 13.1. Univariate Verteilungen vom diskreten Typ.

`BernoulliDistribution[p]`	`HypergeometricDistribution[n,M,N]`
`BinomialDistribution[n,p]`	`LogSeriesDistribution[θ]`
`DiscreteUniformDistribution[{min,max}]`	`NegativeBinomialDistribution[n,p]`
`GeometricDistribution[p]`	`PoissonDistribution[λ]`

DOI 10.1515/9783110425222-013

Tab. 13.2. Univariate Verteilungen vom kontinuierlichen Typ.

BetaDistribution[α,β]	LogisticDistribution[μ,β]
CauchyDistribution[a,b]	LogNormalDistribution[μ,σ]
ChiDistribution[n]	NoncentralChiSquareDistribution[n,λ]
ChiSquareDistribution[n]	NoncentralFRatioDistribution[m,n,λ]
ExponentialDistribution[λ]	NoncentralStudentTDistribution[n,λ]
ExtremeValueDistribution[α,β]	NormalDistribution[μ,σ]
FRatioDistribution[m,n]	ParetoDistribution[k,α]
GammaDistribution[α,λ]	RayleighDistribution[σ]
HalfNormalDistribution[θ]	StudentTDistribution[n]
HotellingTSquareDistribution[k,m]	UniformDistribution[{min,max}]
LaplaceDistribution[μ,β]	WeibullDistribution[α,β]

großes Repertoire an Verteilungen entwickelt, sowohl vom diskreten als auch vom kontinuierlichen Typ, sowohl univariat als auch multivariat, von denen sehr viele bei Mathematica (spätestens seit Version 8) implementiert sind. Zu all diesen Verteilungsfamilien können wiederum wichtige Kenngrößen berechnet werden, wie etwa Momente oder Quantile, welche wesentliche Charakteristika der jeweiligen Verteilung herausstellen. Viel mehr noch, tatsächlich gibt es auch eine symbolische Repräsentation der Zufallsvariablen X (bzw. $\mathbf{X}$) selbst, d. h. nicht nur die Verteilung von X steht Berechnungen offen, sondern auch die von Funktionen in X wie etwa X^{17} oder $\ln X$ (zumindest prinzipiell, soweit berechenbar, siehe auch Abschnitt 13.2).

Im Folgenden wollen wir beispielhaft vorführen, wie derartige Berechnungen ausgeführt werden können (das Thema Simulation von Zufallsvariablen verschieben wir auf Abschnitt 20.2.1). Zunächst beschränken wir uns dabei auf Verteilungen und deren Eigenschaften. Seit Version 8 (nochmals erweitert mit den Versionen 9 und 10) ist das Repertoire fertiger Implementierungen wirklich riesig, und die im Folgenden explizit aufgeführten Verteilungen (Tab. 13.1 und 13.2 sowie später Tab. 13.6 und 13.7) stellen ohne Übertreibung nur einen kleinen Auszug der tatsächlich vorhandenen Verteilungen dar; einen vollständigeren Überblick über die *parametrischen* Verteilungen findet man in der Hilfe beginnend beim Eintrag *guide/ParametricStatisticalDistributions*. Fest implementiert gibt es seit Version 8 auch nichtparametrische Verteilungsmodelle, siehe *guide/NonparametricStatisticalDistributions*, und aus bestehenden Verteilungen können weitere hergeleitet werden etwa durch Zensierung, Copulas, u. v. m., siehe *guide/DerivedDistributions*. Seit Version 10 kann man mit

Tab. 13.3. Charakterisierung von Verteilungsmodellen.

Befehl	Beschreibung
PDF[vert,x]	Dichte- bzw. Wahrscheinlichkeitsfunktion $f(x)$ der Verteilung *vert*.
CDF[vert,x]	Verteilungsfunktion $F(x)$ der Verteilung *vert*.
CharacteristicFunction[vert,z]	Charakterist. Fkt. $\phi(z) = E[e^{izX}]$ der Verteilung *vert*.
MomentGeneratingFunction[vert,z]	Momentenerz. Fkt. $\mu(z) = E[e^{zX}]$ zu *vert*. (seit V. 8)
FactorialMomentGeneratingFunction[vert,z]	Faktorielle Momente erzeugende bzw. wahrscheinlichkeitserz. Funktion $w(z) = E[z^X]$ zu *vert*. (seit V. 8)
CumulantGeneratingFunction[vert,z]	Kumulantenerz. Fkt. $\kappa(z) = \ln E[e^{zX}]$. (seit V. 8)

QuantityDistribution[vert, *einheit*] eine Verteilung noch um eine Maßeinheit ergänzen.

Alle Verteilungsfamilien lassen sich auf verschiedene Weisen charakterisieren. Das kann einmal über die Dichte- bzw. Verteilungsfunktion geschehen, darüberhinaus aber auch durch bestimmte Arten von Erzeugendenfunktion, siehe Tab. 13.3. Zu allen Verteilungsfamilien können wichtige Kenngrößen berechnet werden, siehe Tab. 13.4; lediglich die Quantilsmaße funktionieren nicht bei diskreten Verteilungstypen. Die Befehle der Tab. 13.3 und 13.4 sind (zumindest seit Version 8) meist auch auf multivariate Verteilungen (s. u.) anwendbar, wobei auch hier die Quantile eine Ausnahme bilden.

Beginnen wir mit den univariaten Verteilungsfamilien: die wichtigsten univariaten Verteilungen vom diskreten Typ sind in Tab. 13.1 zusammengefasst, die vom kontinuierlichen Typ in Tab. 13.2. Dort, genau wie in den folgenden Tabellen, wurde auf Beschreibungen verzichtet, da die Bezeichnungen der einzelnen Verteilungstypen selbsterklärend sind. Das folgende Beispiel 13.1.1 illustriert exemplarisch mögliche Berechnungen rund um diskrete Verteilungen.

Beispiel 13.1.1. Die Poisson-Verteilung Poi(λ) ist eine diskrete Verteilung, die gerne verwendet wird, wenn es um die Modellierung seltener Ereignisse geht. Wichtige Eigenschaften dieser Verteilung sind:

```
vert[λ_]:=PoissonDistribution[λ];

wfkt[x_]:=PDF[vert[λ], x];

Print["Wahrsch.fkt.: ", wfkt[x]]
```

Wahrsch.fkt.:
$$\begin{cases} \frac{e^{-\lambda}\lambda^x}{x!} & x \geq 0 \\ 0 & \text{True} \end{cases}$$

Tab. 13.4. Auswahl wichtiger Kenngrößen von Verteilungen.

Befehl	Beschreibung	
DistributionDomain[vert]	Träger der Verteilung *vert*.	
Quantile[vert,α]	α-Quantil der Verteilung *vert*. Daneben auch Median[vert] und Quartiles[vert].	(seit V. 7)
Mean[vert]	Erwartungswert der Verteilung *vert*.	
Variance[vert]	Varianz der Verteilung *vert*.	
StandardDeviation[vert]	Standardabweichung der Verteilung *vert*. Alternativ InterquartileRange, QuartileDeviation.	(seit V. 7)
Skewness[vert]	(Momenten-)Schiefe der Verteilung *vert*. Alternativ QuartileSkewness.	(seit V. 7)
Kurtosis[vert]	4. standardisiertes Zentralmoment der Verteilung *vert*.	
Moment[vert,n]	*n*-tes Moment der Verteilung *vert*. Multivariate Verteilung: Ordnung via {*n1*,...,*nk*}. Analog CentralMoment für Zentral-, FactorialMoment für faktorielles Moment, Cumulant für Kumulant.	(seit V. 8)
MomentEvaluate[mom,vert]	Formales Moment (vgl. Tab. 13.5) ausgewertet für Vert.	(seit V. 8)

Print["Träger: ", DistributionDomain[vert[λ]]]   Träger: Range[0, ∞]

Print["Erwartungswert: ", Mean[vert[λ]]]   Erwartungswert: λ

Print["Varianz: ", Variance[vert[λ]]]   Varianz: λ

Print["Schiefe: ", Skewness[vert[λ]]]   Schiefe: $\frac{1}{\sqrt{\lambda}}$

Ein wichtiges Charakteristikum der Poisson-Verteilung ist die Gleichheit von Erwartungswert und Varianz (Equidispersion), welche man in der Praxis zur Modellidentifikation ausnutzt. Tatsächlich gilt sogar, dass gleich sämtliche Kumulanten gleich λ sind, was man mit **Mathematica** durch Cumulant[vert[λ],n] bestätigt.

Momente u. Ä. kann man auf vielerlei Weise abfragen, z. B. die Varianz auch via CentralMoment[vert[λ],2] oder MomentEvaluate[CentralMoment[2],vert[λ]]. Die Wahrscheinlichkeitserzeugende der Poisson-Verteilung,

FactorialMomentGeneratingFunction[vert[λ],z] $e^{(-1+z)\lambda}$

hatten wir ja schon in Beispiel 8.5.1 berechnet. Wendet man darauf eine Reihenentwicklung an, etwa Series[%, z], {z,0,4}], so sind die Koeffizienten der sich ergebenden Potenzreihe genau die obigen Poisson-Wahrscheinlichkeiten.

Wenden wir uns zu guter Letzt der grafischen Darstellung der Wahrscheinlichkeitsfunktion zu, welche man mit `ListPlot` (oder dessen Ableger `DiscretePlot`) vornimmt. Um die Diskretheit zu betonen, empfiehlt sich generell die Erstellung eines
Stabdiagramms, etwa in folgender Weise:

```
ListPlot[Evaluate[Table[
{x,wfkt[x,4.5]}, {x,0,15}]],
PlotRange -> {0, 0.25}, Joined -> True,
PlotMarkers -> {•,10},
PlotStyle -> Black,
Filling -> Axis,
FillingStyle -> {Black,Thick}]
```

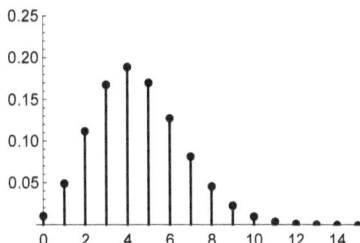

`Evaluate` stellt sicher, dass das `Table`-Kommando ausgeführt wird, bevor `ListPlot`
seine Anwendung findet. Mit `PlotMarkers -> {Symbol, Größe}` legt man das zu
zeichnende Symbol und dessen Größe fest. Das Symbol „•" tippt man als \[Filled-
Circle] ein, siehe auch die Hilfeeinträge unter *guide/ShapesIconsAndRelatedCharac-
ters*. Bei `DiscretePlot` umgeht man das `Table`-Kommando und führt direkt `Dis-
cretePlot[wfkt[x,4.5], {x,0,15}, ...]` aus, außerdem stehen andere Grafik-
optionen wie etwa `ExtentSize` zur Verfügung.

Will man mehrere Wahrscheinlichkeitsfunktionen vergleichen, ist es trotz Dis-
kretheit wohl besser, die Punkte (nun dargestellt durch „■" bzw. \[FilledSquare])
via `Joined` zu verbinden. Außerdem ist nun eine Legende vonnöten:

```
legfunc[legende_]:=Framed[legende, FrameMargins -> 0];
```

```
ListPlot[Evaluate[Table[Table[
{x,wfkt[x,λ]}, {x,0,15}], {λ,1,7,2}]],
PlotRange -> {0,0.4}, Joined -> True,
PlotMarkers -> {{■,10}},
PlotStyle -> Table[
{Thickness[0.004], GrayLevel[1]},
{1, {0,0.25,0.5,0.75}}],
PlotLegends -> Placed[LineLegend[
{"λ=1","λ=3","λ=5","λ=7"},
LegendLabel -> "Wfkt. Poi(λ):",
LegendFunction -> legfunc], {0.85,0.6}] ]
```

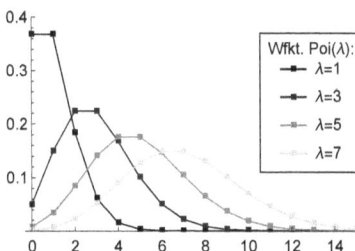

Durch die ineinandergeschachtelten `Table`-Kommandos werden vier Listen (für
$\lambda = 1, 3, 5, 7$) mit je 16 Wertepärchen erzeugt, die parallel dargestellt werden. Der Op-
tion `PlotStyle` wird eine Liste mit vier Einträgen übergeben, `{{Thickness[0.004],
GrayLevel[0]}, ..., {Thickness[0.004], GrayLevel[0.75]}}`. Schließlich ha-
ben wir, genau wie in Abschnitt 7.4.1, eine Legende erzeugt, wobei diesmal zwecks
Illustration ein anderer Weg zur Reduzierung der Abstände gewählt wurde: Der Rah-

men wird zwar mit Framed erzeugt, jedoch innerhalb von legfunc der innenliegende Rand auf Breite 0 gesetzt. Hätte man PointLegend statt LineLegend gewählt, würden in der Legende nur die Punkte angezeigt. •

Als Beispiel einer stetigen Verteilung wollen wir mal nicht die gerne zitierte Normalverteilung heranziehen, sondern uns ein paar Eigenschaften der Exponentialverteilung anschauen.

Beispiel 13.1.2. Die Exponentialverteilung ist eine Verteilung vom kontinuierlichen Typ, die zur Modellierung von Lebensdauern eingesetzt werden kann. Betrachten wir auch von dieser einige Charakteristika:

```
Clear[vert, dichte, λ];

vert[λ_]:=ExponentialDistribution[λ];                    Träger:

Print["Träger: ", DistributionDomain[vert[λ]]]    Interval[{0,∞}]

dichte[x_,λ_]:=PDF[vert[λ],x];

vertfkt[x_,λ_]:=CDF[vert[λ],x];                           Vert.fkt.:
```

$$\text{Print["Vert.fkt.: ", vertfkt[λ,x]]} \qquad \begin{cases} 1 - e^{-x\lambda} & \lambda \geq 0 \\ 0 & \text{True} \end{cases}$$

$$\text{Print["Median: ", Quantile[vert[λ],0.5]]} \qquad \text{Median: } \frac{0.693147}{\lambda}$$

Letzteres Beispiel demonstriert, dass für stetige Verteilungen Quantile berechnet werden können. An einer grafischen Darstellung der Dichtefunktion lässt sich deutlich eine ausgeprägte Rechtsschiefe ablesen:

```
Plot[Evaluate[Table[
dichte[x,λ], {λ,1,5}]],
{x,0,6}, PlotRange -> {0,1},
PlotStyle -> Table[GrayLevel[1],
{1,0,0.8,0.2}],
AspectRatio -> 1.2,
PlotLegends -> Placed[LineLegend[
{"λ=1", "λ=2", "λ=3", "λ=4", "λ=5"},
LegendFunction -> Framed], {0.8,0.6}]]
```

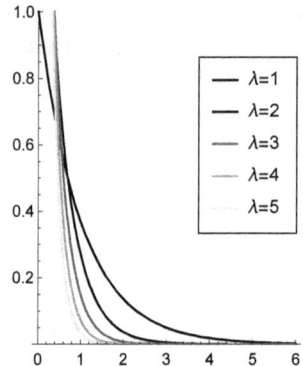

Hintergründe zu Grafikoptionen und der Erstellung der Legende finden sich in Abschnitt 7.4.1. Die schon benannte Schiefe lässt sich auf zweierlei Weise quantifizieren:

$$\text{QuartileSkewness[vert[λ]]} \qquad \frac{\text{Log}[4/3]}{\text{Log}[3]}$$

```
% //N                                                    0.26186
```

Tab. 13.5. Berechnungen mit Zufallsvariablen.

Befehl	Beschreibung
`Moment[n]`	Formales n-tes Moment $E[X^n]$. (seit V. 8) Multivariate Verteilung: Ordnung via {*n1*,...,*nk*}. Analog `CentralMoment` für Zentral-, `FactorialMoment` für faktorielles Moment, `Cumulant` für Kumulant.
`MomentConvert[mom,"Typ"]`	Formales Moment (s. o.) ausgedrückt als z. B. `"Moment"`, `"CentralMoment"`, `"FactorialMoment"`, `"Cumulant"`. Ausgabe von Schätzern via `"SampleEstimator"`, `"UnbiasedSampleEstimator"`. (seit V. 8)
`Expectation[g(x), x≈vert]`	Erwartungswert $E[g(X)]$ bzgl. der Verteilung *vert*, Eingabe von „≈" via ⎄Esc⎄ dist ⎄Esc⎄. (seit V. 8) Bei multivariater Verteilung {*x,y,...*} an Stelle von *x*. Bedingte Erw.werte mit Operator ⎄Esc⎄ cond ⎄Esc⎄ eingeben: ❘). Numerische Variante: `NExpectation`.
`Probability[Ereig(x), x≈vert]`	W.keit des Ereignisses, wobei X gemäß *vert*. (seit V. 8) Syntax und Möglichkeiten wie bei `Expectation`. Numerische Variante: `NProbability`.

```
Skewness[vert[λ]]                          2
```

Interessant hierbei: für beide Maße ist die Schiefe unabhängig von λ. •

Wie schon eingangs erwähnt, müssen wir uns bei der Berechnungen von z. B. Wahrscheinlichkeiten und Momenten nicht auf die grundlegenden Verteilungsmodelle selbst beschränken, sondern wir können auch Funktionen von entsprechenden Zufallsvariablen betrachten und unsere Berechnungen auf diese beziehen. Entsprechende Möglichkeiten fasst Tab. 13.5 zusammen. Greifen wir die Poisson-Verteilung aus Beispiel 13.1.1 erneut auf:

```
Clear[vert]; vert[λ_]:=PoissonDistribution[λ];
```

```
Expectation[x²+7x+8, x≈vert[λ]]            8 + 8λ + λ²
```

```
Probability[x<=7 ❘) x>=3, x≈vert[λ]]
```
$$-\frac{\lambda^3(840+210\lambda+42\lambda^2+7\lambda^3+\lambda^4)}{2520(2-2e^\lambda+2\lambda+\lambda^2)}$$

Die letztgenannte bedingte Wahrscheinlichkeit prüft man nach, indem man separat die gemeinsame Wahrscheinlichkeit `Probability[x<=7 && x>=3, x≈vert[λ]]` sowie die Randwahrscheinlichkeit `Probability[x>=3, x≈vert[λ]]` berechnet.

Tatsächlich können wir die Verteilung auch gänzlich unbestimmt lassen und z. B. mit symbolischen Momenten rechnen:

Tab. 13.6. Multivariate Verteilungen vom diskreten Typ (seit Version 8).

```
MultinomialDistribution[n,{p0,...,pk}]

MultiPoissonDistribution[μ0,{μ1,...,μk}]

NegativeMultinomialDistribution[n,{p0,...,pk}]

MultivariateHypergeometricDistribution[n,{m1,...,mk}]
```

Tab. 13.7. Multivariate Verteilungen vom kontinuierlichen Typ.

Befehl	**Beschreibung**

`MultinormalDistribution[μ,Σ]`   Erwartungswertvektor μ, Kovarianzmatrix Σ.

`MultivariateTDistribution[R,n]`   Korrelationsmatrix **R**, n Freiheitsgrade.

`QuadraticFormDistribution[A,b,c,μ,Σ]`* Verteilung d. quadratischen Form $X^\top AX + b^\top X + c$, wobei X multivariat normalverteilt ist mit Erwartungswertvektor μ und Kovarianzmatrix Σ.

`WishartDistribution[Σ,n]`*   Skalierungsmatrix Σ, n Freiheitsgrade.

`MomentConvert[Cumulant[2], "Moment"] //TraditionalForm` $\mu_2 - \mu_1{}^2$

Der 2. Kumulant ist also gleich der Varianz; ein ähnliches Beispiel hatten wir in Abschnitt 10.1 behandelt, als es um die Stirling-Zahlen ging.

Zum Schluss wollen wir auf multivariate Verteilungen eingehen. Auch hier werden eine Reihe von Verteilungstypen angeboten, siehe Tab. 13.6 und 13.7, kurios ist dabei nur, dass die zwei mit „*" gekennzeichneten Verteilungen in Tab. 13.7 selbst in Version 11 noch immer nur über das Paket `MultivariateStatistics` verfügbar sind. Umgekehrt aber sind seit Version 10 sogar Modelle für zufällige Matrizen fest implementiert, siehe *guide/MatrixDistributions*.

Die Befehle der Tab. 13.3 und 13.4 sind (zumindest seit Version 8) meist auch auf multivariate Verteilungen anwendbar (auch hier bilden die Quantile eine Ausnahme). Es wird dann entsprechend ein Vektor der komponentenweisen Kenngrößen ausgegeben. Zusätzlich gibt es noch die Befehle `Covariance[vert]` und `Correlation[vert]` für die Kovarianz- bzw. Korrelationsmatrix der Verteilung *vert* (seit Version 8). Zudem können die Berechnungen aus Tab. 13.5 auch auf multivariate Zufallsvariablen angewandt werden, wobei dann die wechselseitigen Abhängigkeiten der einzelnen Variablen berücksichtigt werden; Beispiele folgen gleich.

Schließlich können wir auch im multivariaten Fall die Verteilung unbestimmt lassen. So können wir zeigen, dass unabhängig vom konkreten Verteilungsmodell gilt, dass der gemischte Kumulant der Ordnung (1, 1) gleich der Kovarianz:

```
MomentConvert[CentralMoment[{1,1}], "Moment"] //TraditionalForm
```

$\mu_{1,1} - \mu_{0,1}\mu_{1,0}$

```
MomentConvert[CentralMoment[{1,1}], "Cumulant"] //TraditionalForm
```

$\kappa_{1,1}$

Betrachten wir nun konkrete Beispiele multivariater Verteilungen, und beginnen wir hierbei mit der multivariaten Variante der Poisson-Verteilung aus Beispiel 13.1.1.

Beispiel 13.1.3. Die d-dimensionale Poisson-Verteilung $\mathrm{MPoi}(\lambda_0; \lambda_1, \dots, \lambda_d)$ wird auf Basis von $d + 1$ unabhängigen Poisson-Zufallsvariablen $\epsilon_0, \dots, \epsilon_d$ definiert, wobei $\epsilon_i \sim \mathrm{Poi}(\lambda_i)$ für $i = 0, \dots, d$ ist: $X := (\epsilon_1 + \epsilon_0, \dots, \epsilon_d + \epsilon_0)^\top$. Der gemeinsame Anteil ϵ_0 sorgt also für die wechselseitige Abhängigkeit der Komponenten $X_1, \dots, X_d$. Betrachten wir speziell die bivariate Poisson-Verteilung ($d = 2$):

```
Clear[vert2];
vert2[λ0_,λ1_,λ2_]:=MultivariatePoissonDistribution[λ0, {λ1,λ2}];
```

```
Mean[vert2[λ0,λ1,λ2]]
```
$\{\lambda_0 + \lambda_1,\ \lambda_0 + \lambda_2\}$

```
Skewness[vert2[λ0,λ1,λ2]]
```
$\left\{ \frac{1}{\sqrt{\lambda_0 + \lambda_1}},\ \frac{1}{\sqrt{\lambda_0 + \lambda_2}} \right\}$

Folgt $(X, Y)^\top$ der bivariaten Poisson-Verteilung $\mathrm{MPoi}(\lambda_0; \lambda_1, \lambda_2)$, so berechnet sich der bedingte Erwartungswert $E[X \mid Y = 5]$ zu

```
Expectation[x | (y==5), {x,y}≈vert2[λ0,λ1,λ2]]
```
$\frac{5\lambda_0 + \lambda_0\lambda_1 + \lambda_1\lambda_2}{\lambda_0 + \lambda_2}$

Die komplette bedingte Verteilung wird ausgegeben, wenn man in obiger Zeile `Expectation[x | ...]` durch `Probability[x==k | ...]` ersetzt.

Zur grafischen Darstellung der bivariaten Wahrscheinlichkeitsfunktions kann man `ListPointPlot3D` oder `DiscretePlot3D` einsetzen, um ein Stabdiagramm zu erzeugen:

```
DiscretePlot3D[
PDF[vert2[1,2,3], {x,y}],
{x,0,10}, {y,0,10},
ExtentSize->0.25,
ExtentElementFunction->"Cube",
ColorFunction->GrayLevel,
AxesLabel->{"X","Y",None}]
```

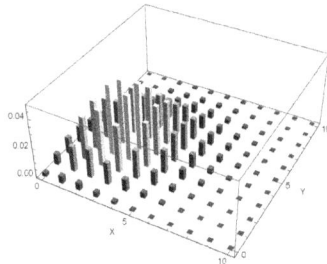

Für `ListPointPlot3D` hätte man als erstes Argument `Evaluate[Table[{x,y, PDF[`
`vert2[1,2,3], {x,y}]}, {x,0,10}, {y,0,10}]]` setzen müssen. Alternativ kann
man mittels `ArrayPlot` eine Art Dichtegrafik (vgl. Abschnitt 7.4.3) erstellen:

```
ArrayPlot[
PDF[vert2[1,2,3],#]& /@
  Table[{x,y}, {x,0,10}, {y,0,10}],
FrameTicks -> Automatic,
FrameLabel -> {"X","Y"}]
```

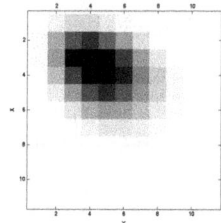

Die Wahrscheinlichkeitsfunktion haben wir hierbei als reine Funktion (vgl. Abschnitt 7.1.1) definiert und via `Map` (vgl. Abschnitt 4.2.5) auf die Liste $\{0,\dots,10\}^2$ angewandt. ●

Als Beispiel einer multivariaten Verteilung vom stetigen Typ betrachten wir abschließend die bivariate Normalverteilung.

Beispiel 13.1.4. Wir wollen im Folgenden jene bivariate Normalverteilung näher untersuchen, welche um den Punkt $(2, 5)$ zentriert ist und die komponentenweisen Standardabweichungen 2 bzw. 1 aufweist. Unbestimmt lassen wir die Korrelation ρ zwischen beiden Komponenten, d. h. wir definieren:

```
{μ1,μ2}={2,5}; {σ1,σ2}={2,1};
mC[ρ_]:={{σ1², σ1 σ2 ρ}, {σ1 σ2 ρ, σ2²}};
multnorm[ρ_]:=MultinormalDistribution[{μ1,μ2}, mC[ρ]];
```

Im eben betrachteten Spezialfall der *bi*variaten Normalverteilung hätten wir alternativ
auch `BinormalDistribution[{μ1,μ2}, {σ1,σ2}, ρ]` verwenden können.

Um zu prüfen, ob wir die Kovarianzmatrix tatsächlich korrekt definiert haben,
lassen wir die Korrelationsmatrix unserer Verteilung bestimmen:

```
Correlation[multnorm[ρ]]                    {{1,ρ},{ρ,1}}
```

Nun wollen wir grafisch den Effekt der Korrelation studieren. Dazu lassen wir Grafiken
für die Dichtefunktion erstellen, wie dies in Abb. 13.1 zu sehen ist:

```
bilder=Table[ Plot3D[PDF[multnorm[ρ], {x,y}], {x,-5,10}, {y,2,8},
PlotRange -> {0,0.15},
PlotLabel -> StringJoin["ρ=", ToString[ρ]]], {ρ,-0.6,0.9,0.3}];
GraphicsGrid[TakeDrop[bilder, 3], ImageSize -> 500]
```

Die Liste der sechs Einzelgrafiken (beschriftet unter Verwendung von `StringJoin` aus
Tab. 21.1 auf S. 341) wurde mittels `TakeDrop` in eine Liste mit zwei Dreierlisten, insgesamt also in eine 2 × 3-Liste transferiert. Zur Grafikausgabe wurde `GraphicsGrid`
verwendet, siehe auch Abschnitt 4.2.4 zu `Grid`. An Stelle von 3D-Plots hätte man auch
Kontur- bzw. Dichtegrafiken erzeugen können, vgl. Abschnitt 7.4.3. Die Dichten in

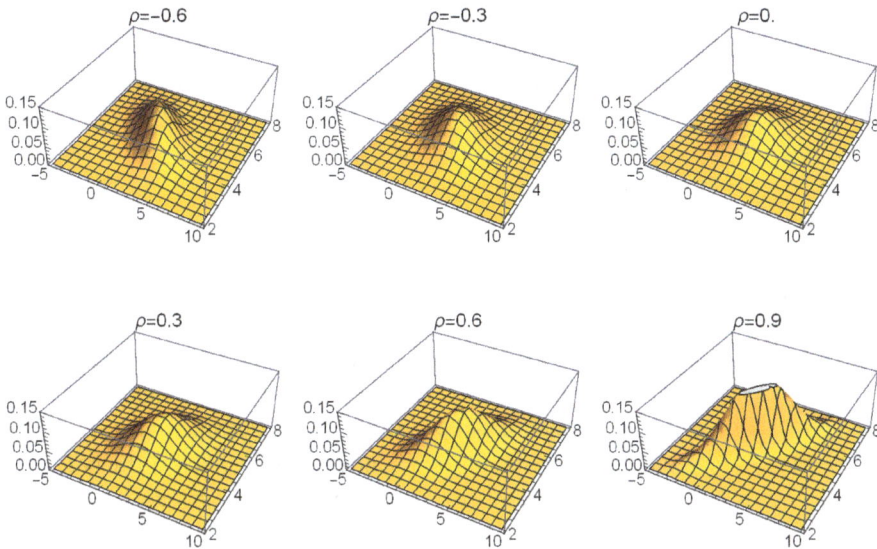

Abb. 13.1. Bivariate Normalverteilung mit verschiedenen Korrelationen.

Abb. 13.1 verdeutlichen gut den Effekt der Korrelation: Ein hohes Ausmaß an Korrelation führt zu einer Konzentration der Wahrscheinlichkeitsmasse entlang einer der Diagonalen. Das Vorzeichen der Korrelation entscheidet über diese Diagonale. •

13.2 Exkurs: Integration von R

Im Bereich statistischer Berechnungen hat in den letzten Jahren die Software (und Programmiersprache) R einen enormen Aufstieg erlebt. Zur stetig wachsenden Verbreitung trug einerseits bei, dass es sich bei R um Open-Source-Software handelt, die für alle gängigen Plattformen erhältlich ist, andererseits aber vor allem auch die Mächtigkeit und Aktualität von R: Mittlerweile lässt sich wohl nur noch schwer ein statistisches Teilgebiet ausmachen, für das keine fertigen Verfahren in R vorliegen, und werden in wissenschaftlichen Arbeiten neue Verfahren entwickelt, so wird häufig auch gleich eine entsprechende Implementierung in R mitgeliefert. Derartige Spezialverfahren werden in Form von Paketen ausgegeben, die man bei Bedarf in R lädt und dann die entsprechenden Berechnungen ausführt. Die offizielle Seite zu R ist http://www.R-project.org/, wo sich neben dem Programm selbst auch zahlreiche Literaturempfehlungen rund um R finden lassen.

Da ein kommerzielles Software-Produkt einer solch rasanten Entwicklung nicht folgen kann, verfügen mittlerweile nahezu alle großen Statistik-Pakete über eine Schnittstelle zu R, siehe etwa Weiß (2010). Der Benutzer hält seine Daten in der jeweiligen Software vor und führt dort auch einen Großteil der Analysen durch. Bei speziellen Fragestellungen aber wird innerhalb des kommerziellen Paketes ein Aufruf an R gesandt. R führt dann (unsichtbar im Hintergrund) Berechnungen durch, gibt die Resultate an das kommerzielle Paket zurück, und dieses präsentiert die erhaltenen Werte wiederum im jeweils eigenen Format, so dass der Nutzer direkt mit den Ergebnissen weiterarbeiten kann. Seit Version 9 bietet nun auch **Mathematica** eine solche Schnittstelle zu R an, die wir im Folgenden beispielhaft vorstellen werden.

Die Schnittstelle zu R wird mit Hilfe des **Mathematica**-Paketes `RLink` eingerichtet, siehe auch die Hilfeeinträge unter *RLink/guide/RLink*. Nachdem dieses Paket geladen wurde, wird die Verbindung zu R durch das Kommando `InstallR` hergestellt. Laut Hilfeeintrag *RLink/tutorial/UsingRLink* macht es nun aber einen Unterschied, ob man **Mathematica** auf Windows laufen hat oder nicht. Auf einem Windows-Rechner wie dem des Autors ist es nämlich möglich, auf das lokal installierte R zuzugreifen (sofern hinreichend aktuell), und damit insbesondere auf die lokal verfügbaren Zusatzpakete von R. In diesem Fall sehen die ersten Schritte wie folgt aus:

```
Needs["RLink`"];
InstallR["RHomeLocation" -> "C:\\Program Files\\R\\R-3.1.0"];

REvaluate["mean(c(1:100))"]                          {50.5}
```

Die letzte Zeile zeigt, dass man jeglichen R-Code innerhalb von `REvaluate["R-Code"]` ausführt. Erzeugt R dabei als Ausgabe eine Zahl oder einen Vektor, so wird in **Mathematica** auch gleich eine entsprechende eindimensionale Liste erzeugt. Andernfalls wird ein `RObject` ausgegeben, welches nicht direkt nach **Mathematica** transferiert wird. Hier müsste man nun in gewohnter R-Weise z. B. mittels $-Symbol auf im Objekt hinterlegte Vektoren zugreifen. Der umgekehrte Weg kann auch beschritten werden, durch `RSet` übermitteln wir die Daten nach R. Im folgenden Beispiel speichern wir Werte in der R-Variablen *rdata* ab, einem Vektor in R. Anschließend lassen wir durch R das arithmetische Mittel berechnen:

```
RSet["rdata", Range[1,100]];

REvaluate["is.vector(rdata)"]                        {True}

REvaluate["mean(rdata)"]                             {50.5}
```

Realistischerweise wird man als **Mathematica**-Nutzer nur dann den Wunsch haben, auf R zuzugreifen, wenn es sich um eine Fragestellung handelt, die man mit den von **Mathematica** gebotenen Bordmitteln nicht unmittelbar lösen kann. Derartige Lücken in **Mathematica** werden glücklicherweise immer seltener, aber es gibt sie. Eine davon betrifft die Verteilung quadratischer Formen $Q = X^\top A X$ mit einem multivariat normalverteilten Vektor X und einer positiv semidefiniten und symmetrischen Matrix A. Wäre etwa X ein k-dimensional standardnormalverteilter Vektor und A die k-dimensionale Einheitsmatrix, so wäre Q schlicht χ^2-verteilt mit k Freiheitsgraden. Im Allgemeinen läuft es aber auf Verallgemeinerungen der χ^2-Verteilung hinaus, die man in der Form $Q = \sum_{i=1}^{r} \lambda_i \chi^2_{h_i}(\delta_i)$ ausdrücken kann, wobei $\chi^2_{h_i}(\delta_i)$ eine Zufallsvariable gemäß der nichtzentralen χ^2-Verteilung mit h_i Freiheitsgraden und Nichtzentralitätsparameter δ_i ($\delta_i = 0$ bei der gewöhnlichen χ^2-Verteilung) bezeichnet, und alle Zufallsvariablen als voneinander unabhängig angenommen werden.

Rein theoretisch müsste Mathematica gleich auf zweierlei Weise mit einer derartigen Verteilung umgehen können. Da gibt es zunächst den Befehl `QuadraticForm-Distribution` aus dem Paket `MultivariateStatistics`˙ (Tab. 13.7), aber eine Berechnung von Dichte oder Verteilungsfunktion ist dort nur über den Umweg einer Reihenentwicklung möglich, und generell bereiten Dimensionen jenseits 2 große Probleme. Und dann wäre da noch seit Version 8 der Befehl `TransformedDistribution`, der die Verteilung von $f(Y)$ mit einem an sich beliebig verteiltem Y und beliebiger Funktion f beschreibt. In Bezug auf $Q = \sum_{i=1}^{r} \lambda_i \chi^2_{h_i}(\delta_i)$ wäre dies (vgl. Tab. 13.2)

```
TransformedDistribution[λ₁ x₁ +...,
  {x₁ ≈ NoncentralChiSquareDistribution[h₁,δ₁], ...}]
```

Aber auch hier funktioniert eine Berechnung konkreter Werte für PDF oder CDF schon bei einfachsten Beispielen nicht mehr. Derartige Berechnungen sind zugegebenermaßen nicht ganz einfach, aber es wurden spezielle Approximationsverfahren entwickelt, von denen manche über das R-Paket „CompQuadForm" verfügbar sind, etwa die Imhof-Methode. Mit dieser kann man Werte der Überlebensfunktion von Q ($= 1 - F_Q(x)$) annähern, was wir an einem einfachen Beispiel illustrieren wollen:

```
REvaluate["library(\"CompQuadForm\")"]

{CompQuadForm, stats, ..., base}

REvaluate["imhof(6, c(0.5,4.0,1.0), c(1,2,1), c(1.0,0.3,0.4))$Qq"]

{0.67944}
```

Für $Q = 0.5\chi^2_1(1.0) + 4.0\chi^2_2(0.3) + 1.0\chi^2_1(0.4)$ gilt also, dass $P(Q > 6) \approx 0.67944$ ist. Falls es nötig werden sollte, eine andere R-Umgebung in Mathematica zu installieren, kann man die bestehende Installation mittes `UninstallR[]` deinstallieren.

13.3 Stochastische Prozesse

Ein *stochastischer Prozess* (in diskreter Zeit) ist eine zeitlich geordnete Folge von Zufallsvariablen, etwa $(X_t)_{\mathbb{Z}}$, für dessen wahrscheinlichkeitstheoretische Behandlung eine Reihe von Modellen zur Verfügung stehen. Konkrete Realisationen $x_1, \ldots, x_T$ aus einem solchen Prozess bilden dann eine *Zeitreihe* (vgl. etwa Beispiel 4.3.2 auf Seite 44), die man mit Mitteln der Statistik analysiert, um dann Rückschlüsse auf den dahinterstehenden Prozess ziehen zu können; dieses Thema werden wir in Abschnitt 19.7 vertiefen. Im aktuellen Abschnitt wollen wir uns dagegen mit Modellen für Prozesse befassen, welche seit den Versionen 9 und 10 in großer Vielfalt in **Mathematica** implementiert sind; einen Überblick bietet die Hilfeseite *guide/RandomProcesses*. Auf Grund des enormen Umfangs können wir bloß ansatzweise in dieses Repertoire hineinschnuppern, indem wir in Abschnitt 13.3.1 exemplarisch auf Markov-Ketten eingehen, und in Abschnitt 13.3.2 auf die Familie der ARMA-Prozesse. Die Simulation stochastischer Prozesse behandeln wir in Abschnitt 20.2.2.

13.3.1 Markov-Ketten

Markov-Prozesse sind charakterisiert durch ein „begrenztes Gedächtnis". Handelt es sich um einen Markov-Prozess von Ordnung 1, kurz *Markov-Kette*, so umfasst das Gedächtnis genau eine zurückliegende Beobachtung, im folgenden Sinne: Ist X_{t-k} die aktuellste, zum Zeitpunkt t vorliegende Beobachtung, so wird die bedingte Verteilung der jetzt anstehenden Beobachtung X_t allein von X_{t-k} bestimmt, aber nicht von noch weiter zurückliegenden Beobachtungen. Insbesondere (etwas flapsig): Die Zukunft X_{t+1} wird allein durch die Gegenwart X_t bestimmt (so denn diese vollständig vorliegt), nicht durch die weitere Vergangenheit $X_{t-1}, \ldots$ Die zu besprechenden Markov-Ketten gehen nicht nur von diskreter Zeit aus, sondern auch von einem diskreten und sogar endlichen Wertebereich, d. h. wir befassen uns mit *endlichen* Markov-Ketten.

⚡ **Ausblick:** Tatsächlich kann **Mathematica** auch mit (endlichen) Markov-Prozessen in stetiger Zeit (`ContinuousMarkovProcess`) umgehen. Darüberhinaus sind diverse andere Modelle für Warteschlangenprozesse, Zählprozesse (sowohl in diskreter wie auch in stetiger Zeit), u. v. m. verfügbar, siehe *guide/RandomProcesses*. Seit Version 10 werden durch `HiddenMarkovProcess` auch die in Anwendungen bedeutsamen Hidden-Markov-Prozesse angeboten. Schließlich werden auch solche stochastischen Prozesse unterstützt, wie sie im Rahmen der Zeitreihenanalyse von Bedeutung sind; diese werden wir gleich in Abschnitt 13.3.2 thematisieren.

Sei also $(X_t)_{\mathbb{N}_0}$ eine endliche Markov-Kette mit den d möglichen Zuständen „1", ..., „d". Von zentraler Bedeutung für die Theorie der Markov-Ketten sind die Übergangswahrscheinlichkeiten $P(X_t = x \mid X_{t-1} = y)$, welche als in der Zeit t unveränderlich angenommen werden (*homogene* Markov-Kette); den entsprechenden, zeitunveränderlichen Wert kürzen wir als $p_{x|y}$ ab. Die $d \cdot d$ möglichen Übergangswahrscheinlichkeiten $p_{x|y}$ fasst man in einer Übergangsmatrix **P** zusammen, wobei diese in **Mathematica** nach folgender Konvention aufgebaut ist: die bedingten Verteilungen $p_{1|y}, \ldots, p_{d|y}$ zu gegebenem y (welche sich jeweils zu 1 addieren müssen) werden *in die Zeilen* der Übergangsmatrix geschrieben. Ein Beispiel:

$$\mathrm{mP=} \begin{pmatrix} 0.8 & 0.2 & 0 \\ 0.15 & 0.85 & 0 \\ 0 & 0 & 1 \end{pmatrix};$$

Wenn wir uns also aktuell im Zustand „1" befinden, dann greift für die Generierung der nächsten Beobachtung die erste Zeile von **P**, d. h. mit 80 % Wahrscheinlichkeit verbleiben wir in Zustand „1", mit 20 % wechseln wir in Zustand „2"; ein unmittelbarer Wechsel nach Zustand „3" ist dagegen unmöglich.

Die Verteilung der gesamten Markov-Kette $(X_t)_{\mathbb{N}_0}$ ist vollständig festgelegt, wenn noch die Randverteilung für den Startzeitpunkt $t = 0$ festgelegt wird, d. h. der Wahrscheinlichkeitsvektor $\boldsymbol{p}_0$ mit $P(X_0 = x) = p_{0,x}$. Alternativ kann man auch einen konkreten Zustand für die Beobachtung X_0 festlegen, was einer Einpunktverteilung als Startverteilung entspricht. Bezeichnet $\boldsymbol{p}_t$ den Wahrscheinlichkeitsvektor zur Zeit t, so gilt folgende Rekursion:

$$\boldsymbol{p}_1^\top = \boldsymbol{p}_0^\top \, \mathbf{P}, \quad \boldsymbol{p}_2^\top = \boldsymbol{p}_1^\top \, \mathbf{P} = \boldsymbol{p}_0^\top \, \mathbf{P}^2, \quad \ldots, \quad \boldsymbol{p}_t^\top = \boldsymbol{p}_{t-1}^\top \, \mathbf{P} = \boldsymbol{p}_0^\top \, \mathbf{P}^t. \tag{13.1}$$

Mit dem Wissen über **P** und $\boldsymbol{p}_0$ kann also die Verteilung der Markov-Kette zu jeder beliebigen Zeit bestimmt werden. Stimmt $\boldsymbol{p}_0$ dabei mit einem *invarianten* Vektor $\boldsymbol{\pi}$ von **P** überein, d. h. gilt $\boldsymbol{\pi}^\top = \boldsymbol{\pi}^\top \, \mathbf{P}$, so ist die Markov-Kette *stationär*, und zu jedem Zeitpunkt t gilt $\boldsymbol{p}_t = \boldsymbol{\pi}$.

Überprüfen wir nun die oben definierte Markov-Kette auf ihre Eigenschaften hin. Dazu definieren wir zunächst den Prozess via

```
MarkovKette=DiscreteMarkovProcess[1, mP]
```

```
DiscreteMarkovProcess[1, {{0.8,0.2,0},{0.15,0.85,0},{0,0,1}}]
```

Für den Zeitpunkt 0 haben wir hierbei den Zustand „1" festgelegt, was $\boldsymbol{p}_0^\top = (1, 0, 0)$ entspricht. Die durch **P** zulässigen Übergänge lassen sich durch einen gerichteten Graphen darstellen (vgl. Kapitel 12):

```
GraphPlot[
Graph[MarkovKette],
VertexLabeling -> True,
MultiedgeStyle -> 0.5,
SelfLoopStyle -> 0.5, ImageSize -> 200,
VertexRenderingFunction -> (Inset[Framed[#2,
Background -> White],#1]&)]
```

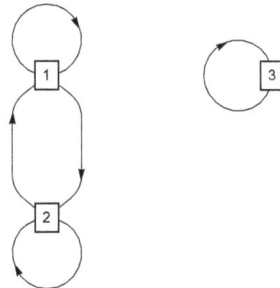

Es wird deutlich, dass die Zustände in zwei Klassen zerfallen: die Zustände „1" und „2" *kommunizieren* miteinander (und mit sich selbst), und „3" mit sich selbst, aber Übergänge zwischen diesen beiden Klassen sind unmöglich. Da „3" nur mit sich selbst kommuniziert, kann die Markov-Kette, sollte sie je „3" erreicht haben, diesen Zustand nicht mehr verlassen, er ist also *absorbierend*. All dies bestätigt man wie folgt:

```
MarkovProcessProperties[MarkovKette,                    {{1,2},{3}}
"CommunicatingClasses"]
```

```
MarkovProcessProperties[MarkovKette, "Absorbing"]              True

MarkovProcessProperties[MarkovKette, "AbsorbingClasses"]   {{3}}
```

Klar ist damit auch, dass Eigenschaften wie `"Irreducible"`, `"PositiveRecurrent"` oder `"Primitive"` sämtlich `False` sind. Eine tabellarische Zusammenfassung der wichtigsten Eigenschaften ergibt `MarkovProcessProperties[MarkovKette]`, einen Überblick über mögliche Eigenschaften `MarkovProcessProperties[MarkovKette, "Properties"]`.

Betrachten wir nun eine etwas „gutartigere" Markov-Kette:

$$\text{mP}=\begin{pmatrix} 0.3 & 0.7 & 0 \\ 0 & 0.25 & 0.75 \\ 0.8 & 0 & 0.2 \end{pmatrix};$$

```
MarkovKette=DiscreteMarkovProcess[1,mP];

GraphPlot[Graph[MarkovKette], ...]
```

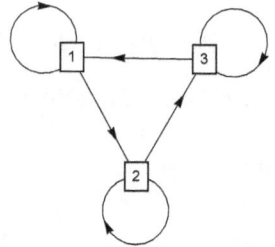

Nun ist kein Zustand absorbierend und sämtliche Zustände kommunizieren miteinander, wobei Letzteres ggf. zwei Zeiteinheiten benötigt:

```
MatrixPower[mP,2]

    {{0.09,0.385,0.525}, {0.6,0.0625,0.3375}, {0.4,0.56,0.04}}
```

Der Zustand „1" kann zwar nicht unmittelbar in „3" übergehen (Eintrag $(1,3)$ von **P** gleich 0), aber nach einem Umweg über „2" schon (Eintrag $(1,3)$ von $\mathbf{P}^2$ gleich 0.525 = $0.75 \cdot 0.7$).

Da sogar sämtliche Einträge von $\mathbf{P}^2$ echt positiv sind, ist die Markov-Kette primitiv (und damit auch irreduzibel und positiv rekurrent), was man wie oben mit **Mathematica** bestätigt. Somit existiert ein eindeutig bestimmter invarianter Vektor $\boldsymbol{\pi}$, der also folgende Eigenwertbeziehung erfüllt (vgl. Kapitel 9): $\mathbf{P}^\top \boldsymbol{\pi} = \boldsymbol{\pi}$. Wir müssen also den auf 1 normierten Eigenvektor zum Eigenwert 1 bestimmen:

```
pvec=Chop[Eigensystem[Transpose[mP]][[2,1]]]

pvec=pvec/Total[pvec]              {0.356083,0.332344,0.311573}
```

Letzteres hätte man auch direkt via `PDF[StationaryDistribution[MarkovKette], {1,2,3}]` ausrechnen können. Übrigens ist unsere Markov-Kette nicht zeitreversibel:

```
MarkovProcessProperties[MarkovKette, "Reversible"]    False
```

Das lassen auch die nicht-reellen Eigenwerte von **P** erkennen. Dank der Primitivität ist die Markov-Kette aber zumindest *ergodisch*, d. h. selbst wenn man sie nicht mit $\boldsymbol{p}_0 = \boldsymbol{\pi}$ startet (wir haben oben ja sogar $\boldsymbol{p}_0^\top = (1,0,0)$ gewählt), wird sie mit fortschreitender Zeit t in Richtung Stationarität konvergieren, d. h. es gilt $\boldsymbol{p}_t \to \boldsymbol{\pi}$ für $t \to \infty$. Wir illustrieren dies wie folgt:

```
p0={1,0,0};                    1 {0.3,0.7,0.}
Do[ p0=p0.mP;                  2 {0.09,0.385,0.525}
Print[t," ",p0], {t,1,10}]     ...

Do[ Print[t," ",              8 {0.358477,0.349817,0.291706}
PDF[MarkovKette[t], {1,2,3}]], 9 {0.340908,0.338388,0.320704}
{t,1,10}]                     10 {0.358836,0.323233,0.317932}
```

Die Verteilung $\boldsymbol{p}_t$ fragt man also einfach durch `MarkovKette[t]` ab. Schon nach 10 Schritten ist diese recht nah an $\boldsymbol{\pi}$ dran. Auskunft über die Konvergenzgeschwindigkeit gibt übrigens der Absolutbetrag des zweitgrößten Eigenwertes von **P**, welchen der Leser zu 0.659545 berechnen wird.

13.3.2 ARMA-Prozesse

Sei $(\epsilon_t)_{\mathbb{Z}}$ ein Gaußsches *Weißes Rauschen* mit Erwartungswert μ und Varianz σ^2. Dann heißt der Prozess $(X_t)_{\mathbb{Z}}$ ein Gaußscher *ARMA(p, q)-Prozess* (autoregressive moving average), wenn die lineare Rekursion

$$X_t = \alpha_1 X_{t-1} + \ldots + \alpha_p X_{t-p} + \epsilon_t - \beta_1 \epsilon_{t-1} + \ldots - \beta_q \epsilon_{t-q}$$

erfüllt ist, wobei $\alpha_p, \beta_q \neq 0$ sind und die Polynome $\alpha(z) := 1 - \alpha_1 z - \ldots - \alpha_p z^p$ und $\beta(z) := 1 - \beta_1 z - \ldots - \beta_q z^q$ keine gemeinsamen Nullstellen haben; für weitere Details sei auf Schlittgen & Streitberg (2001) verwiesen. Ein solcher Prozess wird seit Version 10 in Mathematica durch

$$\texttt{ARMAProcess[}c\texttt{, \{}\alpha_1, \ldots, \alpha_p\texttt{\}, \{}-\beta_1, \ldots, -\beta_q\texttt{\}, } \sigma^2\texttt{]}$$

repräsentiert, wobei $c = \mu (1 - \beta_1 - \ldots - \beta_q)$ ist (in Version 9 war es noch nicht möglich, einen von 0 verschiedenen Erwartungswert zu wählen). Abgeleitet daraus stehen auch die Varianten `ARProcess[`c`, {`$\alpha_1, \ldots, \alpha_p$`}, `$\sigma^2$`]` für AR($p$)-Prozesse (also mit $q = 0$) sowie `MAProcess[`c`, {`$\beta_1, \ldots, \beta_q$`}, `σ^2`]` für MA(q)-Prozesse (also mit $p = 0$) zur Verfügung.

Ausblick: Gibt man bei obigen Befehlen jeweils die Parameter in Vektor- bzw. Matrixform vor, so wird der Prozess als ein VARMA-Prozess für multivariate Zufallsvariablen interpretiert. Ferner bietet Mathematica neben der großen Familie der ARMA-Prozesse auch Befehle für saisonale und integrierte Erweiterungen (`SARIMAProcess`), für teilintegrierte Erweiterungen (`FARIMAProcess`) und für die für Finanzzeitreihen besonders wichtigen GARCH-Prozesse (`GARCHProcess`, seit Version 10), siehe *guide/TimeSeriesProcesses* bzw. Schlittgen & Streitberg (2001) zu fachlichen Hintergründen.

Wir wollen uns im Folgenden auf AR-Prozesse beschränken, die vorgestellten Befehle zu stochastischen Eigenschaften etc. dieser Prozesse lassen sich aber auch auf die anderen Prozessmodelle anwenden. Das Thema Simulation von Prozessen greifen wir in Beispiel 20.2.1 auf.

Betrachten wir einen AR(1)-Prozess mit unbestimmten Parametern α und σ^2. Deren Definitionsbereich ist wie folgt eingeschränkt:

```
ProcessParameterAssumptions[ARProcess[c, {α}, σ²]]
```

$c \in \text{Reals}$ **&&** $\sigma^2 > 0$ **&&** $\alpha \in \text{Reals}$ **&&** $1 - \alpha^2 > 0$

Hierbei geht die letztgenannte Einschränkung auf die Existenz einer stationären Lösung der AR(1)-Rekursion zurück:

```
WeakStationarity[ARProcess[c, {α}, σ²]]      1 - α² > 0
```

Mathematica beschränkt sich bei derartigen stationären ARMA-Prozessen auf Gaußsche Prozesse, wobei sich Erwartungswert und Varianz von X_t aus der Auflösung der ARMA-Rekursion ergeben:

```
Mean[ARProcess[c, {α}, σ²][t]]
```
$\frac{c}{1-\alpha}$

```
Variance[ARProcess[c, {α}, σ²][t]] //FullSimplify
```
$\frac{\sigma^2}{1-\alpha^2}$

```
PDF[ARProcess[c, {α}, σ²][t]] //FullSimplify
```
$\dfrac{e^{\frac{(\alpha+1)(c+(\alpha-1)x)^2}{2(\alpha-1)\sigma^2}}}{\sqrt{2\pi}\sqrt{-\frac{\sigma^2}{\alpha^2-1}}}$

Wegen der Stationarität taucht im betrachteten Beispiel die Zeitvariable t nicht in den ausgegebenen Ausdrücken auf. Anstatt direkt die Dichte abzufragen, kann man auch die Art der Randverteilung abfragen, bzw. eigentlich sogar die gemeinsame Verteilung beliebiger Segmente des Prozesses:

```
SliceDistribution[ARProcess[c, {α}, σ²], t] // PDF[#, x] &
```

```
SliceDistribution[ARProcess[c, {α}, σ²], {t,t+1}] // PDF[#, x] &
```

Für das Abhängigkeitsverhalten eines AR(1)-Prozesses typisch ist eine exponentiell fallende Autokorrelationsfunktion (ACF):

```
CorrelationFunction[ARProcess[c, {α}, σ²], k]
```
$\alpha^{\text{Abs}[k]}$

Zur Illustration betrachten die ACF für $\alpha = -0.8$:

```
ListPlot[CorrelationFunction[
ARProcess[0,{-0.8},1], {20}],
Filling -> Axis, AxesOrigin -> {-0.5,0},
PlotRange -> {-1,1}]
```

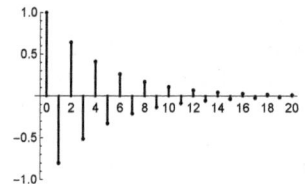

Noch einfacher erkennt man einen AR(1)-Prozess an einer nach Lag 1 abbrechenden partiellen Autokorrelationsfunktion (PACF):

```
PartialCorrelationFunction[ARProcess[c,{α},σ²], k]
```
$$\begin{cases} \alpha & \text{Abs}[k]=1 \\ 0 & \text{True} \end{cases}$$

Letztere Ausgabe ist dabei die Kurzfassung des Autors, Mathematica macht dies erheblich ausführlicher. Als Spektraldichte eines AR(1)-Prozesses ergibt sich

```
PowerSpectralDensity[ARProcess[c, {α}, σ²], ω]
```
$$\frac{\sigma^2}{1+\alpha^2-2\alpha\cos[\omega]}$$

Schauen wir uns dabei ein paar Graphen an, wobei die Wahl von $V[\epsilon_t] = 1 - \alpha^2$ zu einheitlich $V[X_t] = 1$ führt, siehe obige Ausgabe bei `Variance[...]`:

```
Plot[Evaluate[Table[
PowerSpectralDensity[
ARProcess[0,{α},1-α²], 2 Pi λ],
{α,{-0.6,0,0.6}}]], {λ,0,0.5},
PlotRange -> {0,4},
PlotStyle -> {{Black,Dotted}, Gray,
{Black,Dashed}},
PlotLegends -> Placed[
LineLegend[{"α=-0.6","α=0","α=0.6"},
LegendFunction -> Framed], {0.5,0.7}]]
```

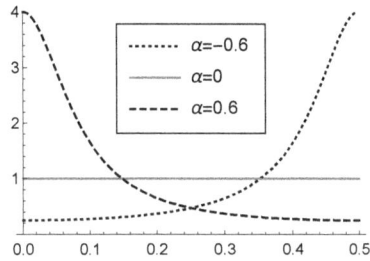

Offensichtlich liegt ein symmetrisches Verhalten bzgl. ±α vor. Der Fall $\alpha = 0$ entspricht einem Weißen Rauschen, und nun ist auch klar, woher der Name kommt: wegen der Unabhängigkeit ist es ein „Rauschen", und wegen des konstanten Spektrums (siehe den grauen Graphen) ist es „weiß", denn genau wie bei weißem Licht sind alle Frequenzen in gleichem Maße vertreten.

   Will man den AR(1)-Prozess schließlich durch einen MA(3)-Prozess approximieren, sollte man folgende Parametrisierung wählen:

```
MAProcess[ARProcess[c,{α},σ²], 3]
```

$$\text{MAProcess}[c\,(1 + \alpha + \alpha^2 + \alpha^3), \{\alpha, \alpha^2, \alpha^3\}, \sigma^2]$$

Im späteren Abschnitt 19.7 drehen wir den Spieß um und schließen nicht von einem gegebenen Prozessmodell auf die Eigenschaften des Prozesses, sondern betrachten eine reale Zeitreihe und deren Eigenschaften, und versuchen dann ein Prozessmodell anzupassen.

Teil III: **Mathematica in der Praxis**

Mathematica ist weit mehr als ein „system for doing mathematics by computer", wie wir bereits im Vorwort festgestellt haben. Trotzdem mag der vorherige Teil II vielleicht gerade diesen Eindruck erweckt haben. Sicher, das Zentrum von Mathematica ist und bleibt die Mathematik. Doch möchte dieser Teil ein möglicherweise zu einseitiges Bild korrigieren und demonstrieren, dass Mathematica mehr kann als nur Formeln vereinfachen, numerische Berechnungen anstellen und Graphen zeichnen. Deshalb verlassen wir in diesem Teil wieder die pure Mathematik und wenden uns möglichen praktischen Anwendungen zu. Zunächst wird Kapitel 14 zeigen, dass sich Mathematica auch als äußerst umfängliches Nachschlagewerk eignet, mit dem man aktuelles Faktenwissen zu diversen Anwendungsgebieten abfragen kann. Danach werden wir uns mit einem bunten Reigen von Themen befassen wie dem Schreiben von Texten (Kapitel 15), dem Einsatz Mathematicas in der Lehre durch Präsentation und Animation (Kapitel 16), der Bearbeitung digitaler Fotografien (Kapitel 17) und von Musikstücken (Kapitel 18), dem erstaunlich umfangreichen Potential zur statistischen Datenanalyse (Kapitel 19), der Verwendung von Mathematica als Simulationswerkzeug (Kapitel 20), und schließlich der Bearbeitung von Zeichenketten (Kapitel 21).

14 Mathematica als Nachschlagewerk

Neben den bisher besprochenen, primär mathematischen Leistungsmerkmalen von Mathematica eignet sich selbiges Programm von Version zu Version auch immer mehr als eine Art Nachschlagewerk, eine Entwicklung, die sich ja parallel auch an *Wolfram Alpha*, siehe die Tabelle auf Seite XI, nachvollziehen lässt. Und seit Version 8 besteht eine Möglichkeit des „Nachschlagens" genau in der Verwendung des Befehls WolframAlpha, den wir schon in Abschnitt 3.3 besprochen haben. Daneben gibt es eine stetig wachsende Zahl von Data-Befehlen, von denen wir manche schon zuvor kennengelernt haben. Wir wollen in den folgenden Abschnitten in ein paar Teilbereiche, für die Mathematica Faktenwissen zur Verfügung stellt, hineinschnuppern.

Tipp! Neben dem genannten Mathematica-Befehl WolframAlpha kann man auch, ganz ohne Mathematica-Lizenz, auf die seit Mai 2009 unter http://www.wolframalpha.com/ bestehende „Wissensmaschine" *Wolfram Alpha* zugreifen. Dort gibt man die gewünschte Frage in englischer Sprache ein und erhält dann (hoffentlich) die gesuchte Antwort.

14.1 Kalendarische Berechnungen

Die elementarste Datum-Zeit-Funktion ist DateList[TimeZone -> zone], welche einem die aktuelle Zeit der gewählten Zeitzone in der Form {*Jahr*, *Monat*, *Tag*, *Stunde*, *Minute*, *Sekunde*} wiedergibt. Ohne Vorgabe einer Zone wird die auf dem Computer eingestellte verwendet, welche man per TimeZone[] abfragen kann. Ansonsten ist an Stelle von *zone* eine Zahl zu setzen, die zur Greenwich-Zeit addiert werden muss, um die Zeit der entsprechenden Zeitzone zu erhalten (ggf. Sommerzeit beachten). Zusätzlich gibt es noch die Funktion AbsoluteTime[zone], welche die seit dem 01.01.1900, 00:00:00 Uhr, vergangene Zeit in Sekunden zurückgibt. Ein Beispiel:

```
TimeZone[]                      1.

DateList[]                      {2017,3,22,16,39,0.0293833}

AbsoluteTime[]                  3.6991896166455729 × 10^9
```

Das Besondere bei DateList ist, dass es auch Zeichenketten interpretieren kann, vgl. Abschnitt 21.1. Manchmal klappt dies ohne weitere Hilfestellung, manchmal nicht:

```
datum="[23/Nov/2005:11:16:36 +0200]"; DateList[datum]

DateList::str: String [23/Nov/2005:11:16:36 +0200] cannot be interpreted ...

DateList[[23/Nov/2005:11:16:36 +0200]]
```

DOI 10.1515/9783110425222-014

```
DateList["Aug 28, 1749"]        {1749, 8, 28, 0, 0, 0.}
```

Das erste Beispiel war ein Datumselement, wie es in einer LOG-Datei eines Servers zu finden war. Um dieses nun korrekt interpretieren zu können, müssen wir eine Übersetzungsregel definieren, die wir dann auf alle Zeilen der LOG-Datei anwenden könnten:

```
datelem={"[", "Day", "/", "MonthName", "/", "Year",
  ":", "Hour", ":", "Minute", ":", "Second", " +0200]"};
datlist=DateList[{datum,datelem}]        {2005,11,23,11,16,36}
```

In einer Liste wurden hier abwechselnd die Trennzeichen und die Datumselemente genannt, z. B. kommt im Datumselement zuerst eine eckige Klammer „[", dann eine Zahl, welche den Tag festlegt, usw. Eine Auflistung aller erlaubten Datumselemente findet der Leser in der Hilfe unter *ref/DateString*, Rubrik *More Information*; dort mit aufgeführt sind auch die obigen Elementbezeichnungen Day, MonthName, etc. Schließlich übergibt man DateList dann eine Liste als Argument, deren erstes Element die zu übersetzende Zeichenkette und deren zweites die Übersetzungsregel ist.

Genau in die umgekehrte Richtung funktioniert der Befehl DateString, indem er aus einem Datum in Listenform eine Zeichenkette zusammensetzt:

```
DateString[datlist]               Wed 23 Nov 2005 11:16:36
```

```
DateString[datlist, {"DayName", ",    Wednesday, November 23th 05
", "MonthName", " ", "Day", " th
", "YearShort"}]
```

Das zweite Beispiel zeigt, dass man dabei unter Verwendung der oben erwähnten Datumselemente viel gestalterische Freiheit hat. Schließlich sind noch die Befehle DatePlus und DateDifference erwähnenswert, deren Funktionsweise aus folgendem Beispiel klar wird:

```
datlist2=DatePlus[datlist, {33,"Day"}]    {2005, 12, 26, 11, 16, 36}
```

```
DateDifference[datlist,datlist2,"Day"]    {33, Day}
```

```
DateDifference[datlist,datlist2,"Month"]  {1.09677, Month}
```

Neben der Listenform wurden mit Version 10 auch noch die Darstellungsformen DateObject und TimeObject eingeführt (die gerade genannten Befehle wie DatePlus können nun auch direkt auf solche Datumsobjekte angewandt werden). Wendet man DateObject auf obige Listenausgabe an, so wird die Liste in ein DateObject umgewandelt (welches wiederum den Anteil {*Stunde, Minute, Sekunde*} in ein untergeordnetes TimeObject verpackt). Man kann das Datum aber mittels LocalTime auch direkt in Objektform erzeugen:

```
LocalTime[]          📅 Wed 22 Mar 2017 16:39:09 GMT+1.
```

Ein verwandter, mit Version 11 eingeführter Befehl zur Abfrage des aktuellen Datums ist `CurrentDate`, bei dem man die interessierende Zeiteinheit (z. B. `"Quarter"` oder `"Hour"`) vorgeben kann.

Seit Version 10 werden viele **Mathematica**-Objekte visuell dargestellt, einen empfehlenswerten Blick hinter die Kulisse ermöglicht `% //FullForm`. Unerfreulich wird das Ganze, wenn man ein betroffenes Notebook in einer früheren Version öffnet, siehe auch Abschnitt 3.1. Die Ortszeit kann man übrigens für einen beliebig wählbaren Ort abfragen, der Leser probiere aus:

```
LocalTime[Entity["City", {"Hamburg", "Hamburg", "Germany"}]]
```

```
LocalTime[GeoPosition[{53.55, 10.}]]
```

Mehr zum Thema Geographie gibt es gleich in Abschnitt 14.4. Hier noch kurz ein etwas anspruchsvolleres Beispiel zu den Zeiten des Sonnenaufgangs (Befehl `Sunrise`) in Hamburg im Jahr 2016:

```
sonnenaufgang=Table[
Sunrise[GeoPosition[{53.55, 10.}], datum],
{datum, DateRange[{2017,1,1},
{2017,12,31}]}];
```

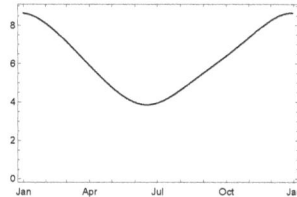

```
DateListPlot[
(DateValue[#,"Hour"]+DateValue[#,"Minute"]/60)&
/@sonnenaufgang, {{2017,1,1}, {2017,12,31}, "Day"}]
```

Hierbei wurde mittels einer reinen Funktion (vgl. Abschnitt 7.1.1) und des aus `Map` abgeleiteten „`/@`" (vgl. Abschnitt 4.2.5) aus den in `sonnenaufgang` befindlichen `DateObjects` ein Zeitwert konstruiert, wobei die seit Version 10 verfügbare Funktion `DateValue` zum Abfragen von Stunde und Minute verwendet wurde. Der Befehl `DateListPlot` arbeitet wie der gewöhnliche `ListPlot`-Befehl, mit dem Unterschied, dass das erste Argument der Wertepaare ein Datum ist, siehe Abschnitt 14.1.

Ebenfalls bisher noch nicht angesprochen wurde `DateRange`, welches mit Version 9 eingeführt wurde, als schon einmal das Repertoire fest implementierter Datumsfunktionen erheblich ausgebaut wurde. `DateRange[`*datum1,datum2*`]` (optional ein Inkrement wie `"Day"`, `"Hour"`, etc. als drittes Argument) erzeugt eine Liste von Daten zwischen Datum 1 und Datum 2. Mit `LeapYearQ[`*"Jahr"*`]` prüft man dagegen, ob ein gegebenes Jahr ein Schaltjahr ist. Ob zwei Zeitangaben ineinanderliegen oder zumindest überlappen, kann man seit Version 11 mit `DateWithinQ` bzw. `DateOverlapsQ` untersuchen.

Mit Version 9 wurden auch eine Reihe von speziell auf Tage bezogenen Befehlen eingeführt, vgl. *guide/DateAndTime*, von denen manche beispielhaft behandelt werden sollen. Johann Wolfgang von Goethe erblickte das Licht der Welt am 28. 8. 1749, im voreingestellten Gregorianischen Kalender war dies ein Donnerstag, im Julianischen dagegen ein Montag:

```
DayName[{1749, 8, 28}]                                    Thursday
```

```
DayName[{1749, 8, 28}, CalendarType -> "Julian"]          Monday
```

... oder doch ein Donnerstag?! Mathematica ist sich da selbst nicht sicher:

```
CalendarConvert[DateObject[{1749,8,28}], "Julian"]
```

> 📅 Thu 17 Aug 1749 (Julian calendar)

Seinen 5000. Lebenstag konnte er jedenfalls am 7. 5. 1763 feiern:

```
DayPlus[{1749, 8, 28}, 5000]                              {1763, 5, 7}
```

Seit Version 10 wird hier (wie auch bei den folgenden Beispielen) ein DateObject an Stelle der Liste ausgegeben. Zwischem seinem Geburtstag und Neujahr 2017 liegen 97 646 Tage:

```
DayCount[{1749, 8, 28}, {2017, 1, 1}]        97 646
```

Das nach Neujahr 2017 unmittelbar folgende Wochenende begann am 7. 1. 2017, der nächstgelegene Sonntag muss dann der 8. 1. 2017 sein:

```
DayRound[{2017, 1, 2}, "Weekend"]            {2017, 1, 7}
```

```
DayRound[{2017, 1, 2}, Sunday]               {2017, 1, 8}
```

Schließlich kennt Mathematica die folgenden „Urlaubstage" in Deutschland im Jahr 2017:

```
DayRange[{2017,1,1}, {2017,12,31}, "Holiday",
HolidayCalendar -> "Germany"]
```

```
{{2017,4,14}, {2017,4,17}, {2017,5,1}, {2017,12,25}, {2017,12,26}}
```

An diesen Wochentagen in 2017 wird an der Deutschen Börse nicht gehandelt.

! **Tipp!** Mathematica bietet uns Zugriff auf Faktenwissen nicht nur über die hauseigenen Data-Befehle bzw. über WolframAlpha, seit Version 10 können wir mit WikipediaData auch Text aus (englischsprachigen) Wikipedia-Artikeln auslesen.

Seit Version 11, allerdings nur nach Erwerb sog. „Wolfram Service Credits", können mittels WebSearch bzw. WebImageSearch auch gängige Suchmaschinen zur Recherche eingesetzt werden.

14.2 Physikalische Konstanten und chemische Elemente

Mit Mathematicas Befehl ElementData["*Element*", "*Eigenschaft*"] kann der Leser Eigenschaften chemischer Elemente abfragen, wie er dies sonst bei einem (sehr umfangreichen) Periodensystem tun würde. Allerdings kann der Befehl nur über Internetverbindung genutzt werden. Um die Bezeichnungen aller 118 Elemente abzufragen, führt man schlicht `ElementData[]` aus:

`ElementData[]`   {Hydrogen, Helium, ..., Ununoctium}

Mit Version 10 wurde hierbei wieder auf die Ausgabe von Objekten umgestellt, hinter deren visueller Darstellung sich etwa `Entity["Element", "Hydrogen"]` verbirgt; obige Auflistung der Namen erhält man durch Ergänzen von `//CanonicalName`.

Um nun herauszufinden, zu welchen Eigenschaften Informationen verfügbar sind, führt man `ElementData["Properties"]` aus. Die Bezeichnungen in der erzeugten Liste sind dabei weitestgehend selbsterklärend. Probieren wir ein paar Eigenschaften aus:

`ElementData["Gold", "AtomicNumber"]`   79

`ElementData["Gold", "AtomicWeight"]`   196.966569 u

`ElementData["Gold", "MeltingPoint"]`   1064.18 °C

`ElementData["Gold", "MeltingPoint", "Units"]`   DegreesCelsius

`ElementData["Gold", "BoilingPoint"]`   2856. °C

`ElementData["Gold", "CrustAbundance"]` 3.1×10^{-9}

`ElementData["Gold", "Density"]` 1.93×10^{4}

`ElementData["Gold", "ElectronConfigurationString"]`   [Xe] $6s^1 4f^{14} 5d^{10}$

Gold schmilzt also bei 1064 °C; die Einheit kann man stets durch das dritte Argument `"Units"` abfragen (seit Version 10 wird gleich ein mit °C behaftetes `Quantity`-Objekt ausgegeben, vgl. Abschnitt 14.3, dessen Zahlenwert `QuantityMagnitude` liefert). Um Gold gar zum Verdampfen zu bringen (Siedepunkt), sind noch einige Grad Wärme mehr nötig. Der Anteil von Gold in der Erdkruste ist bekanntermaßen gering, die Dichte (in kg/m^3) von Gold dafür um so höher. Die Elektronenkonfiguration wird nur in gekürzter Fassung ausgegeben, nämlich nur jene Schalen, die über das Edelgas Xenon hinausgehen. Insgesamt gesehen hätte Gold folgende Konfiguration:

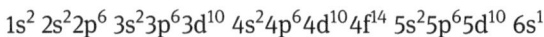

$$1s^2\ 2s^2 2p^6\ 3s^2 3p^6 3d^{10}\ 4s^2 4p^6 4d^{10} 4f^{14}\ 5s^2 5p^6 5d^{10}\ 6s^1$$

Darüber hinaus bietet **Mathematica** noch den Befehl `ChemicalData` an, der es bei völlig analoger Syntax erlaubt, Eigenschaften von vielen tausend chemischen Substanzen zu erfragen (bei funktionierender Internetverbindung):

`ChemicalData[] //Short`

{LiquidHydrogen, ≪ 44 087 ≫, DLGlyceraldehydeDimer}

```
ChemicalData["*thanol"] //Short
```

$\{1,4\text{MethylphenylEthanol},\ \ll 287 \gg,\ \text{PhosphatidylEthanol}\}$

```
ChemicalData["Ethanol", "FormulaDisplay"]
```
CH_3CH_2OH

Unter diesen Substanzen befinden sich auch 289 Substanzen, welche die Buchstabenfolge „thanol" am Ende ihrer Bezeichnung haben. Zu guter Letzt haben wir die Formelschreibweise von Ethanol ausgeben lassen, wir können aber auch eine grafische Darstellung erfragen:

```
ChemicalData["Ethanol"]
```

```
ChemicalData["Ethanol", "MoleculePlot"]
```

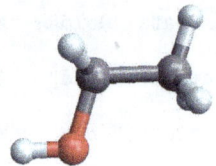

Eine Liste aller verfügbaren Eigenschaften fragt man wieder via `ChemicalData["Properties"]` ab.

Ausblick: Der interessierte Leser sei noch auf den Befehl `IsotopeData` verwiesen, über den Eigenschaften verschiedener Isotope abgerufen werden können; analog oben erhält man eine Liste aller Isotope durch Ausführen von `IsotopeData[]`, eine Liste der Eigenschaften via `IsotopeData["Properties"]`. Teilchenphysiker werden dagegen bei `ParticleData` fündig, diese sollten entsprechend `ParticleData[]` und `ParticleData["Properties"]` ausführen. Seit Version 10 sind ferner noch `MineralData` und `ThermodynamicData` verfügbar.

Neben chemischen Elementen und deren Eigenschaften verfügt **Mathematica** auch über eine beachtliche Sammlung physikalischer Konstanten. Diese können seit Version 9 via `UnitConvert[Quantity["Name"]]` abgefragt werden, wobei `UnitConvert` den Wert der Konstante in SI-Einheiten ausdrückt, siehe auch Abschnitt 14.3. Die Bezeichnungen wichtiger Konstanten sind in Tab. 14.1 zusammengefasst. Da die Bezeichnungen selbsterklärend sind, wurde dabei auf eine deutsche Übersetzung verzichtet. Ein Beispiel:

```
UnitConvert[Quantity["SpeedOfLight"]]
```
$299\,792\,458$ m/s

Seit Version 10 kann man mittels `FormulaData` und `PhysicalSystemData` zudem auch physikalische Formeln abfragen, etwa die für das relativistische Additionstheorem für Geschwindigkeiten als

```
FormulaData["VelocityAdditionRelativistic"]
```
$V == \dfrac{u+v}{1+(1/c^2)\,u\,v}$

Tab. 14.1. Wichtige physikalische Konstanten.

AvogadroConstant	GalacticUnit	ProtonMass
BohrRadius	GravitationalConstant	ReducedPlanckConstant
BoltzmannConstant	HubbleConstant	RydbergConstant
ClassicalElectronRadius	IdealGasMolarVolume	SackurTetrodeConstant
CosmicMicrowave- BackgroundTemperature	MagneticConstant	SolarConstant
DeuteronMagneticMoment	MagneticFluxQuantum	SolarLuminosity
DeuteronMass	MolarGasConstant	SolarRadius
EarthEquatorialRadius	MuonGFactor	SolarSchwarzschildRadius
EarthMass	MuonMagneticMoment	SpeedOfLight
ElectricConstant	MuonMass	SpeedOfSound
ElectronComptonWavelength	NeutronComptonWavelength	StandardAccelerationOfGravity
ElectronGFactor	NeutronMagneticMoment	StefanBoltzmannConstant
ElectronMagneticMoment	NeutronMass	ThomsonCrossSection
ElectronMass	PlanckConstant	ToQuantizedHallConductance
ElementaryCharge	PlanckMass	UniverseAge
FaradayConstant	ProtonComptonWavelength	WaterIcePoint
FineStructureConstant	ProtonMagneticMoment	WeakMixingAngleConstant

14.3 Einheiten und Messinstrumente

Seit Version 9 kann Mathematica sehr umfassend mit Einheiten umgehen. Im Zentrum steht dabei der Befehl `Quantity[Menge, "Einheit"]`, dessen Ausführung zur Darstellung in üblicher Notation führt:

```
Quantity[1, "Inches"]                                    1 in
```

Um eine Einheit in eine andere umzurechnen, umschreibt man das Ganze noch mit `UnitConvert` (was übrigens bei bestehender Internetverbindung auch mit dynamischen Einheiten wie Währungen funktioniert, z. B. mit `"Euros"` und `"USDollars"`):

```
UnitConvert[Quantity[1, "Inches"], "Centimeters"] //N      2.54 cm
```

Hätte man die Zieleinheit nicht angegeben, würde automatisch in die passende SI-Einheit umgerechnet, siehe auch Abschnitt 14.2:

```
UnitConvert[Quantity[451,"Fahrenheit"],"Celsius"] //N   232.778 °C
```

```
UnitConvert[Quantity[451, "Fahrenheit"]] //N          505.928 K

UnitConvert[Quantity[80, "Miles"/"Hours"]] //N        35.7633 m/s
```

Sehr nützlich ist sicherlich auch der Befehl UnitSimplify, mit dem man komplizierte Ausdrücke von Einheiten vereinfachen lassen kann:

```
UnitSimplify[Quantity[1, "Volts"*"Amperes"*"Hours"]]  3600 J

QuantityMagnitude[%]                                  3600

QuantityUnit[%%]                                      Joules
```

Die zwei letztgenannten Zeilen demonstrieren, wie man von einem Quantity-Objekt den Zahlenwert und die Einheit separat abfragt. Schließlich soll nicht unerwähnt bleiben, dass gegebene Einheiten auch Einfluss auf erzeugte Grafiken nehmen können. Um dies zu demonstrieren, betrachten wir einen Datensatz mit fiktiven Tageshöchsttemperaturen in einer Woche und lassen diesen mit ListPlot darstellen. Setzen wir die Option AxesLabel -> Automatic, so wird eine zur geg. Einheit passende Achsenbeschriftung erzeugt:

```
temp=
Quantity[{20,23,22,25,27,27,28},
"Celsius"];


ListPlot[temp,
AxesLabel -> Automatic]
```

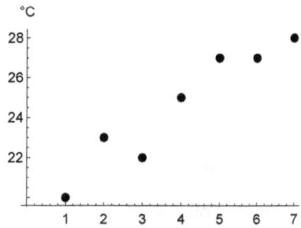

Soll für die erzeugte Grafik dagegen eine andere Einheit verwendet werden als im Datensatz vorgegeben, so setzt man die Option TargetUnits -> "*Zieleinheit*" ein:

```
ListPlot[temp,
TargetUnits -> "Kelvins",
AxesLabel -> Automatic]
```

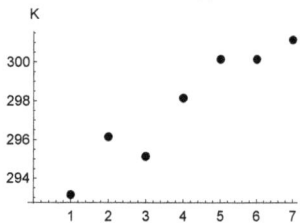

Möglicherweise auch unabhängig vom Thema Einheiten interessant (etwa im Zusammenhang mit den dynamischen Objekten aus Abschnitt 16.5) sind die mit Version 9 eingeführten Messinstrumente, oder genauer gesagt: Grafikobjekte, die wie gängige Messinstrumente aussehen. Die Beispiele aus Abb. 14.1 wurden mit folgenden Befehlen erzeugt:

```
ClockGauge[{11, 11, 0}]

AngularGauge[130, {0,220}, ScaleDivisions -> 20]
```

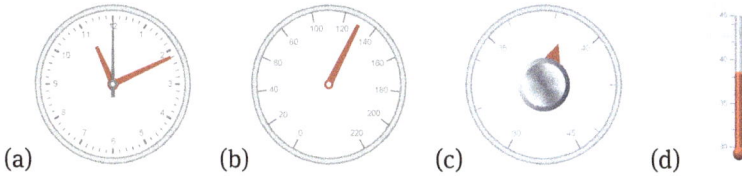

Abb. 14.1. Messgeräte: Uhr, Tachometer, Rohrfedermanometer und Thermometer.

```
AngularGauge[38.5, {30,45}, GaugeMarkers -> "ShinyHubNeedle"]

ThermometerGauge[38.5, {30,45}, GaugeFaceStyle -> LightGray]
```

Um einen Einblick zu erhalten, welche Arten von Zeiger für `AngularGauge` verfügbar sind, führt man

```
ChartElementData["AngularGauge", "Markers"]
```

aus. Mehr Informationen zu diesen und anderen Typen von Messinstrumenten bietet die Hilfeseite *guide/Gauges*.

14.4 Geographische und astronomische Funktionalitäten

Astronomische Daten kann man über `AstronomicalData` erfragen, welches ebenfalls eine zu den anderen `Data`-Befehlen analoge Syntax aufweist. Insofern sollten folgende Beispiele leicht verständlich sein:

```
AstronomicalData["Classes"]

{...,Planet,...,Supergiant,...,WhiteDwarfStar,...}

AstronomicalData["Planet"]

{Mercury,Venus,Earth,Mars,Jupiter,Saturn,Uranus,Neptune}

AstronomicalData["Properties"]

{...,Image,...,Mass...,Radius,...,Satellites,...}

AstronomicalData["Earth", "Satellites"]          {Moon}
```

Mit Version 10 ist dieser im Prinzip hinfällig geworden, da nun, feiner untergliedert, diverse Spezialbefehle eingeführt wurden, siehe *guide/AstronomicalComputationAndData*. Mit dabei sind etwa `PlanetData` und `MinorPlanetData`, wobei wir ja schon in Abschnitt 4.2.4 gehört hatten, dass Pluto bei letztgenanntem Befehl zu suchen ist:

```
PlanetData[]          {Mercury,Venus,Earth,...,Uranus,Neptune}
```

```
PlanetData[All, "MoonCount"]            {0,0,1,2,67,62,27,14}

MinorPlanetData["Pluto", "MoonCount"]        5
```

Die Gasriesen in unserem Sonnensystem haben jeweils eine beachtliche Zahl von Monden, wobei auch der kleine Pluto gut im Rennen ist. Von seinen fünf Monden ist allerdings nur Charon mehr als ein besserer Felsbrocken:

```
MinorPlanetData["Pluto", "Satellites"]    {Charon,Styx,...,Hydra}

PlanetaryMoonData[%, "Diameter"]          {1.21 × 10^3 km,  17. km, ...}

PlanetaryMoonData["Charon", "Image"]
```

Wir könnten unser Sonnensystem auch verlassen hin zu Exoplaneten, Supernoven, Pulsaren, u. v. m., siehe die entsprechenden Data-Befehle.

Wir wollen uns aber von nun an wieder vorwiegend auf irdische Probleme konzentrieren. In puncto Geographie hat es mit Version 10 einen großen Neuaufbruch gegeben. Konnte man bisher dank des Pakets WorldPlot` (Weiß, 2008) zumindest einfache Landkarten zeichnen und mittels geeigneter Data-Befehle (s. u.) weitere Karten und Eigenschaften abfragen, so wurden nun Funktionalitäten implementiert, die schon fast an ein Navigationssystem erinnern.

Beginnen wir aber mit den Data-Befehlen. Der Befehl CountryData liefert uns Informationen zu verschiedenen Ländern. Wie bei den übrigen Data-Befehlen auch wird durch CountryData[] allein eine Liste aller verfügbaren Länder ausgegeben:

```
CountryData[] //Short        {Afghanistan, ≪ 238 ≫, Zimbabwe}
```

Seit Version 10 wird tatsächlich eine Liste von Objekten ausgegeben, vom Typ Entity["Country", "Land"], welche für die unten zu besprechenden Karten benötigt werden. Die zu den Ländern abfragbaren Eigenschaften umfassen

```
CountryData["Properties"] //Short

{AdultPopulation, ≪ 221 ≫, WaterwayLength}

CountryData["Germany", "Population"]      81 625 599 people

CountryData["Germany", "Airports"]        550

CountryData["Germany", "BordersLengths"]  {Austria → 784. km, ...}

CountryData["Germany", "MajorPorts"]     {..., Wilhemshaven} (*sic!*)

CountryData["Germany", "LowestPoint"]   {NeuendorfBeiWilster, -3.54 m}
```

Sogar eine Umrisskarte wird zu jedem Land angeboten:

```
CountryData["Germany", "Shape"]
```

Auch gibt es vordefinierte Gruppen von Ländern, etwa

```
CountryData["G8"]          {Canada,France,Germany,...,UnitedStates}
```

Entsprechende Aussagen wie eben gelten auch für `CityData` bzw. `Entity["City",` *Stadt*`]`, bei denen es nun um Städte geht. An Stelle des Platzhalters *Stadt* muss nun üblicherweise eine Liste von Zeichenketten (s. u.) angegeben werden, um die betreffende Stadt wirklich eindeutig festzulegen. Analog zu den übrigen `Data`-Befehlen wird durch `CityData[]` allein eine Liste aller verfügbaren Städte ausgegeben – welche recht lang ist:

```
CityData[] //Short
```

```
{{Anchorage,Alaska,UnitedStates}, ≪ 164 453 ≫, {Moore,...}}
```

Mit `CityData` kann man Daten zu jeder noch so kleinen Stadt abfragen, nämlich hinsichtlich:

```
CityData["Properties"]
```

```
{AlternateNames,Coordinates,Country,Elevation,FullName,Latitude,
LocationLink,Longitude,Name,Population,Region,RegionName,
StandardName,TimeZone}
```

Wie oben bereits angedeutet, besteht ein Hindernis darin, die angedachte Stadt korrekt anzusprechen. So liefert etwa `CityData["Hamburg"]` gleich zehn gleichnamige Städte zurück, wobei die bekannteste davon über das Tripel `{"Hamburg",` `"Hamburg", "Germany"}` definiert ist:

```
CityData[{"Hamburg", "Hamburg", "Germany"}, "Population"]
```

```
1 774 224 people
```

```
CityData[{"Hamburg", "Hamburg", "Germany"}, "Coordinates"]
```

```
{53.55, 10.}
```

```
GeoPosition[ Entity["City", {"Hamburg", "Hamburg", "Germany"}] ]
```

```
{53.55, 10.}
```

Versuchen wir nun, uns zu dem sehr sehenswerten und auch kulinarisch attraktiven Städtchen Ostheim vor der Rhön durchzuarbeiten, welches am Fuße der bayrischen Rhön liegt:

```
CityData[{All, "Germany"}] //Short
```

{{Berlin,Berlin,Germany}, ≪ 12594 ≫, {Nord...mert,...,...}}

```
CityData[{All, "Bavaria", "Germany"}] //Short
```

{{Munich,Bavaria,Germany}, ≪ 2052 ≫, {Bald...wang,...,...}}

```
CityData[{"Ostheim", "Bavaria", "Germany"}]
```

{Ostheim,Bavaria,Germany}

```
CityData[{"Ostheim", "Bavaria", "Germany"}, "Population"]
```

3729

```
CityData[{"Ostheim", "Bavaria", "Germany"}, "LocationLink"]
```

http://maps.google.com/maps?q=+50.47+10.22&z=12&t=h

Kopiert man den zuletzt ausgegebenen Link in das Adressfeld eines Internetbrowsers, so wird man zu einem Kartenausschnitt geführt, der tatsächlich gerade Ostheim vor der Rhön zeigt.

⚡ Ausblick: Mit Version 7 sind noch die Befehle GeodesyData zur Geodäsie, GeoProjectionData zu kartografischen Projektionen und WeatherData zu momentanen und historischen Wetterdaten hinzugekommen, und mit Version 10 unzählige weitere Data-Befehle rund um die Geografie, siehe *guide/GeographicData*.

Kommen wir nun zur eindrucksvollsten Neuerung mit Version 10, den umfangreichen Funktionalitäten zum Zeichnen von Karten. Im Zentrum steht dabei der GeoGraphics-Befehl, mit dem man beispielsweise diverse Deutschlandkarten anfertigen kann:

```
GeoGraphics[Polygon[Entity["Country", "Germany"]]]
```

```
GeoGraphics[{GeoStyling["Satellite"],
Polygon[Entity["Country", "Germany"]]}, GeoBackground -> None]
```

```
GeoGraphics[{GeoStyling["ReliefMap"],
Polygon[Entity["Country", "Germany"]]}, GeoBackground -> None]
```

```
GeoGraphics[{GeoStyling["OutlineMap", EdgeForm[Black],
FaceForm[Gray]],
Polygon[Entity["Country", "Germany"]]}, GeoBackground -> None]
```

Offenbar ist für jedes Land einer Liste der Eckpunkte hinterlegt, die dann durch ein Polygon verbunden werden (vgl. Tab. 6.1). Dieses Polygon kann dann, analog zu den gewöhnlichen Grafikdirektiven, unterschiedlich umrandet und gefüllt werden, hierfür ist `GeoStyling` zuständig. Da der Hintergrund sich nicht anpasst, wurde er in den zwei letzten Beispielen via `GeoBackground -> None` unterdrückt.

Dies kann man auf Listen von Ländern ausdehnen, wobei man `GeoStyling` global wie auch individuell einsetzen kann:

```
GeoGraphics[{ GeoStyling["OutlineMap",
EdgeForm[Black], FaceForm[Gray]],
Polygon[Entity["Country", "Germany"]],
Polygon[Entity["Country", "Austria"]],
Polygon[Entity["Country", "CzechRepublic"]] },
GeoBackground -> None]
```

```
GeoGraphics[{
{GeoStyling["OutlineMap", EdgeForm[Black],
FaceForm[GrayLevel[0.3]]],
Polygon[Entity["Country", "Germany"]]},
{GeoStyling["OutlineMap", EdgeForm[Black],
FaceForm[GrayLevel[0.5]]],
Polygon[Entity["Country", "Austria"]]},
{GeoStyling["OutlineMap", EdgeForm[Black],
FaceForm[GrayLevel[0.7]]],
Polygon[Entity["Country", "CzechRepublic"]]}
}, GeoBackground -> None]
```

Das Ganze können wir nun auf alle europäischen Länder ausdehnen, wobei wir die Grautöne nun zufällig wählen lassen. Hierbei wird mittels einer reinen Funktion (vgl. Abschnitt 7.1.1) einem jeden Land ein individueller Stil zugeordnet, wobei mittels des aus `Map` abgeleiteten „/@" (vgl. Abschnitt 4.2.5) zunächst der `Polygon`-Befehl auf alle Länder angewandt wird, danach die reine Funktion auf die Polygone.

```
europa = CountryData["Europe"];

GeoGraphics[
{GeoStyling["OutlineMap", EdgeForm[Black],
FaceForm[GrayLevel[RandomReal[]]]], #}&
/@ (Polygon /@ europa),
GeoBackground -> None]
```

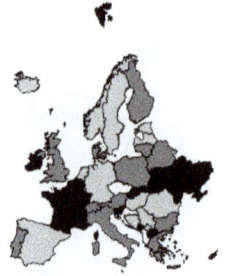

In diesem Zusammenhang erwähnenswert ist die Variante `GeoRegionValuePlot`, bei der man einer Liste geografischer Einheiten visuell einen Wert zuordnen kann, z. B. den europäischen Ländern ihre Einwohnerzahl:

```
GeoRegionValuePlot[
europa -> "Population"]
```

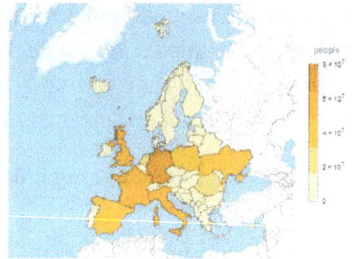

In puncto Weltkarte erwähnenswert sind die unterschiedlichen Projektionsarten:

```
GeoGraphics[
{GeoStyling["OutlineMap"],
Polygon[Entity["Country",
"World"]]},
GeoProjection -> "Orthographic"]
```

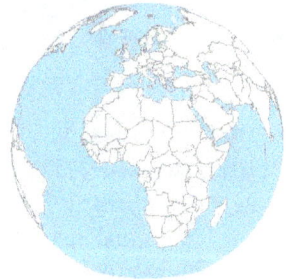

Neben Länderkarten ermöglicht **Mathematica** auch die Erstellung sehr feingliedriger Karten, bis hin zu Stadtplänen. Einen Kartenausschnitt zum Campus der Helmut-Schmidt-Universität (Umkreis 500 m) erhält man etwa durch

```
GeoGraphics[
GeoPosition[{53.568, 10.112}],
GeoRange -> Quantity[500, "Meters"]]
```

Eine Art von Routenplaner könnte so aussehen:

```
GeoGraphics[ Prepend[
Point /@ {GeoPosition[{53.5691,10.1061}],
GeoPosition[{53.5032,10.4783}]},
PointSize[Large]]]
```

Hierbei haben wir Start und Ziel jeweils durch einen großen Punkt dargestellt, weswegen der Liste von `Point`s das `PointSize[Large]` vorangestellt wurde.

14.5 Funktionalitäten rund um die Lebenswissenschaften

Spätestens seit Version 10 bietet Mathematica viele Befehle für Anwendungen im Bereich der Biologie und Medizin an, etwa die hierbei eingeführten `SpeciesData`, `PlantData` und `AnatomyData`, siehe *guide/LifeSciencesAndMedicineDataAndComputation* für einen Überblick. Letztgenannter Befehl lässt sich gut mit dem in Version 11 eingeführten `AnatomyPlot3D` kombinieren. Im folgenden Beispiel wurde die Elle im Skelett des linken Arms rot markiert:

```
Rotate[ AnatomyPlot3D[{
Entity["AnatomicalStructure", "SkeletonOfLeftHand"],
Entity["AnatomicalStructure", "LeftRadius"],
Entity["AnatomicalStructure", "LeftHumerus"], Red,
Entity["AnatomicalStructure", "LeftUlna"]}], 80 Degree]
```

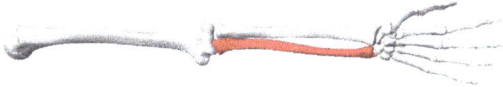

Eine harmlos wirkende Pflanze ist

```
PlantData[Entity["Plant",
"Species:SenecioJacobaea"], "Image"]
```

Tatsächlich handelt es sich dabei um das gefürchtete Jakobskreuzkraut, dessen englischer Name tatsächlich nichts Gutes erahnen lässt:

```
PlantData[Entity["Plant",                          stinking willie
"Species:SenecioJacobaea"], "CommonName"]
```

Ein deutlich harmloserer Mitbewohner unseres Planeten wird sichtbar durch

```
SpeciesData[Entity["Species", "Species:TestudoHermanni"], "Image"]
```

Wer speziell auf der Suche nach Beispielmaterial für Sequenzanalysen ist, wie in Abschnitt 21.2 beschrieben, der wird durch eine Reihe mit Version 7 eingeführter Datenbefehle unterstützt. Durch `GenomeLookup["DNA-Sequenz", n]` werden die ersten n Positionen (das Argument n kann auch weggelassen werden) der vorgegebenen DNA-Sequenz im menschlichen Genom ausgegeben, wobei die DNA-Sequenz in den Großbuchstaben A, T, G, C oder A, U, G, C einzugeben ist. Die Anzahl der Treffer fragt man via `GenomeLookup["DNA-Sequenz", "Count"]` ab. Um komplette Teile des menschlichen Genoms abzufragen, eignet sich der Befehl `GenomeData`. Die Syntax ist hier `GenomeData["Gen", "Eigenschaft"]`, wobei man die einzelnen Gene über ihre Standardbezeichnungen anspricht:

```
GenomeData[] //Short
```

{381, 3812, 3813, 3814, ≪ 39 913 ≫, ZYX, ZZEF1, ZZZ3}

```
GenomeData["A*"] //Short
```

{A1BG, A2M, A2MP, ≪ 1583 ≫, ATG3P, ATG12P, APEG3}

Im zweiten Fall wurden alle mit einem „A" beginnenden Bezeichnungen ausgegeben. Nach Ausführung von `GenomeData["Properties"]` erhält man eine Liste aller abfragbaren Eigenschaften. Ein Beispiel:

```
GenomeData["A1BG", "FullSequence"] //Short
```

TTGCTGCAGACGCTCACCCCAGAC...TTTAAAATATTGGGTTGTTTTCTTT

```
StringLength[%]                                        8314
```

```
GenomeData["A1BG", "SequenceLength"]                   8314
```

Völlig analog ist die Handhabung des Befehls `ProteinData`, nur dass es hier um Proteinsequenzen geht:

```
ProteinData["A2M", "MoleculePlot"]
```

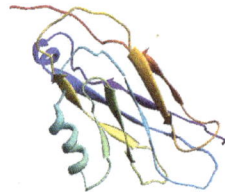

14.6 Weitere Datensammlungen

Die eben besprochenen Datensammlungen sind nicht die einzigen, die Mathematica zu bieten hat. Der interessierte Leser kann sich auf folgende Weise über weitere derartige Datenbanken kundig machen: In einem aktiven Notebook führe der Leser die

Zeile `?*Data` aus; da alle relevanten Befehle auf `Data` enden, werden diese nun aufgelistet (vgl. den Tipp auf Seite 19). Durch einen Klick auf den interessierenden Befehl
werden weitere Informationen im Notebook angezeigt, oder man gibt den Befehl im
Documentation Center ein, um eine ausführliche Beschreibung zu erhalten. Es sei allerdings erneut angemerkt, dass zur Ausführung der meisten dieser Befehle ein Inter-
netzugang benötigt wird.

Beispielhaft sollen nun noch drei dieser weiteren `Data`-Befehle angesprochen
werden, und zwar zuerst der uns schon aus Abschnitt 6.1 bekannte Befehl `Example-`
`Data`. Führt der Leser

```
ExampleData[]          {AerialImage, Audio, ..., Text, Texture}
```

aus, so werden die verfügbaren Kategorien angezeigt; mit dabei die uns schon bekannte Kategorie `Geometry3D`. Um herauszufinden, was nun wiederum innerhalb der
einzelnen Kategorien angeboten wird, gibt man als Argument deren Namen an, etwa

```
ExampleData["Geometry3D"]
```

```
{{Geometry3D,BassGuitar}, ..., {Geometry3D,Zeppelin}}
```

Nun kann man einzelne Objekte via `ExampleData[{"`*`Kategorie`*`", "`*`Typ`*`"}]` aufrufen, der Leser führe z. B. `ExampleData[{"Geometry3D", "Cone"}]` aus.

Ein anderer `Data`-Befehl von großem Anwendungspotential ist `FinancialData`,
mit dem man auf Daten einer ca. minütlich aktualisierten Finanzdatenbank zugreifen kann. Der Umfang dieser Datenbank lässt sich nach Ausführung der folgenden
Befehle erahnen:

```
FinancialData["Groups"]          {Currencies,...,Indices,...,Stocks}
```

```
FinancialData["Frankfurt", "Members"] //Short
```

```
{F:00D,F:015,F:016,F:019,≪ 8063 ≫,F:ZYW,F:ZZ8,F:ZZA,F:ZZE}
```

Eine der in Frankfurt (Kürzel *F*) gehandelten Aktien ist die der Deutschen Bank AG
(Kürzel *DBK*), deren Kurs sich seit dem 1. Januar 2008 wie folgt entwickelt hat:

```
DateListPlot[
FinancialData["F:DBK", {2008,1,1}]]
```

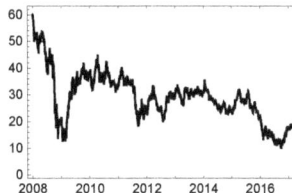

Der Befehl `DateListPlot` ist uns hierbei schon aus Abschnitt 14.1 bekannt. Deutlich
zu sehen sind Lehman und die Folgen gegen Ende von 2008; interessant auch der
Vergleich mit der entsprechenden Grafik im früheren Buch (Weiß, 2008), damals war
die Aktie bis zu 120 Euro wert.

Des Weiteren bietet `FinancialData` z. B. die Möglichkeit, sich nach aktuellen Wechselkursen oder Rohstoffpreisen zu erkundigen:

```
FinancialData["Currencies"]          {AED,...,EUR,...,USD,...,ZWD}

FinancialData["EUR/USD"]             1.0864

FinancialData["XAU/EUR"]             1156.47
```

Für einen Euro sind 1.0864 US-Dollar zu zahlen (in Weiß (2008) noch 1.5663), für eine Unze Gold dagegen 1156.47 Euro (Weiß (2008): 584.193).

Ausblick: Mit Version 8 wurde der Bereich Finanzen weiter ausgebaut durch Verfahren zur Berechnung von Kenngrößen und spezielle Grafiktypen, siehe die Hilfeeinträge *guide/Finance* und *guide/FinancialVisualization*.

Ein anderes Beispiel zum Schluss, mit dem wir wieder zu Abschnitt 14.1 zurückkehren:

```
PersonData[Entity["Person", "Goethe::89m93"], "BirthDate"]

PersonData[Entity["Person", "Goethe::89m93"], "Image"]

PersonData[Entity["Person", "Goethe::89m93"], "Wives"]
```

Das Geburtsdatum von Johann Wolfgang von Goethe ist uns ja schon bekannt, zusätzlich bekommt der Leser nach Ausführung obiger Zeilen ein Bild von ihm angezeigt und erfährt, dass er mit Christiane Vulpius verheiratet war.

```
PersonData[Entity["Person", "Goethe::89m93"], "NotableBooks"]

{"FaustPartOne", "FaustPartTwo", "TheSorrowsOfYoungWerther",
 "IphigeniaInTauris1779"}
```

Seine bedeutendsten Werke sind scheinbar die Teile 1 & 2 des „Faust", „Die Leiden des jungen Werthers" wie auch die „Iphigenie auf Tauris". Wobei **Mathematica** tatsächlich auch den deutschen Originaltitel kennt:

```
EntityValue[Entity["Book", "TheSorrowsOf..."], "OriginalTitle"]

Die Leiden des jungen Werthers

EntityValue[Entity["Book", "TheSorrowsOf..."], "OriginalLanguage"]

German
```

Gibt der Leser als Eigenschaft `"Plaintext"` an, so wird der (scheinbar) komplette Text einer englischen Übersetzung ausgegeben, und bei `"Image"` erscheint ein Bild des entsprechenden Buchdeckels.

15 Texte schreiben mit Mathematica

Einer der großen Pluspunkte von Mathematica ist seit jeher das visuelle Erscheinungsbild der Notebooks. Mit Hilfe der Eingabepaletten kann man Formeln so eingeben,
wie man sie auch per Hand auf dem Papier notieren würde: Ein Integral kann direkt mit dem Integralzeichen eingegeben werden, nicht notwendigerweise durch ein
Kommando in Wolfram Language, so dass auch eine in Mathematica unerfahrene Per-
son ein entsprechendes Notebook bequem lesen kann. In dieser Hinsicht kann man
Mathematica durchaus mit Officeprogrammen und deren Formeleditor vergleichen
(siehe auch Abb. 4.2 auf Seite 47), mit dem Unterschied, dass man Formeln nicht nur
eingeben, sondern auch gleich berechnen lassen kann. Ferner erlaubt Mathematica
sogar die Erkennung von eingescanntem Text, siehe Abschnitt 17.5.

Angesichts dieser Gestaltungsmöglichkeiten ist es nur konsequent, dass Mathematica auch die Fähigkeit zum Strukturieren von Texten mitbringt, so dass man komplette Texte in Mathematica verfassen und setzen kann (siehe etwa die Hilfetexte zu
Mathematica), was wir in den nun folgenden Unterabschnitten besprechen wollen.
Die Erstellung von Präsentationsfolien behandeln wir dagegen in Abschnitt 16.2.

Tipp! Auch wenn es in diesem Abschnitt vor allem um die äußerliche Gestaltung von Text geht, sei auf
ein mit Version 10 eingefügtes Werkzeug hingewiesen, welches aus inhaltlicher Sicht hilfreich sein
mag: `WordTranslation["Wort", "Sprache1" -> "Sprache2"]` erlaubt die Übersetzung einzelner Wörter von einer Sprache in eine andere. Seit Version 11 kann man via `TextTranslation` auch
einen externen Übersetzer (etwa den von Google) nutzen, wofür aber wieder „Wolfram Service Credits" fällig werden.

Dem Leser ab Version 11 wird ferner schon aufgefallen sein, dass Mathematica eine
automatische Rechtschreibprüfung in Textzellen vornimmt. Als nicht korrekt einge-
stufte Wörter werden rot unterringelt, und im sich nach einem Rechtsklick auf das
betreffende Wort öffnenden PopUp-Menü werden Verbesserungen angeboten.

15.1 Textverarbeitung mit Mathematica

Die für Textverarbeitungsprogramme üblichen Formatierungsmöglichkeiten sind bei
Mathematica im Menü *Format* implementiert. Zur Auswahl stehen dabei u. a.

Format	*Font:*	Schriftart festlegen,
	Face:	Schriftstil (fett, kursiv, etc.) festlegen,
	Size:	Schriftgröße festlegen,
	Text Color:	Schriftfarbe festlegen,
	Background Color:	Hintergrundfarbe festlegen.

Über *Format* → *Font* wird hierbei das traditionelle Schriftauswahlmenü aufgerufen.

DOI 10.1515/9783110425222-015

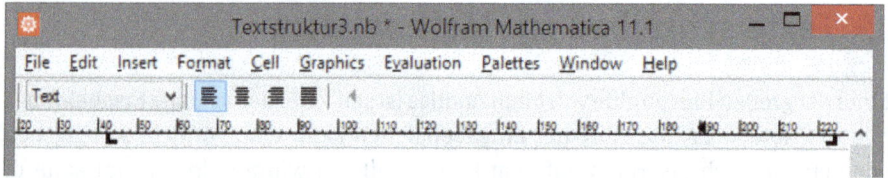

Abb. 15.1. Zusätzliche Formatierungsleiste und Lineal für Notebooks.

Die Formatierungsmöglichkeiten können jeweils auf markierte Wörter oder ganze Zellen angewendet werden, ferner folgende Teilmenüs auf markierte Zellen:

Format	*Text Alignment:*	Ausrichtung des Textes (linksbündig, etc.),
	Text Justification:	ermöglicht Blocksatz,
	Word Wrapping:	Zeilenumbruch festlegen,
	Cell Dingbat:	Zelle mit Aufzählungssymbol versehen,
Insert	*Horizontal Lines:*	horizontale Linie über/unter Zelle einfügen.

Daneben werden auch eine Symbolleiste und ein Lineal für ein jedes Notebookfenster angeboten, siehe Abb. 15.1. Diese kann man beim jeweils aktiven Notebook über *Window → ToolBar → Ruler* bzw. *Window → ToolBar → Formatting* anzeigen lassen (leicht modifizierte Pfade vor Version 10). Nützlich kann es zudem sein, über *File → Printing Settings → Show Page Breaks* die aktuellen Seitenumbrüche anzeigen zu lassen. Mit Version 8 ist noch die Möglichkeit der *Druckvorschau* via *File → Print Preview* hinzugekommen. Nicht erschrecken: Nach Aufruf kündigt eine Meldung sogar gleich den Druck des Notebooks an, was aber nicht geschieht (zumindest nicht auf Papier).

15.2 Texte strukturieren

Wie in Abschnitt 3.4 erläutert, sind Notebooks von Haus aus in eine Hierarchie von Zellen unterteilt. Dabei kann man einer jeden Elementarzelle über *Style*, oder durch die Tastenkombination $\boxed{\text{Alt}}$ +*Nummer*, einen bestimmten Typ zuweisen. Diese Möglichkeit kann man zum Strukturieren von Texten nutzen. Als relevante Zelltypen gibt es hierbei, neben Input- und Output-Zellen für konkrete Berechnungen, die Typen *Title*, *Subtitle*, *Subsubtitle* ($\boxed{\text{Alt}}$ +*1, 2, 3*) für den Titel eines Dokumentes, *Section*, *Subsection*, *Subsubsection* ($\boxed{\text{Alt}}$ +*4, 5, 6*) für die Abschnitte und deren Überschriften, und schließlich *Text* ($\boxed{\text{Alt}}$ +*7*) für Textpassagen. Je nach Zelltyp werden dabei neue übergeordnete Zellen erstellt. Bei *Title* etwa wird um das gesamte Notebook herum eine Zellklammer angelegt, bei *Section* eine, die alle weiteren Zellen bis zum nächsten *Section* umschließt. Ferner ändert sich insbesondere das Layout der Zellen, welches durch das gewählte Stylesheet bestimmt wird, siehe unten.

Die Auswirkungen einer solchen Strukturierung können wir an einem Beispiel selbst durchprobieren. Zuerst legen wir die sieben Input-Zellen wie im linken Teil von

Abb. 15.2. Strukturierung eines Notebooks: vorher – nachher.

Abb. 15.2 an. Nun markieren wir, von oben beginnend, Zellklammer für Zellklammer und ändern jeweils den Zelltyp zu *Title*, *Subtitle*, *Text*, *Section*, *Text*, *Subsection* und *Text*. Es resultiert das Layout wie im rechten Teil von Abb. 15.2. Dieses hängt dabei vom gewählten Stylesheet des Notebooks ab (vgl. Abb. 3.8 auf Seite 22), welches unter *Format → Style Sheet* eingesehen und geändert werden kann. Der Leser möge an dieser Stelle verschiedene Stylesheets durchprobieren, der Effekt ist unmittelbar zu sehen. Ferner lässt das Beispiel auch gut die oben angesprochene Änderung der Zellklammerung beobachten.

Bei manchen Stylesheets wird den *Section*- und *Subsection*-Zellen zudem ein Quadrat als Aufzählungszeichen vorangestellt; wie in Abschnitt 15.1 erläutert, kann man dieses über *Format → Cell Dingbat* ändern oder deaktivieren.

15.3 Exkurs: Notebooks und Zellen erzeugen

Zellen werden in Mathematica durch das Objekt `Cell` repräsentiert, welches die Syntax `Cell[Inhalt, Typ]` aufweist. Setzt man um diesen Ausdruck herum noch den Befehl `CellPrint`, so wird im Notebook eine neue Zelle des festgelegten Typs erzeugt:

```
Cell["Dies ist eine Textzelle.","Text"]

Cell[Dies ist eine Textzelle.,Text]

CellPrint[Cell["Dies ist eine Textzelle.","Text"]]
```

Dies ist eine Textzelle.

```
CellPrint[Cell["Dies ist eine Textzelle.","Input"]]
```

```
Dies ist eine Textzelle.
```

Markiert der Leser die Klammer der ausgegebenen Zellen und sieht nach Rechtsklick im PopUp-Menü unter *Style* nach, so wird er feststellen, dass im zweiten Beispiel tatsächlich eine Zelle des Typs *Text*, im dritten eine des Typs *Input* erzeugt wurde. Verwandt sind auch die Befehle `TextCell`, `ExpressionCell` und `CellGroup`, welche Zellen im Text- bzw. Ausgabeformat anlegen bzw. Gruppen von Zellen erzeugen.

Letztlich zum gleichen Resultat gelangen wir unter Verwendung des Befehls `NotebookWrite`, welcher die Syntax `NotebookWrite[Notebook,Daten]` besitzt und an das spezifizierte Notebook die gegebenen Daten anhängt. Somit ergibt

```
NotebookWrite[SelectedNotebook[], Cell["Dies ist eine
Textzelle.","Text"]]
```

Dies ist eine Textzelle.

das gleiche Resultat wie oben. Hier kann man nun aber auch ein anderes Notebook angeben, etwa eines, dass man gerade durch den Befehl `CreateDocument` erzeugt hat. `CreateDocument[]` erzeugt ein leeres Notebook, `CreateDocument[liste]` ein Notebook, welches zu allen Elementen der Liste eine Zelle anlegt. Ferner kann man über eine Reihe von Optionen, welche der Leser nach Ausführung von `CreateDocument //Options` einsehen kann, die Eigenschaften des Notebooks beeinflussen. Betrachten wir ein einfaches Beispiel:

```
nb=CreateDocument[Cell["Überschrift","Section"],
WindowSize->{400,600}, WindowTitle->"Mein Notebook"];
```

erzeugt ein neues Notebook, welches gemäß unserer Vorgabe die Fenstergröße 400 × 600 besitzt, mit „Mein Notebook" an Stelle des sonst üblichen „Untitled-*n*" überschrieben ist, und welches mit einer Zelle des Typs *Section* versehen wird. Ein solches Notebook wird durch ein `NotebookObject`-Objekt repräsentiert, welches wir in der Variablen *nb* abgelegt haben. Über diesen Identifizierer können wir nun auf das Notebook zugreifen und beispielsweise an der aktuellen Position des Cursors eine weitere Zelle einfügen:

```
NotebookWrite[nb, Cell["Dies ist eine Textzelle.","Text"]]
```

Weitere Informationen rund um Zellen und Notebooks findet der interessierte Leser in den Einträgen unter *tutorial/ManipulatingNotebooksOverview*. Auch sei an dieser Stelle an den in Abschnitt 4.3 besprochenen Befehl `NotebookImport` erinnert.

15.4 Überschriften nummerieren

Ausgehend vom Beispiel aus Abschnitt 15.2 soll nun erläutert werden, wie bei einem fertig strukturierten Text die Abschnittsüberschriften fortlaufend durchnummeriert werden können. Sollte es dabei in der Ausgangsdatei störende Aufzählungszeichen geben, markieren wir den gesamten Notebookinhalt, über *Edit → Select All* oder durch Markieren der äußersten, zum *Title* gehörigen Zellklammer, und wählen *Format → Cell Dingbat → None*.

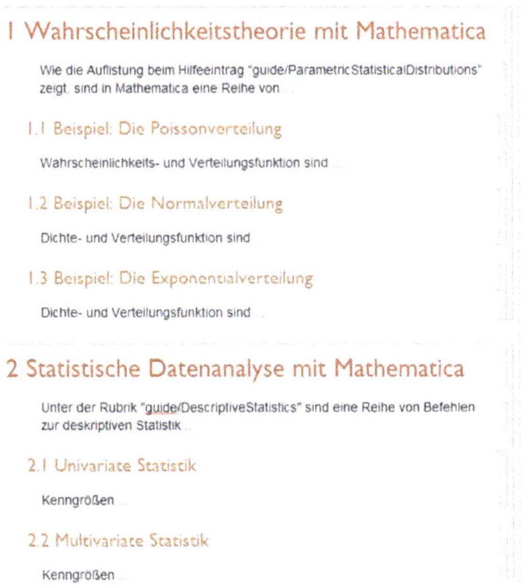

Abb. 15.3. Überschriften mit Zählern nummerieren.

Um nun die Überschriften zu nummerieren, kann man leider nicht einfach irgendeine Notebookoption aktivieren, sondern muss *Zähler* erstellen. Erläutern wir dies am obigen Beispiel. Dort hatten wir Abschnitte (*Section*) und Unterabschnitte (*Subsection*) erstellt, wünschenswert wäre also eine Nummerierung der folgenden Art: Abschnitte mit 1, 2, etc., und die zum *n*-ten Abschnitt gehörigen Unterabschnitte mit *n*.1, *n*.2, etc. Wir benötigen also einen Zähler für *Section*-Zellen, und einen für *Subsection*-Zellen. Dazu setzen wir den Cursor an den Anfang der ersten *Section*-Zelle und wählen *Insert → Automatic Numbering → Counter Type: Section*. Sichtbar eingefügt wird die Zahl 1, tatsächlich verbirgt sich dahinter `CounterBox["Section"]`. Diesen Zähler können wir nun markieren, kopieren, einfügen, und solange die eingefügte Kopie innerhalb der *Section* 1 liegt, wird der Zähler den Wert 1 anzeigen. Fügen wir ihn innerhalb der nächsten *Section* ein, wird er automatisch den Wert 2 anzeigen, usw. Genauso erstellen wir einen *Subsection*-Zähler und kopieren diesen an die gewünschte Stelle, je nach Position wird auch dieser die passende Nummer anzeigen. Durch die Kombination *Section.Subsection* kann man Unterüberschriften wie gewünscht nummerieren, das Resultat kann wie in Abb. 15.3 aussehen.

Tipp! Wie schon in Zusammenhang mit Abb. 3.8 auf Seite 22 angedeutet, kann man auch gleich zu Beginn der Arbeit ein Notebook mit einer geeigneten Stilvorlage erzeugen, so dass es bereits nummerierte Zellen enthält. Davon ausgehend kann man durch Kopieren & Einfügen die Struktur erweitern, wie eben beschrieben.

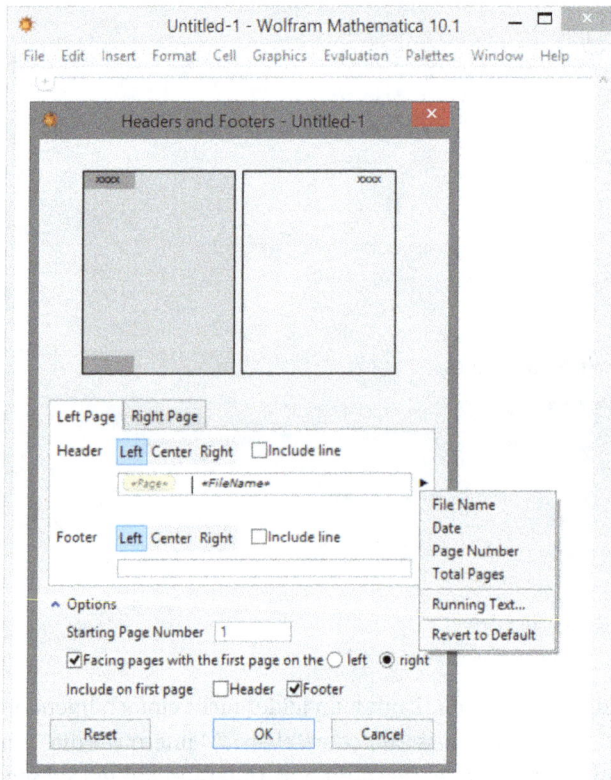

Abb. 15.4. Kopf- und Fußzeilen erstellen.

15.5 Kopf- und Fußzeilen erstellen

Mathematica bietet auch die Möglichkeit, über *File → Printing Settings → Headers and Footers* die Kopf- und Fußzeilen eines Noteboks zu gestalten. Der sich öffnende Dialog, wie er seit Version 8 gestaltet ist, ist in Abb. 15.4 gezeigt. Einstellungen sind für je drei Felder der Kopf- und Fußzeile zu treffen, unterschieden nach linken und rechten Druckseiten. Was dabei auf „links" und „rechts" gedruckt wird, kann man unter den *Options* selbst festlegen; per Voreinstellung ist die erste Seite rechts. Speziell für die erste Seite kann man Kopf- und Fußzeilen auch deaktivieren.

Interessant ist nun die Befüllung der einzelnen Felder der Kopf- und Fußzeile. Neben frei einzugebendem Text (z. B. Name des Autors) kann man über das Pfeilchen ganz rechts auch Bausteine einfügen, welche den Dateinamen, die aktuelle Seitennummer, das aktuelle Datum, oder einen „Lauftext" enthalten. Im letzteren Fall öffnet sich der Dialog aus Abb. 15.5, wo man den Lauftext dadurch definiert, dass man bestimmte Zelltypen (im Beispiel den oder die Titel) auslesen lässt. Dabei kann man die ganze Zelle oder nur einen Teil davon berücksichtigen (im Beispiel werden die ers-

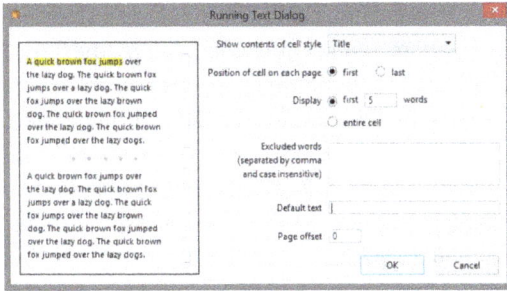

Abb. 15.5. Kopf- und Fußzeile: Lauftext einfügen.

ten fünf Wörter angezeigt). Die letztlich resultierenden Kopf- und Fußzeilen kann man in der Druckvorschau betrachten, vgl. Abschnitt 15.1.

15.6 Hyperlinks in Notebooks einfügen

In Notebooks kann man, vergleichbar einer HTML-Datei, Hyperlinks einfügen, und zwar sowohl welche, die auf andere Dateien bzw. eine Internetadresse deuten, als auch welche, die intern auf eine andere Stelle im Notebook verweisen, vergleichbar den Ankern bei HTML. Das dazu notwendige Vorgehen soll kurz beispielhaft demonstriert werden. Nehmen wir an, wir wollen einen Verweis auf eine Internetadresse (analog: auf eine andere Datei) einfügen. Wir haben beispielsweise eine Textzelle angelegt mit folgendem Inhalt:

Für weitere Informationen konsultiere man die Wolfram Research Homepage.

Dabei wollen wir „Wolfram Research Homepage" in einen Link umwandeln auf die Adresse https://www.wolfram.com. Um dies zu erreichen, markieren wir die Worte „Wolfram Research Homepage", und gehen ins Menü *Insert → Hyperlink....* Es öffnet sich ein gleichnamiger Dialog, bei dem wir den Punkt *Destination notebook: Other notebook or URL* markieren und in das Textfeld die gewünschte URL, also https://www.wolfram.com, eingeben. Anschließend klicken wir auf *OK*, fertig. Die Worte „Wolfram Research Homepage" sind nun farbig dargestellt (evtl. auch unterstrichen), und durch einen Klick darauf öffnet sich ein Browser mit der gewünschten Internetseite. Analog hätten wir auch auf eine andere, lokale Datei verweisen können, die man mit Hilfe des *Browse...*-Knopfes hätte auswählen können.

Tipp! Im Zusammenhang mit Hyperlinks erwähnenswert ist der mit Version 10 eingeführte Befehl `HostLookup`, welcher einem die zu einer Internetadresse gehörige IP-Adresse liefert. So führt etwa `HostLookup["www.hsu-hh.de"]` zu `{IPAddress[139.11.9.63]}`.

Ein klein wenig aufwändiger ist es, einen Verweis innerhalb des Notebooks zu erzeugen. Dazu muss nämlich zuerst eine Art „Anker" angelegt werden, bei Mathematica *Tag* genannt. Dies geschieht, indem wir der *Zelle*, auf die wir später verweisen wollen, einen Namen geben. Dazu müssen wir zuerst die Zellklammer der Zielzelle markieren, anschließend ins Menü *Cell → Cell Tags → Add/Remove Cell Tags…* wechseln. Wir landen im Dialog *Edit Cell Tags*. Hier tragen wir im Feld *Cell Tag* den gewünschten Namen ein und klicken dann *Add*. Daraufhin kann der Dialog via *Close* geschlossen werden.

Anschließend verfahren wir wie oben, d. h. markieren das Wort, wo wir den Link hinsetzen wollen, und gehen ins *Hyperlink*-Menü. Im Listenfeld der Rubrik *Destination within notebook* sollte nun der gewählte Name zu finden sein. Man markiert *Cells with tag* und wählt den gewünschten Namen aus. Danach wieder *OK*, der Notebook-interne Verweis ist erstellt.

Kehren wir nochmals zum einleitenden Beispiel dieses Abschnitts zurück. Für das Erzeugen von Links wird auch der Befehl `Hyperlink` angeboten, mit der Syntax `Hyperlink["Text", "Link"]`. So wird durch Ausführen von

```
Hyperlink["Wolfram Research Homepage", "https://www.wolfram.com"]
```

```
Wolfram Research Homepage
```

eine Ausgabezelle erzeugt, welche die Worte „Wolfram Research Homepage" anzeigt, nach deren Anklicken wir ins Internet zur spezifizierten Seite geleitet werden. Wollen wir dagegen wie oben einen ganzen Satz ausgeben, der den Link beinhaltet, müssen wir etwas mehr Arbeit in ein korrektes Kommando stecken. Mit Hilfe des Befehls `Row` werden die Elemente der Liste, die als Argument übergeben wird, nebeneinandergesetzt. In Kombination mit den Befehlen `CellPrint` und `TextCell` aus Abschnitt 15.3 erhalten wir somit:

```
CellPrint[TextCell[
Row[{"Für weitere Informationen konsultiere man die ",
Hyperlink["Wolfram Research Homepage", "https://www.wolfram.com"],
"."}], "Text"]]
```

Für weitere Informationen konsultiere man die `Wolfram Research Homepage`.

Optional kann man bei `Row` übrigens noch ein Trennzeichen angeben, die Syntax ist dann `Row[liste, "Zeichen"]`. Für den Spezialfall, dass man dabei den Zeilenumbruch „\n" wählt, erhält man das gleiche Resultat wie bei einfacher Anwendung von `Column`, d. h. der Listeninhalt wird untereinander in eine Zelle geschrieben.

! **Tipp!** Seit Version 8 hat man auch die Möglichkeit, Literaturverweise zu einer bestehenden BibTEX- oder EndNote-Literaturdatenbank zu erzeugen, über das Menü *Insert → Citation*.

15.7 Erstellte Texte in andere Formate exportieren

Zwar bietet Wolfram Research mit dem *Wolfram CDF Player*, siehe die Tabelle auf Seite XI, eine kostenlose Software zum Betrachten von Notebooks an, trotzdem wird man in manchen Situationen einen mit Mathematica erstellten Text in ein anderes Format exportieren wollen. Das Thema Export von Notebooks bzw. Teilen davon hatten wir bereits in Abschnitt 4.3 behandelt, dort allerdings mit anderer Schwerpunktsetzung. In den folgenden Abschnitten soll stets die Frage des Exports eines vollständigen Notebooks in ein im Rahmen der Textverarbeitung gängiges Format wie PDF, HTML, LATEX oder RTF besprochen werden.

Export nach PDF

Ein Export nach PDF (bzw. auch nach PS) ist leicht über das Menü *File → Save As* möglich. Alternativ besteht natürlich immer auch der Umweg über einen PDF-Drucker, indem man das Notebook in eine PDF-Datei druckt. Ein kostenfreier PDF-Drucker ist das Programm *PDFCreator*: https://de.pdfforge.org/pdfcreator.

Export nach HTML

Der Export eines gegebenen Notebooks ins HTML-Format ist leicht zu praktizieren, man wählt schlicht *File → Save As* und gibt den gewünschten Dateinamen (samt Endung `.html`) an, fertig. Es stellt sich nun die Frage nach der Qualität der produzierten HTML-Datei. Zunächst einmal sieht das Resultat dem Original sehr ähnlich, was daran liegt, dass eine beachtliche Menge von GIF- und PNG-Grafiken erzeugt wird, für jedes Bild, für nahezu jede Formel. Dies hat natürlich praktische Nachteile: Nicht nur mag das Laden der HTML-Datei gewisse Zeit beanspruchen, da ein Großteil des Inhalts in Grafiken abgelegt wurde, lassen sich entsprechende Textstellen nicht markieren und als Text kopieren. Zumindest verfügen die `<img>`-Elemente über einen aussagekräftigen Attributwert für `alt`. Ferner gäbe es auch noch die Möglichkeit des Exportes nach MathML. Positiv bemerkenswert ist es, dass die erzeugten HTML-Dateien den XHTML-Anforderungen des W3C-Konsortiums genügen, indem zur eigentlichen Datei auch eine DTD- und eine CSS-Datei erzeugt werden.

Export nach LATEX

Die Exportmöglichkeit nach LATEX ist zwar, genau wie die Ausgabeform `TeXForm` aus Abschnitt 5.3, ein traditioneller Bestandteil von Mathematica, welcher jedoch nach Meinung des Autors noch immer wenig zufriedenstellend gelöst ist. Rein technisch gesehen ist lediglich *File → Save As* zu wählen, die erzeugte TEX-Datei hat aber ihre Tücken. Zwar werden außer den standardmäßigen AMS-Paketen keine Zusatzanforderungen an das installierte LATEX-System gestellt, dafür ist das Resultat nach Meinung des Autors bescheiden. Insbesondere fällt negativ auf, dass der bei TEX zugegebenermaßen problematische Fettdruck durch Verwendung des Kommandos \pmb realisiert wird, was nichts anderes als eine unschöne Überlagerung von Buchstaben bedeutet. Dass Fettdruck bei TEX auch mit Standardpaketen möglich ist, kann der Leser an Hand des vorliegenden Buches erkennen.

Export nach RTF

Ein Notebook kann man via *File → Save As → RTF* in eine RTF-Datei exportieren. Je nach Mathematica-Version werden dabei Teile des Notebooks als Grafik in die RTF-Datei eingefügt (vgl. den Abschnitt zu HTML) oder tatsächlich komplett in Text umgewandelt, im letzteren Fall dann allerdings mit Mathematica-Kommandos durchsetzt. Leider werden Formeln, wenn nicht ohnehin als Grafik dargestellt, manchmal etwas kryptisch formuliert.

Gelungen ist dagegen die seit Version 7 verfügbare Möglichkeit, Formeln direkt zwischen Mathematica und dem Formeleditor von Word (DOCX-Format) hin und her zu kopieren, siehe auch Abb. 4.2 auf Seite 47.

16 Präsentation, Interaktion und Animation

Mathematica verfügt über ein derart großes Potential an Präsentations-, Interaktions- und Animationsmöglichkeiten, dass es den Rahmen dieses Buches sprengen würde, wollten wir all diese Möglichkeiten vorstellen. Trotzdem wollen wir, in der gebotenen Kürze, zumindest erläutern, wie man ausgegebene Resultate übersichtlich präsentiert (Abschnitt 16.1), ganze Notebooks in Präsentationsfolien umwandelt (Abschnitt 16.2), dynamische Objekte erzeugt (Abschnitt 16.3), interaktive Elemente in Notebooks einbaut (Abschnitt 16.4) und Grafiken animiert (Abschnitt 16.5). Abschließend wird Abschnitt 16.6 an Beispielen demonstrieren, wie man die zuvor besprochenen Präsentations- und Animationsmöglichkeiten sinnvoll in der Lehre einsetzen kann.

16.1 Ausgaben in Notebooks anzeigen

Wie wir schon aus Bemerkung 3.4.1 wissen, kann man durch Doppelklick auf eine umschließende Klammer die Anzeige der Ausgabe ausblenden. Darüberhinaus werden spezielle Ansichten (*Views*) angeboten (auch sei in diesem Zusammenhang die Zelloption `ShowGroupOpener` erwähnt), die sich nach Meinung des Autors vor allem in der Lehre gut einsetzen lassen. Einige dieser Ansichten wollen wir im Folgenden vorstellen; für weitere Informationen sei auf den Hilfeeintrag *tutorial/Views* verwiesen.

Die einfachste Ansicht ist `OpenerView`, welche als Argument eine Liste mit genau zwei Argumenten erwartet: Der Beschriftung, und dem anzuzeigenden Resultat. Dabei müssen sich diese beiden Argumente nicht auf Zeichenketten beschränken, wie im folgenden Beispiel, sondern können mit jeglichem Mathematica-Objekt (Formel, Grafik, ...) belegt sein:

```
OpenerView[{"Beschriftung", "Resultat"}]
```

<pre>
⌄ Beschriftung   (* bzw. *)   ⌃ Beschriftung
                                       Resultat
</pre>

Dabei ist es auch erlaubt, mehrere `OpenerView` ineinander zu verschachteln, bzw. zur Anordnung Kommandos wie `TableForm` oder `Grid` zu verwenden, siehe auch Abschnitt 4.2. Der Leser führe beispielsweise aus:

```
OpenerView[{"Beschriftung", TableForm[{OpenerView[{"Beschriftung1",
"Resultat1"}], OpenerView[{"Beschriftung2", "Resultat2"}]}]}]
```

Der Nutzen eines solchen Ansichtskonstrukts lässt sich durch folgendes Beispiel zum binomischen Lehrsatz besser verdeutlichen:

DOI 10.1515/9783110425222-016

```
TableForm[Table[
OpenerView[{(a+b)ⁿ, Expand[(a+b)ⁿ]}],
{n,1,5}]]
```

$\vee$ a+b
$\vee$ $(a+b)^2$
$\wedge$ $(a+b)^3$
   $a^3+3\,a^2\,b+3\,a\,b^2+b^3$
$\vee$ $(a+b)^4$
$\vee$ $(a+b)^5$

Neben `OpenerView` gibt es eine Reihe weiterer Kommandos zur Gestaltung der Ausgabe, von denen wir kurz `TabView`, `MenuView` und `SlideView` vorstellen wollen. Die zwei ersten Befehle erwarten dabei als Argument eine Liste der Form {*Beschriftung1* -> *Resultat1*, ...}, der dritte dagegen eine einfache Liste {*Ausdruck1*, ...}. Folgende Beispiele demonstrieren die Unterschiede:

```
TabView[Table[(a+b)ⁿ -> Expand[(a+b)ⁿ], {n,1,5}]]
```

| a + b | $(a + b)^2$ | $(a + b)^3$ | $(a + b)^4$ | $(a + b)^5$ |

$a^5 + 5\,a^4\,b + 10\,a^3\,b^2 + 10\,a^2\,b^3 + 5\,a\,b^4 + b^5$

```
MenuView[Table[(a+b)ⁿ -> Expand[(a+b)ⁿ], {n,1,5}]]
```

$(a + b)^4$ $\vee$

$a^4 + 4\,a^3\,b + 6\,a^2\,b^2 + 4\,a\,b^3 + b^4$

```
SlideView[Table[(a+b)ⁿ -> Expand[(a+b)ⁿ], {n,1,5}]]
```

$(a + b)^3 \to a^3 + 3\,a^2\,b + 3\,a\,b^2 + b^3$

Im letzten Beispiel kann man sich mit Hilfe der Pfeiltasten durch die einzelnen „Folien" durchklicken. Womit wir auch schon beim nächsten Thema wären ...

16.2 Präsentationsfolien erstellen

Nicht nur einzelne Ausgaben kann man auf Folien präsentieren, siehe den eben in Abschnitt 16.1 erläuterten Befehl `SlideView`, auch ganze Notebooks kann man in Präsentationsfolien umwandeln bzw. neue Notebooks von vornherein als Folien erzeugen. Dabei erweist sich die Palette *SlideShow*, aufzurufen via *Palettes* → *SlideShow*, als nützliches Werkzeug. Diese ist in Abb. 16.1 (a) gezeigt. Um nun ein bestehendes Notebook in Präsentationsfolien umzuwandeln (als Beispiel verwenden wir dabei die ersten paar Zellen des Notebooks zu Abschnitt 8.4), wechseln wir durch Wahl der Schalt-

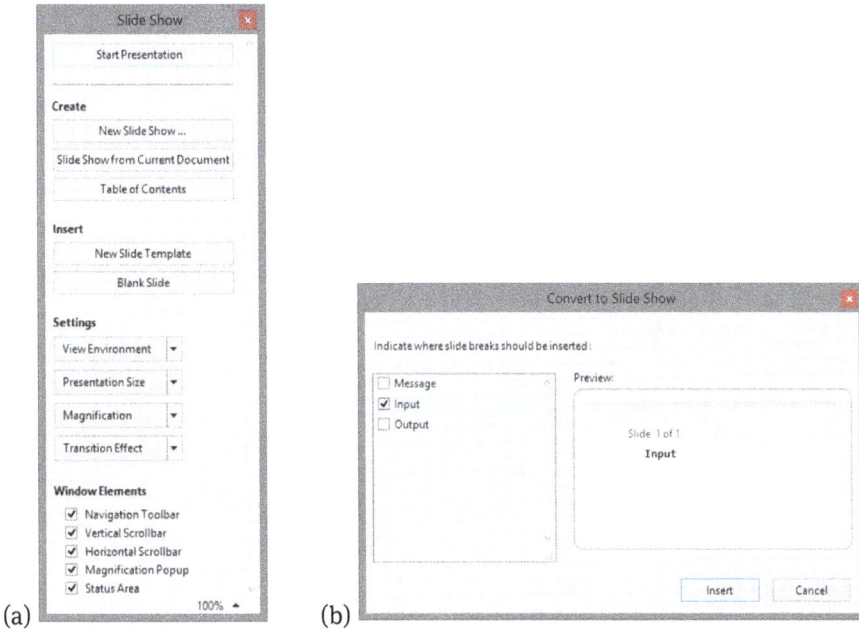

Abb. 16.1. Die Palette *SlideShow* und der Dialog bei der Erzeugung von Folien.

fläche *View Environment: Slide Show* in den Folienmodus. Auffälligste Auswirkung ist dabei, dass das Notebookfenster um eine Navigationsleiste erweitert wurde, wie es in Abb. 16.2 oben zu sehen ist. Anschließend wählen wir auf der Palette *SlideShow* den Punkt *Slide Show from Current Document*, woraufhin der Dialog aus Abb. 16.1 (b) erscheint. Hier muss man nun die Zelltypen festlegen, die zu einem Folienwechsel führen. Wählen wir etwa, wie im Beispiel gezeigt, nur Zellen des Typs *Input* aus, so wird mit jeder neuen Eingabezelle eine neue Folie angefangen. Die dazugehörigen Ausgaben erscheinen mit auf dieser Folie. Bestätigt man schließlich die Auswahl in diesem Dialog mit *Insert*, so erscheinen die fertigen Präsentationsfolien aus Abb. 16.2.

Betrachtet man die Präsentation im Folienmodus, wie in Abb. 16.2 gezeigt, so kann man durch den Knopf rechts oben in die Vollbildanzeige wechseln (und später wieder in die Normalansicht zurückkehren), mit den Pfeiltasten in der Mitte der Navigationsleiste kann man sich durch die einzelnen Folien hindurchklicken. Entfernt man dagegen in der Palette aus Abb. 16.1 (a) (Abschnitt *Window Elements*) das Häkchen bei *Navigation Toolbar*, so wird die Navigationsleiste ausgeblendet (eine analoge Wirkung haben die übrigen Häkchen).

In die Präsentation kann man mit Hilfe der *SlideShow*-Palette aus Abb. 16.1 (a) neue Folien einfügen, indem man im Abschnitt *Insert* entweder die Schaltfläche *New Slide Template* oder *Blank Slide* wählt, wobei man dazu zuvor den Cursor am Ende der Folie positionieren sollte, in deren Anschluss die neue Folie eingefügt werden soll.

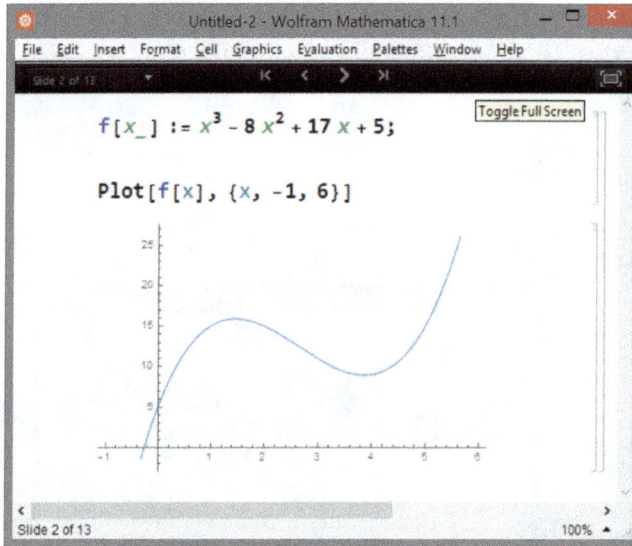

Abb. 16.2. Die fertigen Präsentationsfolien.

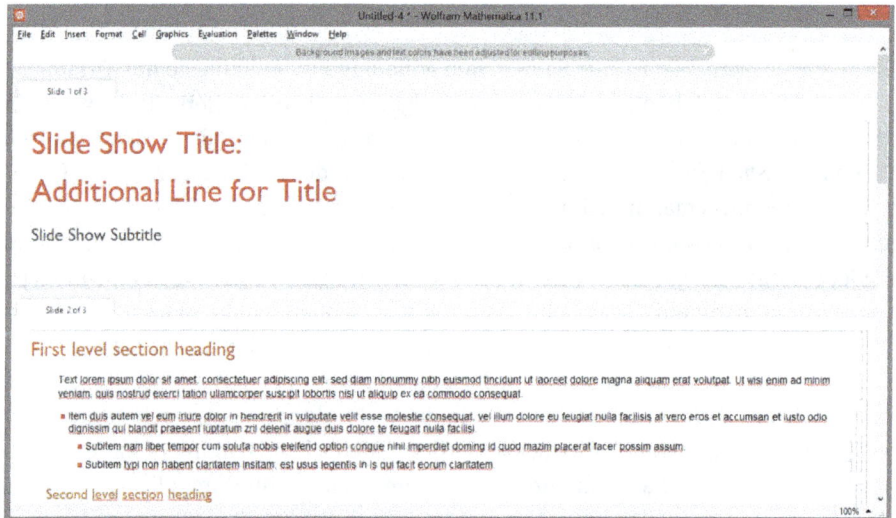

Abb. 16.3. Eine Vorlage (Typ *Default*) zur Erzeugung von Präsentationsfolien.

Zum Löschen von Folien wechselt man zuerst über *View Environment: Working* in den Standardmodus zurück, und kann dann entsprechende Zellen wie gewohnt löschen.

Schließlich kann man auch, wie eingangs bereits erwähnt, über *File* → *New* → *SlideShow*, direkt ein neues Präsentations-Notebook erzeugen (oder über *Create: New Slide Show* in der Palette aus Abb. 16.1 (a)). Wählt man aus den angebotenen Vorlagen z. B. das *Template: Default*, so werden die drei Beispielfolien in Abb. 16.3 erzeugt, die vom Benutzer vervielfältigt und mit Inhalt gefüllt werden können.

16.3 Dynamische Objekte erstellen

Mathematica erlaubt es, dynamische Objekte zu erzeugen, die sich bei Änderung automatisch aktualisieren. Zentral ist dabei der Befehl `Dynamic`, welcher sich auch im folgenden Abschnitt 16.4 in Kombination mit interaktiven Elementen einsetzen lassen wird. Die Syntax ist dabei denkbar einfach: `Dynamic[obj]` erweckt das Objekt *obj* „zum Leben". Betrachten wir dazu ein erstes Beispiel:

```
Clear[x]; Dynamic[x^2]                      x²
```

Zuerst einmal scheint nichts Spektakuläres zu passieren, einzig die Ausführung von `%//FullForm` zeigt, dass sich hinter der Ausgabe x^2 ein dynamisches Objekt verbirgt. Die Dynamik wird aber sichtbar, wenn der Leser nun nacheinander die Eingaben `x=3;`, `x=7;` und `x=2 y-3;` ausführt und danach jeweils auf die obige Ausgabe des `Dynamic`-Befehls blickt: diese nimmt nacheinander automatisch die Werte 9, 49, $(-3+2\,y)^2$ an.

Noch eindrucksvoller ist das Ganze, wenn der Leser die folgende `Do`-Schleife ausführt, welche die Variable *x* im Sekundentakt die Werte von 1 bis 10 durchlaufen lässt:

```
Do[x=k; Pause[1], {k,1,10}];
```

Der hierbei verwendete Befehl `Pause` mit Syntax `Pause[n]` unterbricht die laufende Berechnung für *n* Sekunden. Informationen zur `Do`-Schleife finden sich in Abschnitt 7.3.

Bevor wir gleich in Abschnitt 16.4 den `Dynamic`-Befehl vermehrt einsetzen werden, betrachten wir noch zwei weitere Beispiele, die andeuten, welch breites Anwendungspotential dieser Befehl bietet. Im ersten Beispiel greifen wir auf den Befehl `MousePosition` zurück, der die Bildschirmposition der Maus zum Zeitpunkt der Ausführung bestimmt und als Koordinatenpaar zurückgibt. Schließt man den Befehl noch zusätzlich in ein `Dynamic` ein, so wird die Maus die ganze Zeit über überwacht:

```
MousePosition[]                             {205, 577}
```

```
Dynamic[MousePosition[]]                    {205, 577}
```

wobei sich letztere Ausgabe mit jeder Mausbewegung ändert. Das zweite Beispiel ist etwas komplexer:

```
Dynamic[Refresh[DateString[], UpdateInterval -> 1]]
```

```
Fri 31 Mar 2017 09:54:48
```

Hierbei werden die beiden Befehle `DateString`, siehe Abschnitt 14.1, und `Refresh` eingesetzt. `DateString[]` gibt das bei Ausführung aktuelle Datum wieder, mit `Refresh` innerhalb von `Dynamic` kann man den Takt des Aktualisierens festlegen, indem man bei `UpdateInterval` die gewünschte Sekundenzahl angibt. Als Resultat der obigen Eingabe haben wir eine Digitaluhr erhalten, die sich sekundenweise aktualisiert.

ℹ **Weiterführende Informationen ...** zu Einsatzmöglichkeiten dynamischer Objekte findet der Leser in der Hilfedatei unter *tutorial/IntroductionToDynamic* und *tutorial/AdvancedDynamicFunctionality*.

16.4 Interaktive Elemente einsetzen

Mathematica bietet eine Reihe verschiedener Elemente an, welche die Interaktion mit dem Betrachter eines Notebooks erlauben. Einige wichtige Vertreter solcher Elemente sollen in diesem Abschnitt vorgestellt werden, wobei wir auf Möglichkeiten zur Erstellung interaktiver Grafiken gesondert im anschließenden Abschnitt 16.5 eingehen werden. Das wohl einfachste Element, welches als Mittel zur Interaktion eingesetzt werden kann, ist der Hyperlink, wie wir ihn in Abschnitt 15.6 bereits besprochen haben. Mathematica bietet aber auch Schaltflächen an. Mit `Button["Text", Code]` wird eine Schaltfläche mit der vorgegebenen Beschriftung erzeugt, die nach Klick den vorgegebenen Code ausführt. Ähnlich funktioniert `DefaultButton[Code]`, nur ist hier der resultierende Knopf mit „OK" beschriftet. Den Befehl `CancelButton[]` kann man einsetzen, um die betreffende Ausführung abzubrechen und den Wert `$Canceled` zurückzugeben. Verwenden wir alle drei Typen von Schaltfläche in einem Beispiel:

```
DialogInput[DialogNotebook[
{TextCell["Berechne erste binomische Formel (a+b)²?"],
DefaultButton[DialogReturn[Expand[(a+b)²]]],
Button["Nein, trinomische Formel (a+b)³",
DialogReturn[Expand[(a+b)³]]], CancelButton[]}]]
```

$a^3 + 3 a^2 b + 3 a b^2 + b^3$

Nach Ausführung der Eingabe öffnet sich der Dialog aus Abb. 16.4 (a). Entscheidet sich der Benutzer etwa für den mittleren Knopf *Nein, ...*, so wird die angegebene trinomische Formel ausgerechnet und wie oben gezeigt ausgegeben. Untersuchen wir die Befehlszeile noch etwas genauer. Durch `DialogInput[{var}, DialogNotebook[{elem1, ...}]]` wird ein Dialog erzeugt, auf dessen Oberfläche

Abb. 16.4. Schaltflächen, Dialoge und Auswahlmenü.

sich die gewählten Elemente befinden; im obigen Beispiel waren dies eine Beschriftung `TextCell` und drei Arten von Schaltflächen. Das erste Argument `{var}`, eine Liste lokaler Variablen, ist optional und wurde im obigen Beispiel auch nicht verwendet. Im gleich folgenden Beispiel kommt dieses Argument jedoch zum Einsatz. Innerhalb der zwei ersten `Button`-Kommandos haben wir den Befehl `DialogReturn` benutzt, welcher den Dialog schließt und die Kommandos in seinem Argument ausführt.

Sinnvoll in Dialogen einsetzbar ist auch das Eingabefeld mit Syntax `Input-Field[Dynamic[x]]`. Der jeweils aktuelle Inhalt des Eingabefelds wird der Variablen x zugewiesen und steht der weiteren Verarbeitung zur Verfügung. Im Beispiel

```
DialogInput[{x=(a+b)^2}, DialogNotebook[                a^2+2 a b+b^2
{TextCell["Berechne folgenden Ausdruck:"],
InputField[Dynamic[x]],
DefaultButton[DialogReturn[Expand[x]]],
CancelButton[]}]]
```

erscheint der Dialog aus Abb. 16.4 (b), in dessen Eingabefeld der Benutzer einen Ausdruck eingeben kann, der nach *OK* von **Mathematica** ausgerechnet wird. Hierbei haben wir x als lokale Variable mit Startwert $(a + b)^2$ definiert, über das Eingabefeld dynamisch verändern lassen, und schließlich `Expand` auf den Inhalt von x angewendet.

Der zweite betrachtete Dialog räumte dem Benutzer mehr Möglichkeiten ein, erforderte aber auch gewisse **Mathematica**-Kenntnisse von diesem. Kehren wir kurz zum ersten Dialog zurück. Dessen Funktion kann man alternativ auch in ein Auswahlmenü verpacken. Das Auswahlmenü aus Abb. 16.4 (c) wird erzeugt via

```
ActionMenu["Berechne:",                    a^3+3 a^2 b+3 a b^2+b^3
{"(a+b)^2":>Print[Expand[(a+b)^2]],
"(a+b)^3":>Print[Expand[(a+b)^3]],
"(a+b)^4":>Print[Expand[(a+b)^4]]}]
```

Die Syntax des verwendeten Befehls `ActionMenu` ist einfach: `ActionMenu["Text",` `{Alt1,...}]` erzeugt ein mit *Text* beschriftetes Menü, welches die aufgelisteten Alternativen anbietet. Diese wiederum werden in der Syntax `"Text":>Ausdruck` (`RuleDelayed`) definiert, im Beispiel zwecks Berechnung von $(a + b)^n$ für $n = 2, 3, 4$.

```
Clear[x];
RadioButtonBar[Dynamic[x], Range[3]]
Dynamic[x]

  ○1 ●2 ○3

2


SetterBar[Dynamic[x], Range[3]]
Dynamic[x]                                  Clear[y];
                                            CheckboxBar[Dynamic[y], Range[3]]
  1 2 3                                      Dynamic[y]

2                                             ☑1 ☐2 ☑3

                                            {1, 3}
PopupMenu[Dynamic[x], Range[3]]
Dynamic[x]                                  TogglerBar[Dynamic[y], Range[3]]
                                            Dynamic[y]
  2 ▾
  1                                           1 2 3
  2
  3
(a)                                  (b)    {1, 3}
```

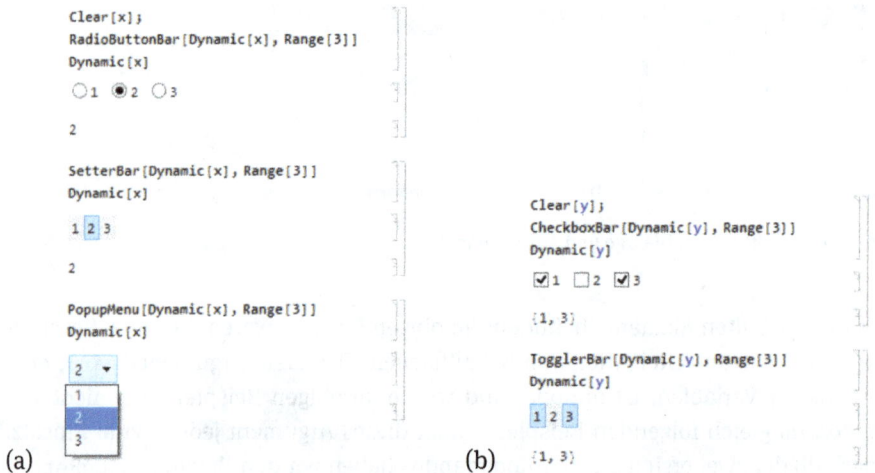

Abb. 16.5. Erstellen von Optionsfeldern, Auswahlkästchen, -menüs und Schaltleisten.

Der in Abschnitt 16.3 beschriebene Dynamic-Befehl lässt sich auch gut mit den Befehlen RadioButtonBar (Optionsfeld), SetterBar (Schaltleiste) und PopupMenu (Auswahlliste) kombinieren, bei denen jeweils *genau eine* der angebotenen Möglichkeiten gewählt werden muss, bzw. auch mit den Befehlen CheckboxBar (Auswahlkästchen) und TogglerBar (Schaltleiste), bei denen auch mehrere Punkte zugleich gewählt werden können. All diese Befehle sind in den Beispielen aus Abb. 16.5 illustriert. Da die Beispiele der linken bzw. rechten Seite jeweils die gleiche, dynamische Variable verwenden, ändern sie sich auch simultan, wie der Leser ausprobieren mag. Ansonsten besitzen alle fünf Befehle die gleiche Syntax, z. B. erzeugt SetterBar[Dynamic[x], *liste*] eine Leiste von Schaltern, welche die Werte der Liste widerspiegeln, und deren Auswahl in der Variablen x abgelegt wird.

Neben den bisherigen Beispielen der Interaktion, bei denen der Benutzer jeweils eine Entscheidung treffen musste, können für den Benutzer auch weiterführende Informationen in einem Notebook hinterlegt werden. Die wohl bekannteste Art der Informationsvermittlung ist dabei das PopUp-Fenster, bei Mathematica PopupWindow[*Objekt, Information*]. Dieses verbirgt sich hinter dem zu wählenden Objekt. Klickt der Benutzer dieses an, erscheint ein Fenster mit der vorgegebenen Information. Betrachten wir gleich ein komplexes Beispiel:

```
Plot[{PopupWindow[Sin[x],"Sinus"],
PopupWindow[Cos[x],"Cosinus"]},
{x,0,10}]
```

Hier erscheint zunächst einfach eine Grafik mit Sinus- und Cosinuskurve. Mit beiden Graphen ist jedoch ein PopUp-Fenster verbunden. Klickt der Benutzer z. B. den Graphen der Sinusfunktion an, so erscheint ein Dialog mit dem Text „Sinus", wie in

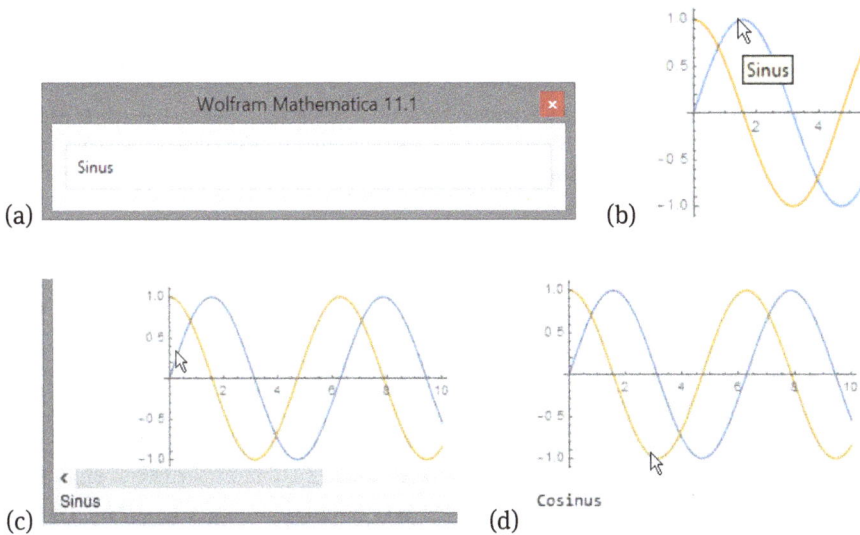

Abb. 16.6. Interaktive Beschriftungen.

Abb. 16.6 (a) gezeigt. Natürlich sind auch längere Botschaften erlaubt. Völlig analoge Syntax besitzen auch die Befehle `Tooltip` und `StatusArea`, wobei im ersten Fall ein kleines Fähnchen mit dem vorgegebenen Text erscheint, dieser dagegen im zweiten Fall in die Statusleiste am unteren Fensterende eingeblendet wird. Die Abb. 16.6 (b) und (c) zeigen dies für folgendes Beispiel:

```
Plot[{Tooltip[Sin[x],"Sinus"], Tooltip[Cos[x],"Cosinus"]}, {x,0,10}]
```

```
Plot[{StatusArea[Sin[x],"Sinus"], StatusArea[...]}, {x,0,10}]
```

Schließlich kann man auch eine Kombination der Befehle `Annotation`, `MouseAnnotation` und `Dynamic` einsetzen. `Annotation[Objekt, Information, "Mouse"]` erzeugt dabei bei Mauskontakt eine Anmerkung, die über `MouseAnnotation[]` an beliebiger Stelle des Notebooks abgefragt werden kann. Das `Dynamic` bewirkt dabei, dass sich diese Ausgabe automatisch aktualisiert. Führt der Leser den Code

```
Plot[{Annotation[Sin[x],"Sinus","Mouse"],
Annotation[Cos[x],"Cosinus","Mouse"]}, {x,0,10}]
Dynamic[MouseAnnotation[]]
```

aus, so erscheint wieder eine Grafik wie oben, darunter aber noch eine Ausgabe, in der vermutlich gerade `Null` zu lesen ist. Führt der Leser nun aber den Mauszeiger z. B. zum Graphen der Cosinusfunktion, so wandelt sich der Text entsprechend in „Cosinus" um, siehe Abb. 16.6 (d).

Abschließend sei auf den Befehl `Mouseover[Ausdruck1, Ausdruck2]` verwiesen, der solange den ersten Ausdruck anzeigt, bis der Benutzer die Maus darüber führt; dann wechselt die Anzeige zu Ausdruck 2. Der Leser probiere folgendes Beispiel aus: `Mouseover[(a+b)`^{2}`, a`^{2}`+2 a b+b`^{2}`]`.

Weiterführende Informationen ... zu Elementen, welche die Interaktion mit dem Betrachter des Notebooks erlauben, finden sich in der Hilfedatei. Gute Einstiegsmöglichkeiten bieten dabei die Adressen *guide/AnnotatingAndCombiningGraphics*, *guide/ControlObjects*, *tutorial/GeneralizedInput* und *tutorial/IntroductionToDynamic*.

16.5 Interaktive und animierte Grafiken erstellen

Der obige Abschnitt 16.3 zeigte, dass man etwa Formeln leicht in dynamische Objekte verwandeln kann. Das Haupteinsatzgebiet solcher Dynamisierungen sind aber wohl Grafiken, die wir bisher bewusst ausgespart haben. Dabei werden wir im Prinzip nur einen einzigen Befehl benötigen, um aus einer gewöhnlichen Grafik eine interaktive zu machen: `Manipulate`. In seiner einfachsten Fassung stimmt die Syntax von `Manipulate` mit der von `Table` überein, siehe auch Abschnitt 4.2:

$$\texttt{Manipulate[Ausdruck[n], \{n,min,max, schritt\}],}$$

wobei die Angabe der Schrittweite *schritt* auch hier optional ist. Nach Ausführung wird der *Ausdruck* in einem Dialog ausgegeben, wobei der Wert von *n* im festgelegten Bereich durch einen Schieberegler interaktiv bestimmt werden kann.

Um das Verständnis der Funktionsweise von `Manipulate` zu erleichtern, beginnen wir jedoch erst einmal mit einem nicht-grafischen Beispiel, nämlich dem binomischen Lehrsatz aus Abschnitt 16.1. Schon dieses Beispiel wird zeigen, dass sich `Manipulate` vorzüglich in der Lehre wird einsetzen lassen:

```
Manipulate[
(a+b)ⁿ -> Expand[(a+b)ⁿ], {n,1,5}]
```

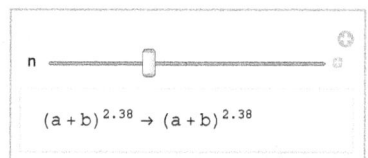

$$n \quad\quad (a+b)^{2.38} \to (a+b)^{2.38}$$

Ohne Angabe einer Schrittweite kann man über den Schieber auch nicht-natürliche Zahlen des Intervalls [1; 5] als Potenz *n* der Formel $(a+b)^n$ ansteuern, insofern bleibt `Expand` wirkungslos. Schränken wir die Werte von *n* dagegen durch Vorgabe der Schrittweite 1 auf ganze Zahlen ein, erhalten wir die gewünschte Formel:

```
Manipulate[(a+b)ⁿ -> Expand[(a+b)ⁿ],
{n,1,5,1}]
```

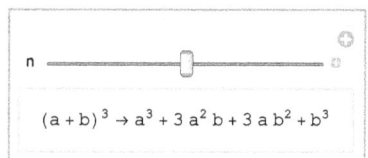

$$n \quad\quad (a+b)^3 \to a^3 + 3 a^2 b + 3 a b^2 + b^3$$

Durch Klick auf das Pluszeichen rechts neben dem Schieber klappt ein zusätzliches Menü auf:[13]

```
Manipulate[(a+b)^n -> Expand[(a+b)^n],
{n,1,5,1}]
```

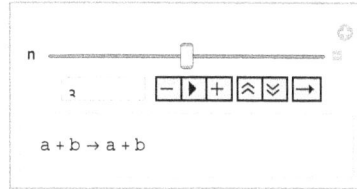

Mit dessen Hilfe kann man durch Klick auf die Schalter die Werte von n durchlaufen, außerdem wird der gerade aktuelle Wert angezeigt. Will man nur Letzteres erreichen, so genügt es, die Definition von n um ein Argument zu erweitern: {n,1,5,1, Appearance -> "Labeled"}. Wie der Leser erleben wird, wird nun rechts neben dem Schieber der aktuelle Wert angezeigt. Will man ferner für n einen Startwert vorgeben, etwa 3, so schreibt man statt **n** allein schlicht {n,3}. Per Voreinstellung ist der Schieber sonst stets ganz links, also beim Minimalwert. Insgesamt erhalten wir also:

```
Manipulate[(a+b)^n -> Expand[(a+b)^n],
{{n,3},1,5,1,Appearance -> "Labeled"}]
```

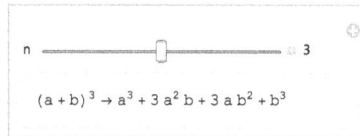

Zu guter Letzt kann es wünschenswert sein, das Menü noch mit einer Überschrift zu versehen, und links vom Schieber einen etwas ausführlicheren Text als den Variablennamen allein hinzuschreiben. Der Leser führe dazu beispielsweise folgenden Code aus:

```
Manipulate[(a+b)^n -> Expand[(a+b)^n], Style["Binomischer Lehrsatz",
Bold, Medium], {{n,3,"Potenz n:"},1,5,1,Appearance -> "Labeled"}]
```

Kommen wir nun endlich zum eigentlichen Einsatzgebiet von `Manipulate`, dem Erzeugen interaktiver Grafiken. Ein simples Beispiel zeigt folgender Code, den der Leser ausführen möge:

```
f[x_,k_]:=2∑_{j=1}^k (-1)^j*Sin[j x]/j;
```

```
Manipulate[Plot[f[x,n], {x,-π,3 π}],
{{n,5},1,50,1,Appearance -> "Labeled"}]
```

Dargestellt wird die Fourier-Transformierte der Sägezahnfunktion; steigert der Leser über den Schieber den Wert von n, wird sich die mittels `Plot` gezeichnete Funktion $f_n(x)$ immer mehr an Sägezahnform annähern. Einen beispielhaften Bildschirmausdruck zeigt Abb. 16.7 (a).

---

13 Bei Klick auf das andere, umrundete Pluszeichen öffnet sich dagegen ein PopUp-Menü, mit dessen Hilfe man z. B. die aktuelle Einstellung des Schiebers in Form von Wolfram Language einfrieren kann: *Paste Snapshot.*

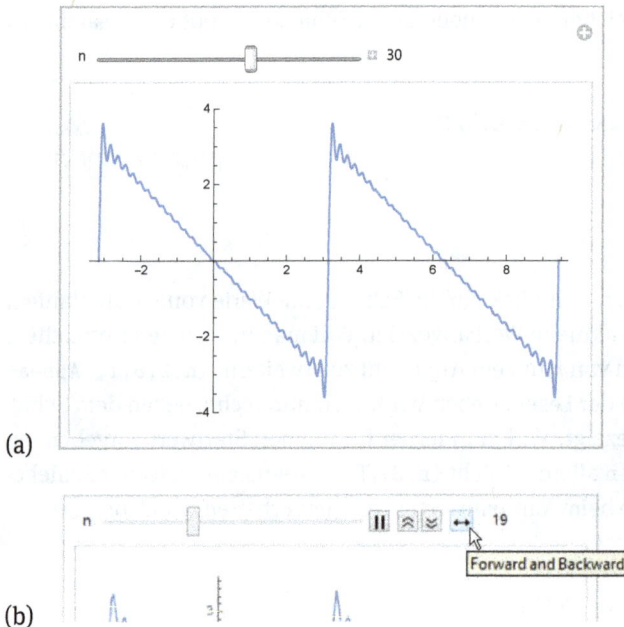

(a)

(b)

Abb. 16.7. Die Fourier-Transformierte der Sägezahnfunktion interaktiv und animiert.

Bemerkung 16.5.1. An dieser Stelle ist es erwähnenswert, dass man die bisher erzeugten interaktiven Ausgaben auch animieren kann. Dazu ist in den Beispielen schlicht `Manipulate` durch `Animate` zu ersetzen. Nach Ausführung und einigen Gedenksekunden bewegt sich dann der Schieber automatisch, und mit ihm verändert sich der dargestellte Ausdruck. Dies gilt auch für das im Anschluss gezeigte Beispiel mit mehreren Schiebereglern. Der Leser probiere dies für alle Beispiele aus. Ferner werden zusätzlich zum Schieberegler weitere Schalter angeboten, um die Animation zu unterbrechen, zu beschleunigen, zu verlangsamen und um die Richtung des bewegten Schiebers zu beeinflussen, siehe Abb. 16.7 (b). •

Bisher haben wir immer nur einen Parameter variiert. `Manipulate` erlaubt aber durchaus die Vorgabe mehrerer Parameter, wobei dann für jeden ein eigener Schieberegler angelegt wird. Die grundsätzliche Syntax ist dabei

```
Manipulate[Ausdruck[n1,...], {n1,min1,max1,schritt1}, ...]
```

wobei auch hier alle oben erwähnten Ergänzungen zu Vorgabewerten und/oder Beschriftungen gültig sind. Betrachten wir als Beispiel die Dichte der zweiparametrigen Normalverteilung $N(\mu, \sigma^2)$. Durch Ausführung des folgenden Codes erscheint der Dialog aus Abbildung 16.8:

```
dichte[x_,m_,s_]:=PDF[NormalDistribution[m,s],x];
```

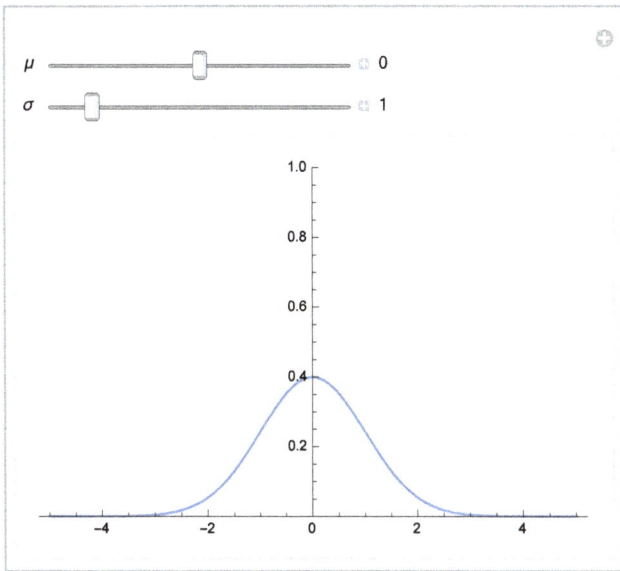

Abb. 16.8. Dichte der Normalverteilung $N(\mu, \sigma^2)$ mit Schiebereglern.

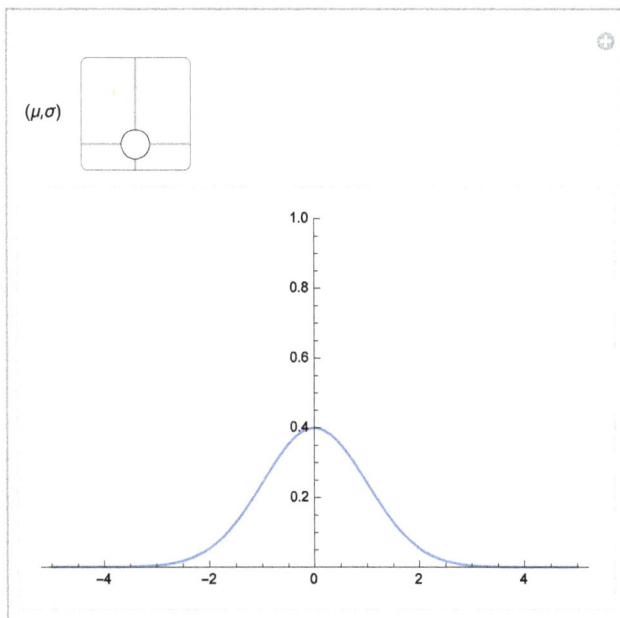

Abb. 16.9. Dichte der Normalverteilung $N(\mu, \sigma^2)$ mit 2D-Gleiter.

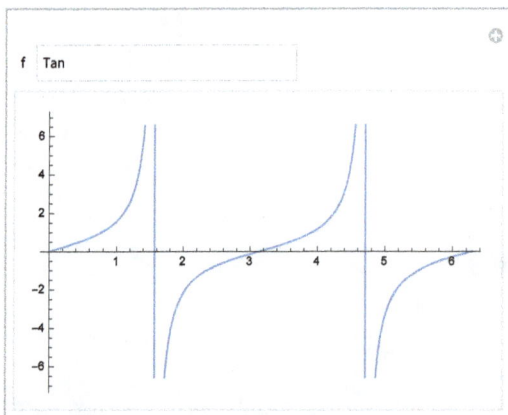

Abb. 16.10. Funktionen zeichnen lassen, Vorgabe ist die Tangensfunktion.

```
Manipulate[Plot[dichte[x,m,s], {x,-5,5}, PlotRange->{0,1}],
{{m,0,"μ"}, -10,10,Appearance->"Labeled"},
{{s,1,"σ"}, 0.5,5,Appearance->"Labeled"}]
```

Voreingestellt ist die Dichte der Standardnormalverteilung.

Für den Rest dieses Abschnitts soll beispielhaft demonstriert werden, dass die Interaktion des Benutzers nicht auf Schieberegler beschränkt sein muss. Beim Spezialfall zweier zu variierender Parameter etwa gibt es auch die Möglichkeit eines 2D-Gleiters, vergleichbar einem Mousepad:

```
Manipulate[
Plot[dichte[x,par[[1]],par[[2]]], {x,-5,5}, PlotRange->{0,1}],
{{par,{0,1},"(μ,σ)"}, {-10,0.5}, {10,5}}]
```

Offenbar musste die Syntax dahingehend modifiziert werden, dass nun ein zweidimensionaler Vektor namens *par* mit Startwert (0, 1) und Beschriftung (μ, σ) zwischen (−10, 0.5) und (10, 5) variiert werden kann. Das Resultat zeigt Abb. 16.9.

Eine dritte Möglichkeit der Interaktion besteht darin, dass vom Benutzer die Eingabe der offenen Parameter in Textfelder verlangt wird. Im folgenden Beispiel, siehe Abb. 16.10, muss der Benutzer die gewünschte Funktion (in Mathematica-Bezeichnung) eingeben, anschließend aktualisiert sich die Grafik entsprechend. Vorgabe ist der Tangens:

```
Manipulate[Plot[f[x], {x,0,2π}], {f,Tan}]
```

Ein Textfeld entsteht also, wenn für den Parameter keine Bereichsangabe gemacht wird. Gibt man stattdessen den Bereich in Listenform ein, werden entsprechend viele und beschriftete Schaltflächen angezeigt, siehe Abb. 16.11:

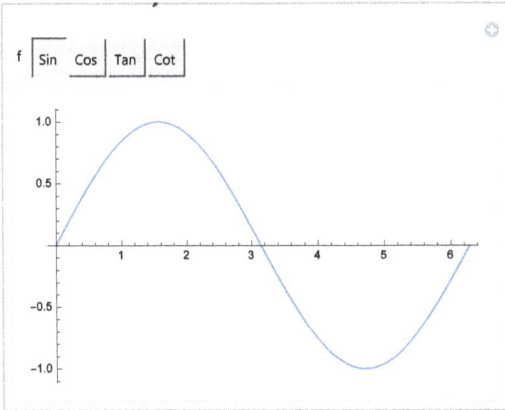

Abb. 16.11. Die vier Winkelfunktionen zeichnen lassen.

```
Manipulate[Plot[f[x], {x,0,2π}], {f, {Sin,Cos,Tan,Cot}}]
```

Weiterführende Informationen ... zu Einsatzmöglichkeiten und Varianten von `Manipulate` findet [i]
der Leser in den folgenden Hilfeeinträgen: *ref/Manipulate*, *tutorial/IntroductionToManipulate* und
tutorial/AdvancedManipulateFunctionality.

16.6 Exkurs: Mathematica in der Lehre

Wir wollen dieses Kapitel mit einem Anwendungsbeispiel abschließen, welches zeigt,
wie man mit Hilfe von **Mathematica** Folien mit animierten Inhalten erzeugt, die sich
in der Lehre einsetzen lassen. Die in den Abb. 16.12 und 16.13 gezeigten Beispiele entstammen dabei den aktuellen Vorlesungsmaterialien des Autors. Zu deren Erstellung
müssen wir lediglich Ansätze kombinieren, die uns schon aus früheren Abschnitten
bekannt sind:

- Das Folien-Notebook legt man gemäß Abschnitt 16.2 an (zunächst *View Environment: Working*);
- Überschriften und erläuternde Texte erstellt man wie in Abschnitt 15.2;
- die animierten Grafiken erzeugt man gemäß Abschnitt 16.5;
- die Input-Zellen mit Code (vgl. Abschnitte 3.4 und 15.2) blendet man aus, indem
man die zug. Zellklammern markiert und im Menü *Cell → Cell Properties* den Punkt
Open deaktiviert;
- abschließend wählt man *View Environment: SlideShow*.

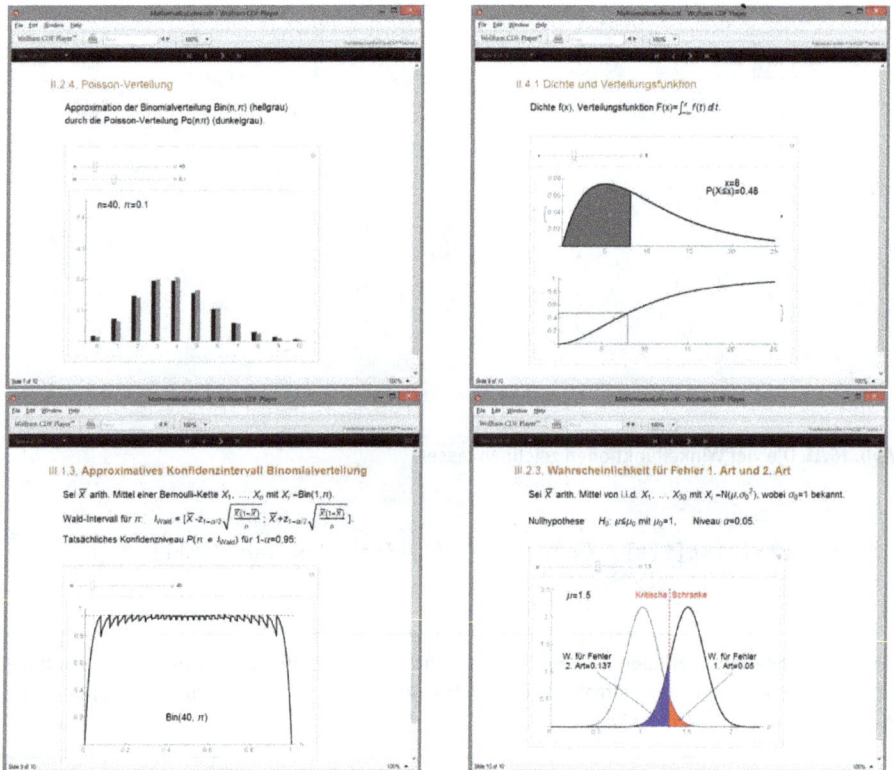

Abb. 16.12. Animierte CDF-Folien in Statistik-Vorlesungen.

Nun möchte man die Folien vielleicht auf einem kleinen Vorführrechner verwenden, auf dem keine gültige **Mathematica**-Lizenz vorliegt; insbesondere möchte man die Folien seinen Studierenden zur Verfügung stellen (in der Hoffnung, diese mögen die Folien im Rahmen der Nachbereitung der Vorlesung nochmals selbst ausprobieren), die in der Regel nicht über die finanziellen Mittel zum Erwerb einer **Mathematica**-Lizenz verfügen. Hier kommt einem das in Abschnitt 3.4 vorgestellte CDF-Dateiformat zu Hilfe: dieses bewahrt das Folien-Layout, und es belässt mit `Manipulate` erzeugte Objekte weiterhin interaktiv, so dass diese innerhalb des kostenlosen *Wolfram CDF Players* ohne Einschränkung an Funktionalität ausgeführt werden können.

Die in Abb. 16.12 gezeigten Beispiele solch animierter Folien entstammen einer Statistik-Vorlesung, die aus Abb. 16.13 zwei Mathematik-Vorlesungen. Sie erlauben es, die Güte von Approximationen nachzuvollziehen, den Zusammenhang zwischen Dichte- und Verteilungsfunktion, die Tilgung eines Kredites in Abhängigkeit von Zins und Annuität, oder die Lösung einer Differentialgleichung innerhalb des dazugehörigen Richtungsfeldes.

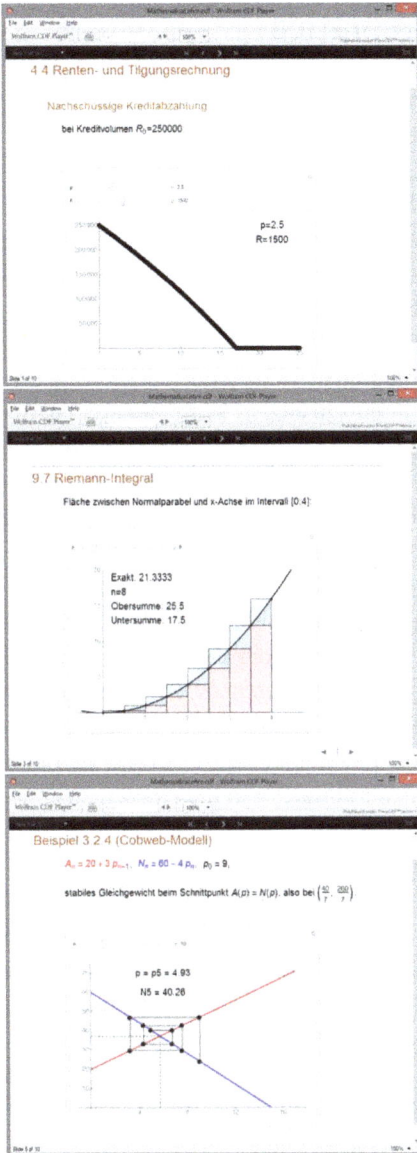

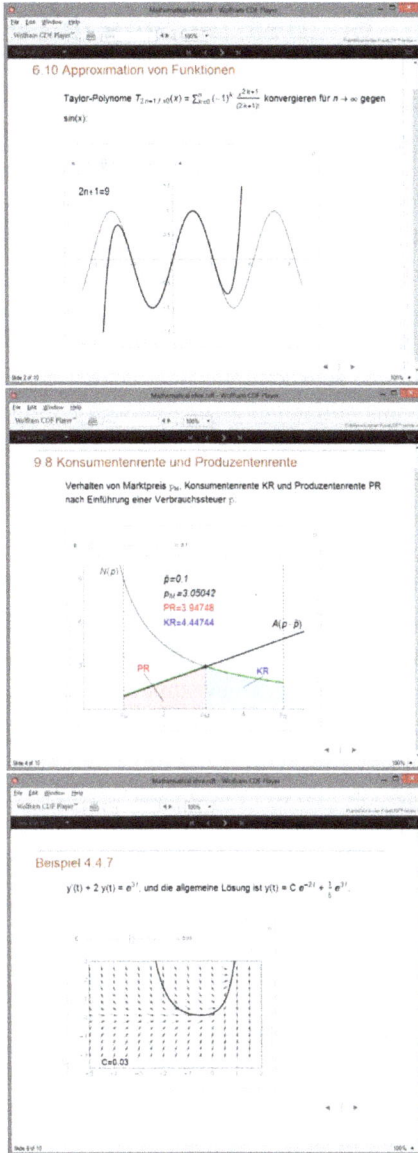

Abb. 16.13. Animierte CDF-Folien in Mathematik-Vorlesungen.

17 Bildbearbeitung mit Mathematica

Mit Mathematica erzeugte Grafiken, siehe insbesondere Kapitel 6, sind im Regelfall sog. *Vektorgrafiken*, welche sich aus grafischen Primitiven (einfachen geometrischen Formen wie Linien, Kreise etc., die sich durch Formeln beschreiben lassen) zusammensetzen und deshalb beliebig in ihrer Größe verändert (skaliert) werden können. Mit den in Abschnitt 6.3 vorgestellten Werkzeugen kann man die Bestandteile einer solchen Vektorgrafik einzeln bearbeiten und anpassen. Gängige Dateiformate für Vektorgrafiken, in die man eine fertige Mathematica-Grafik verlustfrei exportieren kann, vgl. Abschnitt 4.3, sind beispielsweise EPS, PDF und SVG.

Bei sehr komplexen Grafiken wie z. B. Fotografien ist es jedoch schwierig, diese aus einfachen geometrischen Formen zusammenzusetzen. Stattdessen ist es üblich, das fertige Bild als sog. *Rastergrafik* abzuspeichern (z. B. im Dateiformat BMP, GIF, JPG, PNG, TIF etc.), d. h. über die Grafik wird ein Gitter bestimmter Feinheit gelegt und jeder Gitterzelle (Pixel) wird ein Farbwert zugeordnet. Wenn der Leser eine ihm vorliegende digitale Fotografie sehr stark vergrößert, so wird er recht deutlich diese Rasterung erkennen und es wird offensichtlich, dass Rastergrafiken *nicht* beliebig vergrößerbar sind. Und genau mit derartigen Rastergrafiken befasst sich die mit Version 7 bei Mathematica eingeführte, und seither mit jeder neuen Version weiter ausgebaute Werkzeugsammlung zur (digitalen) *Bildbearbeitung*. Auf den ersten Blick mag es überraschend wirken, dass sich gerade eine Mathematik-Software der Bearbeitung von Rastergrafiken (in der Praxis vor allem Fotografien) annimmt. Da aber eine Rastergrafik, wie eben beschrieben, letztlich nichts anderes als eine zweidimensionale Tabelle von Farbwerten ist und diese Farbwerte durch Zahlen oder Zahlenvektoren beschrieben werden, erscheint das Ganze auf den zweiten Blick wesentlich plausibler, vor allem im Hinblick auf die vielen bei Mathematica implementierten Befehle zur Manipulation von Listen, siehe Abschnitt 4.2. Und tatsächlich werden wir in Abschnitt 17.1 erfahren, dass Mathematica eine Rastergrafik intern als mehrdimensionale Liste abspeichert und Bildbearbeitung letztlich heißt, die Listenwerte nach einer bestimmten Vorschrift zu verändern. Die damit erzielbaren Effekte wie die Anpassung von Farben, das Drehen von Bildern oder die Anwendung von Filtern werden wir in den Abschnitten 17.2 bis 17.4 besprechen. Abschnitt 17.5 schließlich zeigt, wie Mathematica beispielsweise zur Texterkennung eingesetzt werden kann.

17.1 Das Image-Objekt für Rastergrafiken

Mit Version 7 wurde bei Mathematica das Image-Objekt eingeführt, welches der Speicherung von Rastergrafiken wie etwa digitalen Fotografien dient. Um das Image-Objekt zu verstehen, muss man sich verdeutlichen, dass sich eine Rastergrafik vollständig durch eine zweidimensionale Tabelle von Zahlen oder Zahlenvektoren reprä-

DOI 10.1515/9783110425222-017

sentieren lässt, welche auf geeignete Weise die Farben der einzelnen Pixel codieren, siehe die Einleitung zu Kapitel 17. Entsprechend besteht ein `Image`-Objekt auch nur aus drei Bestandteilen:

$$\texttt{Image[}\textit{Bilddaten}\texttt{, "}\textit{Typ}\texttt{", }\textit{Optionen}\texttt{]},$$

wobei die *Bilddaten* die genannte Liste von Farbwerten sind. Beginnen wir mit dem einfachsten Fall, der Repräsentation eines Graustufenbildes. In diesem Fall nimmt die Option `ColorSpace` (Farbraum) den Wert `"Grayscale"` an und jeder Grauton lässt sich durch *eine einzelne* Zahl (also *ein* Farbkanal) des Intervalls [0; 1] beschreiben, siehe das `GrayLevel`-Kommando in Tab. 6.4. Da nur ein Farbkanal vorliegt, erhält `Interleaving` („Verschränkung") den Wert `"None"` und die zweidimensionale Liste *Bilddaten* umfasst Zahlen. Betrachten wir ein simples Beispiel:

```
liste={{0,0.2,0.4}, {0.6,0.8,1}};
graubild=Image[liste, ColorSpace -> "Grayscale"]
```

Ausgegeben wird die grafische Darstellung des `Image`-Objektes *graubild*, die Werte der 2×3-Liste *liste* werden als Graustufen interpretiert und in eine Rastergrafik mit 2 Zeilen und 3 Spalten übersetzt. Durch `graubild //InputForm` erhält der Leser die *vollständige*, oben beschriebene, interne Repräsentation des `Image`-Objektes *graubild*, wogegen man die drei Bestandteile *einzeln* durch die Kommandos `ImageData[graubild]`, `ImageType[graubild]` bzw. `Options[graubild]` abfragt. Speziell ergibt

```
ImageType[graubild]                                          Real
```

da wir *liste* mit Dezimalbrüchen gefüllt hatten, was als Zahl vom Typ `Real` interpretiert wird, siehe Abschnitt 5.1. Alternativ hätten wir *liste* auch mit Ganzzahlen n zwischen 0 und 255 (Typ `"Byte"`) oder gar zwischen 0 und 65 535 (Typ `"Bit16"`) füllen können, dann würden die Graustufen $n/255$ bzw. $n/65\,535$ angezeigt. Der Leser führe z. B.

```
liste={{0,51,102}, {153,204,255}};
graubild=Image[liste, "Byte", ColorSpace -> "Grayscale"]
```

aus. Für den Spezialfall des Schwarzweißbildes gibt es den Typ `"Bit"`, die Bilddatenliste füllt man nur mit Nullen (schwarz) und Einsen (weiß).

Die Bildgröße ist durch die Dimensionierung der Bilddatenliste festgelegt, kann also mit Hilfe von `Dimensions` erfragt werden. Speziell für `Image`-Objekte gibt es aber auch den Befehl `ImageDimensions`:

```
Dimensions[ImageData[graubild]]                              {2,3}
```

```
ImageDimensions[graubild]                                    {3,2}
```

Im zweiten Fall wird zuerst die Breite (=Spaltenzahl) und dann die Höhe (=Zeilenzahl) ausgegeben. Die Anzahl der Farbkanäle (im momentanen Beispiel also 1) erfragt man mit `ImageChannels`. Das Seitenverhältnis muss man seit Version 8 nicht mehr manuell aus obigen Abmessungen berechnen, sondern kann es direkt via `ImageAspectRatio` abfragen:

`ImageAspectRatio[graubild]` $\frac{2}{3}$

Analog fragt man den Farbraum via `ImageColorSpace` ab. Auch muss man seit Version 8 nicht mehr die Eigenschaften einzelner Pixel über den Umweg mit `ImageData` abfragen, sondern verwendet direkt `PixelValue` oder `ImageValue`:

`PixelValue[graubild, {1,1}]`   0.6

`ImageValue[graubild, {0.5,0.5}]`   0.6

Der Unterschied erklärt sich aus einer unterschiedlichen Indizierung der Pixel: Beide Befehle starten mit dem Pixel unten links, aber `ImageValue` beginnt die Zählung mit (0.5, 0.5) im Zentrum dieses Pixels, `PixelValue` dagegen mit (1, 1).

Wenden wir uns nun Farbbildern zu. Hier stehen uns die drei Farbräume "RGB" mit 3 Farbkanälen, "CMYK" mit 4 Farbkanälen und "HSB" mit 3 Farbkanälen zur Verfügung, siehe auch Tabelle 6.4. Entsprechend sind hier nun die Farbwerte durch drei- oder vierdimensionale Zahlen*vektoren* festzulegen. Tatsächlich kann man optional bei allen Farbräumen (auch "Grayscale") optional noch einen weiteren Farbkanal hinzufügen (entsprechend erhöht sich die Dimensionalität der Zahlenvektoren um 1), nämlich einen Transparenzwert zwischen 0 und 1, siehe die Beschreibung des `Opacity`-Kommandos und die Diskussion der `AlphaChannel`-Befehle in Abschnitt 17.4.

Exemplarisch betrachten wir den Fall des weit verbreiteten Farbraums "RGB", ein Beispiel für "HSB" zeigt Bemerkung 20.4.1. Hier geben die drei Farbkanäle $r, g, b \in$ [0; 1] den Anteil der drei Farben Rot, Grün und Blau bei der (additiven) Farbmischung wieder, z. B. ergibt $(r, g, b) = (1, 0, 0)$ die Farbe Rot, (0, 0, 0) Schwarz, (0.5, 0.5, 0.5) Grau, (1, 1, 1) Weiß und (1, 1, 0) Gelb. Als Beispiel führe der Leser folgende Zeilen aus, wobei die Bilddatenliste nun lauter dreidimensionale Vektoren umfasst:

```
liste={{{1,0,0},{0,0,0},{0.5,0.5,0.5}}, {{1,1,1},{1,1,0},{0,1,0}}};
farbbild=Image[liste, "Real", ColorSpace -> "RGB"]
```

Die Ausführung von `ImageChannels[farbbild]` ergibt 3, die Anzahl der Farbkanäle und somit Dimension der Farbvektoren, ferner hat nun `Interleaving` den Wert "True". Auch ohne explizite Angabe des Typs "Real" wäre dieser wieder automatisch erkannt worden; alternativ hätten wir die Farben auch wieder durch Ganzzahlwerte (Typen "Byte" oder "Bit16") codieren können.

Bevor wir uns einem praxisnäheren Beispiel zuwenden, sollen noch kurz zwei weitere Optionen des `Image`-Objekts vorgestellt werden, die *nur* die grafische Ausgabe im Notebook beeinflussen. Durch `ImageSize -> n` wird festgelegt, dass das Bild mit einer Breite von n Bildpunkten dargestellt wird, durch `Magnification -> m`, dass das Bild um den Faktor m gegenüber der eigentlichen Dimension vergrößert wird. Der Leser probiere

```
Image[liste, ColorSpace -> "RGB", ImageSize -> 200]
```

```
Image[liste, ColorSpace -> "RGB", Magnification -> 5]
```

In der Praxis wird man **Mathematicas** Fähigkeiten zur Bildbearbeitung wohl meist auf digitale Fotografien anwenden wollen. Prinzipiell sind dann also die folgenden Schritte zu durchlaufen:

1. Import der Bilddatei in ein Image-Objekt mit Hilfe des Import-Befehls aus Abschnitt 4.3 (ggf. unter Angabe des vorliegenden Bildformats);
2. Bearbeitung des Image-Objekts;
3. Export des Image-Objekts in eine Bilddatei mit Hilfe des Export-Befehls aus Abschnitt 4.3 (ggf. unter Angabe des gewünschten Bildformats).

Betrachten wir als Beispiel ein sehr bekanntes Testbild, „Lena", welches bei **Mathematica** im Unterordner \Documentation\English\System\ExampleData mitausgeliefert wird:

```
lena=Import["C:\\...\\lena.tif"]
ImageQ[lena]
```

```
True
```

Seit Version 7 werden Bilddateien automatisch in ein Image-Objekt importiert (nachprüfbar via ImageQ). Prinzipiell betrifft dies auch Beispiel 4.3.1, wenn auch nach außen nicht unmittelbar sichtbar. Fragt der Leser nun, wie oben beschrieben, die Eigenschaften von *lena* ab, zeigt sich, dass ein RGB-Bild vorliegt (mit 3 Farbkanälen) und die Farben via "Byte" codiert sind (Konsequenz: Es gibt maximal $256 \cdot 256 \cdot 256 = 2^{24}$ Farben, also ein 24 Bit-Bild.). Ferner ist das Bild 150 Pixel breit und 116 Pixel hoch – durch starke Vergrößerung wird dieses Raster deutlich sichtbar, der Leser probiere etwa Image[lena, Magnification -> 5].

In den folgenden Abschnitten 17.2 bis 17.4 werden wir lernen, wie man das Bild *lena* bearbeiten kann; nach Abschluss dieser Bildkorrekturen können wir das fertige Bild z. B. ins JPG-Format wie folgt exportieren: Export["C:\\...\\lena_korr.jpg", lena].

Tatsächlich besteht seit Version 11 auch die Möglichkeit, mittels ImageGraphics aus der Image-Grafik eine Vektorgrafik (Typ Graphics) zu erzeugen. Beispielsweise reduziert **ImageGraphics[lena,4]** *lena* auf vier Farben und rekonstruiert anschließend Flächen gleicher Farbe durch Umrandung mit Linien.

Bemerkung 17.1.1. Zu Beginn des Abschnitts 17.1 hatten wir die Bilddatenliste des Image-Objekts direkt eingegeben, bei *lena* wurde sie durch den Import-Befehl erzeugt. Tatsächlich kann man aus nahezu jedem **Mathematica**-Kommando heraus ein Image-Objekt erzeugen, indem man das Kommando mit Image[·] oder gleich Rasterize[·] umschließt (im ersten Fall wird im Hintergrund Rasterize zur Erzeugung des Image-Objekts ausgeführt). So können wir z. B. eine mit Plot erzeugte Grafik oder selbst eine Formel in eine Rastergrafik vom Typ Image umwandeln, wobei wir via RasterSize -> {b,h} die Breite und Höhe des Punktrasters bestimmen. Der Leser teste

```
Rasterize[Plot[Sin[x],{x,0,4 Pi}], RasterSize -> {100,50}]
```

```
Rasterize[x^2+y^2, RasterSize -> {50,20}]                                    •
```

Abschließend sei erwähnt, dass Mathematica seit Version 9 sogar die Möglichkeit bietet, dreidimensionale Bilder darzustellen bzw. zu bearbeiten. Grundlage dazu stellt der Befehl Image3D dar, der als Argument entsprechend eine dreidimensionale Bilddatenliste erwartet.

17.2 Farben korrigieren

In diesem und den folgenden Abschnitten wollen wir uns mit *lena* beschäftigen, einem RGB-Bild mit den Abmessungen 150×116 Pixel, und verschiedene Möglichkeiten der Bildbearbeitung vorführen. Zu Beginn stehen dabei Eingriffe in die Farben des Bildes auf dem Programm, siehe die Zusammenfassung in Tab. 17.1. Alle vorgeführten Änderungen führen wir dabei *nicht dauerhaft* durch; wenn der Leser später seine privaten Urlaubsfotos wirklich dauerhaft korrigieren will, müsste er alle Programmzeilen nach folgendem Schema ändern: Statt *Korrektur[bild]* ist *bild=Korrektur[bild]* auszuführen, d. h. das vorherige Image-Objekt wird überschrieben.

Bemerkung 17.2.1. Gleich mit der Einführung von Version 7 wurden einige der im Folgenden zu besprechenden Funktionen zur Bildbearbeitung auch über jenes PopUp-Menü zur Verfügung gestellt, welches erscheint, wenn man mit der *rechten* Maustaste direkt auf das zu bearbeitende Bild klickt. Führt der Leser dies bei *lena* aus, so gibt es beispielsweise den Eintrag *Adjust Image*, nach dessen Aufruf der in Abb. 17.1 gezeigte Dialog erscheint, mit dessen Hilfe man u. a. die Helligkeit des Bildes ändern kann.

Mit Version 9 wurden dann eine weitere Assistenzfunktion eingeführt, welche an die aus Abschnitt 3.3 bekannte Vorschlagsleiste erinnert. Diese erscheint durch Anklicken des Bildes mit der *linken* Maustaste und lässt sich durch Klick auf *more* noch erweitern, siehe Abb. 17.2. Durch das verfügbare „Crop Tool" lässt sich beispielsweise das Bild einfach mit Hilfe der Maus zuschneiden.   •

Der einfachste Eingriff in das Farbsystem besteht darin, den Farbraum zu ändern. Dies leistet der Befehl ColorConvert, bei dem man als zweites Argument den Zielraum angibt, also z. B. ColorConvert[lena, "Grayscale"], wodurch wir ein Graustufenbild erhalten. Noch extremer wirkt sich Binarize aus,

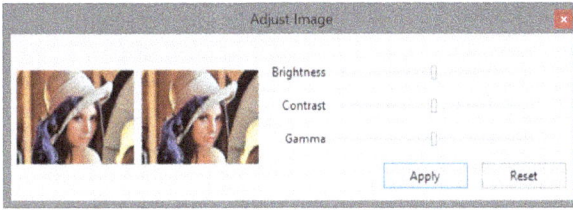

Abb. 17.1. Dialog zur Bearbeitung von Farbeigenschaften eines Bildes.

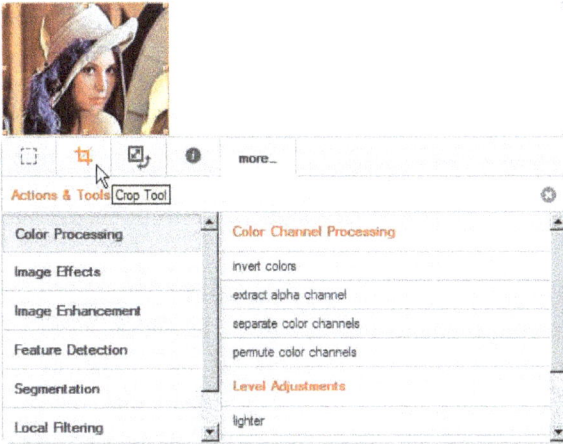

Abb. 17.2. Der mit Version 9 eingeführte Assistent zur Bildbearbeitung.

```
Binarize[lena]
BinaryImageQ[%]
```

```
True
```

es resultiert ein reines Schwarzweißbild (Typ `"Bit"`), was man mit Hilfe von `Binary-`
`ImageQ` prüft. Ein anderer, elementarer Eingriff, der zur Reduzierung des Speicherplatzes eingesetzt werden kann, besteht darin, die Anzahl der verschiedenen Farben oder Graustufen zu reduzieren. Dazu gibt man als zweites Argument bei `ColorQuantize`
einfach die gewünschte Farbzahl an, etwa

```
ColorQuantize[lena, 8]
```

Tab. 17.1. Farbkorrektur beim `Image`-Objekt *bild* (seit Version 7).

Befehl	Beschreibung
`ColorConvert[`*bild*`, "`*Farbraum_neu*`"]`	Wandelt alten Farbraum von *bild* in den neuen um.
`Binarize[`*bild*`]`	Erzeugt Schwarzweiß-Variante von *bild*.
`ColorQuantize[`*bild*`, n]`	Reduziert Anzahl der Farben/Grauwerte auf *n*.
`ColorNegate[`*bild*`]`	Invertiert Farben von *bild*.
`Lighter[`*bild*`, h]`	Hellt Bild um $h \cdot 100\,\%$ auf.
`Darker[`*bild*`, h]`	Dunkelt Bild um $h \cdot 100\,\%$ ab.
`ImageAdjust[`*bild*`, {k,h,g}]`	Änderung von Kontrast und Helligkeit um $k \cdot 100\,\%$ bzw. $h \cdot 100\,\%$ sowie eine Gamma-Korrektur mit Exponent *g*. Keinerlei Änderung bei $k = h = 0$ und $g = 1$.

Bei nur acht verschiedenen Farben ist ein deutlicher Qualitätsverlust sichtbar. Um die Auswirkungen interaktiv studieren zu können, führe der Leser folgende Zeile aus, siehe auch Abschnitt 16.5:

```
Manipulate[ColorQuantize[lena, 2^n],
{{n,3,"2^n Farben mit n="}, 1,24,1, Appearance -> "Labeled"}]
```

Die Farben invertiert man (d. h. aus Positiv wird Negativ u. u.) via `ColorNegate`:

```
ColorNegate[lena]
```

Dies ist letztlich nur ein spezieller Fall von Anwendung einer Funktion $f : [0; 1] \to [0; 1]$ auf die einzelnen Farbwerte (nämlich der Funktion $f(x) = 1 - x$). Ganz allgemeine Funktionen kann man auf die Farbwerte via `ImageApply` anwenden, und seit Version 8 auf die Pixelkoordinaten via `ImageTransformation`. Ein simples Beispiel wäre etwa:

```
ImageApply[Sqrt, lena]
```

```
ImageTransformation[lena, Sqrt]
```

Man beachte die umgekehrte Reihenfolge der Argumente. Neben vorgefertigten Funktionen kann man hierbei auch selbst definierte reine Funktionen, siehe Abschnitt 7.1.1, einsetzen. Seit Version 11 ist `ImageApply` fast schon wieder hinfällig, denn nun kann man derartige Funktionen direkt auf das `Image`-Objekt anwenden, z. B. `Sqrt[lena]`.

Bei einer Helligkeitskorrektur mit `Lighter` oder `Darker`, siehe Tabelle 17.1, werden die RGB-Farbwerte einfach mit $1 + h$ bzw. $1 - h$ multipliziert, bei einer Gamma-Korrektur via `ImageAdjust` mit g potenziert. Im letztgenannten Fall ändern sich Helligkeit und Kontrast simultan. Eine alleinige Gamma-Korrektur mit Exponent 1.8 führt zu deutlich satteren Farben:

```
ImageAdjust[lena, {0,0,1.8}]
```

Seit Version 8 kann man mittels `ImageClip` pro Farbkanal Werte jenseits vorgebbarer Schranken durch die jeweilige Schranke ersetzen lassen, z. B. `ImageClip[lena, {0.1,0.9}]`.

Ausblick: Für fortgeschrittene Bildbearbeiter bietet Mathematica an, mittels `ImageHistogram` ein Histogramm der Farb- bzw. Grauwerte eines `Image`-Objekts zu erstellen, oder die zugehörige Häufigkeitstabelle mit Hilfe von `ImageLevels` einzusehen. Detaillierte Informationen hierzu und zu weiteren Farbkorrekturen bietet der Hilfeeintrag *guide/ColorProcessing*.

17.3 Bilder zuschneiden und justieren

Im Gegensatz zu den Optionen `ImageSize` und `Magnification` eines `Image`-Objekts wird durch Anwendung des Befehls `ImageResize` das Bild nicht nur in der neuen Größe angezeigt, sondern tatsächlich auch die Zahl der Pixel angepasst. Deutlich wird dies durch folgendes Beispiel, bei dem sich die Pixelzahlen in beiden Richtungen verdreifachen:

```
ImageDimensions[ImageResize[lena, 450]]                {450,348}
```

Um *lena* um 30 Grad *im Uhrzeigersinn* zu drehen, führen wir aus:

```
ImageRotate[lena, -30 Degree]
```

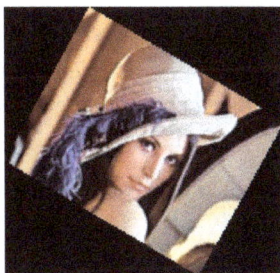

Um *lena* dagegen so zu spiegeln, dass die obere Seite des Bildes nach links zeigt, führen wir aus:

Tab. 17.2. Eingriffe in die Bildgeometrie des Image-Objekts *bild* (seit Version 7).

Befehl	Beschreibung
ImageResize[*bild*,b]	Ändert Bildbreite verzerrungsfrei zu b Pixeln. Um ein verkleinertes Vorschaubild der Breite b zu erzeugen, kann man auch verwenden: Thumbnail[*bild*,b].
ImageRotate[*bild*, x Degree]	Dreht *bild* um x Grad im *Gegen*uhrzeigersinn.
ImageReflect[*bild*, *Seite1* -> *Seite2*]	Spiegelt *bild* so, dass *Seite1* bei *Seite2* landet. Mögliche Spezifikationen: Top, Bottom, Left, Right.
ImageCrop[*bild*, {b,h}]	Schneidet gleichmäßig Punkte von links und rechts sowie von oben und unten ab, so dass Bildgröße b × h Pixel resultiert. Durch optionale Seitenangaben einseitiges Abschneiden.
ImageTake[*bild*, {y1,y2}, {x1,x2}]	Entnimmt Ausschnitt von x_1 nach x_2 in X-Richtung und y_1 bis y_2 in Y-Richtung.
ImagePad[*bild*, *Breite*, *Farbe*]	Erzeugt Rand um *bild* in vorgegebener Breite und Farbe.

```
ImageReflect[lena, Top -> Left]
```

Zum Zuschneiden von Bildern bietet **Mathematica** die Befehle ImageCrop und Image-Take, siehe Tab. 17.2. Soll *lena* etwa auf 120 × 80 Pixel gestutzt werden, wobei nur von rechts und von oben weggeschnitten werden darf, so führt man aus:

```
ImageCrop[lena, {120,80}, {Right,Top}]
```

Ist man dagegen gezielt am Ausschnitt mit der linken, unteren Ecke $(x_1, y_1) = (70, 50)$ und der rechten, oberen Ecke $(x_2, y_2) = (100, 100)$ interessiert, verwendet man folgenden Code:

```
ImageTake[lena, {50,100}, {70,100}]
```

Seit Version 8 kann man den Ausschnitt auch mit den Pixelkoordinaten der Ecken spezifizieren (links unten ist (0, 0)), wenn man stattdessen ImageTrim verwendet, im konkreten Beispiel also `ImageTrim[lena, {{69,16}, {100,67}}]` bzgl. der linken, unteren Ecke $(x_1, y_1) = (69, 16)$.

Einen schwarzen Rand mit 5 Pixeln Breite erzeugt man dagegen folgendermaßen:

`ImagePad[lena, 5, Black]`

Seit Version 8 kann man die Ausmaße eines Randes mit `BorderDimensions` abfragen:

`BorderDimensions[%]`   `{{5,5}, {5,5}}`

Die gezeigten Transformationen wie Drehungen, Spiegelungen, Randerzeugungen, etc. kann man auch mit Hilfe des viel mächtigeren, seit Version 8 verfügbaren Befehls `ImageTransformation` realisieren, vgl. Abschnitt 17.2.

Ausblick: Der eben besprochene Befehl `ImagePad` ist noch weitaus mächtiger und erlaubt es beispielsweise, den erzeugten Rand aus Bildern zusammenzusetzen. Detaillierte Informationen hierzu und zu verwandten Befehlen bietet der Hilfeeintrag *guide/BasicImageManipulation*.

17.4 Bilder überlagern und filtern

Mathematica erlaubt es, Bilder (also eigentlich deren Farbwerte) zu addieren, subtrahieren oder multiplizieren; seit Version 11 kann man diese Rechenoperationen direkt anwenden, zuvor war man auf `ImageAdd`, `ImageSubtract` bzw. `ImageMultiply` angewiesen. Eine Kostprobe der damit erzielbaren Überlagerungseffekte zeigt folgender Code:

```
{b,h}=ImageDimensions[lena];

fernglas=Image[Graphics[
{Black, Rectangle[{0,0},{b,h}],
White, Disk[{b/3,h/2},40], Disk[{2*b/3,h/2},40]},
PlotRangePadding->0], ImageSize->{b,h}]

ImageMultiply[lena, fernglas]
(*bzw. seit Version 11:*)
lena*fernglas
```

Nach dem Einlesen der Bildgröße von *lena* erzeugen wir uns zuerst das Muster eines Fernglases unter Verwendung von Grafikobjekten aus Tab. 6.1. Dann multiplizieren wir paarweise die zusammengehörigen Pixel beider Grafiken (man beachte: Schwarz=0 und Weiß=1) und erhalten so das überlagerte Bild.

In diesem Kontext ist der seit Version 9 vorhandene Befehl `HighlightImage` erwähnenswert, der eine festzulegende Region in einem Bild markiert: Führt der Leser

```
HighlightImage[lena, fernglas, "Darken"]
```

aus, so wird der außerhalb des Fernglases befindliche Teil von *lena* abgedunkelt.

Wie schon erläutert, siehe Abschnitt 17.1, kommt ein RGB-Bild mit drei Farbkanälen aus:

`PixelValue[lena, {50,50}]`   {0.282353, 0.262745, 0.305882}

Mit dem seit Version 8 verfügbaren Befehl `SetAlphaChannel` können wir einen vierten Farbkanal ergänzen, welcher als Transparenzwerte zu interpretierende α-Werte umfasst, mit 1 für vollständige Intransparenz. Im folgenden Beispiel werden die Grauwerte des *fernglas* als α-Werte für *lena* gesetzt:

`PixelValue[ SetAlphaChannel[lena,fernglas], {50,50}]`

{0.282353, 0.262745, 0.305882, 1.}

Sichtbar ist nur der innerhalb des Fernglases befindliche Teil von *lena*. Einen vorhandenen α-Kanal fragt man via `AlphaChannel[Bild]` ab, und entfernt ihn analog via `RemoveAlphaChannel` (seit Version 8).

⚡ Ausblick: Ein sehr mächtiger Befehl zum Überlagern zweier Bilder ist `ImageCompose`. Bei Angabe entsprechender Argumente kann man das zu überlagernde Bild beliebig im Zielbild positionieren und mit Transparenz versehen. Für Details sei auf den Hilfeeintrag *ref/ImageCompose* verwiesen.

Mathematica bietet unzählige Befehle zum Filtern von Bildern an, einen Gesamtüberblick bietet der Hilfeeintrag *guide/ImageFilteringAndNeighborhoodProcessing*. Im Folgenden wollen wir beispielhaft in dieses Repertoire hineinschnuppern. So kann man etwa unter Angabe eines Pixelradius ein vorliegendes Bild schärfen:

`Sharpen[lena, 3]`

Den gegenteiligen Effekt, eine Weichzeichnung, ergibt `Blur`, welches die gleiche Syntax wie `Sharpen` aufweist. Dem gleichen Zweck dient z. B. auch der Gauß-Filter:

```
GaussianFilter[lena, 2]
```

Interessante Bildeffekte kann man mit `ImageEffect` erzielen, siehe auch den Hilfe-eintrag *ref/ImageEffect*. Um *lena* im Stile einer Kohlezeichnung wiederzugeben, führt man aus:

```
ImageEffect[lena, "Charcoal"]
```

Mögliche Alternativen sind die Stile Hochprägung (`"Embossing"`), Ölgemälde (`"Oil-Painting"`) und Solarisation (`"Solarization"`). Außerdem erlaubt es `ImageEffect`, zahlreiche Typen von Bildstörung zu erzeugen. So kann man z. B. 10 % des Bildes *lena* „mit Salz- und Pfefferkörnern bestreuen", indem man ausführt:

```
ImageEffect[lena, {"SaltPepperNoise", 0.1}]
```

Ausblick: Interessante Bildeffekte lassen sich auch durch Wavelet-Transformationen erzielen, wozu Mathematica seit Version 8 ein sehr großes Befehlsrepertoire anbietet, siehe den Hilfeeintrag *guide/Wavelets*.

Abschließend sei auf einen mit Version 10 eingeführten Befehl hingewiesen, der von seiner Funktionsweise her gut zum nächsten Abschnitt, der automatischen Bilderkennung, passen würde: `RemoveBackground` versucht, den Bildhintergrund zu erkennen und dann zu entfernen. In der Praxis funktioniert dies nur, wenn der Hintergrund nicht zu unruhig ist; bei *lena* scheitert der Befehl leider aus genau diesem Grund.

17.5 Text- und Bilderkennung

Unter den mit Version 8 eingeführten Befehlen zur Bildbearbeitung verdient einer ge-sonderte Aufmerksamkeit, da von großem praktischem Nutzen: `TextRecognize`. Mit diesem Befehl kann man als Rastergrafik eingescannte Texte analysieren lassen und erhält als Ausgabe eine Zeichenkette, deren Inhalt (hoffentlich) weitestgehend dem

Inhalt des Quelltextes entspricht. Betrachten wir als Beispiel den ersten Absatz aus Abschnitt 18.3 in Weiß (2008), der als GIF-Bild `Texterkennung.gif` vorliegt:

```
textbsp=Import[
"C:\\...\\Texterkennung.gif"]
ImageQ[textbsp]
```

18.3 Exkurs: Zufall als Werkzeug in der Kunst

„Na, so ein Zufall!" – Dieser Ausruf verdeutlicht, dass uns ein Ereignis zufällig erscheint, wenn es unerwartet eintritt, ohne erkennbaren Grund, und wenn es unvermeidlich ist. Trotzdem wird der Zufall gelegentlich auch ganz gezielt und kontrolliert eingesetzt, wie ein Werkzeug – man spricht dann von den sog. *Monte-Carlo-Methoden*. Derartige Monte-Carlo-Methoden, welche übrigens im Los-Alamos-Labor im Rahmen der Entwicklung der ersten Atom- und Wasserstoffbombe entstanden, siehe Weiß (2007), finden heutzutage Anwendung in sehr unterschiedlichen Bereichen wie Mathematik, Naturwissenschaften, Wirtschaftswissenschaften – und der Kunst! Mit Letzterem, dem Zufall als Werkzeug in der konkreten Kunst, wollen wir uns im Folgenden beschäftigen und zeigen, welch' kreatives Potential in Mathematica schlummert. Dabei soll uns das Werk des Künstlers *Herman de Vries* als Motivation dienen, welcher zwischen 1960 und 1975 eine Reihe von Bildern unter gezieltem Einsatz des Zufalls schuf: die sog. *Zufallsobjektivierungen*, von denen einige Beispiele z. B. auf den Seiten 19, 30-33 und 37 bei Gooding (2006) abgedruckt sind.

True

Zur Texterkennung dieses (offenbar deutschsprachigen) Textes führt man nun schlicht aus:

```
TextRecognize[textbsp, Language -> "German"]
```

183 Exkurs: Zufall als Werkzeug in der Kunst

„Na, so ein Zufall!"* Dieser Ausruf verdeutlicht. dass uns ein Ereignis zufällig er- scheint. wenn es unerwartet eintritt, ohne erkennbaren Grund. und wenn es unver- meidlich ist, Trotzdem wird der Zufall gelegentlich auch ganz gezielt und kontrolliert eingesetzt, wie ein W'erkzeug * man spricht dann von den sog, ManteCarlwlllethoden. Derartige Monte-Carlo-Methoden. ...

Das Resultat ist recht gut und würde sich mit wenigen Handgriffen korrigieren lassen. Die Option `Language` hat als Voreinstellung die unter `$Language` eingestellte Sprache, akzeptiert mittlerweile aber unzählige weitere Sprachen, natürlich inklusive `"English"`, `"French"`, `"Italian"`, `"Portuguese"`, `"Russian"` und `"Spanish"`. Wendet man übrigens auf die eben ausgegebene Zeichenkette den mit Version 10 eingeführten Befehl `LanguageIdentify` an, so wird das Deutsche korrekt erkannt.

Mit Version 11 wurde `TextRecognize` um das Argument *level* ergänzt, mit dem man die Texterkennung z. B. auf einzelne Zeilen oder Wörter ausrichten kann. Die Ausführung von

```
Column[TextRecognize[textbsp, "Line"], Dividers -> Center]
```

ergibt eine zeilenweise Ausgabe des erkannten Textes (durch Linien getrennt), dagegen ergeben

```
TextRecognize[textbsp, "Word"] //Short
```

```
TextRecognize[textbsp, "Character"] //Short
```

lange Listen einzelner Wörter oder Zeichen. Empfehlenswert ist auch ein Ausprobieren der Zeilen

```
TextRecognize[textbsp, "Line", "BoundingBox"];
HighlightImage[textbsp, {"Boundary",%}]
```

bei dem zunächst die Zeilen umschließende Rechtecke berechnet werden („bounding box", siehe auch Abschnitt 11.1), und diese dann mit dem uns schon bekannten `HighlightImage` im Ausgangsbild hervorgehoben werden.

Ein anderer Befehl aus dem Bereich der automatischen Mustererkennung ist das seit Version 9 verfügbare `FindFaces`, das eine Liste mit Koordinaten der identifizierten Gesichter zurückgibt. Bei *lena* klappt das auch erfolgreich, wie die folgende Anwendung zeigt:

```
FindFaces[lena]
ImageTrim[lena,#]& /@ %
```

Zur Darstellung des erkannten Bildausschnitts wurde das uns schon aus Abschnitt 17.3 bekannte `ImageTrim` verwendet, in Kombination mit einer reinen Funktion (vgl. Abschnitt 7.1.1) und dem aus `Map` abgeleiteten „/@" (vgl. Abschnitt 4.2.5). Alternativ hätte man wieder `HighlightImage` einsetzen können:

```
HighlightImage[lena, Rectangle @@@ FindFaces[lena], "Darken"]
```

Mehr zum Thema Merkmalserkennung in Rastergrafiken allgemein bietet der Hilfeeintrag *guide/FeatureDetection*.

Abschließend soll das Befehlspaar `BarcodeImage` und `BarcodeRecognize` (seit Version 10) vorgestellt werden, mit dem man Strichcodes und QR-Codes erzeugen bzw. einlesen kann; beginnen wir mit Ersterem. Die zwei Argumente von `BarcodeImage` sind der zu codierende Text und die Art der Codierung, was im Folgenden vorgeführt wird für die Homepage des Autors bzw. für den ISBN-Code des Buches von Weiß (2008):

```
BarcodeImage[
"http://mathstat.hsu-hh.de/weiss.html", "QR"]
```

```
BarcodeImage["9783486586671", "EAN13"]
```

Um die umgekehrte Aufgabe, die Erkennung eines Strichcodes, nicht zu einfach zu gestalten, nehmen wir nicht den eben perfekt erzeugten Strichcode her, sondern einen Scan vom Buchrücken aus Weiß (2008):

```
strichcode=Import["C:\\...\\Strichcode.tif"]
```

9 783486 586671

Trotz der schlechteren Bildverhältnisse meistert **Mathematica** die Aufgabe bravourös:

```
BarcodeRecognize[strichcode]          9783486586671
```

18 Musikstücke erzeugen und bearbeiten

Analog zum vorigen Kapitel 17, wo wir Mathematicas Potential zur *Bild*bearbeitung kennenlernten, werden wir im nun anstehenden Kapitel erfahren, wie man Mathematica zur Erzeugung und Bearbeitung von *Musik*stücken einsetzen kann. Letzteres, also die Bearbeitung von Audiosequenzen, stellt eine der prominenten Neuerungen der Version 11 dar.

18.1 Audiosequenzen erzeugen

Quasi seit Beginn an verfügt Mathematica über das Sound-Objekt, womit man Tonsequenzen abspeichern und anschließend abspielen kann. Importiert man via Import zulässige Audioformate (siehe *guide/AudioFormats*) wie das WAV-Format (Endung .wav) oder das notenbasierte MIDI-Format (Endung .mid), so wurden diese vor Version 11 automatisch in ein Sound-Objekt abgelegt. Seit Version 11 gibt es parallel dazu das Audio-Objekt, auf welches sich auch die in Abschnitt 18.2 vorzustellenden Bearbeitungsmöglichkeiten beziehen, und seither führt ein Import üblicherweise zu einem solchen Audio-Objekt. Eine Ausnahme stellt der Import von MIDI-Dateien dar, und ferner kann durch das Argument "Sound" ein Import nach Sound erzwungen werden, etwa:

```
Import["ExampleData/rule30.wav", "Sound"]
```

In diesem Abschnitt soll unser Hauptaugenmerk auf der Erzeugung von Musik liegen, weswegen wir hier ausschließlich das abwärtskompatible Sound-Objekt einsetzen werden; für den folgenden Abschnitt 18.2 wird dann Mathematica ab Version 11 nötig sein.

Einen einzelnen Ton erzeugt man mittels SoundNote[*Tonhöhe, Dauer*], wobei die Dauer des Tons in Sekunden bemessen wird, und die Tonhöhe gemäß der 88-Tasten-Standardklaviatur angegeben werden kann. Bei Letzterer reichen die Oktaven eigentlich von Kontra-C (=„1") bis fünfgestrichenem c (=„8"), wobei dieser Bereich durch Angabe von z. B. auch „−1", „0" oder „9" auch überschritten werden kann. Die folgende Tonleiter aus den C-Tönen der acht Standardoktaven (Dauer jeweils 0.5 Sekunden),

```
tonleiter = {{"C1", .5}, {"C2", .5}, {"C3", .5}, {"C4", .5},
  {"C5", .5}, {"C6", .5}, {"C7", .5}, {"C8", .5}};
```

dürfte man also um z. B. {"C-1", .5}, {"C0", .5} oder {"C9", .5} ergänzen. Aus einem einzelnen Ton, wie etwa dem eingestrichenen c (also "C4" oder schlicht "C"), erzeugt man einen abspielbaren Sound durch Ausführen von

DOI 10.1515/9783110425222-018

```
Sound[SoundNote["C4",.5]]
```

Tatsächlich wird dann ein Abspielgerät angezeigt, welches in gewohnter Weise nach Klick auf das Dreieck das dahinter abgelegte Stück abspielt. Im konkreten Beispiel klingt der abgespielte Ton nach einem Klavier, aber wir werden gleich sehen, dass eine Vielzahl weiterer Instrumente zur Verfügung stehen.

Will man die Ausgabe des Abspielgeräts umgehen und einfach direkt das Musikstück hören, so umschließt man obigen Sound noch mit EmitSound:

```
EmitSound[Sound[SoundNote["C4",.5]]]
```

Um nun ein ganzes Musikstück abzufassen, muss jeder einzelne Tone in einer Sound-Note abgelegt werden, und Sound wird auf eine Liste solcher Töne angewandt. Um den Code schlank zu halten, haben wir in obiger *tonleiter* auf die SoundNotes verzichtet, arbeiten jetzt aber dafür mal wieder mit einer Kombination aus einer reinen Funktion (vgl. Abschnitt 7.1.1) und dem aus Apply abgeleiteten „@@@" (vgl. Abschnitt 4.2.5):

```
EmitSound[Sound[SoundNote[#1,#2]& @@@ tonleiter]]
```

Von nun an wollen wir nicht mehr Tonleitern rauf- und runterspielen, sondern uns der großen Kunst zuwenden, genauer Ludwig van Beethovens „Ode an die Freude" aus dessen 9. Sinfonie, noch genauer der Vertonung der Zeile „Freude, schöner Götterfunken, Tochter aus Elysium", welche wiederum Friedrich Schillers Gedicht „An die Freude" entstammt:

```
freude={{"E",.5}, {"E",.5}, {"F",.5}, {"G",.5}, {"G",.5}, {"F",.5},
{"E",.5}, {"D",.5}, {"C",.5}, {"C",.5}, {"D",.5}, {"E",.5},
{"E",.75}, {"D",.25}, {"D",1}};
```

Hier haben wir jetzt die Nummer der Oktave, nämlich „4", weggelassen. Erzeugen wir einen dazugehörigen Abspieler:

```
Sound[
SoundNote[#1,#2, "Organ"]& @@@ freude]
```

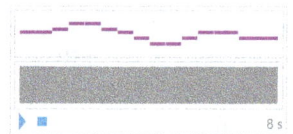

Diesmal haben wir das Argument "Organ" ergänzt, damit das Stück nicht auf dem Klavier (Voreinstellung), sondern der Orgel gespielt wird. Unzählige weitere Instrumente (später probieren wir noch den Kontrabass) stehen zur Verfügung, siehe den Hilfetext zu SoundNote. Wie wir dem abgebildeten Abspielgerät entnehmen, dauert das Stück insgesamt acht Sekunden. Interessant ist auch der nun abgebildete Tonhöhengraph im Vergleich zum obigen, der jetzige ist eine nur noch abschnittsweise konstante Funktion der Zeit.

Für unsere Musikbearbeitungen in Abschnitt 18.2 wollen wir das Stück gleich ein zweites Mal vertonen, diesmal aber mit dem Kontrabass und zwei Oktaven tiefer. Deswegen müssen wir an die Tonhöhen obiger *freude* jeweils die Oktave „2" anfügen:

```
freude2=Transpose[ {StringJoin[#,"2"]& /@ Transpose[freude][[1]],
Transpose[freude][[2]]} ]
```

Zunächst wird *freude* transponiert, so dass wir eine Teilliste aller Tonhöhen und eine aller Dauern haben. Auf erstgenannte Liste wenden wir `StringJoin` (siehe Tab. 21.1 auf S. 341) an, um die Zeichenketten der Tonhöhen mit der Zeichenkette "2" zu verkleben (so dass z. B. aus "C" ein "C2" wird). Abschließend transponieren wir zurück. Der Lohn der Mühen folgt nun:

```
Sound[SoundNote[#1,#2, "Contrabass"]& @@@ freude2]
```

Bevor wir gleich mit unseren zwei Vertonungen der „Ode an die Freude" weiter experimentieren werden, sollen kurz noch zwei weitere Befehle zur Erzeugung eines `Sound`-Objekts vorgestellt werden: mit `Play` kann man eine Funktionsvorschrift vertonen (anstatt den Funktionsgraphen via `Plot` zu zeichnen), und analog mit `ListPlay` (an Stelle von `ListPlot`) eine Liste von Werten. Der Leser probiere

```
Play[Sqrt[t] Sin[2 Pi 440 t], {t,0,10}]
```

```
ListPlay[Table[1/Sqrt[t] Sin[t/2], {t,1,10000}]]
```

Und schließlich kann man seit Version 11 auch eine Aufnahme über ein am Rechner angeschlossenes Mikrofon vornehmen, die dann aber im Ordner ...\Documents\-WolframAudioCapture als WAV-Datei gespeichert und in **Mathematica** als `Audio`-Objekt dargestellt wird. Dazu ist `AudioCapture[]` auszuführen und dann gemäß der Bilderfolge

vorzugehen, d. h. Aufnahme durch Klick auf den roten Punkt links oben starten, Aufnahme durch den Klick auf das graue Quadrat rechts oben beenden, und dann die Aufnahme wie gewohnt abspielen.

18.2 Audiosequenzen bearbeiten

In mancherlei Hinsicht analog zur *Bild*bearbeitung aus Kapitel 17 kann man mit **Mathematica** auch eine *Audio*bearbeitung vornehmen, welche auf dem mit Version 11 eingeführten `Audio`-Objekt basiert, siehe auch die Übersicht in Tab. 18.1 (S. 287) sowie

die Hilfe unter *guide/AudioProcessing*. Erzeugen wir ein solches aus unserer vorigen
Orgelvariante der „Ode an die Freude":

```
musikstueck=
Audio[ Sound[SoundNote[#1,#2, "Organ"]&
@@@ freude] ]
```

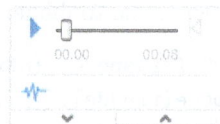

Das zu einem `Audio`-Objekt gehörige Abspielgerät unterscheidet sich also ein klein
wenig von dem eines `Sound`-Objekts. Fragen wir grundlegende Eigenschaften ab:

`AudioLength[musikstueck]`	354 304 samples
`AudioSampleRate[musikstueck]`	44 100 Hz
`Duration[musikstueck]`	8.0341 s

Das Musikstück ist also 354 304 (Stich-)Proben lang, was bei der üblichen Abtastrate
von 44 100 Hz zu einer Dauer von gut acht Sekunden führt. Interessant auch folgendes
Resultat:

`AudioChannels[musikstueck]`	2

Es gibt also zwei Audiokanäle, damit das Musikstück als Stereoaufnahme abgespielt
werden kann. An dieser Stelle lohnt es sich, unsere ursprüngliche Vertonung mit
der jetzt vorliegenden Aufnahme zu vergleichen: das einst über Noten, deren Dauer und deren Klang definierte Stück wurde 44 100-mal pro Sekunde ausgelesen und
entsprechend durch eine zweidimensionale (da stereo) Liste aus insgesamt 354 304
Audiosignalen ersetzt (analog zum Übergang von der Vektor- zur Rastergrafik in Kapitel 17). Deren Werte kann man einsehen via

```
AudioData[musikstueck]
```

Zwar kann man daraus mittels `SampledSoundList` wieder ein `Sound`-Objekt erzeugen,
dieses ist aber nicht mehr identisch mit dem Ausgangsobjekt, was schon durch die
grafische Darstellung klar wird:

```
Sound[
SampledSoundList[
AudioData[musikstueck], 44100] ]
```

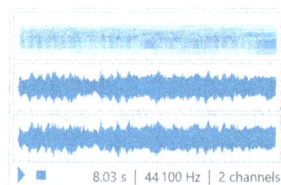

Wir verbleiben bei unserem gerasterten `Audio`-Objekt *musikstueck*. Die eben gesehene
grafische Darstellung erhalten wir separat durch Ausführen von

```
AudioPlot[musikstueck]
```

Mittels `AudioChannelSeparate` können wir ferner beide Kanäle voneinander trennen und separate `Audio`-Objekte mit nur je einem Kanal erzeugen, etwa um eine speicherplatzschonende Monoaufnahme zu erhalten:

```
musikstueck=AudioChannelSeparate[musikstueck][[1]];
AudioChannels[musikstueck]                                    1
```

Unser *musikstueck* können wir nun auf vielfältige Weise manipulieren, etwa die Abtastrate auf Telefonqualität verschlechtern,

```
AudioResample[musikstueck, 8000]
```

das Teilstück zwischen Sekunde 1 und 4 extrahieren,

```
AudioTrim[musikstueck, {1,4}]
```

das Teilstück zwischen Sekunde 1 und 4 herauslöschen,

```
AudioDelete[musikstueck, {1,4}]
```

oder zu Beginn 1 Sekunde Stille und am Ende 2 Sekunden Stille ergänzen:

```
AudioPad[musikstueck, {1,2}]
```

Wir können *musikstueck* in Teile von je 3 Sekunden Dauer zerlegen, wobei beim letzten Teilstück mit Stille aufgefüllt wird,

```
AudioPartition[musikstueck, 3]
```

oder wir können *nach* 3 Sekunden trennen, indem wir ausführen:

```
AudioSplit[musikstueck, 3]
```

Führen wir anschließend `AudioJoin[%]` aus, so werden die zwei Teilstücke wieder zu einem zusammengefügt.

Wem die Orgel bisher etwas zu dröhnend war, der kann sie um einen beliebigen Faktor (etwa 0.5) dämpfen,

```
AudioAmplify[musikstueck, 0.5]
```

oder sie zumindest (jeweils über 2 Sekunden gestreckt) langsam ein- und ausblenden:

```
AudioFade[musikstueck, {2,2}]
```

Nehmen wir nun noch unsere zweite Vertonung, die mit dem Kontrabass, hinzu (auch wieder mono):

```
musikstueck2=
Audio[ Sound[SoundNote[#1,#2, "Contrabass"]& @@@ freude2] ];
musikstueck2=AudioChannelSeparate[musikstueck2][[1]]
```

Eine Art Orchestervariante der „Ode an die Freude" erhalten wir durch Überlagerung oder Kombination beider Instrumentalfassungen:

```
AudioOverlay[{AudioAmplify[musikstueck,0.5], musikstueck2}]
```

```
AudioChannelCombine[{AudioAmplify[musikstueck,0.5], musikstueck2}]
```

Der Unterschied wird sichtbar, wenn man auf beide Eingaben jeweils noch `AudioPlot` anwendet: im zweiten Fall wurde für jedes Instrument ein eigener Kanal angelegt, im ersten Fall wurden beide zu einem neuen Kanal verschmolzen.

Akustisch weniger elegant sind folgende Kombinationen: die Sekunden 3 bis 5 der Orgelfassung können wir durch die Sekunden 3 bis 5 der Kontrabassfassung ersetzen,

```
AudioReplace[musikstueck, {3,5}-> AudioTrim[musikstueck2, {3,5}]]
```

oder nach 2 Sekunden Orgel die Sekunden 0 bis 2 der Kontrabassfassung einsetzen, um dann nahtlos zur Orgelfassung zurückzukehren:

```
AudioInsert[musikstueck, 2-> AudioTrim[musikstueck2, {0,2}]]
```

Fragen wir die Lautstärke der Fassungen durch Anwendung von `AudioLoudness` ab, so wird ein `TimeSeries`-Objekt erzeugt (vgl. Abschnitt 19.7), welches wir wiederum durch `ListPlot` zeichnen können:

```
ListPlot[
 {AudioLoudness[musikstueck],
 AudioLoudness[musikstueck2]},
 Joined -> True,
 PlotStyle -> {Black,Gray}]
```

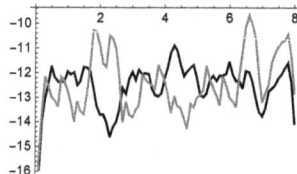

Wenden wir uns wieder der Manipulation eines einzelnen Stückes zu, diesmal der Kontrabassfassung, da hier der Effekt etwas besser hörbar ist. Wir können dieser nämlich einen Nachhall zufügen, wie er z. B. in einer großen Konzerthalle hörbar wäre:

```
AudioReverb[musikstueck2, "LargeHall"]
```

Auch ein Kanon mit einem um 1 Sekunde verzögerten Beginn ist möglich:

```
AudioDelay[musikstueck2, 1]
```

Durch Variation der Abspielgeschwindigkeit können wir die Dauer des Stückes um einen vorgebbaren Faktor verändern, etwa doppelt so schnell via

```
AudioTimeStretch[musikstueck2, 0.5]
```

und die Tonhöhe selbst um einen vorgebbaren Wert, z. B. um 1 Halbton, verschieben:

```
AudioPitchShift[musikstueck2, Quantity[1, "semitones"]]
```

Einen zusammenfassenden Überblick gibt Tab. 18.1.

Tab. 18.1. Analyse und Bearbeitung von `Audio`-Sequenzen (seit Version 11).

Befehl	Beschreibung
`AudioLength[audio]`	Länge der Audiosequenz (in Stichproben).
`AudioSampleRate[audio]`	Abtastrate der Audiosequenz (in Hz).
`Duration[audio]`	Länge der Audiosequenz (in Sekunden).
`AudioChannels[audio]`	Anzahl der Audiokanäle.
`AudioData[audio]`	Liste der Audiosignale zu *audio*.
`AudioChannelSeparate[audio]`	Erzeugt separate `Audio`-Objekte pro Kanal.
`AudioResample[audio,rate]`	Erzeugt neues `Audio`-Objekt mit Abtastrate *rate*.
`AudioTrim[audio, {t1,t2}]`	Entnimmt die Sekunden t_1 bis t_2 aus *audio*.
`AudioDelete[audio, {t1,t2}]`	Entfernt die Sekunden t_1 bis t_2 aus *audio*.
`AudioPartition[audio,dauer]`	Zerlegt *audio* in Teilstücke der Länge *dauer*.
`AudioSplit[audio,t]`	Zertrennt *audio* nach *t* Sekunden.
`AudioAmplify[audio,d]`	Multipliziert Audiosignale mit Faktor *d*.
`AudioFade[audio, {t1,t2}]`	Blendet die ersten/letzten t_1/t_2 Sekunden ein/aus.
`AudioReverb[audio,typ]`	Ergänzt *audio* um Nachhall vorgebbaren Typs.
`AudioDelay[audio,t]`	Ergänzt *audio* um Kopie seiner selbst, um *t* Sekunden verzögert.
`AudioTimeStretch[audio,d]`	Verändert Dauer von *audio* um Faktor *d* durch Anpassung der Abspielgeschwindigkeit.
`AudioPitchShift[audio,shift]`	Verschiebt Tonhöhe von *audio* um geg. Ausmaß.
`AudioOverlay[{audio1,...}]`	Erzeugt neues `Audio`-Objekt durch Überlagerung der Kanäle.
`AudioChannelCombine[{audio1,...}]`	... analog durch Ansammlung der Kanäle.
`AudioReplace[audio1, {t1,t2} -> audio2]`	Ersetzt Abschnitt von t_1 bis t_2 in *audio1* durch *audio2*.
`AudioInsert[audio1, t -> audio2]`	Fügt *audio2* in *audio1* zur Zeit *t* ein.

19 Statistische Datenanalyse und -modellierung

Neben dem großen Potential zu Wahrscheinlichkeitstheorie und mathematischer Statistik, siehe Kapitel 13, bringt **Mathematica** ein reichhaltiges Programm zur statistischen Datenanalyse mit. Der Umfang dieses Programms hängt stark von der vorliegenden Version ab, wohl kein weiterer Bereich von **Mathematica** befindet sich seit Version 6 unter einem derartigen Um- und Ausbau. Wurden mit Version 6 noch zahlreiche Befehle über Pakete angeboten, so wurden mit den Versionen 7–11 viele Teildisziplinen neu und fest implementiert (teilweise unter paralleler Beibehaltung der früheren Pakete). Im Folgenden wird, wenn möglich, nur auf in Version 11 fest implementierte Befehle eingegangen, für die entsprechenden „Paket-Lösungen" wird auf die Kapitel 13 und 17 in Weiß (2008) verwiesen. Eine positive Folge dieses permanenten Ausbaus ist, dass **Mathematica** den üblichen Statistikpaketen immer näher kommt. Umgekehrt ist klar, dass eine Behandlung aller statistischen Funktionalitäten den Rahmen dieses Buches bei Weitem sprengen würde.

Zu Beginn wollen wir uns in Abschnitt 19.1 kurz mit Fragen der Datenaufbereitung beschäftigen, um dann in Abschnitt 19.2 Werkzeuge grafischer Datenanalyse vorzustellen. In Abschnitt 19.3 befassen wir uns mit der deskriptiven und explorativen Statistik, um dann mit Abschnitt 19.4 zur induktiven Statistik überzugehen. Dort werden wir Konfidenzintervalle behandeln, anschließend in Abschnitt 19.5 eine Reihe von Testverfahren. In Abschnitt 19.6 besprechen wir die Regressionsanalyse und beschließen das Statistikkapitel mit Abschnitt 19.7 zur Analyse von Zeitreihen.

---

i **Weiterführende Informationen . . .** zur fachlichen Vertiefung bieten z. B. die Bücher von Basler (1994); Georgii (2015); Weiß (2006). Für Abschnitt 19.7 sei das Buch von Schlittgen & Streitberg (2001) empfohlen.

19.1 Datenaufbereitung

Bevor wir **Mathematica** zur Datenanalyse einsetzen können, müssen wir die Daten in geeignet gestalteten Listen ablegen. Dazu sind die Rohdaten zuerst zu importieren, womit wir uns bereits in Abschnitt 4.3 beschäftigt haben. Dort hatten wir u. a. den Import aus Textdateien vorgestellt sowie das Einlesen von Daten aus ODS-, Excel- oder Access-Dateien. Ferner ist auch eine Anbindung an SQL-Datenbanken möglich; das genaue Vorgehen hierbei wird in Anhang B beschrieben.

Wenn die Daten dann in irgendwie gearteten Listen vorliegen, sind möglicherweise in einem zweiten Schritt Transformationen nötig, um die Organisation der Daten der Problemstellung anzupassen, Teile daraus zu extrahieren oder Daten aus verschiedenen Datenquellen geeignet zusammenzuführen. Dazu können die Befehle verwen-

DOI 10.1515/9783110425222-019

det werden, welche wir in Abschnitt 4.2 behandelt haben, auch Beispiel 9.1.5 mag von Interesse sein.

Beispiel 19.1.1. Die Datei `MannFrau.txt`[14] enthält Angaben zum Alter und zur Körpergröße (in mm) von 199 britischen Ehepaaren. Jede Zeile des Datensatzes repräsentiert ein Ehepaar, wobei der erste Wert das Alter des Mannes wiedergibt, der zweite die Größe des Mannes (in mm), der dritte das Alter der Frau und der vierte die Größe der Frau. Die einzelnen Merkmale sind dabei durch Tabulatoren getrennt, so dass wir die Daten mit der Formatangabe `"TSV"` (tab-separated-values) importieren können:

```
mannfrau=Import["C:\\...\\MannFrau.txt", "TSV"]; Length[mannfrau]
```

199

```
Short[mannfrau]
```

$\{\{49,1809,43,1590\}, \ll 197 \gg, \{59,1720,56,1530\}\}$

Dieser Datensatz verfügt über eine in der Praxis durchaus häufig anzutreffende Tücke: es gibt fehlende Daten. Einige der befragten Damen waren nicht bereit, sich zu ihrem Alter zu äußern, weshalb das dritte Merkmal gelegentlich fehlt und bei Mathematica (völlig korrekt) durch den Wert `Null` repräsentiert wird. Der Leser kann dies leicht nachprüfen, indem er `mannfrau` bzw. `mannfrau //TableForm` ausführt.

Der Import der Daten hätte übrigens auch bei Vorgabe des Formats `"Data"` korrekt funktioniert, *nicht aber* bei der vielleicht naheliegensten Variante, nämlich `"Table"`: hier wären fehlende Werte schlicht ignoriert worden, was dazu geführt hätte, dass mache Datenzeilen nur von Länge 3 wären. Umgekehrt wären somit die Werte der 3. Spalte aus Alters- und Größenwerten gemischt worden, was zu unsinnigen Analyseresultaten führen würde. Die Formatangabe beim Datenimport ist also *mit Bedacht* zu wählen!

Kehren wir zurück zu den korrekt importierten Daten, wo fehlende Werte durch `Null` repräsentiert wurden. Wie wir sehen werden, bereiten Mathematica derartige Fehldaten Probleme, was beispielsweise bei einer simplen Mittelwertberechnung sichtbar wird:

```
Mean[mannfrau[[All,3]]]
```
$\frac{1}{199}(6916 + 29\ )$

Das Element `Null` wird als Leerzeichen ausgegeben und kam offenbar 29 mal vor. Es gibt kein pauschales Rezept, wie mit Fehldaten umzugehen ist, im konkreten Fall aber liegt es nahe, den Mittelwert einfach aus den 170 gültigen Werten zu berechnen:

```
Mean[Select[mannfrau[[All,3]], NumberQ]]
```
$\frac{3458}{85}$

Hierbei haben wir zuerst mit Hilfe des Befehls `Select` aus Tab. 4.2 die rein numerischen Werte ausgesondert. Um dies bei einer jeden weiteren Berechnung nicht ständig

---

14 Aus: HAND ET AL.: *A handbook of small datasets.* Verlag Chapman & Hall, 1994.

von Neuem durchführen zu müssen, legen wir einen bereinigten Datensatz an, der nur vollständige Zeilen umfasst:

```
mannfraukorr=Select[mannfrau, Length[Select[#, NumberQ]]==4&];
Length[mannfraukorr]
```

170

Der Datensatz musste also um 29 Fälle reduziert werden. Hierbei haben wir zeilenweise nur die numerischen Werte abgefragt, formuliert mit Hilfe einer reinen Funktion, siehe Abschnitt 7.1.1. Davon haben wir nur vollständige Zeilen übernommen, also welche der Länge 4. Später wollen wir teilweise nur die Größendaten analysieren, bei denen ja eigentlich alle 199 Fälle vollständig sind; deshalb fragen wir diese nochmals extra ab:

```
mannfraugroesse=mannfrau[[All,{2,4}]]; Short[mannfraugroesse]
```

{{1809,1590}, {1841,1560}, ≪ 195 ≫, {1823,1630}, {1720,1530}}

Es wurden alle 199 Zeilen, aber nur die Spalten 2 und 4, übernommen.   •

Ebenfalls im Rahmen der Datenaufbereitung zu klären ist die Frage, welche Arten von Daten der weiteren Analyse mit Mathematica zugänglich sind. Wie schon in Beispiel 19.1.1 gesehen, kann Mathematica mit Daten in Rohform umgehen, etwa:

```
rohdaten={1,2,2,0,3,0,1,1,0,1}; Mean[rohdaten]      $\frac{11}{10}$
```

Oftmals liegen die Daten aber schon in komprimierter Form vor, etwa als Häufigkeitstabelle. Seit Version 9 kann Mathematica auch mit dieser Art von gewichteten Daten umgehen, wenn man sie zuvor über WeightedData[{*Datenwerte*}, {*zug. Gewichte*}] entsprechend deklariert:

```
gewdaten=WeightedData[{0,1,2,3}, {3,4,2,1}];        $\frac{11}{10}$
Mean[gewdaten]
```

Numerisch das gleiche Resultat hätte man bei Vorgabe der relativen Häufigkeiten .3,.4,.2,.1 erhalten. Ähnlich kann man seit Version 9 auch zensierte Daten explizit als solche kennzeichnen, indem man den Befehl EventData einsetzt:

```
EventData[{{1,∞},{-∞,2},2,0,3,0,1,1,0,1}]
```

```
EventData[{1,2,2,0,3,0,1,1,0,1}, {1,-1,0,0,0,0,0,0,0,0}]
```

würden jeweils den ersten Datenwert als rechts- und den zweiten als linkszensiert erkennen. Im zweiten Fall wird mit einer Liste von Indikatoren gearbeitet. Im ersten Fall könnte man durch {u,o} auch eine Intervallzensierung ausdrücken.

19.2 Grafische Darstellung von Daten

Da der Mensch visuell präsentierte Informationen sehr viel besser erfassen kann als etwa größere Zahlentableaus, spielen grafische Werkzeuge im Rahmen der Datenanalyse eine außerordentlich wichtige Rolle. Auch Mathematica bietet hier ein umfangreiches Repertoire an, welches wir im Folgenden besprechen wollen. Dabei unterscheiden wir zwischen Grafiken für Rohdaten, welche den Datensatz Punkt für Punkt wiedergeben, siehe Abschnitt 19.2.1, und solchen Grafiken, welche die Daten in komprimierter Form zeigen, der Fragestellung entsprechend geeignet zusammengefasst; Letztere wollen wir in Abschnitt 19.2.2 behandeln.

19.2.1 Punktgrafiken von Datensätzen

In diesem und im folgenden Abschnitt wollen wir uns mit der punktweisen, grafischen Darstellung von Datensätzen befassen. Punktweise heißt, dass die Grafik den Datensatz nicht in komprimierter Form darstellt, sondern tatsächlich Datenpunkt für Datenpunkt wiedergibt. Die Daten müssen dazu in Listenform vorliegen, siehe die Abschnitte 4.2 und 19.1. Der grundlegende Befehl zum Zeichnen solcher Punktmengen ist dann ListPlot, den wir z. B. schon in Beispiel 4.3.2 zur Darstellung der Bierdaten verwendet haben. Ferner findet ListPlot seine Anwendung auch weit über die Statistik hinaus, etwa bei der Darstellung von Zahlenfolgen, siehe Abschnitt 7.4, oder bei den Beispielen zur Polynominterpolation, siehe Abschnitt 7.5.

Stellt *liste* die zu zeichnende Liste von Werten dar, so lautet die nötige Syntax schlicht ListPlot[*liste*, *Optionen*]. Hierbei sind zwei Fälle zu unterscheiden: Ist die gegebene Liste eindimensional, so werden die Werte der Reihe nach, beginnend an der Stelle 1 der X-Achse, aufgetragen. Die zweite Möglichkeit besteht darin, dass die Liste aus lauter Wertepaaren besteht. Dann wird die erste Komponente eines jeden Paares als X-Koordinate, die zweite als Y-Koordinate aufgefasst.

Beispiel 19.2.1.1. Betrachten wir zu beiden Situationen je ein Beispiel: Bei den Bierdaten aus Beispiel 4.3.2 handelt es sich um eine Liste einzelner, aufeinanderfolgender Werte, die durch ListPlot der Reihe nach aufgetragen werden:

```
bier=
Import["C:\\...\\Bier.txt", "List"];
ListPlot[bier, Joined -> True,
PlotStyle -> Black]
```

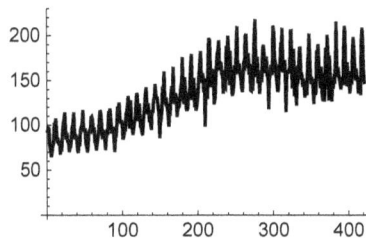

Hierbei haben wir die Option `Joined` auf `True` gesetzt, um durch den Linienzug den Eindruck des zeitlichen Ablaufs zu verstärken. Für die Option `PlotStyle` sei auf Abschnitt 7.4 verwiesen, für weitere Optionen auf Abschnitt 6.2.

Bei den Mann-Frau-Daten aus Beispiel 19.1.1 dagegen könnte es interessant sein, die Körpergrößen der beiden Ehepartner punktweise gegeneinander aufzutragen, wobei hier Verbindungslinien stören würden:

```
ListPlot[mannfraugroesse,
PlotRange -> {{1590,2000},
{1400,1800}},
PlotStyle -> {Black, PointSize[0.02]}]
```

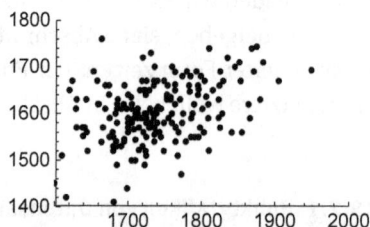

Das resultierende Streudiagramm (Scatterplot) weist eine leichte Konzentration entlang der Hauptdiagonalen auf, was darauf hindeutet, dass die Merkmale „Größe Mann" und „Größe Frau" bei einem Ehepaar nicht unabhängig voneinander sind. Wir werden dies in den Beispielen 19.2.2.1 und 19.3.1 weiter untersuchen.

Genau wie beim `Plot`-Kommando aus Abschnitt 7.4.1 gibt es auch zu `ListPlot` Varianten, bei denen eine oder beide Achsen logarithmisch skaliert werden. Es sind dies die Befehle `ListLogPlot`, `ListLogLinearPlot` und `ListLogLogPlot`, seit Version 8 kann aber auch die schon von `Plot` her bekannte Option `ScalingFunctions` verwendet werden.

Will man eine Punktgrafik mit Fehlerbalken zeichnen, kann man den Befehl `ErrorListPlot` des Pakets `ErrorBarPlots`` verwenden (Weiß, 2008), oder man setzt bei `ListPlot` die uns schon aus Abschnitt 7.4.1 bekannte `Filling`-Option geschickt ein:

```
daten={2.5,0.7,1.2,1.7};
fehler={0.3,0.5,0.8,0.4};
ListPlot[{daten, daten+fehler, daten-fehler},
PlotRange -> {{0,5}, {0,3}},
PlotMarkers -> {{"•",Medium}, "", ""},
Filling -> {2 -> {3}}]
```

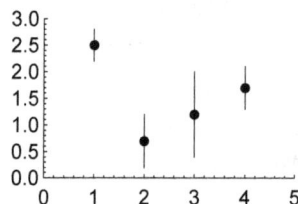

Der dicke Punkt wird dabei als \[FilledCircle] eingegeben.

Zu guter Letzt wollen wir zu Abschnitt 6.1 zurückblicken. Dort hatten wir Grafikelemente mit Hilfe von `Show` überlagern lassen. Dies funktioniert nicht nur mit geometrischen Formen, sondern auch mit den verschiedenen `Plot`-Kommandos. So können wir etwa `Plot` und `ListPlot` kombinieren, was auch im Rahmen der statistischen Datenanalyse (Datensatz plus theoretische Kurve, z. B. bei der Regression) von Interesse sein wird. Als Beispiel sei auf die Grafiken zur Polynominterpolation in Abschnitt 7.5 sowie zur linearen Regression in Beispiel 19.6.1.1 verwiesen.

Der `ListPlot`-Befehl erlaubt es, analog dem `Plot`-Befehl, auch höherdimensionale (multivariate) Datenmengen $x_1, \ldots, x_n \in \mathbb{R}^p$ darzustellen. Die univariaten Teildatensätze $x_{1,k}, \ldots, x_{n,k}$, $k = 1, \ldots, p$, müssen dabei in eigenen Listen abgelegt sein, d. h. gegebenenfalls müssen die Daten noch transponiert werden. Anschließend kann man mit `ListPlot` diese Listen parallel ausgeben. Seit Version 9 können wir der erzeugten Grafik zudem, wie in Abschnitt 7.4.1 beschrieben, ohne spezielles Paket eine Legende hinzufügen. Durch Kombination der Optionen `Joined` und `Filling`, bezüglich Letzterem siehe Abschnitt 7.4.1, kann man mehrere Listen jeweils durch einen Polygonzug verbinden und die Zwischenräume zwischen den sich so ergebenden Graphen farblich füllen lassen; zur Illustration sei auf Beispiel 13.1.1 verwiesen.

Einen 3D-Scatterplot erstellt man mit `ListPointPlot3D`, die Syntax ist `List-PointPlot3D[{{x1,y1,z1},...,}]`. Daneben gibt es eine weitere 3D-Variante, nämlich `ListPlot3D`, bei dem die in einem dreidimensionalen Koordinatensystem gezeichneten Werte durch einen Flächengraphen verbunden werden. Als Argument wird eine Matrix von Z-Werten erwartet. Und auch die Kommandos `ListContourPlot` und `ListDensityPlot` für Konturgrafiken erwarten eine solche Matrix von Z-Werten als Argument, jetzt werden deren Werte jedoch farblich codiert, vgl. Abschnitt 7.4.3. Die 3D-Varianten sind die Befehle `ListContourPlot3D` und `ListDensityPlot3D`.

19.2.2 Elementare deskriptive Grafikwerkzeuge

Da Datensätze schnell so groß werden, dass sie der Mensch nicht mehr vollständig erfassen und überblicken kann, ist es eine wichtige Aufgabe der Statistik, Werkzeuge anzubieten, die den Datensatz in geeigneter Weise komprimieren, d. h. die gesamte Information des Datensatzes so reduzieren, dass bestimmte Eigenschaften leicht erkennbar werden. Dies kann durch Berechnung von Kennzahlen geschehen, siehe Abschnitt 19.3, oder durch geeignet konstruierte Grafiken. Derartige Grafiktypen sind mittlerweile zumeist fest implementiert. Einen Auszug bietet Tab. 19.1, wobei Details zu Optionen bei den jeweils zugehörigen Hilfeeinträgen nachgelesen werden müssen.

Tipp! In Tab. 19.1 findet sich kein Befehl für die empirische Verteilungsfunktion der Daten, man kann sie aber über einen kleinen Umweg zeichnen (seit Version 8):

    `Plot[CDF[EmpiricalDistribution[daten, x], {x,xmin,xmax}]`

Ausblick: Neben den Grafiktypen aus Tab. 19.1 gibt es seit Version 7 auch die Befehle `Rectangle-Chart`, `SectorChart`, `BubbleChart` sowie deren 3D-Varianten, seit Version 8 auch `SmoothHistogram` (Kerndichteschätzer, auch 3D-Variante), `ProbabilityPlot`, u.v.m.; einen Überblick bietet die Hilfeseite *guide/StatisticalVisualization*. Auch sind einige Grafiktypen speziell für Finanzdaten hinzugekommen, siehe *guide/FinancialVisualization*.

Tab. 19.1. Auswahl grafischer Werkzeuge der statistischen Datenanalyse.

Befehl	Beschreibung
Histogram[*daten*]	Erstellt Histogramm des Datenvektors *daten*. Die Kategoriengrenzen können über das zweite Argument bestimmt werden, z. B. Anzahl *n* oder Breite {*b*}. (seit V. 7)
Histogram3D[{{*x1,y1*},...,}]	Erstellt Histogramm der Datenpaare. (seit V. 7)
BarChart[*daten*]	Repräsentiert Datenvektor/-matrix Wert für Wert als Balkendiagramm, wobei Balken zu verschiedenen Datensätzen nebeneinander gezeichnet werden. (seit V. 7)
BarChart3D[*daten*]	Balkengrafik der Datenmatrix *daten*, Werte werden zeilenweise abgetragen. (seit V. 7)
PieChart[*daten*]	Repräsentiert die Datenvektoren Wert für Wert durch Kreissektoren. (seit V. 7)
ListPointPlot3D[{{*x1,y1,z1*},...}]	Trägt Wertetripel in Koordinatensystem ein.
BoxWhiskerChart[*daten*]	Erstellt einzelnen Boxplot bei Datenvektor, *zeilen*weise Boxplots in einer Grafik bei Datenmatrix. (seit V. 8)
QuantilePlot[*daten1,daten2*]	Erstellt Quantil-Quantil-Plot aus zwei Datenvektoren. Statt *daten2* auch Verteilung angebbar, dann Quantilplot. (seit V. 8)

Im Paket StatisticalPlots`:

PairwiseScatterPlot[*daten*]	Erstellt Scatterplotmatrix zur Datenmatrix *daten*, wobei je zwei Spalten gegeneinander aufgetragen werden.
ParetoPlot[*daten*]	Erstellt Pareto-Diagramm des Datenvektors *daten*.
StemLeafPlot[*daten*]	Erstellt Stamm-Blatt-Darstellung des Datenvektors *daten*.

Wir wollen im Folgenden beispielhaft in dieses Repertoire hineinblicken.

Beispiel 19.2.2.1. Setzen wir die Analyse der Mann-Frau-Daten aus Beispiel 19.1.1 fort. Ein Histogramm der Körpergrößen der Ehemänner (mit Intervallbreite 25, die übrigen Optionen dienen dem Erscheinungsbild) ist grob glockenförmig:

```
Histogram[
mannfraugroesse[[All,1]], {25},
ChartStyle -> {GrayLevel[0.6]}]
```

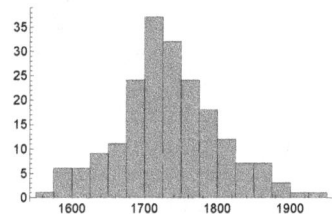

Die zugehörigen Besetzungszahlen erhält man übrigens mittels `BinCounts`,

```
BinCounts[mannfraugroesse[[All,1]], 25]    {1,6,6,9,11,24,...,1}
```

die entsprechenden Teillisten der Beobachtungen via

```
BinLists[mannfraugroesse[[All,1]], 25]
```

Will man selbst eine Intervalleinteilung vornehmen, kann der Befehl `Subdivide` (seit Version 10) nützlich sein:

```
Subdivide[1550,1950,16]        {1550,1575,1600,...,1925,1950}
```

Da die wahre Körpergröße eines Menschen ein (quasi-)stetiges Merkmal ist, wäre die Alternative einer Kerndichteschätzung relevant (siehe auch S. 327):

```
SmoothHistogram[
mannfraugroesse[[All,1]],
PlotStyle -> {Black}]
```

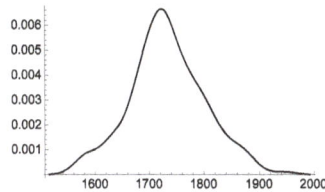

Standardmäßig findet eine automatische Bandbreitenwahl statt und es wird mit der Dichtefunktion der Standardnormalverteilung (`GaussianKernel`) geglättet. Will man stattdessen den Epanechnikov-Kern wählen (auch selbst definierte Kerne sind möglich, indem man eine reine Funktion vorgibt, vgl. Abschnitt 7.1.1), müsste man als zweites Argument ergänzen: {`Automatic`, `"Epanechnikov"`}. Der erste Eintrag bezieht sich hierbei auf die Bandbreite, auch ein konkreter Wert wäre möglich gewesen.

Eine empirische Verteilungsfunktion erzeugt man durch Ausführung folgender Zeile:

```
Plot[ CDF[EmpiricalDistribution[mannfraugroesse[[All,1]]], x],
{x,1500,2000}, PlotStyle -> Black]
```

Die Symmetrie der empirischen Verteilungen kann man auch gut an den Boxplots ablesen, bei welchen die innere Linie, die den Median repräsentiert, jeweils mittig in der Box liegt, begrenzt durch unteres und oberes Quartil:

```
BoxWhiskerChart[
Transpose[mannfraugroesse]]
```

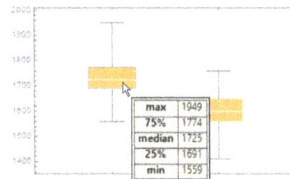

max	1949
75%	1774
median	1725
25%	1691
min	1559

Die erzeugte Grafik verfügt automatisch über eine nützliche Tooltip-Funktion, das Layout sieht der Autor allerdings kritisch. Wie bei den anderen neuen Grafikbefehlen auch, ist eine Tendenz hin zu einem „modernen" Layout zu beobachten, welches sich auch mit wenig Mühe quietschbunt ausbauen lässt. Gute Grafiken zeichnen sich nach

Meinung des Autors aber durch Schlichtheit aus, genau das, was benötigt wird, sollte gezeigt werden, der Rest dient nur der Ablenkung. Um nun einen schlichten Boxplot zu erzeugen, ist richtig viel Mühe nötig:

```
BoxWhiskerChart [Transpose [mannfraugroesse],
{{"Outliers"}, {"MedianMarker", Black},
{"Whiskers", Black}, {"Fences", Black}},
ChartBaseStyle -> Directive [EdgeForm [Black],
White], ChartLabels -> {"Mann", "Frau"}]
```

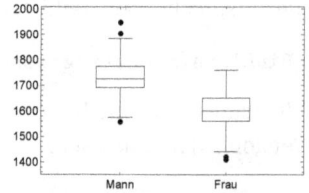

Schließlich können wir noch eine Scatterplotmatrix der kompletten, korrigierten Daten *mannfraukorr* aus Beispiel 19.1.1 erstellen. In jeder der Grafiken ist jedes der Ehepaare durch einen Punkt repräsentiert. Auf der Diagonale der Matrix wird auf beiden Achsen der Scatterplots exakt das gleiche Merkmal aufgetragen, entsprechend sammeln sich die Punkte auf der Diagonalen. Interessanter sind die Scatterplots, die neben der Diagonalen liegen: Der Scatterplot in Position (3,1) bzw. (1,3) etwa zeigt, dass das Alter der Ehepartner eine starke, lineare Abhängigkeit aufweist, d. h. kennt man das Alter des einen Partners, kann man das des anderen gut vorhersagen, wobei sich eine lineare Funktion als Vorhersagefunktion anbietet. Diese könnte man mittels der in Abschnitt 19.6 zu besprechenden Regressionsanalyse bestimmen.

```
Needs ["StatisticalPlots`"]
PairwiseScatterPlot [mannfraukorr]
```

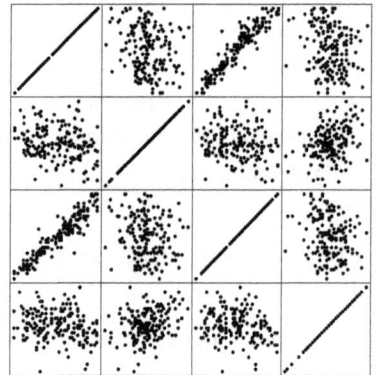

Auch wird im Scatterplot (4,2) bzw. (2,4) ein, wenn auch deutlich schwächer ausgeprägter, positiver Zusammenhang erkennbar: Größere Frauen bevorzugen tendenziell auch größere Männer und umgekehrt. Dies ist gerade der Scatterplot aus Beispiel 19.2.1.1. Die übrigen Kombinationen dagegen lassen eine leichte negative Abhängigkeit erkennen, d. h. fortgeschrittenes Alter scheint mit tendenziell geringerer Körpergröße einherzugehen. Wir werden diese Abhängigkeiten in Beispiel 19.3.1 weiter untersuchen. •

Auch das Analogon zum Histogramm bei bereits diskreten Daten, die *Häufigkeitstabelle*, ist als `Tally[daten]` verfügbar.

Beispiel 19.2.2.2. Als ein zweites Beispiel untersuchen wir folgende Daten[15] zum Steueraufkommen (in Mrd. Euro) in Deutschland aus dem Jahre 2004:

```
steuern={{"Eink", "Gew", "Ums", "Min", "sonst"},
{159.1, 28.4, 137.4, 41.8, 76.1}};  steuern //TableForm
```

```
Eink   Gew   Ums    Min    sonst
159.1  28.4  137.4  41.8   76.1
```

Die Kürzel der ersten Tabellenzeile stehen dabei für Einkommens-/Körperschaftssteuer, Gewerbesteuer, Umsatzsteuer, Mineralölsteuer und sonstige Steuereinnahmen. Wir wollen diesen kleinen Datensatz mit Hilfe von Balken- und Kreisdiagramm (ab Version 7) visualisieren. Dabei entnehmen wir jeweils die eigentlichen Daten der zweiten Zeile, die Beschriftungen der ersten:

```
BarChart[steuern[[2]], ChartLabels -> steuern[[1]]]
```

```
PieChart[steuern[[2]], ChartLabels -> steuern[[1]]]
```

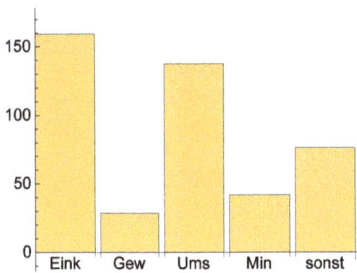

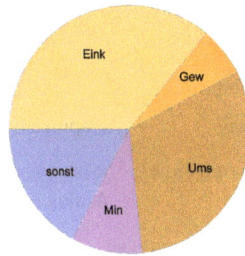

19.3 Deskriptive und explorative Statistik

Mathematica bietet eine große Auswahl an Funktionen deskriptiver Datenanalyse, die es erlauben, die empirischen Gegenstücke zu den theoretischen Kenngrößen der Tab. 13.4 und 13.5 zu berechnen, also empirische Mittelwerte, Streuungskennzahlen etc., siehe Tab. 19.2. Dort sind auch zahlreiche robuste Statistiken genannt, die Mathematica spätestens seit Version 11 anbietet, siehe auch *guide/RobustDescriptiveStatistics*. Hinzu kommt noch der Befehl Total zur Berechnung der Summe der Daten, siehe Abschnitt 9.1, wie auch die Befehle Min, Max, etc. aus Abschnitt 4.2.2. Im Falle univariater Daten, wenn also eine eindimensionale Liste (Daten*vektor*, siehe Bemerkung 4.2.3.1) vorliegt, wird immer eine Zahl zurückgegeben, im Falle multivariater Daten (Daten*matrix*) dagegen ein Vektor mit univariaten Kennzahlen pro *Spalte* der Matrix; eine Ausnahme bilden natürlich die multivariaten Maße Kovarianz- bzw. Korrela-

---

15 Aus: *Deutschland in Zahlen 2006*, Institut der deutschen Wirtschaft, Köln, S. 68.

Tab. 19.2. Auswahl wichtiger empirischer Kenngrößen.

Befehl	Beschreibung
Mean[*daten*]	Arithmetisches Mittel. Analog: GeometricMean[*daten*], HarmonicMean[*daten*].
TrimmedMean[*daten*, {*α,β*}]	Getrimmtes Mittel, wobei die *α* · 100 % kleinsten und *β* · 100 % größten Werte (je Spalte) ausgeschlossen werden. Auch Trimmed-Variance, WinsorizedMean, WinsorizedVariance. (seit V. 11)
Quantile[*daten,α*]	Empirisches *α*-Quantil. Speziell: Median[*daten*] als 50 %-, und Quartiles[*daten*] als 25 %- und 75 %-Quantil.
Commonest[*daten*]	Empirischer Modus.
Variance[*daten*]	Stichprobenvarianz (Vorfaktor $\frac{1}{n-1}$). Analog Standardabweichung via StandardDeviation[*daten*].
InterquartileRange[*daten*]	Empirischer Quartilsabstand (IQR). Auch QuartileDeviation. Alternativ QnDispersion, SnDispersion. (seit V. 11)
Skewness[*daten*]	Empirische Schiefe. Alternativ QuartileSkewness.
Kurtosis[*daten*]	Empirisches 4. standardisiertes Zentralmoment.
CentralMoment[*daten,k*]	*k*-tes empirisches Zentralmoment. Analog Moment, FactorialMoment, Cumulant. (seit V. 8)
Expectation[*g(x)*, *x*≈*daten*]	Empirischer Erwartungswert $E[g(X)]$, wobei *daten* als Realisationen von *X*. Eingabe von „≈" via Esc dist Esc. (seit V. 8) Bei multivariater Verteilung {*x,y,...*} an Stelle von *x*.
Probability[*Ereig(x)*, *x*≈*daten*]	Häufigkeit des Ereignisses in Liste *daten*. (seit V. 8) Syntax und Möglichkeiten wie bei Expectation.
Covariance[*daten1,daten2*]	Empirische Kovarianz zwischen den *gleichlangen* Listen *daten1,2*. Auch Covariance[*daten*] für Kovarianzmatrix der Datenmatrix *daten*. Analog Correlation[*daten1,daten2*]. Rangbasierte Korrelationen SpearmanRho, KendallTau, diverse andere Abhängigkeitsmaße, siehe auch *guide/DescriptiveStatistics*. (seit V. 9)
Covariance[*daten*]	Empirische Kovarianzmatrix der Datenmatrix *daten*. Analog Correlation[*daten*].

tionsmatrix. Man beachte hierbei, dass Matrizen zeilenweise definiert werden, siehe
Bemerkung 4.2.3.1.

Beispiel 19.3.1. Betrachten wir erneut die Körpergrößedaten aus Beispiel 19.1.1 und
berechnen ein paar Kenngrößen:

```
N[Mean[mannfraugroesse]]                              {1732.49, 1601.95}

N[TrimmedMean[mannfraugroesse, {0.05,0.05}]]          {1732.27,1602.45}

N[Expectation[2{x,y}+3, {x,y}≈mannfraugroesse]]       {3467.98, 3206.9}

N[StandardDeviation[mannfraugroesse]]                 {68.7507, 62.435}

N[Skewness[mannfraugroesse]]                          {0.118173, -0.113985}

N[Kurtosis[mannfraugroesse]-3]                        {0.217769, 0.141329}
```

Wie nicht weiter überraschend, sind die Männer im Mittel etwa 13 cm größer als ihre
Gemahlinnen, allerdings streuen ihre Größenwerte auch etwas stärker. Schiefe und
Exzess liegen in beiden Fällen sehr nahe bei 0, so dass die Modellierung mit einer
Normalverteilung denkbar scheint, siehe auch Beispiel 19.2.2.1.

Setzen wir nun die Untersuchung aus Beispiel 19.2.2.1 zur Abhängigkeit der Alters-
und Größenmerkmale der Ehepaare fort.

```
korrmat= N[Correlation[mannfraukorr]]; korrmat //MatrixForm
```

$$
\begin{pmatrix}
1. & -0.228646 & 0.93856 & -0.19619 \\
-0.228646 & 1. & -0.160658 & 0.30642 \\
0.93856 & -0.160658 & 1. & -0.209706 \\
-0.19619 & 0.30642 & -0.209706 & 1.
\end{pmatrix}
$$

Die in Beispiel 19.2.2.1 grafisch aufgedeckten positiven und negativen Abhängigkeiten
lassen sich auch gut an der Korrelationsmatrix ablesen, insbesondere das hohe Maß
an linearer Abhängigkeit zwischen den Altersvariablen. Gerade bei großen Korrelationsmatrizen kann auch der in Abschnitt 9.1 diskutierte Befehl MatrixPlot sinnvoll
eingesetzt werden, um einen schnellen Überblick über die (lineare) Abhängigkeitsstruktur zu erhalten:

```
MatrixPlot[korrmat,
ColorFunction -> (GrayLevel[Abs[1-#]]&)]
```

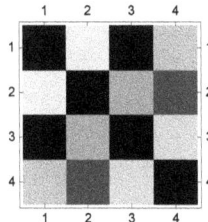

Hierbei werden hohen Absolutwerten an Korrelation dunkle Grautöne und umgekehrt
zugeordnet.   •

Auf Seiten explorativer Datenwerkzeuge sind insbesondere **Mathematica**s Funktionalitäten zur *Clusteranalyse* (siehe Abschnitt 7.1 in Weiß (2006)) zu erwähnen, nämlich u. a. die Befehle FindClusters und ClusteringComponents (Letzteres seit Version 8) zum Partitionieren von Daten, und Dendrogram (seit Version 10) zum Erzeugen von Dendrogrammen im Anschluss an ein hierarchisches Clusterverfahren. Daneben gibt es seit Version 10 aber auch Befehle zur Klassifikation von Daten, siehe die Hilfeeinträge unter *guide/MachineLearning*. Wir aber beschränken uns im Folgenden exemplarisch auf die Clusteranalyse.

Beispiel 19.3.2. Wir wollen den (fiktiven) Datensatz Einkauf.txt aus Abschnitt 7.1.3 in Weiß (2006) auf „Häufungen" (Cluster) hin untersuchen, d. h. es sollen Gruppen „ähnlicher" Daten in diesem Datensatz identifiziert werden. Bei den Daten selbst geht es um die Ausgaben von 25 Kunden in drei möglichen Warengruppen, das praktische Ziel ist also die Identifikation von Kundengruppen mit einem ähnlichen Kaufverhalten. „Ähnlichkeit" werden wir dabei mit Hilfe von Abstandsmaßen wie aus Tab. 9.1 in Abschnitt 9.1 bemessen, etwa mit Hilfe des euklidischen Abstands EuclideanDistance. Importieren wir aber zunächst die Daten:

```
einkauf=Import["C:\\...\\Einkauf.txt", "TSV"];
```

```
Dimensions[einkauf]                    {25,3}
```

```
Mean[einkauf]                    {26.5404,51.1932,17.6472}
```

Insgesamt gesehen geben also die 25 Kunden im Mittel etwa 26.54 Euro in Warengruppe 1 aus, usw. Da es sich um einen nur dreidimensionalen Datensatz handelt, kann man zunächst ganz konventionell ein Streudiagramm erstellen (siehe auch Abschnitt 19.2.1):

```
ListPointPlot3D[einkauf, PlotStyle->{Black,Thick}]
```

Es wird erkennbar, dass es wohl drei Cluster von Kunden gibt. Aber das vergessen wir schnell wieder und suchen ganz unvoreingenommen nach Clustern in den Daten. Dabei bedienen wir uns zunächst eines hierarchisch-agglomerativen Verfahrens, welches wir durch ein Dendrogramm (Baumdiagramm) repräsentieren können:

```
Dendrogram[einkauf -> Range[1,25],
DistanceFunction -> EuclideanDistance,
ClusterDissimilarityFunction -> "Complete"]
```

Das Resultat ist in Abb. 19.1 (a) zu sehen, wobei die Zeilennummern von 1 bis 25 zur Beschriftung der Äste verwendet wurden an Stelle der Datenzeilen selbst. Letzteres wäre die Voreinstellung, aber um die ausgegebene Grafik lesbar zu machen, müsste man dann ihre Orientierung ändern; Abb. 19.1 (b) wurde wie folgt erzeugt:

```
Dendrogram[einkauf, Right, ...]
```

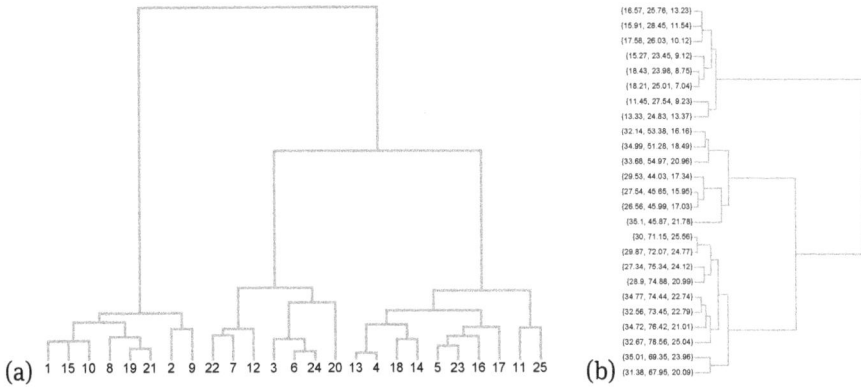

(a) 1 15 10 8 19 21 2 9 22 7 12 3 6 24 20 13 4 18 14 5 23 16 17 11 25

(b)
```
(16.57, 25.76, 13.23)
(15.91, 28.45, 11.54)
(17.58, 26.03, 10.12)
(15.27, 23.45, 9.12)
(18.43, 23.98, 8.75)
(18.21, 25.01, 7.04)
(11.45, 27.54, 9.23)
(13.33, 24.83, 13.37)
(32.14, 53.38, 16.16)
(34.99, 51.28, 18.49)
(33.68, 54.97, 20.96)
(29.53, 44.03, 17.34)
(27.54, 45.65, 15.95)
(26.56, 45.99, 17.03)
(35.1, 45.87, 21.78)
(30, 71.15, 25.56)
(28.87, 72.07, 24.77)
(27.34, 75.34, 24.12)
(28.9, 74.88, 20.99)
(34.77, 74.44, 22.74)
(32.56, 73.45, 22.79)
(34.72, 76.42, 21.01)
(32.67, 78.56, 25.04)
(35.01, 69.35, 23.96)
(31.38, 67.96, 20.09)
```

Abb. 19.1. Dendrogramme zu den Kundendaten aus Beispiel 19.3.2.

Bleiben wir beim übersichtlicheren Dendrogramm aus Abb. 19.1 (a). Ausgangspunkt für die Clusterung war eine Abstandsmatrix, welche aus den Daten *einkauf* mittels euklidischem Abstand berechnet wurde; direkt ausrechnen kann man diese via

```
DistanceMatrix[einkauf, DistanceFunction -> EuclideanDistance]
```

Zu Beginn des Verfahrens (unteres Ende des Baumes) bildet jeder Datenpunkt (die Zeilen des Datensatzes) sein eigenes Cluster. Dann werden von Schritt zu Schritt immer die nächstgelegenen Cluster fusioniert, was man an der Verschmelzung der Äste im Dendrogramm ablesen kann, von unten nach oben gelesen. Als Erste werden z. B. die Cluster {4} und {13} zu {4, 13} verschmolzen, welche einen Abstand von lediglich 1.21959 aufweisen, vgl. obige Abstandsmatrix. Zur Abstandsberechnung zwischen zwei Clustern allgemein hatten wir "Complete" gewählt, also das sog. Complete-Linkage-Verfahren, bei welchem der Abstand zweier Cluster als der größte Einzelpunktabstand definiert ist.

Wenn wir nun das Dendrogramm in Abb. 19.1 (a) von unten nach oben lesen, erkennen wir, dass sich drei Cluster herausbilden, die dann voneinander sehr großen Abstand haben; durch die Option `Axes -> {False,True}` kann man eine Achse mit den Clusterabständen einblenden und erkennt, dass die zwei letzten Fusionen bei Abständen von etwa 35 und 60 stattfinden. Die Indizes der zug. Datenpunkte (Kundennummern) lesen wir unten an den entsprechenden Ästen ab.

Mit der Vorgabe der Clusteranzahl 3 kann man nun ein sog. partitionierendes Clusterverfahren, wie das K-Means-Verfahren, nachschieben, zur verfeinerten Ausgestaltung der 3 Cluster. Gut lesbar ist die Ausgabe von

```
FindClusters[einkauf -> Range[1,25], 3, Method -> "KMeans"]

{{1,2,8,9,10,15,19,21}, {3,6,7,12,20,22,24}, {4,5,...,23,25}}
```

Für an die Clusterung anschließende Rechnung ist es günstiger, nicht die Datenindizes, sondern die Datenvektoren selbst auszugeben:

```
kmeans3=FindClusters[einkauf, 3, Method-> "KMeans"]
```

```
{{{16.57,25.76,13.23},{11.45,27.54,9.23},...}, ...}
```

Um die 3 Cluster zu interpretieren, können wir jeweils die Clustermittel berechnen:

```
Round[ Mean /@ kmeans3, 0.01]
```

```
{{15.84,25.63,10.3}, {31.36,48.74,18.24}, {31.72,73.36,23.11}}
```

Cluster 1 besteht also aus Kunden, die im Mittel in allen Warengruppen recht wenig einkaufen, die Cluster 2 und 3 dagegen aus „besseren Kunden", wobei sich diese Cluster vor allem hinsichtlich der Warengruppe 2 unterscheiden: die mittleren Ausgaben dafür betragen in Cluster 3 satte 73.36 Euro.

Verwandt zu `FindClusters` ist `ClusteringComponents`, welches anstelle der Cluster eine Zuordnungsliste zurückgibt:

```
ClusteringComponents[einkauf, 3,1, Method-> "KMeans"]
```

```
{1,1,2,3,3,2,2,1,1,1,3,2,3,3,1,3,3,3,1,2,1,2,3,2,3}
```

Die Kunden 1 und 2 gehören also zu Cluster 1, Kunde 3 zu Cluster 2, die Kunden 4 und 5 zu Cluster 3, dann folgen wieder zwei 2er-Kunden, drei 1er-Kunden usw. Je nachdem, welche Analysen man an das K-Means-Verfahren anschließen will, ist die eine oder andere Ausgabe nützlicher. •

19.4 Parameterschätzung und Konfidenzintervalle

Während die deskriptive Statistik versucht, einen vorliegenden Datensatz zu beschreiben, und die explorative Statistik darauf abzielt, in einem solchen auffällige Muster zu entdecken, strebt die induktive Statistik nach allgemeingültigen Aussagen über eine Grundgesamtheit, die über den konkreten Datensatz hinausgehen. Dabei werden Daten gezielt erhoben und als Realisation eines dahinterliegenden Zufallsphänomens begriffen, über welches letztlich Erkenntnisse gewonnen werden sollen. Die Kenntnis des Zufallsphänomens würde dann z. B. Prognosen bzgl. zukünftiger Realisationen erlauben. Zu diesem sehr umfangreichen Teilgebiet der Statistik bietet Mathematica Verfahren, welche sich grob in drei Gruppen einteilen lassen: Konfidenzintervalle (Abschnitt 19.4), statistische Testverfahren (Abschnitt 19.5) und Regression (Abschnitt 19.6). Darüber hinaus bringt Mathematica durch sein umfangreiches Repertoire an mathematischen und wahrscheinlichkeitstheoretischen Funktionalitäten, siehe Abschnitt 13, alle Voraussetzungen mit, um eigenständig weitere Verfahren induktiver Statistik zu implementieren.

Tab. 19.3. Konfidenzintervalle für Erwartungswert und Varianz, Paket `HypothesisTesting`.

Befehl	Beschreibung
`MeanCI[daten]`	Konfidenzintervall für Erwartungswert, basierend auf t-Verteilung; mit `KnownVariance -> s0` basierend auf Normalverteilung.
`MeanDifferenceCI[daten1,daten2]`	Konfidenzintervall für $\mu_1 - \mu_2$ beruhend auf Welch-Approximation. Bei optionalem Argument `EqualVariances -> True` beruhend auf exakter t-Verteilung, bei `KnownVariance -> {s01, s02}` auf Normalverteilung.
`VarianceCI[daten]`	Konfidenzintervall für σ^2 beruhend auf χ^2-Verteilung.
`VarianceRatioCI[daten1,daten2]`	Konfidenzintervall für σ_1^2/σ_2^2 beruhend auf F-Verteilung.
`NormalCI[mw,sigma0]`	Konfidenzintervall für μ basierend auf Schätzwert *mw* und bekannter Standardabweichung σ_0. Analog: `StudentTCI`, `ChiSquareCI`, `FRatioCI`.

In diesem Abschnitt wollen wir uns mit Fragen der Parameterschätzung auseinandersetzen. Konnte man beispielsweise mit Hilfe von Histogramm und Quantilplot, siehe Tab. 19.1, eine Normalverteilungsannahme bzgl. eines bestimmten Datensatzes bestätigen, so wird man in einem nächsten Schritt daran interessiert sein, die noch fehlenden Parameter der Normalverteilung, dies sind Erwartungswert und Varianz, zu schätzen. Prinzipiell bieten sich hierfür das arithmetische Mittel und die empirische Varianz an, siehe Abschnitt 19.3. Auch sei an dieser Stelle schon auf den Befehl `FindDistributionParameters` (seit Version 8) aus Tab. 19.5 hingewiesen. Nachteil dieser *Punktschätzungen* ist es aber, dass sie keinerlei Auskunft über die Verlässlichkeit der Schätzung geben. Deshalb sollte eine Punktschätzung stets um eine *Bereichsschätzung*, also ein *Konfidenzintervall*, ergänzt werden. Die Berechnung von Konfidenzintervallen für Erwartungswert und Varianz normalverteilter Stichproben ist bei **Mathematica** über das Paket `HypothesisTesting` implementiert, siehe Tab. 19.3. Diese Intervalle sind eigentlich allesamt auf normalverteilte Zufallsvariablen beschränkt, wobei Dank des Zentralen Grenzwertsatzes auch eine Anwendung auf genügend große Datensätze anderer Verteilungen möglich ist.

Beispiel 19.4.1. Betrachten wir erneut die Mann-Frau-Daten aus Beispiel 19.3.1. Wir hatten festgestellt, dass beide Größendatensätze zumindest näherungsweise normalverteilt scheinen. Deshalb können wir die bei **Mathematica** implementierte Schätzung eines Konfidenzintervalls für den Erwartungswert der Männergröße ausführen lassen:

```
Needs["HypothesisTesting`"]
MeanCI[mannfraugroesse[[All,1]], ConfidenceLevel -> 0.99]
```

{1719.82, 1745.17}

Mit 99 % Sicherheit können wir also darauf vertrauen, dass die mittlere Körpergröße
von Männern zwischen 1.71982 m und 1.74517 m liegt. •

19.5 Statistische Testverfahren

Statistische Testverfahren prüfen an Hand eines Datensatzes eine Hypothese über die
dahinterliegende Grundgesamtheit. Dabei wird eine Teststatistik berechnet, die bei
Zutreffen der Hypothese eine gewisse Eigenschaft erfüllen müsste. Ist diese Eigenschaft nun aber signifikant verletzt, so scheint die Hypothese, auf der diese Eigenschaft beruht, doch nicht zuzutreffen, sollte also abgelehnt werden. Auf diese Weise ist man zu einer klaren Entscheidung gelangt. Unangenehmer ist es, wenn man
die Hypothese nicht ablehnen kann, denn Nichtablehnung ist nicht mit Zustimmung,
sondern nur mit „Stimmenthaltung" gleichzusetzen, siehe Basler (1994).

Bei **Mathematica** hat im Bereich statistischer Testverfahren in den letzten Jahren ein reger Umbau stattgefunden. Bis einschließlich Version 7 umfasste das in Abschnitt 19.4 angesprochene Paket HypothesisTesting` auch Ein- und Zweistichpro-
bentests sowie einfache P-Werte, siehe Weiß (2008); die genannten (und viele weitere) Testverfahren (nicht aber die P-Werte) wurden mit Version 8 über neue Befehle
fest implementiert. Bezüglich Mehrstichprobenverfahren sind mit Version 8 auch die
einfaktorielle Varianzanalyse und der Kruskal-Wallis-Test ins reguläre Angebot aufgenommen worden, das Paket ANOVA` hat aber weiter Bestand und muss für komplexere
Formen der Varianzanalyse verwendet werden. Einen Überblick über die verfügbaren
elementaren Testverfahren gibt Tab. 19.4.

Mit Version 8 völlig neu hinzugekommen sind eine Reihe von Verteilungsanpas-
sungstests, siehe die Übersicht in der Hilfe unter *guide/HypothesisTests*, auf die wir
später kurz eingehen werden. Bei genanntem Hilfeeintrag gibt es auch einen Überblick über die mit Version 9 ergänzten Tests auf Abhängigkeit, die wir aber ebenfalls
später thematisieren werden.

Ausblick: Mit Version 9 wurden auch diverse Verfahren zur Survival Analysis (Überlebenszeit-, Le-
bensdaueranalyse, siehe *guide/SurvivalAnalysis*) und Reliability Analysis (Zuverlässigkeitsanalyse,
siehe *guide/Reliability*) eingeführt.

Tab. 19.4. Elementare statistische Testverfahren.

Befehl	Beschreibung
`LocationTest[daten,mu0]`	Zweiseitiger P-Wert des Einstichproben-*t*-Tests des Datenvektors *daten* bzgl. hypothet. Erwartungswert μ_0 (Voreinstellung $\mu_0 = 0$). Option `"TestDataTable"` ergibt ausführlichere Ausgabe, Option `{"TestDataTable",All}` analog für alle implementierten Tests. Einseitige Tests erzwingt man durch `AlternativeHypothesis -> "Less"` bzw. `"Greater"`. Statt *daten* auch {*daten1,daten2*} möglich, dann Zweistichproben-*t*-Test (sogar Welch-Test) als Voreinstellung. Alle Tests auch separat implementiert: `MannWhitneyTest`, `PairedTTest`, `PairedZTest`, `SignTest`, `SignedRankTest`, `TTest`, `ZTest`.
`LocationEquivalenceTest[{daten1,...}]`	Einfaktorielle ANOVA und Kruskal-Wallis-Test verfügbar, bei analoger Syntax wie eben.
`VarianceTest[daten,s0]`	χ^2-Test der Hypothese $\sigma^2 = s0$ (Voreinstellung $s0 = 1$). Ansonsten analoge Syntax wie bei `LocationTest`. Bei Vorgabe {*daten1,daten2*}: *F*-Test (bzw. weitere Tests) der Hypothese $\sigma_1^2/\sigma_2^2 = s0$. Separat implementiert: `ConoverTest`, `BrownForsytheTest`, `FisherRatioTest`, `LeveneTest`, `SiegelTukeyTest`.
`VarianceEquivalenceTest[{daten1,...}]`	Prüft speziell Gleichheit der Varianzen, bei analoger Syntax wie eben.

Im Paket `HypothesisTesting`':

`NormalPValue[stat, TwoSided -> True]`	Der zum realisierten Wert *stat* einer standardnormalverteilten Teststatistik gehörige zweiseitige P-Wert. Lässt man die Option `TwoSided` weg, wird der einseitige P-Wert berechnet. Analog: `StudentTPValue[stat,n]`, `ChiSquarePValue[stat,n]`, `FRatioPValue[stat,m,n]`.

Beispiel 19.5.1. Betrachten wir erneut die Mann-Frau-Daten aus Beispiel 19.3.1. Wir hatten festgestellt, dass beide Größendatensätze zumindest näherungsweise normalverteilt scheinen. Deshalb können wir jeweils die bei **Mathematica** implementierten Einstichprobenverfahren anwenden, *nicht* aber die Zweistichprobenverfahren, da zwischen den beiden Teilstichproben (Ehepaare!) offensichtlich Abhängigkeit besteht. Will man beide Teilstichproben vergleichen, müsste man also einen der `Paired`-Tests verwenden.

Nehmen wir an, zu testen wäre die Nullhypothese, dass Männer im Mittel 1.75 m groß sind. Da wir die Varianz nicht als bekannt voraussetzen können, ist der Einstich-proben-t-Test das Mittel der Wahl:

```
LocationTest[mannfraugroesse[[All,1]], 1750, {"TestDataTable","T"}]
```

	Statistic	P-Value
T	-3.59232	0.000413482

An Stelle von `{"TestDataTable","T"}` hätten wir auch nur `"TestDataTable"` schrei-ben können, da der t-Test der Voreinstellung entspricht. Alle möglichen, in Mathe-matica verfügbaren Tests (ob sinnvoll oder nicht) erhielte man dagegen durch `All` an Stelle von `"T"`. Eine Interpretation an Stelle des Testergebnisses erhält man durch Ersetzung von `"TestDataTable"` zu `"TestConclusion"`, das Vorlesen via `Speak[%]` klappt aber noch nicht überzeugend.

Aus obigem P-Wert schließen wir, dass die von uns formulierte Hypothese abzu-lehnen ist: Lediglich mit einer Wahrscheinlichkeit von 0.0413482 % dürfte, würde die Hypothese zutreffen, die Teststatistik einen solchen Wert wie beobachtet (−3.59232) oder gar einen noch extremeren annehmen. Eine Betrachtung des Mittelwertes 1732.49 lässt erahnen, dass Männer im Mittel wohl eher kleiner sind als vermutet. Ein leich-ter interpretierbares Resultat liefert das Konfidenzintervall aus Beispiel 19.4.1: Dieses zeigt ebenfalls, dass der hypothetische Wert von 1.75 m abwegig war, denn er liegt nicht im berechneten Intervall (1.71982; 1.74517). Zusätzlich erkennen wir aber, wo der wahre Wert vermutlich tatsächlich liegt, nämlich in besagtem Intervall.   •

Voraussetzung für die Anwendbarkeit des t-Tests wie in Beispiel 19.5.1 (oder auch für das Konfidenzintervall aus Beispiel 19.4.1) ist die Normalverteiltheit der Daten. Gerade eben hatten wir uns in dieser Hinsicht insbesondere auf einfache Kennzahlen (Bei-spiel 19.3.1) und Grafiken (Beispiel 19.2.2.1) berufen. Tatsächlich aber bietet Mathema-tica seit Version 8 viele weitere Befehle zur Verteilungsanpassung an. Das umfasst ei-nerseits geläufige Tests auf Verteilungsanpassung, andererseits aber auch Methoden zur Schätzung von Verteilungsparametern, siehe Tab. 19.5.

Beispiel 19.5.2. Setzen wir die Analyse aus Beispiel 19.5.1 fort. Unter der Annahme, dass die Männergrößen i. i. d. Realisationen einer Normalverteilung sind, schätzen wir die Parameter μ und σ via Maximum-Likelihood:

```
FindDistributionParameters[mannfraugroesse[[All,1]],
NormalDistribution[μ,σ]]
```

$\{\mu \to 1732.49, \sigma \to 68.5777\}$

```
{μest,σest}={μ,σ} /. %;
LogLikelihood[NormalDistribution[μest,σest],          -1123.73
mannfrau[[All,1]]]
```

Tab. 19.5. Verfahren zur Verteilungsanpassung.

Befehl	Beschreibung
DistributionFitTest[*daten*,*vert*]	P-Wert des von Mathematica gewählten (mächtigsten) Tests zur vorgegebenen Verteilung bgzl. Datenvektor *daten*. Lässt man *vert* weg oder setzt Automatic, wird Normalverteilung mit unbestimmten Parametern gewählt. Verteilungen mit exakten oder unbestimmten Parametern wählbar, bei Letzterem automatisch Parameterschätzung. Mit Option {"TestDataTable",All} ausführliche Ausgabe für alle Tests, statt All auch konkreter "*Test*". "FittedDistribution" ergibt angepasste Verteilung. Alle Tests auch separat implementiert: AndersonDarlingTest, CramerVonMisesTest, JarqueBeraALMTest, Kolmogorov-SmirnovTest, KuiperTest, MardiaCombinedTest, Mardia-KurtosisTest, MardiaSkewnessTest, PearsonChiSquareTest, ShapiroWilkTest, WatsonUSquareTest.
FindDistributionParameters[*daten*,*vert*]	Gibt Liste von Schätzwerten der Parameter zur geg. Verteilung mit unbestimmten Parametern aus. Ggf. Startwerte nötig als drittes Argument: {{p,p0},...}. Option ParameterEstimator -> "*Methode*" erlaubt Festlegung der Schätzmethode, Voreinstellung ist MaximumLikelihood, sonst MethodOfMoments, MethodOfCentralMoments, MethodOfCumulants, MethodOfFactorialMoments.
EstimatedDistribution[*daten*,*vert*]	Wie eben, gibt aber Verteilungsobjekt mit eingesetzten Parametern zurück.
LogLikelihood[*vert*,*daten*]	Loglikelihood des Datenvektors *daten* zu geg. Verteilung. Analog Likelihood.

Im Falle der Normalverteilung stimmen die ML- und Momentenschätzer überein:

```
FindDistributionParameters[mannfraugroesse[[All,1]],
NormalDistribution[μ,σ], ParameterEstimator -> "MethodOfMoments"]
```

$\{\mu \to 1732.49, \sigma \to 68.5777\}$

Offenbar wird also die *empirische* Standardabweichung (Vorfaktor $1/n$) als Schätzer verwendet. Mit Hilfe der Befehle LogLikelihood bzw. Likelihood und der Optimierungsverfahren aus Abschnitt 8.4 könnte man eine ML-Schätzung natürlich auch händisch implementieren, bzw. analog mit Hilfe der Momentenbefehle der Tab. 13.4 und 19.2 sowie des Solve-Befehls aus Abschnitt 10.3 auch die übrigen Methoden.

Abschließend führen wir noch eine Verteilungsanpassung mit unbestimmten Parametern (da nicht vor der Datenerhebung bekannt) durch:

```
DistributionFitTest[mannfraugroesse[[All,1]],
NormalDistribution[μ,σ], {"TestDataTable",All}] //N
```

	Statistic	P-Value
Anderson-Darling	0.538744	0.168707
Cramér-von Mises	0.0983785	0.117164
⋮	⋮	⋮
Pearson χ^2	15.1658	0.366914
Shapiro-Wilk	0.992466	0.397846

```
DistributionFitTest[mannfraugroesse[[All,1]],
NormalDistribution[μ,σ], "FittedDistribution"]
```

```
NormalDistribution[1732.49, 68.5777]
```

Es ergibt sich offenbar kein Widerspruch zur Normalverteilungsannahme. Als Schätzwerte der unbestimmten Parameter werden die ML-Schätzwerte verwendet. •

In der Situation gepaarter Daten, wie oben bei den Mann-Frau-Daten in Beispiel 19.5.1, ist häufig die Frage nach (Un-)Abhängigkeit der beiden Merkmale zu klären (etwa auch im Hinblick auf eine anschließende Regressionsanalyse, siehe unten). Für diesen Zweck kann man die entsprechenden, seit Version 9 implementierten Testverfahren einsetzen, wobei der allgemeinste Befehl `IndependenceTest[daten1,daten2]` ist. Dann gibt **Mathematica** den P-Wert des von ihm gewählten (mächtigsten) Tests zurück (und verrät, um welchen es sich handelt, wenn man als drittes Argument `"TestDataTable"` einfügt), wobei die zur Auswahl stehenden Tests auch alle separat implementiert sind: `PearsonCorrelationTest`, `SpearmanRankTest`, `KendallTau-Test`, `HoeffdingDTest`, `GoodmanKruskalGammaTest`, `BlomqvistBetaTest`, `WilksW-Test` und `PillaiTraceTest`. Eine erwähnenswerte Variante stellt der Befehl `Corre-lationTest[daten,ρ₀]` dar, denn erstens kann man hier als hypothetischen Wert auch ein $\rho_0 \neq 0$ angeben, und zweitens wird hier an Stelle zweier Datenvektoren eine Datenmatrix erwartet.

Beispiel 19.5.3. Betrachten wir wieder die Daten zu den Körpergrößen der Ehepartner aus Beispiel 19.5.1, welche mit 0.364434 zueinander korreliert sind (nachzurechnen mit `Correlation`). Führt der Leser die folgenden Eingaben aus,

```
IndependenceTest[mannfraugroesse[[All,1]], mannfraugroesse[[All,2]],
"TestDataTable"]
```

```
PearsonCorrelationTest[mannfraugroesse[[All,1]],
mannfraugroesse[[All,2]], "TestDataTable"]
```

```
CorrelationTest[mannfraugroesse, 0, "TestDataTable"]
```

so wird jedes Mal die gleiche Teststatistik verwendet, nämlich just Pearsons Korrelationskoeffizient wie in Tab. 19.2, jedoch unterscheidet sich der zuletzt ausgegebene P-Wert leicht von den anderen, da hier eine andere Approximation für die Verteilung des Korrelationskoeffizienten verwendet wird.   •

Hat man mehr als nur zwei unabhängige Stichproben gegeben und will die Hypothese gleicher Erwartungswerte untersuchen, so ist man auf die Varianzanalyse des Pakets ANOVA`, Befehl ANOVA, angewiesen. Analog zum Zweistichproben-t-Test muss auch hier vorausgesetzt werden, dass jede Teilstichprobe in sich ebenfalls unabhängig und normalverteilt mit gleichen Varianzen ist. Ferner muss folgendes Datendesign eingehalten werden: Bei einer k-faktoriellen ANOVA müssen die ersten k Datenspalten die Faktorcodes enthalten, die $(k + 1)$-te Spalte die jeweiligen Messwerte, wie im Beispiel 19.5.4 unten. Wurden die Daten dann entsprechend in einer zweidimensionalen Liste *daten* arrangiert, so ist das weitere Vorgehen simpel:

ANOVA[*daten*]   für $k = 1$, wobei auch Optionen möglich,

ANOVA[*daten,effekte,faktoren*]   für $k \geq 2$, wobei auch Optionen möglich.

Auf mögliche Optionen gehen wir in Beispiel 19.5.4 ein. Für $k \geq 2$ müssen wir als drittes Argument eine Liste mit den Namen der Faktoren angeben, z. B. {A,B,C}. Mit diesen Bezeichnungen können wir nun die zu berücksichtigenden Effekte formulieren, etwa {A,B,C,A*C,A*B*C}: Es sollen also die drei Haupteffekte plus zwei Interaktionseffekte untersucht werden. Will man ein vollfaktorielles Design erreichen, schreibt man kurz {A,B,C,All}. Für weitere Informationen sein auf den Hilfeeintrag *ANOVA/tutorial/ANOVA* verwiesen.

Für den Spezialfall einer einfaktorieller Varianzanalyse kann man, wie gesagt, seit Version 8 auch den Befehl LocationEquivalenceTest verwenden, siehe Tab. 19.4, der sogar die nichtparametrische Alternative des Kruskal-Wallis-Tests bietet (nicht auf Normalverteiltheit angewiesen). Im folgenden Beispiel 19.5.4 sind wir aber mit einem zweifaktoriellen Design konfrontiert.

Beispiel 19.5.4. Die forstwirtschaftliche Fakultät der Ludwig-Maximilians-Universität München untersuchte die Wirkung von Beregnung und Kalkung auf den pH-Wert des Waldbodens. Dabei wurden zwei Kalkungsarten „ja" (=zusätzliche Kalkung) und „nein" (=keine zusätzliche Kalkung) sowie drei Beregnungsarten „keine" (=keine zusätzliche Beregnung), „sauer" (=zusätzliche saure Beregnung) und „normal" (=zusätzliche normale Beregnung) betrachtet. Entsprechend der sechs Kombinationsmöglichkeiten wurden sechs Parzellen gebildet, auf denen je eine dieser Möglichkeiten getestet wurde. Gemessen wurden die pH-Werte der dritten Spalte der Datei ph.txt (siehe etwa Weiß (2006)), in den zwei ersten Spalten finden sich die jeweiligen Faktorcodes der oben genannten Faktoren Kalkung und Beregnung.

```
ph=Import["C:\\...\\ph.txt", "Table"]; Short[ph]
```

{{ja,keine,7.17}, ≪ 94 ≫, {nein,normal,3.85}}

Zunächst gilt es zu prüfen, ob die Annahme gleicher Varianzen und der Normalverteilung tatsächlich gerechtfertigt ist; dies sei dem Leser als Übung überlassen. Anschließend können wir nun die Fragestellung untersuchen, ob die beiden Faktoren einen Einfluss auf den mittleren pH-Wert nehmen, d. h. wir prüfen mittels zweifaktorieller ANOVA die Hypothese, dass alle Haupt- und Interaktionseffekte identisch 0 sind (also doch keinen Einfluss nehmen). Dazu führen wir folgende Zeilen aus:

```
Needs["ANOVA`"]

ANOVA[ph, {kalk,regen,All}, {kalk,regen}, CellMeans -> False]
```

		DF	SumOfSq	MeanSq	FRatio	PValue
	kalk	1	196.282	196.282	1173.36	0.
ANOVA →	regen	2	3.17533	1.58767	9.49093	0.000181959
	kalk regen	2	2.18406	1.09203	6.52808	0.0022521
	Error	90	15.0554	0.167282		
	Total	95	216.697			

Das Resultat wird in Form einer ANOVA-Tafel ausgegeben, siehe Weiß (2006). In der letzten Spalte erkennen wir, dass alle drei P-Werte sehr klein, also alle drei Teilhypothesen abzulehnen sind. Hätten wir die Option CellMeans aktiviert, wäre zusätzlich noch eine Tabelle aller Teilstichprobenmittel ausgegeben worden; der Leser probiere dies aus. Beschränken wir die ANOVA auf die Haupteffekte, so erhalten wir

```
ANOVA[ph, {kalk,regen}, {kalk,regen}, CellMeans -> False]
```

		DF	SumOfSq	MeanSq	FRatio	PValue
	kalk	1	196.282	196.282	1047.47	0.
ANOVA →	regen	2	3.17533	1.58767	8.47272	0.000419397
	Error	92	17.2395	0.187386		
	Total	95	216.697			

Schließlich können wir auch eine Reihe von Post-Hoc-Tests durchführen lassen, z. B. die von Tukey und Bonferroni auf einem Signifikanzniveau von 1 %:

```
ANOVA[ph, {kalk,regen,All}, {kalk,regen}, CellMeans -> False,
PostTests -> {Tukey,Bonferroni}, SignificanceLevel -> .01]
```

$$\{\ldots \text{ PostT.} \rightarrow \{\text{kalk} \rightarrow \begin{matrix} \text{Bonf. } \{\text{ja,nein}\} \\ \text{Tukey } \{\text{ja,nein}\} \end{matrix}, \text{ regen} \rightarrow \begin{matrix} \text{Bonf. } \{\text{keine,normal}\} \\ \text{Tukey } \{\text{keine,normal}\} \end{matrix}\}\}$$

Beide gelangen zum Resultat, dass sowohl Kalkung ja/nein als auch Beregnung keine/normal zu einem signifikanten Effekt auf den Erwartungswert führt. •

Tab. 19.6. Anpassung von linearen Regressionsmodellen (seit Version 7).

Befehl	Beschreibung
`modell`=LinearModelFit[`daten`,{`f1(x)`,...},`x`]	
	An die Liste *daten* von Datenpaaren (x_i, y_i) wird ein lineares Regressionsmodell $y(x) = \beta_0 + \beta_1 \cdot f_1(x) + \ldots$ angepasst und als Objekt *modell* zurückgegeben. Mit `IncludeConstant-Basis`->`False` kann man $\beta_0 := 0$ setzen. Die Ausgabe wird über `modell`[{"`Opt1`",...}] gesteuert. Gängige Optionen: `ParameterTable`, die R^2-Werte `RSquared` und `Adjusted-RSquared`, die mittlere Residuenquadratsumme `EstimatedVariance`, `ANOVATable`, `FitResiduals` (Liste geschätzter Residuen), `ParameterConfidenceIntervalTable` (mit Konfidenzintervall für Parameter), u. v. m. Einen vollständigen Überblick erhält man durch `modell`["`Properties`"]. Bei multipler Regression: Daten in Reihenfolge {..., {`x1i`,...,`xki, yi`}, ...} arrangiert (Zielvariable in letzter Spalte), letztes Argument entsprechend Liste der erklärenden Variablen {`x1`,...,`xk`}.
`Normal[`modell`]`	Gibt das zuvor angepasste lineare Regressionsmodell $y(x) = \beta_0 + \beta_1 \cdot f_1(x) + \ldots$ aus.

19.6 Regressionsanalyse

Hat man, ähnlich wie in den Beispielen 19.2.2.1 und 19.3.1 beim Alter der Ehepartner, eine starke Abhängigkeit zwischen Merkmalen festgestellt, so liegt es nahe zu versuchen, diese Abhängigkeit durch ein Modell zu beschreiben, welches einem bei der Interpretation und Prognose dieses Phänomens hilfreich sein kann. Eine solche Modellanpassung kann man durch eine Regressionsanalyse erreichen, wobei uns Mathematica sowohl eine lineare wie auch nichtlineare Regression ermöglicht. Alle weiteren Ausführungen gelten für Mathematica ab Version 7, bei dem eine komplette Neuimplementierung der Regressionsanalyse stattfand, siehe auch die Hilfeeinträge der Rubrik *guide/StatisticalModelAnalysis*.

19.6.1 Lineare Regression

Wir wollen uns zu Beginn mit der Anpassung eines linearen Regressionsmodells an eine gegebene Menge von Datenpaaren beschäftigen. Der dabei wesentliche Befehl `LinearModelFit` ist in Tab. 19.6 erläutert.

Beispiel 19.6.1.1. Im Rahmen eines Experimentes wurde die Abnutzung von Reifen mit zwei unterschiedlichen Methoden, der Methode X („weight method") und der Methode Y („groove method"), untersucht. Jeder Reifentyp wurde beiden Methoden unterzogen, so dass der Datensatz `Reifen.txt`[16] mit insgesamt 16 Wertepaaren resultiert.

```
reifen=Import["C:\\...\\Reifen.txt", "Table"]; Short[reifen]
```

{{459,357}, {419,392}, {375,311}, ≪ 11 ≫, {137,115}, {114,112}}

Ein `ListPlot` der Daten zeigt, dass zwischen beiden Methoden ein linearer Zusammenhang zu bestehen scheint. Entsprechend versuchen wir ein Modell der Form $y(x) = \beta_0 + \beta_1 x$ anzupassen:

```
modell=LinearModelFit[reifen,{x},x];
modell[{"ParameterTable","RSquared","AdjustedRSquared"}]
```

	Estimate	Std. Error	t Stat.	P-Value
{1	13.5059	21.0476	0.641682	0.531446 , 0.898357, 0.891096}
x	0.790212	0.0710387	11.1237	2.46×10^{-8}

```
Normal[modell]                                    13.5059+0.790212 x
```

Die zuletzt ausgegebenen, geschätzten Modellparameter finden sich auch in der vorigen Tabelle wieder. Die R^2-Werte sprechen für ein akzeptables Modell, die P-Werte der individuellen Parameter legen dagegen den Schluss nahe, dass $\hat{\beta}_0$ nicht signifikant von 0 abweicht und damit evtl. verzichtbar ist. Entsprechend versuche der Leser, das vereinfachte Modell $y(x) = \beta_1 x$ an die Daten anzupassen, dazu ist `modell2=LinearModelFit[reifen,{x},x, IncludeConstantBasis -> False]` auszuführen. Die entsprechende Modellfunktion ist:

```
Normal[modell2]                                   0.833532 x
```

Vergleichen wir abschließend beide Modelle grafisch miteinander:

```
Show[
ListPlot[reifen,
PlotRange -> {{100,500}, {100,400}},
PlotStyle -> PointSize[0.025]],
Plot[Normal[modell], {x,100,500}],
Plot[Normal[modell2], {x,100,500},
PlotStyle -> {GrayLevel[0.5]}]]
```

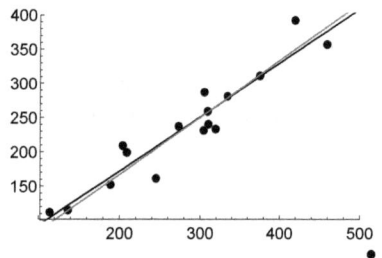

---

16 Aus: Natrella, M.G.: *Experimental Statistics*. National Bureau of Standards Handbook 91, 1963.

Tab. 19.7. Anpassung von nichtlinearen Regressionsmodellen (seit Version 7).

Befehl	Beschreibung
`modell=NonlinearModelFit[daten, f(x; a1,a2,...), {a1,a2,...}, x]`	An die Liste *daten* von Datenpaaren (x_i, y_i) wird ein Regressionsmodell $y(x) = f(x; a_1, a_2, ...)$ angepasst, wobei die Parameter $a_1, a_2, ...$ zu schätzen sind. Die Ausgabe wird über `modell[{"Opt1",...}]` gesteuert, siehe Tabelle 19.6. Erneut gibt `Normal[modell]` das zuvor angepasste Regressionsmodell zurück. Bei multipler Regression: Daten in Reihenfolge `{..., {x1i,...,xki, yi}, ...}` arrangiert (Zielvariable in letzter Spalte), letztes Argument entsprechend Liste der erklärenden Variablen `{x1,...,xk}`.

Für den Befehl `GeneralizedLinearModelFit` zur Anpassung verallgemeinerter linearer Modelle, siehe den Ausblick auf Seite 313.

19.6.2 Nichtlineare Regression

Mathematica bietet auch die Möglichkeit, nichtlineare Modelle anzupassen, nämlich seit Version 7 mit Hilfe des fest implementierten Befehls `NonlinearModelFit`, siehe Tab. 19.7. Zudem kann man auch den schon in früheren Versionen verfügbaren Befehl `FindFit` verwenden, der allerdings einen geringeren Funktionsumfang besitzt.

Ausblick: Seit Version 7 erlaubt es Mathematica auch, sog. *verallgemeinerte lineare Modelle* (generalized linear models, GLM) an Datensätze mit nicht-normaler Zielvariable anzupassen; für die fachlichen Hintergründe sei auf Abschnitt 11.3 bei Weiß (2006) verwiesen. Für diesen Zweck wird insbesondere der Befehl `GeneralizedLinearModelFit` angeboten, der über eine zu `LinearModelFit` und `NonlinearModelFit` analoge Syntax verfügt. Über die Option `ExponentialFamily-> "Typ"` kann man das gewünschte Verteilungsmodell auswählen (z. B. `Binomial`, `Poisson`, `Gamma`), über `LinkFunction-> "Typ"` die Linkfunktion (z. B. `LogitLink`, `LogLink`, `ProbitLink`). Für Details sei auf den Hilfeeintrag *ref/GeneralizedLinearModelFit* verwiesen.

Beispiel 19.6.2.1. Die Datei `Kupfer.txt`[17] enthält 236 Datenpaare, welche die thermische Ausdehnung von Kupfer in Abhängigkeit von der Temperatur, gemessen in K, beschreiben.

---
[17] Aus: *NIST Engineering Statistics Handbook*, Kapitel 4. http://www.itl.nist.gov/div898/handbook/

```
kupfer=Import["C:\\...\\Kupfer.txt", "Table"]; Short[kupfer]
```

$\{\{24.41, 0.591\}, \{34.82, 1.547\}, \ll 233 \gg, \{848.23, 20.935\}\}$

Wenn der Leser via `ListPlot[kupfer]` einen Scatterplot der Daten erstellt (oder `SpearmanRho` aus Tab. 19.2 anwendet), wird er feststellen, dass zwischen beiden Merkmalen eine sehr starke, nichtlineare Abhängigkeit besteht. Wir wollen nun versuchen, den Daten ein rationales Modell der Form

$$f(x; a_1, \ldots, b_3) := \frac{a_0 + a_1\,x + a_2\,x^2 + a_3\,x^3}{1 + b_1\,x + b_2\,x^2 + b_3\,x^3}$$

anzupassen. Dies erreichen wir wie folgt:

```
modell=NonlinearModelFit[
kupfer, a0+a1 x+a2 x²+a3 x³/1+b1 x+b2 x²+b3 x³, {a0,a1,a2,a3,b1,b2,b3}, x,
MaxIterations -> 1000];     modell[{"BestFitParameters"}]
```

$\{\{a0 \to 1.07764,\ a1 \to -0.122693,\ a2 \to 0.00408638,\ a3 \to -1.42627 \times 10^{-6},$
$b1 \to -0.00576099,\ b2 \to 0.000240537,\ b3 \to -1.23145 \times 10^{-7}\}\}$

Die maximale Anzahl an Iterationen musste dabei auf 1000 erhöht werden, da die Schätzungen recht langsam konvergieren. Für jeden Koeffizienten wird in Form einer Liste von Regeln die zugehörige Punktschätzung ausgegeben. Die gleiche Ausgabe wie zuletzt hätte man auch durch Ausführen von

```
FindFit[kupfer, a0+a1 x+a2 x²+a3 x³/1+b1 x+b2 x²+b3 x³, {a0,a1,a2,a3,b1,b2,b3}, x,
MaxIterations -> 1000]
```

erhalten, im Gegensatz zu `NonlinearModelFit` wird aber kein `FittedModel`-Objekt erzeugt, bei dem noch weitere Eigenschaften (s. u.) abfragbar sind. Nun wollen wir das gefundene Modell und die Daten grafisch vergleichen:

```
Normal[modell]
```
$$\frac{1.07764 - 0.122693\,x + 0.00408638\,x^2 - 1.42627 \times 10^{-6}\,x^3}{1 - 0.00576099\,x + 0.000240537\,x^2 - 1.23145 \times 10^{-7}\,x^3}$$

```
anp=Plot[Normal[modell], {x,0,900}];
daten=ListPlot[kupfer];
Show[anp,daten]
```

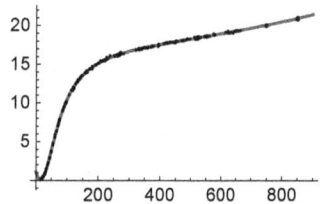

Hierbei überlagern wir die zwei Grafiken mittels `Show`, siehe Abschnitt 6.1. Es zeigt sich, dass das gefundene Modell die Daten scheinbar recht gut beschreibt. Um das Modell weitergehend zu untersuchen, kann man auf weitere Funktionalitäten von `NonlinearModelFit` zurückgreifen:

```
modell[{"ANOVATable","ParameterConfidenceIntervalTable"}]
```

Das recht umfangreiche Resultat umfasst eine ANOVA-Tafel, vgl. Abschnitt 19.5, und Konfidenzintervalle für die geschätzten Parameter. Ferner kann sich der Leser via `modell[{"FitResiduals"}]` die geschätzten Residuen ausgeben lassen und mit deren Hilfe die Güte des Modells prüfen. •

19.7 Zeitreihenanalyse

Im Gebiet der Zeitreihenanalyse hat Mathematica, mit Version 9 zunächst etwas halbfertig und dann mit Version 10 ziemlich überzeugend, sein Funktionsrepertoire erheblich erweitert. Im Folgenden wollen wir zeigen, wie Mathematica bei einer deskriptiven Analyse von Zeitreihen unterstützt, siehe Abschnitt 19.7.1, und welche Möglichkeiten es einem in puncto stochastischer Modellierung bietet, siehe Abschnitt 19.7.2. An dieser Stelle sei an Abschnitt 13.3 zu stochastischen Prozessen erinnert, welche das wahrscheinlichkeitstheoretische Gegenstück zur Zeitreihe darstellen.

19.7.1 Deskriptive Analyse von Zeitreihen

Seit jeher bietet Mathematica ein gewisses Repertoire von Funktionalitäten, welches man zu einer elementaren deskriptiven Analyse von Zeitreihen einsetzen kann. Dazu zählen, neben den schon in Abschnitt 19.3 besprochenen Kenngrößen und Grafiken, auch eine Reihe von Glättungsverfahren, wie sie in Tab. 19.8 zusammengefasst sind.

Beispiel 19.7.1. Setzen wir Beispiel 4.3.2 fort. Dort hatten wir bereits festgestellt, dass die monatlichen Bierdaten (Jan. 1956 bis Feb. 1991) einen Trend und eine saisonale Schwankung der Periode 12 aufweisen. Um die Schwankungen herauszuglätten und so den zu Grunde liegenden Trend besser analysieren zu können, kann man ein gleitendes Mittel der Länge 12 anwenden.

```
daten=Import["C:\\...\\Bier.txt", "List"];

daten2=MovingAverage[daten,12];

ListPlot[{daten,daten2}, Joined -> True, PlotMarkers -> {{■,3},{■,3}},
PlotStyle -> {GrayLevel[0],GrayLevel[0.5]}]
```

Das Symbol ■ kann man dabei als \[FilledSquare] eintippen. In der ausgegebenen Grafik, siehe Abb. 19.2, ist schwarz die Originalzeitreihe und grau die geglättete Zeitreihe zu sehen. Alternativ hätte man auch einen gleitenden Median (`MovingMedian`) verwenden können, oder eine selbst definierte gleitende Funktion wie eine gleitende Standardabweichung:

```
ListPlot[MovingMap[StandardDeviation,daten,12], ...]
```

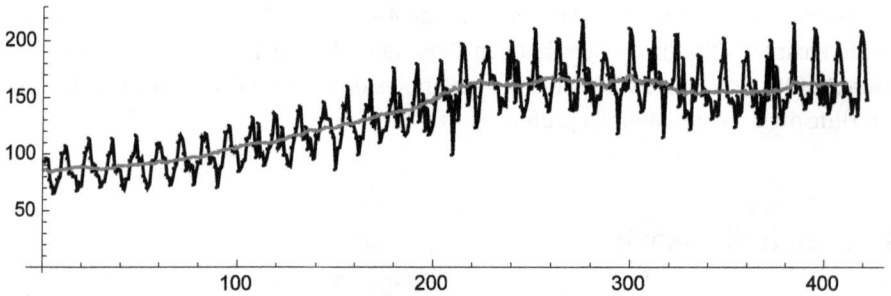

Abb. 19.2. Originaldaten und geglättete Zeitreihe aus Beispiel 19.7.1.

Gemäß der in Abb. 19.2 gezeigten Glättung war der Bierkonsum zuerst stark zunehmend, erreichte aber zum Ende hin eine Sättigungsphase. Dies erkennt man auch, wenn man die Zeitreihe aggregiert:

```
ListPlot[TimeSeriesAggregate[daten,12], ...]
```

Es resultiert nun eine Zeitreihe von nur noch Länge 36, welche aus den Jahresmitteln 1956–1990 sowie dem Mittel der Monate Jan./Feb. 1991 besteht.   •

Um die Zeitreihe um den Trend zu bereinigen, könnte man die Glättung subtrahieren. Neben Glättungsverfahren bietet **Mathematica** aber auch Transformationsverfahren wie den Differenzenoperator an, siehe Tab. 19.8, womit man ohne Umweg eine Trend- oder Saisonbereinigung vornehmen kann.

Beispiel 19.7.2. Setzen wir Beispiel 19.7.1 fort. Folgen die Daten einem additiven Modell, so müsste man Trend und Saison durch geeignete Differenzenoperatoren entfernen können. Wenden wir den Operator Δ_{12} auf die Zeitreihe an, so müssten also die resultierenden Daten frei von saisonalen Schwankungen sein:

```
ListPlot[
Differences[daten,1,12],
Joined -> True]
```

Es sind aber noch deutliche Bewegungen des Mittelwertes festzustellen, weswegen wir anschließend noch den Differenzenoperator Δ anwenden:

```
ListPlot[
Differences[Differences[daten,1,12]],
Joined -> True]
```

Tab. 19.8. Transformation einer univariaten Zeitreihe *daten*.

Befehl	Beschreibung
`MovingAverage[daten,w]`	Gleitender Durchschnitt mit Fensterlänge *w*. Statt *w* kann auch eine Liste von Gewichten angegeben werden, um ein gewichtetes Mittel zu berechnen.
`TimeSeriesAggregate[daten,w]`	Berechnet Mittel aus *nicht*überlappenden Fenstern der Länge *w*. (seit V. 10)
`MovingMedian[daten,w]`	Gleitender Median mit Fensterlänge *w*.
`MovingMap[f,daten,w]`	Gleitende Anwendung von *f* mit Fensterlänge *w*. (seit V. 10)
`MeanFilter[daten,r]`	Gleitender Durchschnitt mit Fensterlänge $2r + 1$, der auch Randwerte filtert. Analog `MedianFilter`, `MaxFilter`, `MinFilter`, `CommonestFilter` usw. (seit V. 7)
`ExponentialMovingAverage[daten,α]`	Exponentielle Glättung mit Parameter α, Startwert $z_1 := x_1$, danach $z_t = \alpha \cdot x_t + (1 - \alpha) \cdot z_{t-1}$.
`Differences[daten,n,k]`	Ist Δ_k, definiert als $\Delta_k x_t = x_t - x_{t-k}$, der *k*-te Differenzenoperator, so wird Δ_k^n auf die Daten angewendet. Ohne Angabe von *k* ist $k = 1$, ohne *n* wird $\Delta = \Delta_1$ angewendet (siehe auch Tab. 4.2).
`Accumulate[daten]`	Wendet Integraloperator auf die Daten an, d. h. berechnet $z_t = z_{t-1} + x_t$ für $t = 1, \ldots, T$ mit $z_0 := 0$ (siehe auch Tab. 4.2).

Das Resultat scheint nun einigermaßen mittelwertstationär zu sein, man bestätigt dies durch einen gleitenden Durchschnitt. Jedoch ändert sich die Streuung spürbar. Somit lässt sich an diese Reihe kein stationäres Zeitreihenmodell anpassen. Übrigens liefert auch die Annahme eines multiplikativen Modells, d. h. das gleiche Vorgehen mit den logarithmierten Daten, kein besseres Resultat, was dem Leser als Übung empfohlen wird. •

Die Befehle `Fourier[liste, FourierParameters -> {-1,1}]` bzw. `InverseFourier[liste, FourierParameters -> {-1,1}]` erlauben die Fourier-Transformation einer Zeitreihe bzw. deren Umkehrung, siehe auch Abschnitt 8.5, was im Rahmen der Zeitreihenanalyse im Frequenzbereich von Interesse ist. Konkret kann man damit zwischen der Zeitdarstellung x_t und der Frequenzdarstellung $r_k + i \cdot i_k$ wechseln, definiert gemäß

$$x_t = \sum_{k=1}^{n-1} \left(r_k \cdot \cos\left(2\pi \cdot \tfrac{k}{n} \cdot t\right) - i_k \cdot \sin\left(2\pi \cdot \tfrac{k}{n} \cdot t\right) \right), \qquad \text{bzw.}$$

$$r_k = \tfrac{1}{n} \cdot \sum_{t=0}^{n-1} x_t \cdot \cos\left(2\pi \cdot \tfrac{k}{n} \cdot t\right),$$
$$i_k = -\tfrac{1}{n} \cdot \sum_{t=0}^{n-1} x_t \cdot \sin\left(2\pi \cdot \tfrac{k}{n} \cdot t\right), \qquad k = 0, \ldots, n-1.$$

Daraus lässt sich auch leicht das *Periodogramm* der Zeitreihe berechnen, mit $P(\frac{k}{n}) = n \cdot (r_k^2 + i_k^2)$, aus welchem man die dominanten Frequenzen bei der Fourier-Modellierung ablesen kann, siehe Weiß (2006).

Beispiel 19.7.3. Setzen wir die Beispiele 19.7.1 und 19.7.2 fort und erzeugen ein Periodogramm.

```
frequenz=Fourier[daten, FourierParameters->{-1,1}];
T=Length[daten]                                                   422
```

Der Leser möge nachprüfen, dass wir diese Werte wieder in die Originalzeitreihe zurücktransformieren können, wobei wir die Funktion Chop aus Abschnitt 5.2 verwenden, um numerische Fehler auszugleichen:

```
Chop[ InverseFourier[frequenz, FourierParameters->{-1,1}] ]
```

Zuerst berechnen wir eine Liste der n-fachen, komplexen Betragsquadrate $n \cdot (r_k^2 + i_k^2)$, siehe Tab. 5.3. Anschließend erstellen wir eine Liste der Pärchen $(\frac{k}{n}, P(\frac{k}{n}))$ mit $\frac{k}{n} \leq \frac{1}{2}$ und tragen diese schließlich in einer Grafik, dem Periodogramm, auf.

```
periodogrammroh=T*Abs[frequenz]^2;
periodogramm=Table[
{k/T, periodogrammroh[[k+1]]},
{k,1,Floor[T/2]}];
ListPlot[periodogramm, Joined->True,
PlotRange->{0,50000}]
```

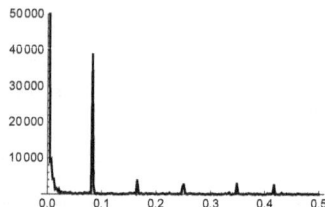

Man erkennt gut die dominante Schwingung bei Frequenz $\frac{18}{211} \approx 0.0853081$, was einer Periode von ca. 12 entspricht, also gerade die saisonale Schwankung widerspiegelt. Gut erkennbar sind auch die anschließend folgenden Oberschwingungen, die durch Abweichungen von der Sinusform verursacht werden.

Alternativ hätte man die Werte aus *periodogrammroh* mit Hilfe von PowerSpectralDensity (seit Version 9, siehe auch Abschnitt 13.3.2) berechnen können, via

```
Table[PowerSpectralDensity[daten, 2Pi k/T], {k,0,Floor[T/2]}]
```

Dieser würde auch eine Glättung des Periodogramms unter Verwendung der Fenster unter *guide/WindowFunctions* erlauben, wie man es zur Schätzung einer Spektraldichte benötigt (vgl. Abschnitt 13.3.2), etwa

```
Plot[PowerSpectralDensity[daten, 2Pi λ, NuttallWindow], {λ,0,0.5},
PlotRange->{0,50000}]
```

19.7.2 Modellierung von Zeitreihen

Jedes der Modelle, welches Mathematica für stochastische Prozesse anbietet, vgl. Abschnitt 13.3, kann auch an eine gegebene Zeitreihe angepasst werden. Exemplarisch wollen wir auf die Familie der ARMA-Prozesse aus Abschnitt 13.3.2 eingehen und uns mit der Anpassung von ARMA-Modellen an Zeitreihen befassen. Betrachten wir dazu die in See.txt[18] enthaltene Zeitreihe der Länge $T = 98$, welche die mittleren jährlichen Wasserstandswerte (in Fuß, wobei 570 Fuß subtrahiert wurden) des Huronsees zwischen 1875 und 1972 wiedergibt.

```
daten=Import["C:\\...\\See.txt", "List"]; T=Length[daten]    98
```

```
ListPlot[daten, Joined -> True, Mesh -> All]
```

Letzteres erzeugt eine Grafik der Zeitreihe, aus der ersichtlich wird, dass die Daten im Mittel um einen Wert von etwa 9 schwanken, und dass diese deutliche serielle Abhängigkeit aufweisen.

Bemerkung 19.1. An Stelle der (hier bevorzugten) Listendarstellung gäbe es seit Version 10 auch noch zwei spezielle Zeitreihenobjekte (beide abgeleitet aus TemporalData), die zunächst gleichartig zu funktionieren scheinen (das zweite Argument sind die Zeitpunkte, die auch Datumsangaben hätten sein können):

```
ts=TimeSeries[daten, {Range[1,T]}];
ts[3]                                              10.97
ts[4]                                              10.8
```

```
es=EventSeries[daten, {Range[1,T]}];
es[3]                                              10.97
es[4]                                              10.8
```

Der Unterschied wird durch folgendes Beispiel klar:

```
ts[3.5]                                            10.885
es[3.5]                                            Missing[]
```

TimeSeries geht von einem zugrundeliegenden Prozess in *stetiger* Zeit aus, weshalb fehlende Beobachtungen linear interpoliert werden; EventSeries geht dagegen von *diskreter* Zeit aus.   •

Will man nun die *empirische* Autokorrelationsfunktion (etwa für die Lages 1 bis 15) berechnen, kann man analog zu Abschnitt 13.3.2 den Befehl CorrelationFunction[daten, {1,15}] ausführen. Problem hierbei: Im Gegensatz zu gängigen statistischen Softwarepaketen bietet Mathematica keine vorgefertigte Option dafür, sich auch

---

18 Aus: BROCKWELL & DAVIS, *Introduction to Time Series and Forecasting*, Springer-Verlag, 2002.

gleich approximative Standardfehler ausgeben zu lassen, so dass signifikante Abweichungen von 0 nicht unmittelbar sichtbar werden. Entweder gibt man nun selbst die Approximationsformeln aus Schlittgen & Streitberg (2001) ein, oder man greift zu folgendem Trick: Sobald erst einmal ein Modell mittels TimeSeriesModelFit (seit Version 10) angepasst wurde, ist **Mathematica** plötzlich in der Lage, die Standardfehler anzuzeigen (für die Autokorrelation der Residuen); wir passen daher ein AR(0)-Modell an.

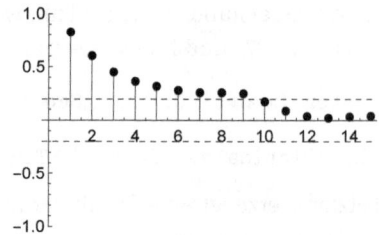

```
{SACF,krit}=
TimeSeriesModelFit[daten, {"AR",{0}},
ConfidenceLevel -> 0.95]["ACFValues",
"LagMax" -> 15];
ListPlot[SACF,
PlotRange -> {-1,1}, Filling -> Axis,
GridLines -> {None,krit}]
```

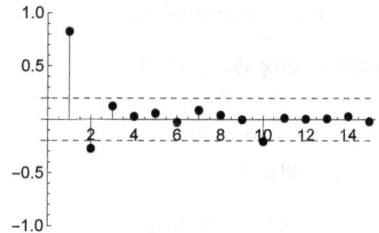

```
{SPACF,krit}=
TimeSeriesModelFit[daten, {"AR",{0}},
ConfidenceLevel -> 0.95]["PACFValues",
"LagMax" -> 15];
ListPlot[SPACF,
PlotRange -> {-1,1}, Filling -> Axis,
GridLines -> {None,krit}]
```

Letztere Grafik zeigt, dass wohl ein AR(2)-Modell gut geeignet sein könnte, um die Daten zu beschreiben. Führen wir also eine entsprechende Parameterschätzung durch (mit seit Version 9 verfügbaren Befehlen):

```
FindProcessParameters[daten, ARProcess[c, {α1,α2}, σ²],
ProcessEstimator -> "MaximumConditionalLikelihood"]
```

{α1 -> 1.02211, α2 -> -0.237633, σ -> 0.674187, c -> 1.94053}

```
AR2ML=EstimatedProcess[daten, ARProcess[c, {α1,α2}, σ²],
ProcessEstimator -> "MaximumConditionalLikelihood"]
```

ARProcess[1.94053, {1.02211,-0.237633}, 0.454533]

Offenbar laufen bei den Befehlen FindProcessParameters und EstimatedProcess intern die gleichen Berechnungen ab. Im ersten Fall wird eine Liste der Parameterschätzwerte zurückgegeben, im zweiten Fall das angepasste Modell (in der aus Abschnitt 13.3.2 bekannten Syntax). Bemerkenswert ist hierbei, dass einmal der Wert für die Standardabweichung und einmal der für die Varianz der ϵ_t ausgegeben wird.

Mit Version 10 wurde zusätzlich noch der bereits oben erwähnte Befehl TimeSeriesModelFit eingeführt, der diverse Funktionalitäten jenseits der simplen Para-

meterschätzung mit sich bringt (s. u.). Just bei der Parameterschätzung schwächelt
der Befehl, da er nur die Momentenmethode beherrscht:

```
TimeSeriesModelFit[daten, {"AR", {2}}]["Process"]
```

```
ARProcess[1.91721, {1.05382,-0.266752}, 0.491993]
```

```
EstimatedProcess[daten, ARProcess[c, {α1,α2}, σ²],
ProcessEstimator -> "MethodOfMoments"]
```

```
ARProcess[1.91721, {1.05382,-0.266752}, 0.491993]
```

Um trotzdem mit dem via ML-Schätzung angepassten Modell weiterarbeiten zu können, müssen wir uns folgenden Tricks bedienen:

```
tsAR2ML=TimeSeriesModelFit[daten, AR2ML];  tsAR2ML["ParameterTable"]
```

	Estimate	Standard Error	t-Statistic	P-Value
α_1	1.05382	0.097355	10.8246	9.91466×10^{-19}
α_2	-0.266752	0.097355	-2.73999	0.00365071

Durch `tsAR2ML["AIC"]` kann man sich neben anderen Modellwahlkriterien den Wert
von Akaikes Informationskriterium (AIC) ausgeben lassen (hier: -69.2715), durch
`tsAR2ML["ACFPlot"]` eine Grafik der Autokorrelationsfunktion der Modellresiduen.
Diverse weitere Werkzeuge zu Modellinferenz, -selektion und -adäquatheit stehen zur
Verfügung, siehe die ausgegebene Liste bei `tsAR2ML["Properties"]`.

Schließlich kann man auf Basis des angepassten Modells Prognosen für die Zukunft treffen. Hier ist zu beachten, dass Mathematica intern $0, \ldots, T-1$ als Zeitindizes
für die Ausgangsdaten gewählt hat, d. h. der erste Prognosewert ist der zu Zeitindex T.
Ein Beispiel:

```
vorhersagen=Table[tsAR2ML[t], {t,T,T+19}];
{unten,oben}=Transpose[Table[
tsAR2ML["PredictionLimits", ConfidenceLevel -> 0.95][t], {t,T,T+19}]];
```

```
ListPlot[{
Table[{t-1,daten[[t]]}, {t,1,T}],
Table[{T+t-1,vorhersagen[[t]]},
{t,1,20}],
Table[{T+t-1,unten[[t]]}, {t,1,20}],
Table[{T+t-1,oben[[t]]}, {t,1,20}]},
Joined -> True,
PlotStyle -> {Blue,Black, Red,Red},
Filling -> {3 -> {4}}]
```

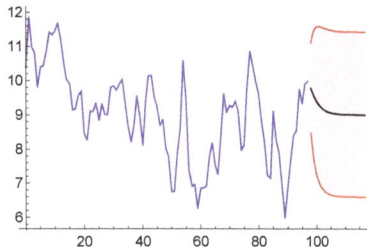

Alternativ hätte man zur Vorhersage auch den seit Version 9 verfügbaren Befehl `Time-
SeriesForecast` einsetzen können.

Abschließend soll erläutert werden (auch wenn der Autor selbst von derartigen „black boxes" abrät), dass **Mathematica** bei TimeSeriesModelFit eine automatische Modellsuche durchführt, sobald das Modell nicht vollständig spezifiziert wurde. Führt man schlicht

```
blackbox=TimeSeriesModelFit[daten]
```

aus, d. h. ohne irgendeine Angabe bzgl. des anzupassenden Modells, so meldet **Mathematica** zurück, ein ARMA(1, 1)-Modell angepasst zu haben. Tatsächlich hat sich **Mathematica** an einer Reihe weiterer Kandidaten versucht, was durch blackbox["CandidateModels"] erkennbar wird (in der Liste fehlt übrigens das von uns als relevant erachtete AR(2)-Modell). Wie ist **Mathematica** zu dieser Entscheidung gelangt? Das Verfahren zur *Aufstellung* der Kandidatenliste entzieht sich der Kenntnis des Autors, das Kriterium zur *Selektion* des finalen Modells wird aber wie folgt erkennbar:

```
blackbox[
    "CandidateSelectionTable"]
```

	Candidate	AIC
1	ARMAProcess[1,1]	−63.6961
2	ARMAProcess[1,2]	−61.338
	. . .	

Scheinbar wurde also gemäß AIC gewählt. Hätte man stattdessen SBC bevorzugt (welches in der Literatur gemeinhin als BIC bezeichnet wird), so hätte man ausführen müssen:

```
TimeSeriesModelFit[daten, Method->{Automatic,
"SelectionCriterion" -> "SBC"}]["CandidateSelectionTable"]
```

Zwar ändert sich nichts am finalen Modell, aber das sparsam parametrisierte AR(1)-Modell ist jetzt höher platziert. Möchte man zudem auch weitere AR-Modelle berücksichtigen, so kann man dies wie folgt erzwingen:

```
TimeSeriesModelFit[daten, {"AR",{1;;4}}]["CandidateSelectionTable"]
```

Unter diesen Modellen ist nun obiges AR(2)-Modell an erster Stelle.

20 Simulation und Zufall mit Mathematica

Unter einer *Simulation* versteht man ganz allgemein die Nachbildung eines Systems durch ein Modell. An diesem Modell kann man Untersuchungen durchführen und Situationen durchspielen, die am eigentlichen System nicht möglich wären, etwa da zu kostspielig, zu gefährlich, usw. Ein bekanntes Beispiel sind Simulationen von Unfällen zur Untersuchung der Sicherheit eines Fahrzeugs. Simulationen werden aber auch häufig in der Lehre eingesetzt, z. B. um komplizierte, physikalische Sachverhalte zu veranschaulichen oder um „Trockenübungen" zu erlauben (Flugsimulator). Oftmals kommt bei Simulationen auch der Zufall ins Spiel, indem z. B. Ausgangssituationen für eine Simulation zufällig gewählt werden, oder weil es sich bei dem betrachteten System ohnehin um ein Zufallsphänomen handelt. Tatsächlich wird dabei aber meist nicht der „echte" Zufall eingesetzt, sondern sog. *Pseudozufallszahlen* erzeugt, die auf den Betrachter zwar zufällig wirken, aber durch ein algorithmisches Verfahren streng determiniert sind. Bei Kenntnis des Verfahrens könnte man also eine jede dieser Zufallszahlen exakt vorhersagen; mehr Details hierzu in Abschnitt 20.1. In Abschnitt 20.2 werden wir das Thema Simulation von Zufallszahlen fortsetzen und dann speziell auf die Vorgabe bestimmter Verteilungen wie auch auf die Simulation abhängiger Zufallszahlen eingehen. Abschnitt 20.3 beschäftigt sich dann mit dem Ziehen von Zufallsstichproben. Als krönenden Abschluss wagen wir in Abschnitt 20.4 einen kleinen Ausflug in die Kunst.

20.1 Pseudozufallszahlen verwenden

Während man in früheren Jahren umfangreiche Tabellenwerke mit Zufallszahlen anlegte (siehe auch Abschnitt 20.4), um zu gegebener Zeit den Zufall gezielt anwenden zu können, verwendet man heutzutage vor allem künstlich erzeugte Zufallszahlen, also *Pseudozufallszahlen*, die, wie schon erwähnt, durch ein algorithmisches Verfahren bestimmt werden. Das erste Verfahren zur Erzeugung solcher „zufällig wirkender" Zahlen wurde 1946 von John v. Neumann vorgeschlagen, die sog. *Quadratmittenmethode*. Ausgehend von einem Startwert x_0 wird dabei die aktuell vorliegende Zahl x_k quadriert und die neue „Zufalls"zahl x_{k+1} aus den mittleren Ziffern des Resultats gebildet. Ein Beispiel zum Startwert 12345:

```
n=5; x=12345;
Do[ ziffern=IntegerDigits[x^2]; u=Ceiling[(Length[ziffern]-n+1)/2];
ziffern=Take[ziffern, {u,u+n-1}];
x=FromDigits[ziffern]; Print[x], {10}]
```

23990	55201	47150	23122	46268
40727	58688	44281	60806	97369

DOI 10.1515/9783110425222-020

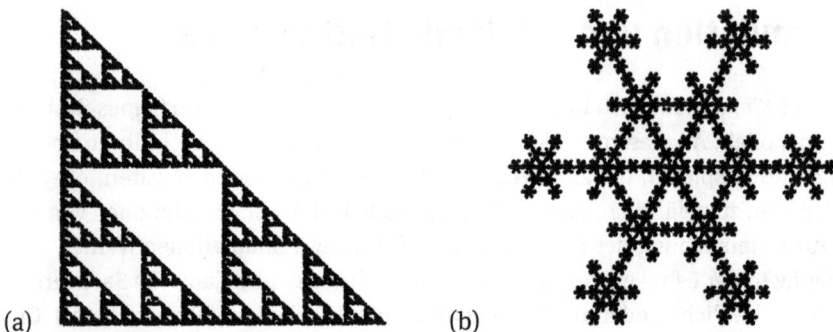

Abb. 20.1. Fraktale: Sierpinski-Dreieck und Schneeflocke.

Der Befehl IntegerDigits wandelt dabei eine ganze Zahl in eine Liste ihrer Ziffern um, FromDigits verfährt genau umgekehrt.

Die heutzutage verwendeten Verfahren zur Erzeugung von Pseudozufallszahlen sind weitaus komplexer, Beispiele sind in der Hilfedatei unter *tutorial/RandomNumberGenerationOverview* erläutert. Mathematica bietet uns derartige Möglichkeiten über die Befehle RandomInteger, RandomReal und RandomComplex an. Die Angabe RandomReal[] ohne jegliches Argument erzeugt auf dem Intervall [0; 1] gleichverteilte, reellwertige Zufallszahlen. Ansonsten kann man durch RandomReal[{a,b}] zwischen a und b liegende, reellwertige Zufallszahlen erzeugen. Analoge Aussagen gelten für die Befehle RandomInteger (ganzzahlige Werte) und RandomComplex (komplexe Werte); beispielsweise erzeugt RandomInteger[{-2,7}] ganzzahlige Zufallszahlen aus $\{-2, -1, \ldots, 7\}$ mit einer Wahrscheinlichkeit von je $\frac{1}{10}$, vgl. auch Abschnitt 5.1.

Beispiel 20.1.1. Mit Hilfe *iterierter Funktionensysteme (IFS)* und einem Zufallszahlengenerator kann man Fraktale erzeugen. Man benötigt dazu eine geeignete Menge zweidimensionaler Fixpunkte $\{z_1, \ldots, z_k\}$. Dann kann man durch die Rekursion $X_n = \alpha \cdot X_{n-1} + z_{I_n}$, mit $0 < \alpha < 1$ ebenfalls geeignet gewählt, Punkte $X_1, X_2, \ldots \in \mathbb{R}^2$ erzeugen, die gezeichnet das gewünschte Fraktal ergeben. Der Zufall kommt hier in Form des zufälligen Indexes I_n ins Spiel, der gleichverteilt auf den möglichen Indexwerten $\{1, \ldots, k\}$ sein muss. Wir realisieren dies mit Hilfe des obigen RandomInteger-Befehls:

```
fixpunkte={{-1,1}, {-1,-1}, {1,-1}}; α=1/2; X={0,0};    daten={};


Do[ X=α X+fixpunkte[[RandomInteger[{1,3}]]];
AppendTo[daten, X], {10 000}];
ListPlot[daten, Axes -> False, AspectRatio -> 1]
```

Im Beispiel haben wir den AppendTo-Befehl aus Tab. 4.2, Seite 35, mit der Do-Schleife aus Abschnitt 7.3 kombiniert. Das Resultat, welches übrigens durchaus ein paar Sekunden Rechenzeit erfordern kann, ist in Abbildung 20.1 (a) zu sehen: ein *Sierpinski-Dreieck* mit den Eckpunkten $(-1, 1), (-1, -1)$ und $(1, -1)$. Der gewählte Startwert $(0, 0)$ ist ohne allzu großen Einfluss. Da hier eine Liste von Wertepaaren vorliegt, zeichnet `ListPlot` die Punkte bei den entsprechenden Koordinaten. Die beiden verwendeten Optionen hatten wir in Abschnitt 6.2.1 erläutert, die Punktgröße könnte man zudem über `PlotStyle -> PointSize[Wert]` beeinflussen. •

Falls der Leser, genau wie der Autor, Fraktalen eine gewisse Faszination abgewinnen kann, so sei er dazu angeregt, im Beispiel folgende Modifikation vorzunehmen: An Stelle der drei obigen Fixpunkte gebe er die 13 Fixpunkte $(0, 0), (\pm1, 0), (\pm0.5, 0),$ $(\pm0.5, \pm0.866), (\pm0.25, \pm0.433)$ vor, sowie den Wert $\alpha = \frac{1}{5}$. Bei der `RandomInteger`-Funktion ist der Wertebereich auf $\{1,13\}$ zu setzen. Das Resultat sollte dann die Schneeflocke aus Abbildung 20.1 (b) sein.

Bemerkung 20.1.2. In manchen Fällen ist es etwas flotter, an Stelle einer `Do`-Schleife den Befehl `NestList[f,x0,n]` zu verwenden, vgl. Abschnitt 4.2.5, welcher eine Liste mit $x_0, \ldots, x_n$ ausgibt, wobei sich $x_{k+1} = f(x_k)$ berechnet. Als Beispiel sei es dem Leser empfohlen, noch einmal den Code aus Beispiel 20.1.1 zur Erzeugung des Sierpinski-Dreiecks auszuführen, nachdem er den Code in `Timing[...]` eingeschlossen hat. Anschließend führe der Leser folgenden Code aus und vergleiche die angezeigte Rechenzeit:

```
Timing[ListPlot[
NestList[(α #+β fixpunkte[[RandomInteger[{1,3}]]])&, {0,0}, 10 000],
Axes -> False, AspectRatio -> 1]]
```

Hierbei haben wir die Rekursionsgleichung mit Hilfe einer reinen Funktion definiert, siehe Abschnitt 7.1.1. Ferner gibt es auch noch die Varianten `NestWhile` und `NestListWhile`, die sich von `Nest` und `NestList` dadurch unterscheiden, dass mit dem dritten Argument keine feste Zahl von Iterationen festgelegt wird, sondern dort eine Bedingung formuliert ist, die bei jedem Schritt geprüft wird und beim Resultat `False` zum Abbruch führt:

```
NestWhile[#2&, 2, (#<1000)&]          65536

NestWhileList[#2&, 2, (#<1000)&]      {2,4,16,256,65536}
```

Hier lassen wir, beginnend bei der 2, die jeweils aktuelle Zahl so lange quadrieren, bis sie nicht mehr kleiner als 1000 ist. Auch in diesem Beispiel haben wir uns wieder reiner Funktionen bedient. •

Abschließend sei noch kurz eine Möglichkeit erwähnt, wie man Zufallsexperimente reproduzierbar macht.

Bemerkung 20.1.3. Vor Ausführung eines der `Random`-Befehle kann man den Zufallsgenerator via `SeedRandom[n]`, $n \in \mathbb{N}$, gezielt initialisieren (seed = Samen, Saat). Praktisch bedeutet dies, dass bei späterer Ausführung mit gleicher Initialisierung auch die gleiche Folge von Pseudozufallszahlen erzeugt wird, womit derartige „Zufalls"-versuche wiederholbar werden. Ferner kann man mit `SeedRandom` über die Option `Method` explizit eines der angebotenen Verfahren zur Zufallszahlerzeugung auswählen, siehe die Hilfeeinträge *ref/SeedRandom* und *tutorial/RandomNumberGeneration-Overview*. •

20.2 Stochastische Modelle simulieren

Die Simulation von Zufallszahlen ist nicht auf unabhängige Wiederholungen von gleichverteilten Zufallsvariablen beschränkt, tatsächlich kann man der Simulation sämtliche in Abschnitt 13.1 besprochenen Verteilungsmodelle zugrunde legen (und noch viel mehr), siehe Abschnitt 20.2.1, ferner auch abhängige Daten simulieren, die einem stochastischen Prozess (Abschnitt 13.3) entstammen, siehe Abschnitt 20.2.2.

20.2.1 Simulation von Zufallsvariablen

Für alle Verteilungen aus Abschnitt 13.1 können entsprechend verteilte Pseudozufallszahlen erzeugt werden, wobei einem Mathematica hier gleich mehrere Wege anbietet. Eine wohl als Auslaufmodell einzustufende Möglichkeit besteht darin, die drei im vorigen Abschnitt 20.1 besprochenen Befehle einzusetzen: `RandomInteger[vert, dims]`, `RandomReal[vert, dims]` und `RandomComplex[vert, dims]` geben eine Liste von gemäß *vert* verteilten Zufallszahlen zurück. Dabei ist an Stelle von *dims* entweder eine einzelne Zahl *n* anzugeben, dann wird eine eindimensionale Liste der Länge *n* generiert, oder eine Liste von Zahlen $\{n_1, \ldots, n_k\}$, dann wird eine *k*-dimensionale Liste des entsprechenden Ausmaßes erzeugt. Bei Weglassen von *dims* wird eine einzelne Zufallszahl erzeugt. Wollen wir also zehn Zufallszahlen einer Poisson-Verteilung wie in Beispiel 13.1.1 simulieren, so können wir ausführen:

```
SeedRandom[123]; RandomInteger[PoissonDistribution[2.5], 10]
```

```
{1,1,5,1,2,7,0,1,3,2}
```

Hierbei haben wir, zwecks Reproduzierbarkeit, den in Bemerkung 20.1.3 erwenden `SeedRandom`-Befehl verwendet. Eine passende Variante zu Beispiel 13.1.2, diesmal für fünf Zufallszahlen:

```
SeedRandom[123]; RandomReal[ExponentialDistribution[2.5], 5]
```

```
{0.314351,0.00896945,0.0233846,0.0154066,0.478471}
```

Genau die gleiche Syntax weist der mit Version 8 hinzugekommene und von Mathematica wohl favorisierte (einheitliche) Befehl `RandomVariate` auf, den man auf Verteilungen sowohl vom diskreten wie auch kontinuierlichen Typ anwenden kann. Exakt die gleiche Ausgabe wie oben erhält man bei Ausführung von

```
SeedRandom[123]; RandomVariate[PoissonDistribution[2.5], 10]
```

```
SeedRandom[123]; RandomVariate[ExponentialDistribution[2.5], 5]
```

Tatsächlich kann `RandomVariate` aber auch auf z. B. abgeleitete oder empirische Verteilungsmodelle angewandt werden. So können wir Zufallszahlen gemäß der empirischen Verteilungsfunktion der Körpergrößen der Männer aus Beispiel 19.2.2.1 wie folgt simulieren (Bootstrap):

```
daten=Import["C:\\...\\MannFrau.txt","TSV"][[All,2]];
```

```
SeedRandom[123]; RandomVariate[EmpiricalDistribution[daten],10]
```

{1723,1875,1851,1866,1700,1724,1624,1715,1721,1784}

Letztlich genau das gleiche Resultat könnte man auch ganz klassisch mit Methoden zum Ziehen von Zufallsstichproben (in diesem Fall aus *daten*) erreichen, wie wir es in Abschnitt 20.3 vorstellen werden. Die obige verteilungsfixierte Variante verdeutlicht aber, dass `RandomVariate` in der **Wolfram Language** tatsächlich die Rolle der Zufallsvariablen verkörpert. Noch eindrucksvoller lässt sich dies durch Simulation der Kerndichteschätzung aus Beispiel 19.2.2.1 demonstrieren, deren „Verteilungsrepräsentation" durch `KernelMixtureDistribution` gegeben ist:

```
SeedRandom[123]; RandomVariate[KernelMixtureDistribution[daten],8]
```

{1727.51,1850.28,1818.06,1831.68,1726.11,1740.62,1631.68,1721.28}

Durch `Plot[PDF[KernelMixtureDistribution[daten],x], ...]` würde man das gleiche Resultat wie bei `SmoothHistogram` erhalten.

Abschließend ein erneuter Hinweis auf Abschnitt 20.3: mit dem dortigen `Random-Choice` zum Ziehen von Zufallsstichproben kann man auch beliebig definierte diskrete Verteilungen simulieren.

20.2.2 Simulation stochastischer Prozesse

Gemäß Herstellerversprechen erzeugen alle genannten Befehle identisch verteilte und voneinander *unabhängige* Zufallszahlen. Trotzdem kann man mit Hilfe dieser i. i. d.-Generatoren auch komplexere stochastische Prozesse nachahmen. Ein paar Modelle für stochastische Prozesse hatten wir ja in Abschnitt 13.3 kennengelernt. Exemplarisch wollen wir eines dieser Modelle, das AR(1)-Modell aus Abschnitt 13.3.2, zunächst einmal „zu Fuß" simulieren, um dann im Anschluss auf die in **Mathematica** (seit Version 9) fertig implementierten Möglichkeiten zur Simulation stochastischer Prozesse einzugehen.

Beispiel 20.2.1. Wenn $(\epsilon_t)_{\mathbb{N}}$ ein Prozess unabhängiger und identisch normalverteilter Zufallsvariablen mit Erwartungswert 0 und Varianz σ^2 ist (Weißes Rauschen), so kann man durch

$$X_t = \alpha \cdot X_{t-1} + \epsilon_t, \qquad X_0 \sim N(0, \sigma^2/(1-\alpha^2))$$

rekursiv einen autoregressiven Prozess erster Ordnung, kurz *AR(1)-Prozess*, definieren. Die Rekursion ist ähnlich zu jener der iterierten Funktionensysteme aus Beispiel 20.1.1. Wir wollen nun 200 Werte eines solchen Prozesses simulieren und zeichnen lassen. Unter Verwendung des `AppendTo`-Befehls aus Tab. 4.2 auf Seite 35 können wir die Simulation wie folgt umsetzen:

```
SeedRandom[1234];  α=0.7; T=200;
epsilon:=RandomVariate[NormalDistribution[]];
X=RandomVariate[NormalDistribution[0, 1/(1-α²)]];
daten={};
Do[
X=α X+epsilon; AppendTo[daten, X+5], {T}];
ListPlot[daten, Joined -> True]
```

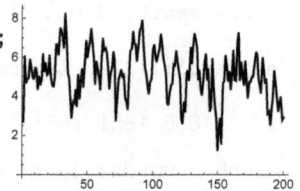

Mit Hilfe der `Do`-Schleife, siehe Abschnitt 7.3, und des obigen `RandomVariate`-Befehls wird eine Zeitreihe erzeugt und in der Liste namens *daten* abgelegt. Genauer: Bei jedem Durchlauf der Schleife wird ein neuer Wert für ϵ_t, und daraus für X_t generiert, Letzterer wird dann (um 5 erhöht) an die Liste *daten* angehängt. Alternativ könnte man hier wieder `NestList` verwenden, vgl. Abschnitt 4.2.5 bzw. Bemerkung 20.1.2:

```
...  daten=NestList[(α #+epsilon)&, X, T]+5;  ...
```

Um den Verlauf der Zeitreihe besser nachvollziehen zu können, haben wir von der `ListPlot`-Option `Joined` Gebrauch gemacht, wodurch die Punkte durch einen Polygonzug verbunden werden. Die über obige Rekursion definierte Abhängigkeit eines jeden Wertes von seinem Vorgänger ist deutlich zu erkennen, da die Werte nicht „völlig willkürlich" hin- und herspringen, sondern längere Phasen des Auf- und Absteigens zu beobachten sind. •

Die in Beispiel 20.2.1 gezeigte Art, einen stochastischen Prozess zu simulieren, ist je nach Modell sehr aufwändig (dafür aber transparent und nachvollziehbar). Deshalb bietet Mathematica seit Version 9 auch die Möglichkeitkeit, ein jedes verfügbare Prozessmodell (vgl. Abschnitt 13.3) auch direkt in black-box-Manier zu simulieren. So könnten wir, um eine Zeitreihe der Länge $T = 200$ aus obigem (Gaußschen) AR(1)-Prozess mit $\alpha = 0.7$ und $\mu = 0$, $\sigma^2 = 1$ zu simulieren, auch schlicht

```
simAR1 = RandomFunction[ARProcess[0, {α}, 1], {1,T}]
```

ausführen. Als Resultat erhält man ein `TemporalData`-Objekt, bei dem man die eigentlichen Beobachtungen $x_1, \ldots, x_{200}$ wie folgt abfragt:

```
simAR1["PathStates"]                    {-2.09216,0.0720784, ...}
```

Simulationen können nicht nur wie im obigen Beispiel zur Illustration stochastischer Modelle eingesetzt werden, sondern sind darüber hinaus ein wichtiges Hilfsmittel bei der Erforschung von deren Eigenschaften: Wenn mathematisch exakte Ausdrücke gar nicht oder nur schwer zu gewinnen sind, können umfangreiche Simulationsstudien zumindest deren Schätzung ermöglichen.

Beispiel 20.2.2. Die serielle Abhängigkeitsstruktur von Prozessen untersucht man mit Hilfe der Autokorrelationsfunktion, deren empirische Variante für eine Zeitreihe $X_1, \ldots, X_T$ gegeben ist durch $\hat{\rho}(k) = \left(\sum_{t=1}^{T-k}(X_t - \bar{X})(X_{t+k} - \bar{X}) \right) / \left(\sum_{t=1}^{T}(X_t - \bar{X})^2 \right)$. In Mathematica ist diese über `CorrelationFunction[daten,k]` implementiert, siehe Abschnitt 19.7.2. Die exakte Verteilung von $\hat{\rho}(k)$ ist nur schwer zu bestimmen, weswegen man sich meist mit asymptotischen Ausdrücken (für $T \to \infty$) begnügt. Im Falle eines AR(1)-Prozesses wie aus Beispiel 20.2.1, ist bekannt, dass $\hat{\rho}(1)$ asymptotisch normalverteilt ist mit Erwartungswert α und Varianz $(1 - \alpha^2)/T$. Inwiefern diese Verteilung aber im Falle endlicher Zeitreihen, wie sie in der Realität zwangsweise auftreten, zutreffend ist, kann man im Rahmen einer Simulationsstudie prüfen.

Simulieren wir also im Folgenden Zeitreihen zum Prozess aus Beispiel 20.2.1 und bestimmen deren empirische Autokorrelation. Genauer wollen wir 10 000 Zeitreihen der Länge $T = 100$ simulieren und zu jeder $\hat{\rho}(1)$ berechnen. Mit diesen 10 000 Werten wollen wir dann prüfen, ob die asymptotische Normalverteilung $N(0.7, 0.0051)$ ein passendes Verteilungsmodell für $\hat{\rho}(1)$ ist. Dazu modifizieren wir den Code aus Beispiel 20.2.1 wie folgt:

```
SeedRandom[1234];  α=0.7; T=100; tabAuto={};
epsilon:=RandomReal[NormalDistribution[0,1]];

Do[
X=RandomVariate[NormalDistribution[0,1/(1-α²)]];
daten=NestList[(α #+epsilon)&, X, T];
AppendTo[tabAuto, CorrelationFunction[daten,1]], {10 000}];

Show[
Histogram[tabAuto, {0.01}, "PDF"],
Plot[PDF[
NormalDistribution[α,Sqrt[(1-α²)/T]],x],
{x,0,1}]]
```

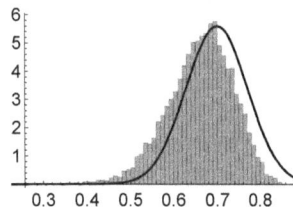

An Stelle der manuellen Simulation hätte man auch wieder `RandomFunction[ARProcess[0, {α}, 1], {1,T}]` verwenden können.

Auf den ersten Blick ist das Histogramm tatsächlich glockenförmig, bei genauerem Hinsehen wird aber eine leichte Linksschiefe sichtbar. Außerdem ist es offenbar, im Vergleich zur asymptotischen Normalverteilung, nach links verschoben, d. h. es liegt eine negative Verzerrung (Bias) vor. Dies bestätigt man mit Mathematica:

```
Mean[tabAuto]                    0.661444

Variance[tabAuto]                0.0056968

Skewness[tabAuto]                -0.487553
```

Der Mittelwert liegt tatsächlich unterhalb des wahren Parameterwertes von 0.7, und die Schiefe ist moderat negativ, wogegen die Varianz leicht über dem asymptotischen Wert von 0.0051 liegt. Der asymptotische Ausdruck scheint insgesamt also bei Zeitreihen der Länge 100 nur eine mittelprächtige Approximation zu sein. Zur weiteren Untersuchung könnte man auch Tests auf Verteilungsanpassung einsetzen, siehe Tab. 19.5 in Abschnitt 19.5.   •

20.3 Zufallsstichproben ziehen

Obwohl wir ja schon einige Random-Befehle kennengelernt haben, ist das Ende der Fahnenstange noch nicht erreicht. So bietet Mathematica zwei Befehle zur Ziehung einer Zufallsstichprobe aus einer gegebenen Liste von Daten an: RandomChoice[*liste, zahl*] zum Ziehen *mit* Zurücklegen und RandomSample[*liste, zahl*] zum Ziehen *ohne* Zurücklegen. Das Ziehen ohne Zurücklegen findet zahlreiche praktische Anwendungen, etwa bei der Annahmestichprobenprüfung, bei der Wahlumfrage, oder beim Zahlenlotto „6 aus 49":

```
kugeln=Range[1,49]; RandomSample[kugeln,6]      {37,39,5,23,27,28}

RandomChoice[kugeln,6]                           {6,19,36,36,28,27}
```

In dieser Situation könnte RandomChoice zu bösen Überraschungen führen. Dagegen können wir RandomChoice einsetzen, um z. B. wiederholtes Würfeln zu simulieren:

```
wuerfel=Range[1,6]; RandomChoice[wuerfel,10]   {1,6,5,6,4,2,5,6,5,6}

Count[%,6]                                      4
```

Im Beispiel wurde vier Mal ein Sechser gewürfelt. Wenn wir uns für die zufällige Zahl an Sechsern bei zehn Würfen interessieren, so handelt es sich dabei um ein Phänomen, welches binomialverteilt sein sollte gemäß Bin(10, $\frac{1}{6}$). Prüfen wir dies in einer kleinen Simulationsstudie nach, wobei wir an Stelle des Histogram-Befehls ein eigenes Konstrukt aus BarChart und BinCounts verwenden werden, da Histogram keine Lücken zwischen den Balken vorsieht; wegen der Diskretheit des betrachteten Zufallsphänomens sollte man diese Lücken aber zeichnen.

```
sechser={};
Do[AppendTo[sechser, Count[RandomChoice[wuerfel,10],6]], {1 000}];
```

```
Show[ BarChart[
BinCounts[sechser, {0,10,1}]/1000,
BarSpacing->0.2, ChartLabels->Range[0,10],
ChartStyle->GrayLevel[0.6]],
BarChart[Evaluate[Table[
PDF[BinomialDistribution[10,1/6],x],
{x,0,10}]],
BarSpacing->2, ChartStyle->Black] ]
```

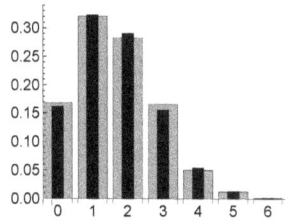

Bei der theoretischen Binomialverteilung haben wir die Lücken dann sogar noch vergrößert, um den visuellen Vergleich zu erleichtern.

Eine für die Praxis äußerst wichtige Anwendung des `RandomChoice`-Befehls besteht in der Simulation beliebiger diskreter Verteilungen mit (näherungsweise) endlichem Träger, siehe auch Abschnitt 20.2.1. Dazu müssen lediglich der Träger und die zug. Wahrscheinlichkeiten als Listen definiert werden:

```
traeger=Range[0,5];  wahrsch={0.15,0.25,0.1,0.4,0.05,0.05};
daten=RandomChoice[wahrsch->traeger, 10000];
N[BinCounts[daten]/10000]
```

```
{0.,0.1506,0.2514,0.0975,0.4016,0.0476,0.0513}
```

Dieses kleine Simulationsexperiment zeigt, dass die Simulation scheinbar gut funktioniert.

Beispiel 20.3.1. Eine praktische Anwendung könnte nun in der Simulation der Good-Verteilung bestehen, welche den unendlichen Träger $\mathbb{N}_0$ hat und dafür bekannt ist, dass sie auch sog. Unterdispersion aufweisen kann, d. h. mit Varianz kleiner als Erwartungswert. Leider ist die Good-Verteilung nicht in Mathematica implementiert, so dass wir uns wie folgt behelfen müssen:

```
good[x_,q_,ν_] := q^{x+1} (x+1)^{-ν}/PolyLog[ν,q];
wahrsch={};  Do[ AppendTo[wahrsch, good[x,0.1,-5]];
If[wahrsch[[x+1]]<10^{-6}, Break[]], {x,0,100}];
wahrsch
traeger=Range[0,Length[wahrsch]-1]
```

```
{0.123992,0.396774,0.3013,...,1.9969 10^{-6},3.08531 10^{-7}}
```

```
{0,1,2,3,4,5,6,7,8,9,10,11}
```

Wir werten also die Wahrscheinlichkeitsfunktion der Good-Verteilung so lange aus, bis die Wahrscheinlichkeiten quasi gleich 0 sind (hier: bis sie unter 10^{-6} fallen); auf diese Weise erhalten wir einen approximativ endlichen Träger. Nun können wir wie oben simulieren: `RandomChoice[wahrsch->traeger, n]`. •

Als zweites Anwendungsbeispiel betrachten wir die Simulation einer Markov-Kette, siehe Abschnitt 13.3.1; an Stelle der „black-box-Simulation" via RandomFunction (vgl. Abschnitt 20.2.2) wollen wir dabei selbst Hand anlegen.

Beispiel 20.3.2. Wir betrachten eine Markov-Kette mit den drei Zuständen „a", „b", „c" und der uns schon aus Abschnitt 13.3.1 bekannten Übergangsmatrix

$$\texttt{traeger=\{"a","b","c"\}; \quad mP=} \begin{pmatrix} 0.3 & 0.7 & 0 \\ 0 & 0.25 & 0.75 \\ 0.8 & 0 & 0.2 \end{pmatrix};$$

`pvec=Chop[Eigensystem[Transpose[mP]][[2,1]]]; pvec=pvec/Total[pvec]`

`{0.356083,0.332344,0.311573}`

pvec umfasst wieder die stationäre Randverteilung, die wir benötigen, um die Simulation gleich in ihrem stationären Zustand zu starten:

```
SeedRandom[123]; daten={};
X=RandomChoice[pvec -> {1,2,3}];
Do[X=RandomChoice[mP[[X,All]] -> {1,2,3}];
AppendTo[daten, traeger[[X]]], {25}]; daten
```

`{c,c,c,a,b,b,c,a,b,b,c,a,a,b,b,c,c,a,a,b,c,c,a,a,a}`

Nach Simulation des Startwerts aus *pvec* werden alle weiteren Beobachtungen immer aus der jeweils passenden bedingten Verteilung erzeugt, indem wir die entsprechende Zeile aus der Übergangsmatrix entnehmen. Tatsächlich haben wir via RandomChoice immer nur die anstehende Positionszahl simuliert, da diese den Zugriff auf die Übergangsmatrix erleichtert; der zug. Buchstabencode wurde dann via `traeger[[X]]` ausgewählt. RandomChoice kann aber an sich mit einem beliebigen Träger umgehen, der Leser probiere z. B.

`RandomChoice[pvec -> traeger, 25]`

20.4 Exkurs: Zufall als Werkzeug in der Kunst

„Na, so ein Zufall!" – Dieser Ausruf verdeutlicht, dass uns ein Ereignis zufällig erscheint, wenn es unerwartet eintritt, ohne erkennbaren Grund, und wenn es unvermeidlich ist. Trotzdem wird der Zufall, wie wir in den vorigen Abschnitten schon gesehen haben, gelegentlich auch ganz gezielt und kontrolliert eingesetzt, wie ein Werkzeug – man spricht dann von *Monte-Carlo-Methoden*. Derartige Monte-Carlo-Methoden, welche übrigens im Los-Alamos-Labor im Rahmen der Entwicklung der ersten Atom- und Wasserstoffbombe entstanden (Weiß, 2007), finden ihre Anwendung in Bereichen wie Mathematik, Naturwissenschaften, Wirtschaftswissenschaften

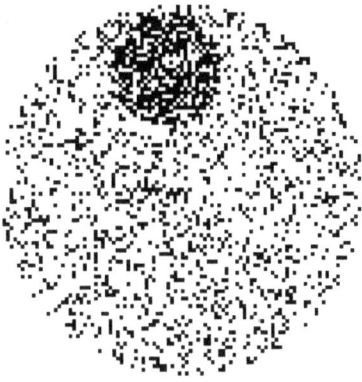

Abb. 20.2. Zufällige Wahl von Punkten in zwei Kreisflächen.

– und in der Kunst! Mit Letzterem, dem Zufall als Werkzeug in der Konkreten Kunst, wollen wir uns im Folgenden beschäftigen und zeigen, welch' kreatives Potential in Mathematica schlummert. Dabei soll uns das Werk des Künstlers *Herman de Vries* als Inspiration dienen, welcher zwischen 1960 und 1975 eine Reihe von Bildern unter gezieltem Einsatz des Zufalls schuf: die sog. *Zufallsobjektivierungen*, von denen einige Beispiele z. B. auf den Seiten 19, 30–33 und 37 bei Gooding (2006) abgedruckt sind.

Zwischen 1952 und 1968 war de Vries als Forscher in der Biologie tätig. Wie er in einem Interview erläutert (de Vries, 1995, S. 46 ff), lernte er dabei den Zufall als Werkzeug kennen, um den persönlichen Einfluss des Untersuchenden bei biologischen Experimenten soweit wie möglich auszuschalten. Genau dieses Prinzip übertrug er dann auf sein künstlerisches Schaffen: der Zufall sollte sein Werk von seinem subjektiven Einfluss befreien, damit objektive Kunstwerke entstehen, welche *„nichts anderes darstellen, als die Wirklichkeit"* (de Vries, 1995, S. 30).

Weiterführende Informationen ... zu geschichtlichen Hintergründen der Monte-Carlo-Methode, deren Namensgebung und zu einem klassischen Anwendungsbeispiel findet der interessierte Leser bei Weiß (2007). Weitere Erläuterungen zu seinen Zufallsobjektivierungen gibt de Vries (1995), Leben und Werk des Künstlers stellt Gooding (2006) vor.

Auf Seite 26 ff erläutert de Vries (1995) an einem Beispiel, wie er bei der Schaffung seiner Zufallsobjektivierungen vorging: Zuerst legte er sich einen Plan zurecht, wie das Werk anzufertigen ist; im von ihm vorgestellten Beispiel sollten auf einem Papier ein großer Kreis aus Punkten entstehen sowie ein kleiner, darin befindlicher Kreis, vgl. Abb. 20.2. Über die Position des kleines Kreises sollte dabei bereits der Zufall entscheiden. Auf dem Papier wurde dann ein Punktraster angebracht, welches Punkt für Punkt durchlaufen werden sollte. Lag der gerade betrachtete Punkt im großen Kreis, so sollte per Zufallsentscheid (mit Trefferwahrscheinlichkeit 20 %) bestimmt werden, ob der Punkt eingezeichnet würde oder nicht; für Punkte des kleinen Kreises lag die Trefferwahrscheinlichkeit dagegen bei 60 %. Bei der konkreten Ausführung dieses Plans setzte er dann den Zufall ein, indem er Zufallsziffern aus einem Tabellenwerk entnahm. Beispielsweise zeichnete er einen Punkt im großen Kreis genau dann, wenn die gezogene Ziffer eine 1 oder eine 2 war.

Dieser Idee folgend können wir nun **Mathematica** einsetzen, um ein solches Kunstwerk zu schaffen. Unsere Quellen des (Pseudo-)Zufalls werden dabei die Zufallsgeneratoren RandomReal und RandomInteger sein. Das Beispiel aus Abb. 20.2 wurde mit folgendem Code realisiert:

```
Clear[x,y]; n=50; p0=0.2; p1=0.6;
r1=RandomReal[{0.3,0.7}]; α1=RandomReal[{0,2 Pi}];
x1=r1 Cos[α1]; y1=r1 Sin[α1]; r2=0.3;

GraphicsGrid[Table[
If[(x/n)^2+(y/n)^2<1,
If[(x/n-x1)^2+(y/n-y1)^2<r2^2,
If[RandomInteger[BernoulliDistribution[p1]]==1,
   Item[" ",Background->Black], Item[" ",Background->White]],
If[RandomInteger[BernoulliDistribution[p0]]==1,
   Item[" ",Background->Black], Item[" ",Background->White]]],
Item[" ",Background->White]], {x,-n,n}, {y,-n,n}], Frame->None]
```

Hierbei haben wir die Koordinaten $(x_1, y_1) = (r_1 \cos \alpha_1, r_1 \sin \alpha_1)$ des Mittelpunkts des kleinen Kreises bestimmen lassen, indem wir den Radius r_1 zufällig im Intervall $[0.3; 0.7]$ haben wählen lassen, und den Winkel α_1 zwischen 0 und 2π. Als Radius r_2 des kleines Kreises haben wir fest 0.3 gewählt. Durch die Vorgabe $n = 50$ haben wir die quadratische Bildfläche in 101 × 101 Kästchen unterteilt, die wir innerhalb des Table-Kommandos einzeln durchlaufen. Letztlich soll bei jedem Kästchen per Zufall entschieden werden, ob es schwarz oder weiß gefüllt wird, was wir beim verwendeten Befehl GraphicsGrid durch die Festlegung Item[" ", Background->Black] bzw. Item[" ", Background->White] erreichen. In einer Reihe von If-Bedingungen, siehe Abschnitt 7.3, wird über die Farbe des Kästchens entschieden: Die äußerste If-Bedingung prüft, ob wir uns gerade innerhalb des großen Kreises befinden; wenn nicht, dann die Farbe Weiß. Wenn doch, dann ist zu prüfen, ob wir sogar innerhalb des kleinen Kreises sind, was Einfluss auf die Trefferwahrscheinlichkeit nimmt. Die jeweils innerste If-Bedingung wertet dann die Zufallszahl aus; es handelt sich dabei um eine Bernoulli-verteilte Zahl, die nur die Werte 0 oder 1 mit vorgebbarer Wahrscheinlichkeit annimmt.

Lassen wir uns von weiteren Zufallsobjektivierungen, wie sie Herman de Vries geschaffen hat, anregen. Das Bild aus Abb. 20.3 (a),

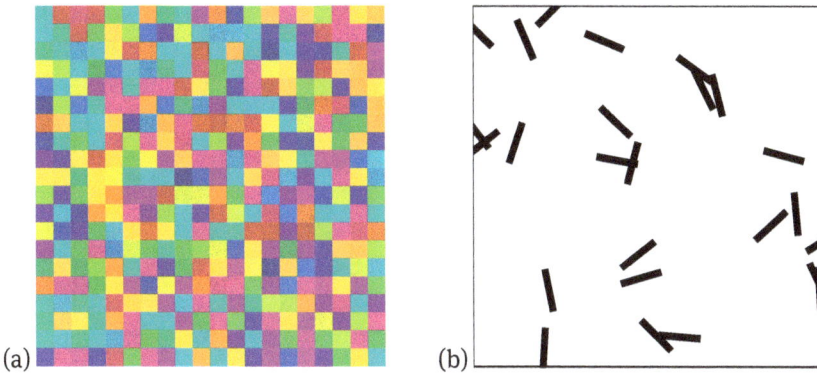

Abb. 20.3. Zufällige Wahl der Farbe von Quadraten oder der Ausrichtung von Linien.

```
GraphicsGrid[
 Table[Item[" ", Background -> Hue[RandomReal[]]], {20}, {20}],
 Frame -> None]
```

haben wir ebenfalls unter Verwendung des Befehls GraphicsGrid erzeugt. Hier entscheidet die im Intervall [0; 1] gleichverteilte Zufallszahl über die Farbe des Kästchens,
wobei wir die Farbdirektive Hue („Farbton") aus Tab. 6.4 eingesetzt haben.

Bemerkung 20.4.1. In den beiden bisher besprochenen Fällen hätten wir übrigens
auch den in Abschnitt 17.1 besprochenen Image-Befehl verwenden können. Im zweiten
Beispiel würde die Syntax lauten:

```
Image[Table[{RandomReal[],1,1}, {20}, {20}], ColorSpace -> "Hue"]
```

Der Leser versuche als Übung, auch das erste Beispiel unter Verwendung von Image
zu realisieren.   •

Bei den in den Abb. 20.3 (b) und 20.4 gezeigten Grafiken gehen wir ein wenig anders
vor: Die schwarz umrahmte, quadratische Bildfläche (Einheitsquadrat) erzeugen wir
als {EdgeForm[{Thick,Black}], White, Rectangle[]}, und legen ferner eine Liste
von Grafikobjekten an, die wir am Schluss allesamt, mit Show überlagert, anzeigen,
vgl. Abschnitt 6.1. Der Code zu Abb. 20.3 (b) etwa,

```
bild={Graphics[{EdgeForm[{Thick,Black}], White, Rectangle[]},
PlotRange -> {{0,1},{0,1}}]}; n=25; l=0.05; d=0.02;

Do[ α=RandomReal[{0,2 Pi}]; x=RandomReal[]; y=RandomReal[];
AppendTo[bild, Graphics[{Thickness[d],
Line[{{x-l Cos[α], y-l Sin[α]}, {x+l Cos[α], y+l Sin[α]}}] }]], {n}];
Show[bild]
```

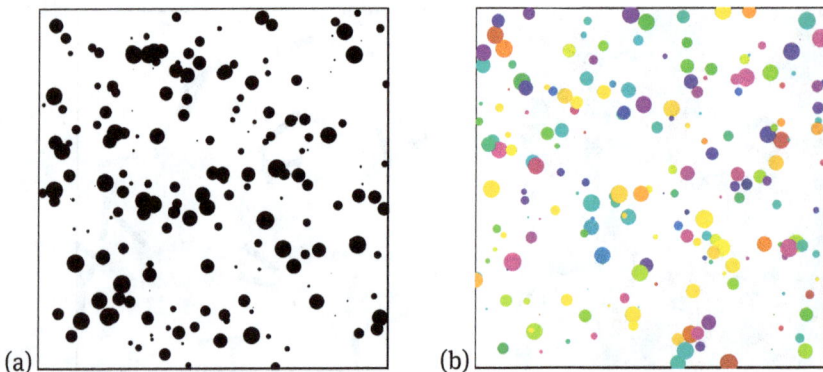

Abb. 20.4. Zufällige Wahl der Größe und Position von Punkten, auch deren Farbe.

zeigt, dass wir hier 25 Linien der Dicke *d* und Länge 2*l* erzeugen, deren Mittelpunkt und Winkel wir per Zufall bestimmen. Analog lassen wir für Abb. 20.4 jeweils Position und Dicke kreisrunder Punkte zufällig bestimmen. In Abb. 20.4 (a) wurden alle Punkte schwarz gezeichnet,

```
bild={Graphics[{EdgeForm[{Thick,Black}], White, Rectangle[]},
PlotRange -> {{0,1},{0,1}}]}; n=200;

Do[ r=RandomReal[{0,0.025}]; x=RandomReal[]; y=RandomReal[];
AppendTo[bild, Graphics[Disk[{x,y}, r]]], {n}]; Show[bild]
```

wogegen wir bei Abb. 20.4 (b) zusätzlich noch über die Farbe der Punkte haben entscheiden lassen:

```
bild={Graphics[{EdgeForm[{Thick,Black}], White, Rectangle[]},
PlotRange -> {{0,1},{0,1}}]}; n=200;

Do[ c=RandomReal[]; r=RandomReal[{0,0.025}];
x=RandomReal[]; y=RandomReal[];
AppendTo[bild, Graphics[{Hue[c], Disk[{x,y}, r]}]], {n}]; Show[bild]
```

Diese Beispiele haben den Leser vielleicht inspiriert, mit der Hilfe von **Mathematica** in die Fußstapfen bekannter „Zufallskünstler" wie Herman de Vries, Ryszard Winiarski, Francois Morellet oder Kenneth Martin zu treten und selbst kreativ tätig zu werden.

Abschließend sei darauf hingewiesen, dass sich **Mathematicas** Einsatz in der Kunst nicht auf Zufallskunst beschränkt, vielmehr bieten zahlreiche der in Teil II dieses Buches angesprochenen Gebiete der Mathematik Ausgangspunkte kreativen Schaffens. So können etwa spezielle Arten ganzer Zahlen, wie sie im Rahmen der Zahlentheorie untersucht werden (vgl. Abschnitt 10.1), künstlerisch umgesetzt werden, wofür exemplarisch die durch die Fibonacci-Zahlen inspirierte Werkreihe „Evolution: Progressi-

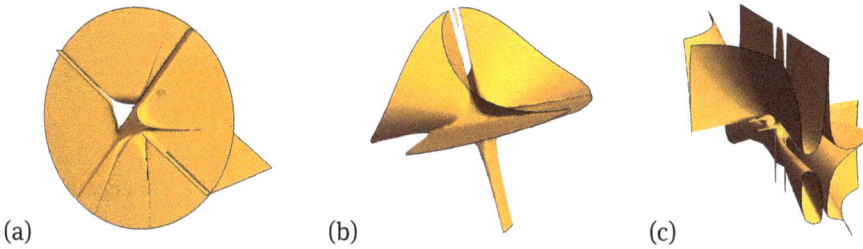

(a)   (b)   (c)

Abb. 20.5. Drei algebraische Flächen, die Hiltrud Heinrichs Werken (a) „Aufbruch", (b) „Tropenwunder" und (c) „Blattschneiderameise" zugrunde liegen.

on und Symmetrie" der Künstlerin Rune Mields (vgl. `Fibonacci`) sowie das „Primzahlbild 1–9216" von Suzanne Daetwyler (vgl. `Prime` und `PrimeQ`) genannt seien. Im Bereich der (komplexen) Analysis (vgl. Abschnitt 8.7) sind schon die gewöhnlichen zweidimensionalen Mandelbrot- und Julia-Mengen sehr eindrucksvoll (in **Mathematica** seit Version 10 via `MandelbrotSetPlot` und `JuliaSetPlot` verfügbar), welche an ihren Rändern fraktale Strukturen aufweisen (siehe auch Beispiel 20.1.1). Das dreidimensionale Gegenstück der Mandelbrot-Menge, die Mandelbulb-Menge, wurde von der Künstlerin *Hiltrud Heinrich* auf faszinierende Weise in Kunstwerken verarbeitet, wovon sich der Leser auf

http://www.hiltrud-heinrich.de/

einen Eindruck verschaffen kann. Selbige Künstlerin hat sich auch eines anderen mathematischen Konstrukts bedient, nämlich der uns schon aus Abschnitt 10.4 bekannten algebraischen Fläche. Drei Beispiele sind in Abb. 20.5 gezeigt: die Fläche in (a) war Ausgangspunkt für das Werk „Aufbruch", (b) für das „Tropenwunder", und (c) für die „Blattschneiderameise". Die finalen Kunstwerke, siehe obige Website, sind natürlich wesentlich eindrucksvoller gestaltet als die in Abb. 20.5 gezeigten Grundbausteine, welche wiederum wie folgt generiert wurden:

```
ContourPlot3D[     (*Aufbruch*)
8 x^2 y z^2 (z+6) (0.04 x^4+x y^2+0.04 y^3 z)^2+5 x (9 z-25)-y^2 z==0, {x,-20,20},
{y,-20,20}, {z,-6.01,-5.8}, RegionFunction->Function[{x,y,z},
x^2+y^2<=400], ViewPoint->{-1,1,-3}, ViewVertical->{0.5,1,-0.5},
PlotPoints->35, Mesh->None, Boxed->False, Axes->False]

ContourPlot3D[     (*Tropenwunder*)
y^4 x^3+x^2 y^8+z^6 x^7+z^3 y+y z+z+7 z^2==0, {x,-20,20}, {y,-20,20},
{z,-20,20}, RegionFunction->Function[{x,y,z}, x^2+y^2+z^2<=400],
ViewPoint->{-0.5,-3,1.5}, ViewVertical->{-1,-0.5,0.5}, ...]
```

```
ContourPlot3D[    (*Blattschneiderameise*)
6 x²-2 x⁴-y⁷ z²+x² y² z² (x²+y²+z⁵)-4==0,  {x,-10,10},  {y,-10,10},
{z,-10,10},  RegionFunction -> Function[{x,y,z},  x²+z²<=100],
ViewPoint -> {3,-1.5,-1.5},  ViewVertical -> {0,-1,0},  ...]
```

Auch hinsichtlich dieser Art von mathematischer Kunst sei der Leser zu eigenständigem Schaffen angeregt.

21 Sequenzen und Zeichenketten

In diesem Kapitel wollen wir uns mit **Mathematicas** Potential zur Sequenzanalyse auseinandersetzen. Mit Sequenz ist eine Reihe von Zeichen oder Buchstaben aus einem Alphabet $\mathcal{A}$ gemeint, wobei wir uns nicht nur auf Texte im eigentlichen Sinn beschränken wollen. Derartige Sequenzen werden auch in der Biologie untersucht: Gensequenzen werden über dem Alphabet $\mathcal{A} = \{a, c, g, t\}$ der vier Basen Adenin, Cytosin, Guanin und Thymin gebildet, Proteinsequenzen über dem Alphabet der zwanzig Aminosäuren $\mathcal{A} = \{A, R, N, D, C, Q, E, G, H, I, L, K, M, F, P, S, T, W, Y, V\}$. Auch wenn die Unterscheidung nicht scharf ist, wollen wir im Folgenden nur im Falle langer Sequenzen (komplettes Genom, kompletter Text, etc.) auch tatsächlich von *Sequenzen* sprechen, während wir kurze Teilabschnitte (Worte, etc.) daraus als *Zeichenketten* (engl.: strings) bezeichnen werden. Formal ist eine Zeichenkette $\boldsymbol{u}$ der Länge k ein Vektor aus $\mathcal{A}^k$ mit $k \in \mathbb{N}$. Bei **Mathematica** wird allerdings zwischen einem String und einer Liste von Symbolen unterschieden. Dies werden wir gleich in Abschnitt 21.1 klären, wo wir **Mathematicas** Funktionen rund um die Manipulation von Zeichenketten vorstellen werden. Anschließend in Abschnitt 21.2 werden wir uns mit der Ähnlichkeit von Zeichenketten und Sequenzen beschäftigen.

21.1 Zeichenketten bearbeiten

Mathematica erkennt eine eingegebene Zeichenfolge immer dann als Zeichenkette, also vom Typ String, wenn sich diese innerhalb von Anführungszeichen befindet. Betrachten wir beispielsweise die erste Zeile aus Theodor Fontanes „Herr von Ribbeck" und verteilen diese auf drei Variablen:

```
s1="Herr von Ribbeck";
s2=" auf Ribbeck";
s3=" im Havelland"                    im Havelland
```

An Hand der Ausgabe lässt sich nicht erkennen, ob es sich dabei um eine Zeichenkette handelt. Sichtbar wird es nach Eingabe von FullForm:

```
s3 //FullForm                         " im Havelland"
```

Alternativ können wir via Head direkt den Datentyp abfragen:

```
Head[s3]                              String
```

Mathematica bietet eine große Auswahl an Befehlen, mit denen man Zeichenketten bearbeiten kann, siehe Tab. 21.1. Diese weisen übrigens eine deutliche Analogie zu den Befehlen aus Tab. 4.2 zur Bearbeitung von Listen auf. Tab. 21.2 fasst Befehle zusammen, mit denen man Eigenschaften von Zeichenketten prüfen kann. All diese Befehle

DOI 10.1515/9783110425222-021

wollen wir nun beispielhaft untersuchen. So können wir etwa obige Zeichenketten via StringJoin zusammensetzen,

StringJoin[s1,s2,s3]   Herr von Ribbeck auf Ribbeck im Havelland

s1<>s2<>s3   Herr von Ribbeck auf Ribbeck im Havelland

% //StringLength   41

was eine Zeichenkette der Länge 41 ergibt. Wir brechen diese nun so um, dass sich Zeilen der Länge 20 ergeben (seit Version 10):

InsertLinebreaks[s1<>s2<>s3, 20]   Herr von Ribbeck auf
                                          Ribbeck im Havelland

An s_1 können wir auch solange Punkte anhängen, bis das Ganze auf 30 Zeichen aufgebläht wurde (seit Version 10):

StringPadRight[s1,30,"."]   Herr von Ribbeck..............

Man kann die Reihenfolge der Zeichen umkehren,

StringReverse[s1]   kcebbiR nov rreH

oder die zwei ersten Zeichen ans Ende verschieben (seit Version 9):

StringRotateLeft[s1,2]   rr von RibbeckHe

Auch kann man alle Buchstaben in Großbuchstaben umwandeln:

ToUpperCase[s1]   HERR VON RIBBECK

UpperCaseQ[%]   False

Dass der Test auf Großbuchstaben trotzdem scheitert, liegt an den Leerzeichen. Das wird auch durch folgende Zeilen klar: Zunächst zerhacken wir die Großbuchstabenvariante von s_1 bei den Leerzeichen (seit Version 10), und auf die resultierende Liste von Zeichenketten wenden wir erneut UpperCaseQ an:

StringExtract[ToUpperCase[s1], " " -> All]   {HERR,VON,RIBBECK}

UpperCaseQ /@ %   {True,True,True}

Man kann Teile einer Zeichenkette extrahieren, löschen, oder Neues einfügen,

StringTake[s1, {6,12}]   von Rib

StringDrop[s1, {6,12}]   Herr beck

StringInsert[s1, "iiii", 11]   Herr von Riiiiibbeck

wobei das Original s_1 die ganze Zeit über unberührt bleibt. Deren Elemente 5 und 9 sind Leerzeichen, die wir z. B. durch Tabulatoren „\t" ersetzen lassen können:

Tab. 21.1. Zeichenketten bearbeiten.

Befehl	Beschreibung
StringLength[u]	Länge der Zeichenkette **u**.
Characters[u]	Liste der Zeichen von **u**.
StringReverse[u]	Kehrt Reihenfolge der Zeichen in **u** um.
StringRotateLeft[u,n]	Verschiebt erste *n* Zeichen an Ende; analog StringRotateRight. (seit V. 9)
ToUpperCase[u]	Wandelt Zeichen von **u** in Großbuchstaben um. Analog ToLowerCase[u] für Kleinbuchstaben.
StringJoin[u1,...]	Setzt Zeichenketten **u**$_1$,... aneinander. Gleichwertig: u1<>u2<>...
StringRiffle[{u1,...},trenn]	Setzt Zeichenketten **u**$_1$,... mit Trennzeichen aneinander. Umgekehrt wirkt StringExtract[u,trenn -> All]. (seit V. 10)
StringInsert[u,v,{n1,...}]	Fügt vor den Elementen u_{n_1},... von **u** die Zeichenkette **v** ein.
InsertLinebreaks[u,n]	Bricht **u** in Zeilen von Länge *n* um. (seit V. 10)
StringPadLeft[u,n,*zeichen*]	Fügt so oft *zeichen* vor **u** an, bis von Länge *n*. Analog StringPadRight. (seit V. 10)
StringRepeat[u,n]	Wiederholt **u** *n*-mal. (seit V. 10)
StringTake[u,{m,n}]	Entnimmt (u_m,...,u_n) aus Zeichenkette **u**. Analog: StringDrop entfernt (u_m,...,u_n) aus Zeichenkette **u**.
StringExpression[u1,...]	Erlaubt es, ein Muster einer Zeichenkette aus Ausdrücken **u**$_1$,... zusammenzusetzen. Gleichwertig: u1~~u2~~... Ähnlich auch RegularExpression.
StringCount[u,*Muster*]	Zählt alle Vorkommnisse des Musters in Zeichenkette **u**. Analog: StringCases listet alle Vorkommnisse auf, StringPosition listet deren Positionen auf, StringDelete (seit V. 10) löscht alle Vorkommnisse.
StringSplit[u,*Muster*]	Ergibt Liste von Zeichenketten aus **u**, welche durch Muster getrennt waren, siehe auch StringExtract. Seit V. 10: StringPartition[u,n] zerschneidet in Stücke der Länge *n*.
StringReplacePart[u,v,*Pos*]	Ersetzt die durch die Positionsliste festgelegten Teile von **u** jeweils durch **v**.
StringReplace[u,*Regeln*]	Führt die gemäß der Regeln definierten Ersetzungen in **u** durch. Analog: StringReplaceList, ergibt Liste aller Resultate mit genau einer Ersetzung.

Tab. 21.2. Eigenschaften von Zeichenketten prüfen.

Befehl	Beschreibung
LetterQ[u]	Prüft, ob Zeichenkette *u* nur Buchstaben enthält.
DigitQ[u]	Prüft, ob Zeichenkette *u* nur Ziffern enthält.
UpperCaseQ[u]	Prüft, ob Zeichenkette *u* nur aus Großbuchstaben besteht. Analog LowerCaseQ[u] für Kleinbuchstaben.
StringMatchQ[u,*Muster*]	Prüft, ob Zeichenkette *u* dem *Muster* entspricht.
StringFreeQ[u,*Muster*]	Prüft, ob kein Teil der Zeichenkette *u* dem *Muster* entspricht. Genau umgekehrt wirkt StringContainsQ, und StringStartsQ bzw. StringEndsQ prüfen nur Beginn bzw. Ende der Zeichenkette auf *Muster* (seit V. 10).

```
StringCount[s1, " "]                          2

pos=StringPosition[s1, " "]                   {{5,5}, {9,9}}

StringReplacePart[s1, "\t", pos]      Herr     von     Ribbeck

StringReplace[s1, {" " -> "\n", "i" -> "o"}]         Herr
                                                     von
                                                     Robbeck
```

Im letzten Beispiel haben wir die Leerzeichen durch Zeilenumbrüche „\n" und „i" durch „o" ersetzen lassen. Sämtliche Vokale löschen wir wie folgt:

```
StringDelete[s1, Characters["aeiou"]]         Hrr vn Rbbck
```

Muster kann man mit Hilfe von StringExpression und der Unterstriche aus Abschnitt 7.7 definieren. So kommt es in s_1 zweimal vor, dass ein „e" von genau einem Buchstaben gefolgt wird:

```
StringCases[s1, StringExpression["e",_]]      {er, ec}
```

Zeichenketten kann man auch in Mathematica-Ausdrücke umwandeln und umgekehrt. Die Zeichenkette "Sin[5]" etwa kann man auf zweierlei Weise umwandeln:

```
ImportString["Sin[5]", "Expression"] //N      -0.958924

ToExpression["Sin[5]"] //N                     -0.958924
```

Der erste Ansatz bietet generell mehr Möglichkeiten, das zweite Argument kann alle unter $ImportFormats genannten Formate annehmen, siehe auch Abschnitt 4.3.

Analoges gilt für den Befehl `ExportString`, welcher beispielsweise folgende Transformationen ermöglicht:

```
ExportString[{1,2,3}, "List"] //FullForm          "1\n2\n3\n"

ExportString[{1,2,3}, "Words"] //FullForm          "1 2 3 \n"

ExportString[{1,2,3}, "Expression"] //FullForm     "{1, 2, 3}\n"
```
Ebenfalls in dieser Richtung funktioniert `ToString`:

```
Map[ToString, {1,4,9,16}] //FullForm     List["1", "4", "9", "16"]

StringJoin[%] //FullForm                 "14916"
```
Hierbei haben wir `ToString` via `Map`, siehe Abschnitt 4.2.5, auf jedes Listenelement einzeln angewendet, weswegen eine Liste von Zeichenketten resultiert. Diese haben wir anschließend zu einer Zeichenkette fusioniert.

Weiterführende Informationen ... findet der Leser unter den Adressen *guide/StringManipulation* und *guide/StringOperations*. Speziell mit Mustern befassen sich *tutorial/StringPatterns* und *tutorial/WorkingWithStringPatternsOverview*.

Bemerkung 21.1.1. Seit Version 10 kann man auf Basis von Zeichenketten auch Vorlagen mit Platzhaltern erstellen, an deren Stelle man dann bestimmte Werte einsetzen kann, vergleichbar einer Serienbriefvorlage in Textverarbeitungsprogrammen. Dazu erzeugt man aus der Zeichenkette ein `StringTemplate`, in welchem man `TemplateSlots` platziert; man beachte die Analogie zu den auf Basis von `Slots` definierten reinen Funktionen aus Abschnitt 7.1.1. Ein Beispiel:

```
vorlage=StringTemplate["Herr von `1` auf `1` im `2`"];
vorlage //FullForm

TemplateObject[List["Herr von ", TemplateSlot[1], " auf ",
TemplateSlot[1], " im ", TemplateSlot[2]], ...]
```
In der Zeichenkette selbst werden die Platzhalter durch Gravis „`" eingeschlossen, das von `StringTemplate` erzeugte `TemplateObject` enthält dann aber durchnummerierte `TemplateSlots`. Nun können wir die Platzhalter mittels `TemplateApply` befüllen:

```
TemplateApply[vorlage, {"Fontane","Preußenland"}]

Herr von Fontane auf Fontane im Preußenland
```
Die Listenargumente werden also, entsprechend ihrer Listenposition, in den passend nummerierten Platzhalter eingesetzt. Alternativ kann man die Platzhalter auch benennen, etwa

```
vorlage=StringTemplate["Herr von `name` auf `name` im `ort`"];
vorlage //FullForm
```

```
TemplateObject[List["Herr von ", TemplateSlot["name"], ...]]
```

Beim Befüllen kann man dann aber die Werte nicht einfach als Liste angeben, sondern muss Regeln innerhalb von `Association[...]` oder kurz `<|...|>` formulieren:

```
TemplateApply[vorlage, <|"name" -> "Fontane", "ort" -> "Preußenland"|>]
```

Mehr Hintergründe zur Verwendung von Vorlagen finden sich in der Hilfe unter *guide/WorkingWithTemplates*.   •

21.2 Ähnlichkeit von Zeichenketten

Insbesondere im Bereich der Biologie, bei der Analyse von Gen- und Proteinsequenzen, tritt häufig die Frage auf, wie man die Ähnlichkeit oder Unähnlichkeit solcher Sequenzen bzw. von Teilen daraus bestimmen kann, siehe auch Tab. 9.1. Ein naheliegender Ansatz, die Unähnlichkeit, also den Abstand, zweier Zeichenketten $u, v \in \mathcal{A}^k$ von *gleicher* Länge $k \in \mathbb{N}$ zu bestimmen, liegt darin zu zählen, in wievielen Komponenten sich beide Zeichenketten unterscheiden. Je verschiedener u und v sind, desto größer wird dieser Wert sein, der übrigens der *Hamming-Abstand* von u und v genannt wird. Bei Mathematica ist dieser über `HammingDistance[u,v]` implementiert. Etwas komplexer ist die Definition des *Editierabstands* zwischen zwei auch unterschiedlich langen Zeichenketten u und v, bei Mathematica `EditDistance[u,v]`. Hier wird die minimale Anzahl an einelementigen Löschungen, Einfügungen und Ersetzungen gezählt, die nötig sind, um u in v zu überführen. Pro derartiger Operation fallen also die „Kosten" 1 an. Bei beiden Abständen kann man durch die Option `IgnoreCase -> True` festlegen, dass nicht zwischen Groß- und Kleinschreibung unterschieden werden soll. Einen Überblick über weitere, mit Version 7 eingeführte Abstände bietet der Hilfeeintrag *guide/DistanceAndSimilarityMeasures*.

Beispiel 21.2.1. Betrachten wir wieder das Beispiel des Herrn Ribbeck. Wir erhalten die Abstände

```
HammingDistance["Ribbeck","robbeck"]                                    2
```

```
HammingDistance["Ribbeck","robbeck", IgnoreCase -> True]                1
```

denn im ersten Fall wird auch zwischen „r" und „R" unterschieden. Im betrachteten Beispiel stimmen Hamming-Abstand und Editierabstand überein, denn jede Abweichung zieht eine Ersetzung nach sich:

```
EditDistance["Ribbeck","robbeck"]                                       2
```

Der Editierabstand kann aber auch bei Zeichenketten unterschiedlicher Länge eingesetzt werden:

```
EditDistance["Ribbeck","Rribecck"]                          3
```

Hier kann man die erste Variante in die zweite überführen, indem man beispielsweise zwei Ersetzungen und eine Löschung vornimmt. •

Ein dem Editierabstand verwandtes Konzept zum Abgleich zweier Sequenzen (engl.: *sequence alignment*) wurde mit Version 7 über den Befehl `SequenceAlignment` in Mathematica implementiert. Als Argument werden zwei Zeichenketten übergeben, und Mathematica gibt aus, wie man die erste Sequenz möglichst optimal in die zweite überführen kann. Im letzten Fall aus Beispiel 21.2.1 etwa würde sich ergeben:

```
SequenceAlignment["Ribbeck","Rribecck"]
```

```
{R,{,r},i,{b,},be,{,c},ck}
```

Es werden also eine Einfügung, eine Löschung und wieder eine Einfügung vorgeschlagen. Ebenfalls seit Version 7 verfügbar sind zwei Befehle zum Auffinden der längstmöglichen, gemeinsamen Teilsequenz zweier Sequenzen:

```
LongestCommonSubsequence["Ribbeck","Rribecck"]      bec
```

```
LongestCommonSequence["Ribbeck","Rribecck"]         Ribeck
```

Im ersten Fall wird nach *zusammenhängenden* Teilsequenzen gesucht, im zweiten Fall sind Unterbrechungen möglich, man vergleiche mit obiger Ausgabe von `Sequence-Alignment`.

Ein grafisches Werkzeug zum Vergleich zweier Sequenzen, das auf obigen Abstandsmaßen basieren kann, ist der *Dotplot*. Dieser lässt sich bei Mathematica mit dem Befehl `MatrixPlot` realisieren, den wir schon in Abschnitt 9.1 besprochen haben. Wir wollen dies auch gleich an einem realistischen Beispiel vorführen, dem Genom des Rinderleukämievirus (Bovine Leukämie)[19]. Dieses ist in der Datei `Bovine.txt` abgelegt, mit einer Base pro Zeile. Um nicht die ganzen Zeilenumbrüche (Symbol „\n") mit einzulesen, importieren wir die Daten in zwei Stufen:

```
bovine=StringJoin[Import["...\\Bovine.txt", "List"]];        8419
T=StringLength[bovine]
```

Durch `Import` erstellen wir zuerst eine Liste der Basen, die durch `StringJoin` in eine ununterbrochene Zeichenkette ($b_1, \ldots, b_{8419}$) umgewandelt wird. Deren Anfang sieht folgendermaßen aus:

```
StringTake[bovine, {1,12}]                     gaagcgttctcc
```

---

[19] Aus: https://www.ncbi.nlm.nih.gov/nuccore/NC_001414?%3Fdb=nucleotide.

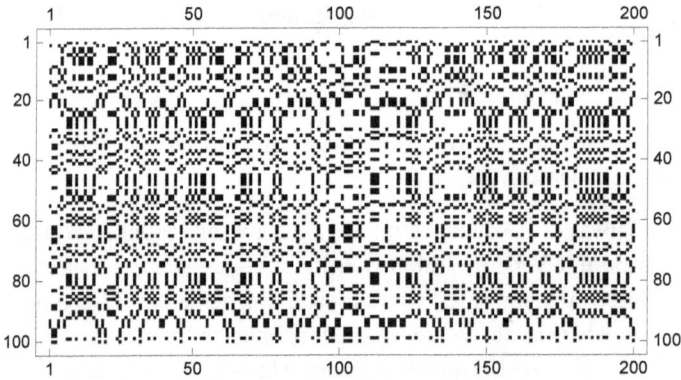

Abb. 21.1. Dotplot der Bovinedaten mit $w = 1$.

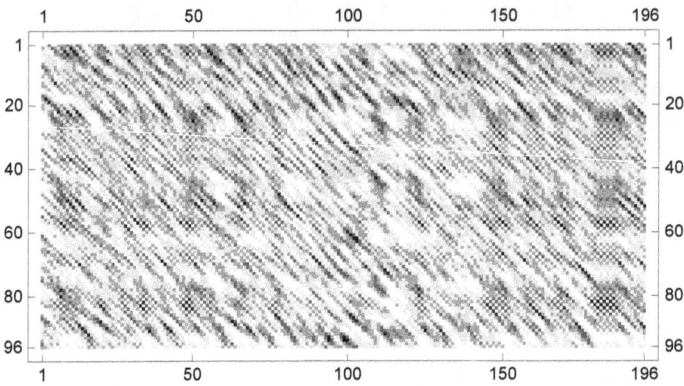

Abb. 21.2. Dotplot der Bovinedaten mit Fensterlänge $w = 5$.

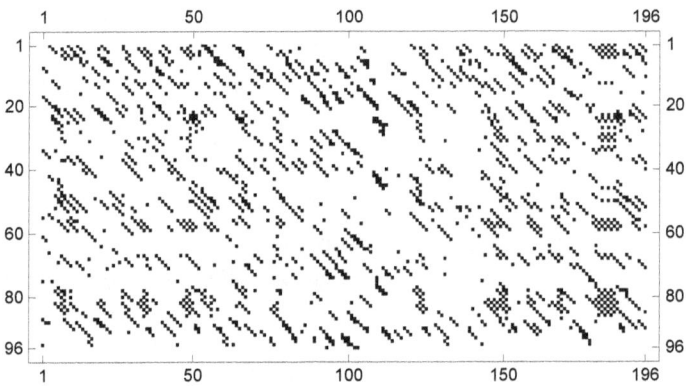

Abb. 21.3. Dotplot der Bovinedaten mit $w = 5$ und maximaler Unähnlichkeit 2.

Wir wollen nun die zwei Teilsequenzen $(b_1, \ldots, b_{200})$ und $(b_{5001}, \ldots, b_{5100})$ auf Ähnlichkeit untersuchen und führen dazu folgende Zeilen aus:

```
bov1=StringTake[bovine, {1,200}];
bov2=StringTake[bovine, {5001,5100}];

abstd={};
Do[ AppendTo[abstd, {}];
Do[ AppendTo[abstd[[j]],
HammingDistance[StringTake[bov1,{i,i}], StringTake[bov2,{j,j}]]],
{i,1,200}], {j,1,100}];
MatrixPlot[abstd, ColorFunction -> (GrayLevel[#]&),
ColorFunctionScaling -> False]
```

Es resultiert der Dotplot aus Abb. 21.1. Da wir Zeichen für Zeichen mit dem Hamming-Abstand verglichen haben, wird bei Übereinstimmung (=ähnliche Stelle) ein schwarzer Punkt gezeichnet, ansonsten ein weißer. Offenbar ergeben sich keine längeren Übereinstimmungen, welche als schwarze Diagonalen in der Grafik erscheinen müssten.

Da ein solch elementarer Dotplot schnell unübersichtlich werden kann, hat man verschiedenste Filtertechniken entwickelt. So kann man etwa ein Fenster der Länge $w > 1$ über beide Sequenzen gleiten lassen und den jeweiligen Fensterinhalt vergleichen. Machen wir dies für $w = 5$:

```
abstd={}; w=5;
Do[ AppendTo[abstd, {}];
Do[ AppendTo[abstd[[j-w+1]],
HammingDistance[StringTake[bov1,{i-w+1,i}],
StringTake[bov2,{j-w+1,j}]]], {i,w,200}], {j,w,100}];
MatrixPlot[abstd/w, ...]
```

Nun resultiert der Dotplot aus Abb. 21.2. Via StringTake haben wir immer Zeichenketten der Länge w aus beiden Sequenzen herausgegriffen und deren Abstand bestimmt, ein Wert, der zwischen 0 und w liegen muss. Durch abstd/w haben wir auf den Bereich zwischen 0 und 1 standardisiert. Großen Abständen werden wieder helle Farben zugeordnet, so dass dunkle Farben für große Ähnlichkeit der Zeichenketten sprechen.

Eine zusätzliche Filterung und wieder einen schwarzweißen Dotplot erhalten wir, wenn wir binärisieren, indem wir eine maximale Unähnlichkeit festsetzen:

```
abstd={}; w=5;
Do[ AppendTo[abstd, {}];
Do[ AppendTo[abstd[[j-w+1]],
If[HammingDistance[StringTake[bov1,{i-w+1,i}],
StringTake[bov2,{j-w+1,j}]]<=2, 0, 1]], {i,w,200}], {j,w,100}];
MatrixPlot[abstd, ...]
```

Im Beispiel haben wir durch eine `If`-Bedingung, siehe Abschnitt 7.3, festgelegt, dass Abstände ≤ 2 als ähnlich (Wert 0) angesehen werden, Abstände > 2 als unähnlich. Der resultierende Dotplot aus Abb. 21.3 zeigt nun doch einige kürzere Diagonalen, also Bereiche größerer Ähnlichkeit im eben definierten Sinne.

---

i **Weiterführende Informationen ...** zu bei Mathematica implementierten Abstandsmaßen findet der Leser in der Hilfe unter *guide/DistanceAndDissimilarityMeasures*. Neben den obigen und den in Tab. 9.1 vorgestellten Abstandsmaßen werden dort auch solche speziell für binäre bzw. Boolsche Vektoren vorgestellt, wie etwa die Maße von Jaccard, Yule, usw.

Abschließend sei an die Befehle `GenomeLookup`, `GenomeData` und `ProteinData` (seit Version 7) aus Abschnitt 14.5 erinnert, welche einem Beispielmaterial für Sequenzanalysen liefern.

—

Teil IV: **Anhänge**

A Ein Blick hinter die Kulissen ...

In Kapitel 1 haben wir diskutiert, was unter einem Computeralgebrasystem (CAS), ein solches ist Mathematica ja, zu verstehen ist. Letztlich kann ein (reines) CAS nur jene Probleme angehen, deren Lösung sich algebraisieren lässt. Als Beispiel hatten wir das Thema der Differentiation von Funktionen erwähnt: Obwohl die Ableitung einer Funktion über eine Grenzwertbeziehung und damit in analytischer, aber nicht algebraischer Weise definiert ist, kann man zu gegebener Funktion die Ableitung praktisch berechnen, wenn man ein paar elementare Ableitungen und Differentiationsregeln kennt. Unter diesen Voraussetzungen handelt es sich dann aber um ein algebraisches Problem, welches also prinzipiell einem CAS zugänglich ist. Tatsächlich kann Mathematica auch derartige Ableitungen berechnen, etwa mit Hilfe des in Abschnitt 8.2 besprochenen Befehls D. Um verstehen zu können, wie Mathematica dabei vorgeht, wollen wir „das Rad neu erfinden", d. h. wir wollen unseren eigenen Ableitungsoperator definieren, wie es auch in Abschnitt 2.7 bei Koepf (2006) vorgeschlagen wird. Das gut lesbare Buch von Koepf (2006) ist übrigens generell einem jeden zu empfehlen, der mal etwas „hinter die Kulissen" von Mathematica blicken will. Einen Ansatz zur Definition eines eigenen Integrationsoperators findet der interessierte Leser in Abschnitt 2.3 bei Wolfram (2003).

Zuerst wollen wir in diesem Kapitel kurz zusammenfassen, wie „algebraisches Differenzieren" theoretisch aussehen wird. Unsere Überlegungen wollen wir anschließend, soweit es geht, in Mathematica umsetzen. Dabei müssen wir insbesondere auf Mathematicas Fähigkeit zur Mustererkennung zugreifen, siehe Abschnitt 7.7. Die nötigen Kenntnisse sollen hier in einer solchen Form zusammengefasst werden, dass auch der Leser, der bisher Abschnitt 7.7 noch nicht durchgearbeitet hat, den Ausführungen dieses Anhangs leicht folgen kann. Zu guter Letzt nehmen wir dann unser eigentliches Ziel in Angriff, die Definition eines Ableitungsoperators.

A.1 Kurzübersicht: Differentiation von Funktionen

Die Ableitung einer differenzierbaren Funktion $f : \mathbb{R} \to \mathbb{R}$ an einer Stelle $x \in \mathbb{R}$ ist definiert als der Grenzwert des zugehörigen Differenzenquotienten, also

$$f'(x) = \lim_{h \to 0} \frac{f(x+h) - f(x)}{h}.$$

Einige elementare Beispiele sind die Ableitungen der folgenden Funktionen:

$f(x)$	$f'(x)$	$f(x)$	$f'(x)$	$f(x)$	$f'(x)$
c (Konstante)	0	$\exp x$	$\exp x$	$\sin x$	$\cos x$
x^α	$\alpha \cdot x^{\alpha-1}$	$\ln x$	x^{-1}	$\cos x$	$-\sin x$

DOI 10.1515/9783110425222-022

Zusammen mit der Kenntnis der folgenden Differentiationsregeln kann man die Ableitungen einer großen Vielfalt von Funktionstypen bestimmen:

- Summenregel: $(f + g)'(x) = f'(x) + g'(x)$;
- Produktregel: $(f \cdot g)'(x) = f'(x) \cdot g(x) + f(x) \cdot g'(x)$;
- Kettenregel: $(f \circ g)'(x) = f'(g(x)) \cdot g'(x)$.

Als eine erste Konsequenz erhält man aus Ketten- und Produktregel die Quotientenregel $(f/g)'(x) = (f'(x) \cdot g(x) - f(x) \cdot g'(x))/g^2(x)$, und schließlich die Ableitung von Funktionen wie

- $f(x) = 2x + 1$, nämlich $f'(x) = 2$ (Summen- und Produktregel),
- $f(x) = \tan x = \sin x / \cos x$, nämlich $f'(x) = 1/\cos^2 x$ (Quotientenregel),
- $f(x) = a^x = \exp(x \cdot \ln a)$, $a > 0$, nämlich $f'(x) = a^x \cdot \ln a$ (Ketten- und Produktregel), u. v. m.,

alles durch Anwendung der Regeln und der grundlegenden Ableitungen, aber ohne explizite Grenzwertberechnung. Dieses Vorgehen wollen wir auch **Mathematica** beibringen, zum zweiten Mal, denn eigentlich kann **Mathematica** das ja schon, siehe Abschnitt 8.2. Konkret wollen wir einen Ableitungsoperator A definieren, der, angewendet auf eine Funktion $f(x)$ eines Argumentes x, die Ableitung $f'(x)$ bestimmt. Das dazu nötige Hintergrundwissen in puncto Wolfram Language vermittelt der folgende Abschnitt A.2.

A.2 Mustererkennung mit Mathematica

Vereinfacht formuliert ist ein jeder Ausdruck der **Wolfram Language** eine Funktion, d. h. von der Bauart `Name[x1,x2,...]` mit einer bestimmten Zahl an Argumenten *x1,x2,...* Diese interne Darstellung kann man sich jederzeit von `FullForm` anzeigen lassen, wie in Abschnitt 5.3 erläutert. Selbst Operationen wie „+", „*", „^", etc., werden intern durch die Funktionen `Plus`, `Times` bzw. `Power` dargestellt. Insofern müssen auch Befehle, die z. B. Umformungen an einer Funktion (im klassischen Sinne) vornehmen sollen, wie etwa der von uns angestrebte Ableitungsoperator A, als eine Funktion definiert werden, welcher über die Argumente die nötigen Informationen über ihren konkreten „Auftrag" mitgeteilt werden. Bei der Programmierung einer solchen Funktion greifen wir auf **Mathematicas** Potential zur *Mustererkennung* zurück. Dieses haben wir eigentlich schon in Abschnitt 7.7 erörtert, die nötigen Aspekte der Mustererkennung sollen hier aber trotzdem nochmal kurz vorgestellt werden.

Ein *Muster* wird dabei mit Hilfe des Unterstrichs „_" ausgedrückt, der als Platzhalter dient, siehe auch Abschnitt 7.1. Um dem Platzhalter einen Namen zu geben, so dass man Mathematica anschließend erläutern kann, was es bei dessen Auftreten machen soll, setzt man vorneweg eine Bezeichnung, z. B. `x_` für einen Ausdruck namens *x*.

Ein Beispiel: Wenn wir wünschen, dass die Funktion f von ihrem Argument stets den Sinus berechnet, so bringen wir dies Mathematica wie folgt bei:

```
f[x_]:=Sin[x];
```

```
f[7 y-3]                                    -Sin[3-7 y]
```

Das zu erkennende Muster ist hierbei das erste und einzige Argument, wir nennen es x, und damit soll die Berechnung $\sin x$ angestellt werden. Wollen wir bei Fehlen des Musters eine Fehlermeldung umgehen und stattdessen einen Vorgabewert verwenden, verwenden wir „_:", siehe auch die Abschnitte 7.6 und 7.7. Ein Beispiel:

```
g[x_:1]:=Sin[x];
```

```
g[7 y-3]                                    -Sin[3-7 y]
```

```
g[]                                         Sin[1]
```

Es sind aber auch komplexere Muster erlaubt als nur das Argument der neu definierten Funktion. Wollen wir erreichen, dass eine Funktion h Summen in Produkte umwandelt, so können wir definieren:

```
h[a_+b_]:=a*b;
```

```
h[x+y]                                      x y
```

```
h[7 y-3]                                    -21 y
```

```
h[2+3]                                      h[5]
```

Die Bestandteile des Musters sind nun also aus einer Summe herauszusuchen, d. h. letztlich die Argumente der innenstehenden Funktion Plus. Das letzte Beispiel scheitert dabei, da Mathematica in manchen Situationen automatisch Vereinfachungen durchführt, bevor es eine weitere Funktion anwendet. Dies wird uns im folgenden Abschnitt einiges Kopfzerbrechen bereiten. Weiterführende Informationen zum Thema Muster findet der Leser in Abschnitt 7.7.

A.3 Algebraisches Differenzieren mit Mathematica

Nachdem wir in Abschnitt A.2 das nötige Wissen zu Mathematicas Fähigkeiten in puncto Mustererkennung gesammelt haben, wollen wir nun versuchen, einen Ableitungsoperator A zu definieren, der eine gegebene Funktion ableitet. Konkret: Wir wollen einen Befehl der Syntax A[f[x],x], der als Ausgabe die Ableitung $f'(x)$ liefert. Um dies zu erreichen, soll das Vorgehen aus Abschnitt A.1 umgesetzt werden.

Als erste Regel wollen wir dabei die Ableitung einer Konstanten, d. h. eines Ausdrucks frei von der betrachteten Variablen, implementieren. Dabei verwenden wir das Kommando FreeQ, welches prüft, ob ein gegebener Ausdruck c von einem anderen, etwa x, abhängt; ist dies nicht der Fall, d. h. ist c bzgl. x konstant, so wird True zurückgegeben.

```
A[c_, x_]:=0 /; FreeQ[c,x]
```

```
A[2 y+1,x]                                    0
```

```
A[2 x+1,x]                            A[1+2 x,x]
```

Das Kommando „ / ; " ist hierbei der Bedingungsoperator, siehe Abschnitt 7.2. Offenbar funktioniert A bis dato korrekt, kann aber natürlich noch nicht die Funktion $2x + 1$ nach x ableiten. Bringen wir also dem Operator als Nächstes bei, wie Potenzfunktionen x^a abzuleiten sind:

```
A[x_^a_:1, x_]:=a x^a-1 /; FreeQ[a,x]
```

```
A[x^3.2,x]                               3.2 x^2.2
```

```
A[x,x]                                        1
```

```
A[1/x²,x]                                   -2/x³
```

Der Operator A achtet nun also darauf, ob sein erstes Argument eine Potenz ist, d. h. von der Funktion Power umschlossen wird. Deren zweites Argument, also der Exponent, wird auf Konstantheit bzgl. x geprüft. Der Vorgabewert 1 wird dabei benötigt, da Mathematica, genau wie wir auch, die Potenz x^1 nicht als solche auszeichnet, sondern kurz x nennt. Der Operator arbeitet erneut wie gewünscht, erkennt sogar Brüche der Art $1/x^a$ als Potenz x^{-a}. Letzteres liegt schlicht daran, dass Mathematica einen solchen Bruch intern als negative Potenz speichert:

```
1/x² //FullForm                          Power[x,-2]
```

```
A[2 x+1,x]                            A[1+2 x,x]
```

Noch immer kann Mathematica nicht die Funktion $2x+1$ ableiten, da es sich dabei weder um eine Konstante, noch um eine reine Potenzfunktion handelt. Was A noch nicht kennt, sind Summen- und Produktregel. Bevor wir diese implementieren, bringen wir Mathematica erst noch die Ableitung von ein paar weiteren Standardfunktionen bei:

```
A[Log[x_], x_]:=1/x
```

```
A[Sin[x_], x_]:=Cos[x]
```

```
A[Cos[x_], x_]:=-Sin[x]
```

Auf die Exponentialfunktion verzichten wir vorerst, da diese im Gegensatz zu den anderen Funktionen bei Mathematica nicht als eigenständiger Funktionstyp implementiert ist:

```
Exp[x] //FullForm                         Power[E,x]
```

```
Log[x] //FullForm                         Log[x]
```

Nun ergänzen wir der Reihe nach die Summen- und Produktregel und testen diese an Beispielen:

```
A[f_+g_, x_]:=A[f,x]+A[g,x];
```

```
A[x+Sin[x],x]                             1+Cos[x]
```

```
A[2 x+1,x]                                A[1+2 x,x]
```

```
A[f_*g_, x_]:=A[f,x]*g+f*A[g,x];
```

```
A[2 x+1,x]                                2
```

```
A[x*Sin[x],x]                             x Cos[x]+Sin[x]
```

$$A\left[\tfrac{\text{Sin}[x]}{5\,x^2},x\right] \qquad\qquad \tfrac{1}{5}\left(\tfrac{\text{Cos}[x]}{x^2} - \tfrac{2\,\text{Sin}[x]}{x^3}\right)$$

Im letzten Beispiel kommt A ohne Kenntnis der Ketten- bzw. Quotientenregel aus, da der Bruch intern recht günstig dargestellt wird:

$\tfrac{\text{Sin}[x]}{5\,x^2}$ `//FullForm`   `Times[Rational[1,5], Power[x,-2], Sin[x]]`

Implementieren wir schließlich noch die Kettenregel:

```
A[Sin[x²],x]                              A[Sin[x²],x]
```

```
A[g_[f_], x_]:=A[g[f],f]*A[f,x];
```

```
A[Sin[x²],x]                              2 x Cos[x²]
```

Bis zu dieser Stelle haben wir A exakt jenes Vorgehen beigebracht, wie wir es selbst in der Schule gelehrt wurden. Wenn nun A noch wüsste, wie die Exponentialfunktion abzuleiten ist, und dass man beliebige Potenzen $a(x)^{f(x)}$, $a(x) > 0$, auch als $\exp\left(f(x)\cdot\ln a(x)\right)$ schreiben kann, womit sie zusammen mit Ketten- und Produktregel abgeleitet werden könnten, wäre unsere Aufgabe gelöst. Hier jedoch beginnen die Probleme, die im Wesentlichen darauf beruhen, dass die Exponentialfunktion intern mit Hilfe von Power dargestellt wird, siehe oben. Deshalb müssen wir hier gleich einen Schritt weitergehen und **Mathematica** den allgemeinen Fall

$$\tfrac{d}{dx}\,a(x)^{f(x)} = \tfrac{d}{dx}\,\exp\left(f(x)\cdot\ln a(x)\right) = \exp\left(f(x)\cdot\ln a(x)\right)\cdot\tfrac{d}{dx}\left(f(x)\cdot\ln a(x)\right)$$

$$= a(x)^{f(x)}\cdot\tfrac{d}{dx}\left(f(x)\cdot\ln a(x)\right)$$

beibringen, der dann als Spezialfall auch die Exponentialfunktion beinhaltet:

```
A[a_^f_, x_]:=a^f*A[f*Log[a],x];
```

```
A[Exp[x],x]                               eˣ
```

```
A[Exp[2 x],x]                             2 e²ˣ
```

A[2^x,x]   2^x Log[2]

A[x^x,x]   x^x (1+Log[x])

Damit haben wir einen sehr mächtigen Ableitungsoperator programmiert. Einen Überblick über die implemetierten Regeln erhält der Leser durch Ausführung von ?A. Rein theoretisch müsste dieser nun auch in der Lage sein, weitere Funktionen wie etwa den Tangens abzuleiten, schließlich ist tan x = sin x/ cos x. Leider ist der Tangens als eigenständige Funktion implementiert, so dass Mathematica hier keinen Quotienten erkennt. Auch scheitert eine an sich plausible Regel wie A[Tan[f_], x_]:=A[$\frac{Sin[f]}{Cos[f]}$,x], da Mathematica leider vor Ausführung weiterer Kommandos den Bruch $\frac{Sin[f]}{Cos[f]}$ zurück nach Tan[f] verwandelt, man sich also im Kreise dreht. Um den Ableitungsoperator zu vollenden, müsste der Leser somit noch eine Reihe weiterer Funktionstypen wie Tangens, Cotangens, usw., direkt implementieren, was sicherlich eine sinnvolle Übung wäre.

B Anbindung an SQL-Datenbanken

In Abschnitt 4.3 haben wir kennengelernt, wie man aus einer Vielzahl verschiedener Dateitypen Daten nach Mathematica importieren kann. Mit dabei waren sogar Access-Datenbanken, die allerdings nur für begrenzte Datenmengen verwendet werden können. Für mächtigere Datenbanksysteme bietet Mathematica den `DatabaseLink`` zum Andocken an, siehe Abschnitt B.1. Das notwendige Vorgehen soll hier beispielhaft am kostenlosen Datenbanksystem MySQL™ demonstriert werden; bei Datenbanken anderer Hersteller, inklusive Access-Datenbanken, ist ein analoges Vorgehen möglich. Informationen zum Programm MySQL und zur Sprache SQL findet der interessierte Leser im Anhang C.

In Abschnitt B.1 lernen wir, wie man eine Verbindung zur Datenbank herstellt und Daten abfragt. Durch `DatabaseExplorer[]` kann man dabei sogar eine grafische Benutzeroberfläche aktivieren, siehe Abschnitt B.2, mit der man bequem die Daten betrachten kann, bevor man Teile davon in das Notebook lädt.

Weiterführende Informationen ... zum Paket `DatabaseLink`` findet der Leser in der Hilfedatei unter *DatabaseLink/tutorial/Overview*. Wer ferner die Mathematica-eigenen Abfragekommandos verwenden möchte, an Stelle der Sprache SQL, der findet entsprechende Informationen unter *DatabaseLink/tutorial/Overview*, Rubrik *Data Commands → Wolfram Language-Style Queries*. Dort kann der Leser Kommandos wie `SQLSelect, ..., SQLDropTable` einzeln ansteuern.

B.1 Abfragen aus Datenbanken

Gehen wir im Folgenden vom Beispiel eines Handelsunternehmens aus. In der MySQL-Datenbank verkauf[20] befindet sich u. a. die Tabelle `deckung`, welche zu jedem durchgeführten Auftrag den zugehörigen Deckungsbeitrag enthält. Ferner sind diese Daten um die zuständige Abteilung und den zuständigen Mitarbeiter ergänzt. Der aufmerksame Leser wird übrigens bemerkt haben, dass wir genau die gleichen Daten schon in Abschnitt 4.3 kennengelernt haben, dort im Excel- und Access-Format.

In Mathematica müssen wir nun lediglich zwei Kommandos ausführen, um auf die Daten der Datenbank *verkauf* zugreifen zu können. Der erste dieser Schritte besteht dabei im Laden des Paketes `DatabaseLink``.

```
Needs["DatabaseLink`"]
```

---

20 Datenbanken werden bei MySQL als eigener Unterordner im Verzeichnis `C:\ProgramData\My-SQL\MySQL Server ...\Data` abgelegt. In der Datei `verkauf.zip` befindet sich der gepackte Ordner `verkauf`, welcher in dieses Verzeichnis zu entpacken ist. Alternativ kann man das Beispiel in Anhang C durchlaufen, dabei wird die genannte Datenbank erzeugt.

DOI 10.1515/9783110425222-023

Im zweiten Schritt stellen wir dann schon die Verbindung zur MySQL-Datenbank *verkauf* her, indem wir den Treiber MySQL(Connector/J) wählen und den Pfad „Server/Datenbank" angeben:

```
verkauf=OpenSQLConnection[JDBC["MySQL(Connector/J)",
"localhost/verkauf"], "Username"->"XXX", "Password"->"XXX"]
```

SQLConnection[| Name: **None**   ID: 1
 Status: **Open**   Catalog: verkauf |]

Zusätzlich mussten auch Nutzername und Passwort angegeben werden. **Achtung:** Beide Angaben verbergen sich hinter der visuellen Darstellung des JDBC-Objektes, was man leicht durch % //FullForm nachprüft; entsprechende Notebooks sollten also vor Weitergabe an andere bereinigt werden!

⚡ **Ausblick:** Die in Mathematica vorliegenden Treiber kann man einsehen via

JDBCDriverNames[]   {...,mysql,MySQL(Connector/J),PostgreSQL,...}

Bis einschließlich Version 10 wurde hier auch odbc angeboten, mit dessen Hilfe man auf eine bestehende *ODBC*[21]-Schnittstelle zugreifen kann, wie sie etwa auch von MySQL unterstützt wird. Mit Version 11 ist dieser Treiber allerdings aus Mathematica verschwunden, wird aber möglicherweise in zukünftigen Versionen wieder unterstützt werden.

　　Hintergrundinformationen zum Einrichten von und Andocken an eine ODBC-Schnittstelle findet der Leser in Anhang B in Weiß (2008).

Der obigen Verbindung haben wir in **Mathematica** den Namen *verkauf* gegeben. Prüfen wir, welche Tabellen die Datenbank umfasst:

SQLTableNames[verkauf]   {deckung,transaktionen}

SQLTables[verkauf]

{SQLTable[deckung, TableType→TABLE],
 SQLTable[transaktionen, TableType→TABLE]}

Wir wollen im Folgenden beispielhaft Daten aus der Tabelle *deckung* abfragen, siehe auch Abb. 4.1 auf Seite 45. Diese umfasst folgende Spalten bzw. Variablen:

SQLColumnNames[verkauf, "deckung"]

{{deckung,auftrag}, ..., {deckung,deckungsbeitrag}}

---

21 *Open DataBase Connectivity* ist eine standardisierte Schnittstelle zum Zugriff auf Datenbanken.

```
SQLColumns[verkauf, "deckung"]
```

```
{SQLColumn[{deckung,auftrag}, DataTypeName→INT, DataLength→10,
Default→Null, Nullable→0], ...}
```

Das zweite Kommando liefert auch Informationen über den jeweiligen Variablentyp, z. B. ganze Zahlen oder Dezimalzahlen, und über die Zulässigkeit von Leerzellen.

Prinzipiell kann man von **Mathematica** aus auf zweierlei Art und Weise mit der Datenbank kommunizieren: Entweder durch Anwendung **Mathematica**-eigener Kommandos, oder durch die Sprache SQL. Nach Meinung des Autors ist der zweite Weg zu bevorzugen, da man sein Wissen über die Sprache SQL über **Mathematica** hinaus verwenden kann. SQL-Kommandos, wie sie in Anhang C erläutert werden, führt man mit Hilfe von SQLExecute aus:

```
SQLExecute[verkauf, "SELECT * FROM deckung"]
```

```
{{1705,A,xyz,1.56}, ..., {1708,B,uvw,16.18}}
```

Das ausgeführte SQL-Kommando liefert den gesamten Inhalt der Tabelle *deckung* in Listenform, vgl. Abb. 4.1 auf Seite 45 bzw. Anhang C.4. Durch Hintanhängen von //TableForm hätte man eine tabellarische Ausgabe erreicht, siehe Abschnitt 4.2.1. Der Einsatz von SQL ist dabei nicht auf Abfragen beschränkt, auch Kommandos zur Änderung der Datenbank können ausgeführt werden. Alles Weitere zu SQL findet der Leser in Anhang C.

Obwohl nach Meinung des Autors das Erlernen und Verwenden der Sprache SQL der empfehlenswertere Weg ist, sollen auch die **Mathematica**-eigenen Datenbankkommandos vorgestellt werden, welche sich in ihrer Syntax offenbar an der Sprache SQL orientieren: SQLSelect (Abfrage von Daten), SQLCreateTable (Erzeugen einer Tabelle), SQLInsert (Einfügen von Daten), SQLUpdate (Änderung von Daten), SQLDelete (Löschen von Daten) und SQLDropTable (Löschen einer Tabelle). Beispielhaft wollen wir auf das in der Praxis wohl wichtigste Kommando eingehen, SQLSelect. Obiger Komplettabfrage entspricht folgender Code:

```
SQLSelect[verkauf, "deckung"]
```

```
{{1705,A,xyz,1.56}, ..., {1708,B,uvw,16.18}}
```

```
SQLSelect[verkauf, "deckung", {"auftrag","abteilung"}]
```

```
{{1705,A}, {1706,B}, {1707,B}, {1708,B}}
```

Das zweite Kommando dagegen schränkt die Abfrage auf die Variablen *auftrag* und *abteilung* ein. Gerade bei großen Datenmengen kann es sinnvoll sein, nur eine Vorschau der Daten zu übermitteln, indem man die Zahl der Datenzeilen beschränkt:

```
SQLSelect[verkauf, "deckung", MaxRows -> 2, ShowColumnHeadings -> True]
```

{{auftrag,...}, {1705,A,xyz,1.56}, {1706,B,abc,-3.92}}

Zugleich haben wir bei diesem Beispiel auch die Variablennamen abgefragt. Als Analogon zur WHERE-Klausel bei SQL kann man bei der Abfrage zusätzliche Bedingungen angeben:

```
SQLSelect[verkauf, "deckung", SQLColumn["deckungsbeitrag"]>0]
```

{{1705,A,xyz,1.56}, {1707,B,uvw,11.65}, {1708,B,uvw,16.18}}

Hier wurden nur jene Zeilen abgefragt, deren Wert bei *deckungsbeitrag* positiv ist. Nachdem alle Daten korrekt übermittelt wurden, kann man die Verbindung zur Datenbank wieder beenden: CloseSQLConnection[verkauf].

B.2 Der Database Explorer

Gerade bei umfangreichen Datenbanken kann eine grafische Oberfläche sehr angenehm sein, bei der die Daten als Tabellenblatt dargestellt werden, durch welches man bequem scrollen kann. Ist dann der interessante Teil der Daten klar, kann man diesen, wie in Abschnitt B.1 erläutert, per Abfrage in ein Notebook übertragen. Besitzt der Benutzer für das vorliegende Datenbanksystem keine spezielle grafische Oberfläche, so kann er die von Mathematica nutzen: den *Database Explorer*. Diesen aktiviert man von einem Notebook aus wie folgt:

```
Needs["DatabaseLink`"]
```

```
DatabaseExplorer[];
```

Nach Ausführung dieser Kommandos öffnet sich das Fenster aus Abb. B.1. Um zur gewünschten Datenbank zu gelangen, in unserem Fall die Datenbank *verkauf*, wählt man nun *Connect to a data source* (Schaltfläche links oben) und gelangt zum Dialog *Connection Tool* aus Abb. B.2. Existiert hier bereits die Verbindung zur relevanten Datenbank, so wählt man diese aus, klickt *Connect* und gelangt gleich zurück zum Database Explorer, ähnlich wie ab Abb. B.4.

Existiert die Verbindung dagegen noch nicht, so klickt man *New...* und gelangt zum Dialog aus Abb. B.3. Hier sind nun einige Schritte zu durchlaufen, um letztlich die Verbindung zur Datenbank herzustellen. Im zweiten Schritt ist ein Name für die Verknüpfung zu vergeben, wir wählen *verkauf*. Es sei aber bemerkt, dass der Name *nicht* mit dem der Datenbank übereinstimmen muss. Bei Schritt 3, *Specify Visibility*, bestätigen wir die Voreinstellung *User Level*, bei Schritt 4 legen wir die Art der Verknüpfung fest: *MySQL (Connector/J)*. Im 5. Schritt müssen wir den *Hostname* (z.B. localhost), die *Database*, in unserem Fall *verkauf*, und ggf. *Username* und *Password* angeben. Ein Klick auf *Test* hilft uns festzustellen, ob bisher alle Angaben korrekt waren. Im

sechsten und letzten Schritt belassen wir es bei den Voreinstellungen (falls *Test* erneut befriedigend verläuft), beenden den Dialog und erhalten eine Meldung über den
Speicherort der erzeugten Verbindung `verkauf.m`. Nach „OK" kehren wieder zurück
zum Dialog aus Abb. B.2, wo nun die neue Verknüpfung *verkauf* zu sehen ist. Wir wählen diese aus und klicken *Connect*.

Im Database Explorer markieren wir im Feld *Connection* die Verbindung namens
verkauf, siehe Abb. B.4. Um nun eine Datenabfrage auszuführen, wählen wir die gewünschte Tabelle aus, z. B. *deckung*, und anschließend im Feld *Columns* die interessierenden Variablen der Tabelle. Wechselt man von der Karte *Query* zur Karte *Results*,
siehe Abb. B.5, so kann man das Abfrageresultat einsehen. Zurück auf der Karte *Query*
kann man die Abfrage modifizieren. Will man dabei, vergleichbar der `WHERE`-Klausel
bei SQL, weitere Bedingungen formulieren oder eine Sortierung veranlassen, so muss
man zuerst *Show Advanced Options* klicken. Dann erweitert sich der Dialog wie in
Abb. B.6; durch *Hide Advanced Options* kommt man wieder zurück zum einfachen Dialog aus Abb. B.4. Die visuell erstellten Abfragen kann man sich übrigens auch als Code
in ein Notebook schreiben lassen, dazu klickt man schlicht auf *Create a notebook …*
(Schaltfläche ganz rechts).

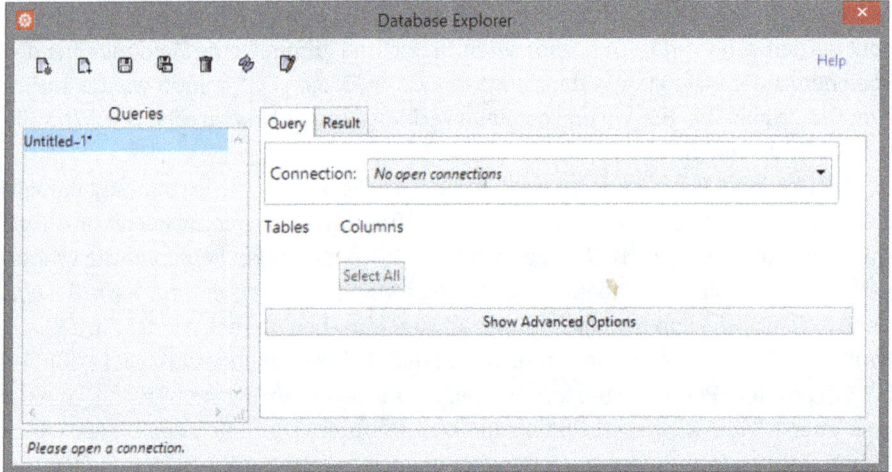

Abb. B.1. Der Database Explorer direkt nach seinem Start.

Abb. B.2. Auswahl einer Verbindung.

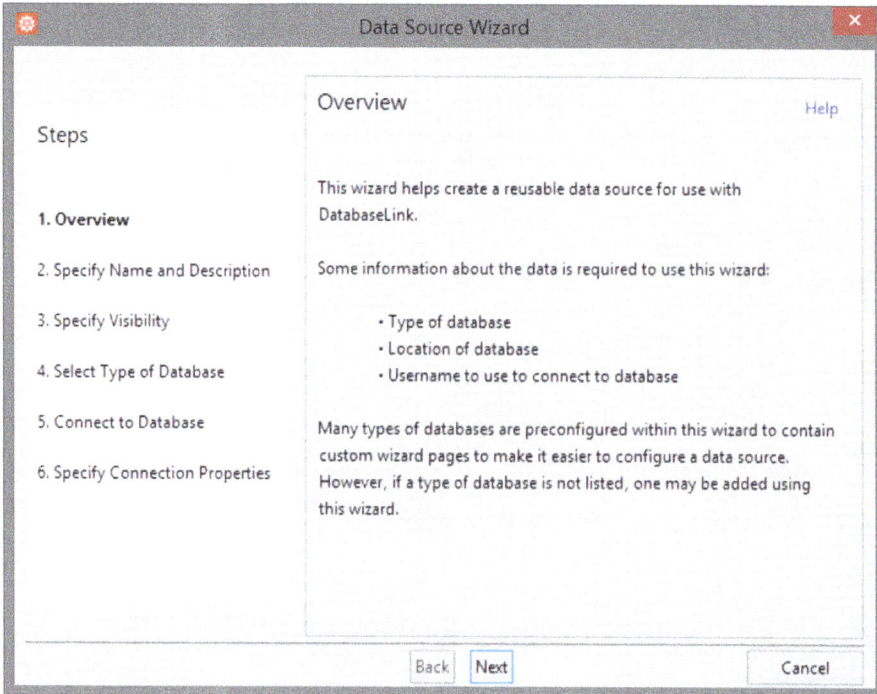

Abb. B.3. Verbindung zu einer Datenbank herstellen.

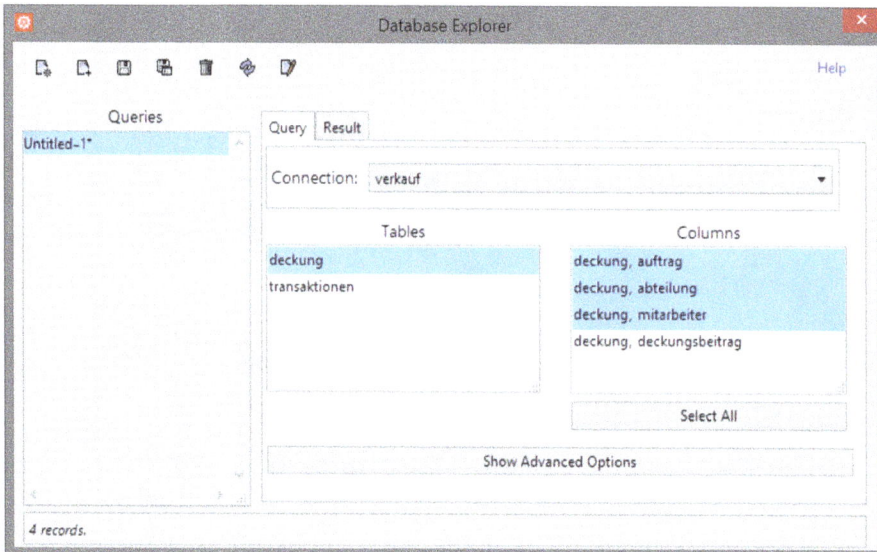

Abb. B.4. Der Database Explorer: Auswahl dreier Variablen.

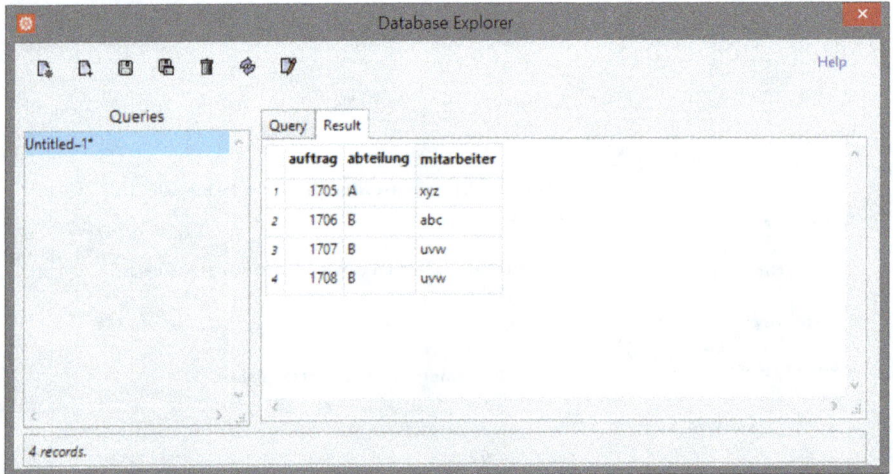

Abb. B.5. Der Database Explorer: Resultat einer Abfrage.

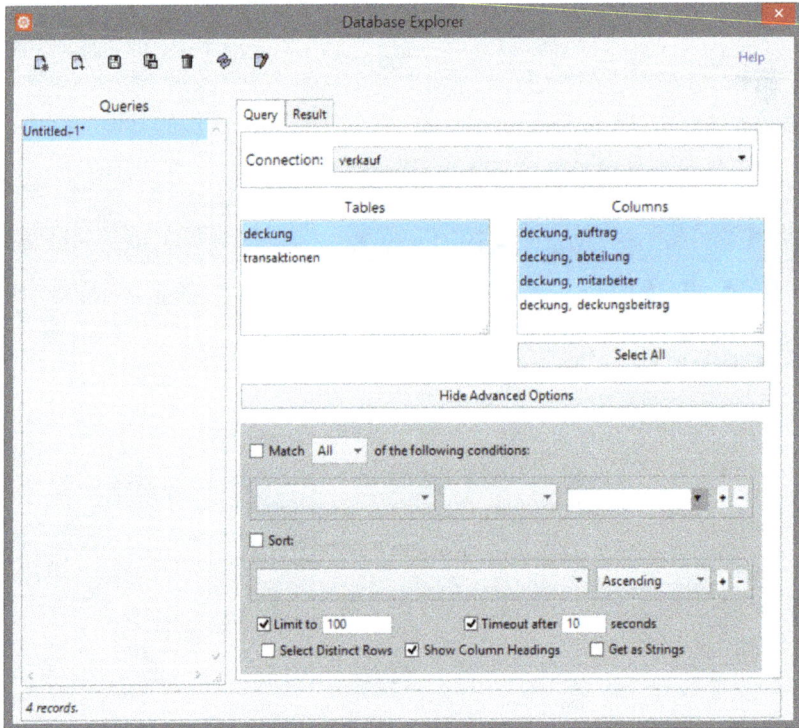

Abb. B.6. Der Database Explorer mit zusätzlichen Abfrageoptionen.

C Kleines MySQL-ABC

Zur Erstellung, Verwaltung und Kontrolle relationaler Datenbanksysteme hat sich als Quasi-Standard die *Structured Query Language (SQL)* etabliert. Der Befehlssatz von SQL umfasst alle Bestandteile, die für Datenbanksysteme erforderlich sind:

- *Data Definition Language (DDL)*: Es stehen Befehle wie CREATE, ALTER, DROP, etc. zur Verfügung.
- *Data Manipulation Language (DML)*: Es stehen Befehle wie SELECT, UPDATE, INSERT, DELETE, etc. zur Verfügung.
- *Data Control Language (DCL)*: Es stehen Befehle wie COMMIT, ROLLBACK, etc. zur Verfügung.

Im Folgenden soll ein kurzer Überblick über die Sprache SQL gegeben werden. Dabei wird zur Illustration das kostenlos erhältliche Datenbanksystem MySQL™ (im Internet unter https://www.mysql.com/) verwendet, welches im Anschluss beschrieben wird. Weitere relationale Datenbanksysteme, welche auch eine auf SQL basierende Sprache verwenden, sind das ebenfalls kostenlose PostGreSQL (https://www.postgresql.org/) oder diverse kommerzielle Produkte. Für weitergehende Informationen zu MySQL sei auf MySQL (2014) verwiesen, Informationen zur Sprache SQL und zu relationalen Datenbanksystemen findet der Leser etwa bei Throll & Bartosch (2010).

C.1 Das Datenbanksystem MySQL

Bei der Standardinstallation „MySQL on Windows" der „Community Edition (GPL)" von MySQL (auf der MySQL-Homepage https://www.mysql.com/ ist aber auch eine Linux-Version erhältlich) werden auf einen Schlag diverse Werkzeuge installiert, u. a. auch die grafische Benutzeroberfläche *MySQL Workbench*. Im Folgenden werden wir aber auf diese grafische Oberfläche verzichten und alle SQL-Kommandos in ein Eingabefenster eingeben, den *MySQL Command Line Client*. Diesen starten wir über das Windows-Startmenü; nach Abschluss der Arbeit mit MySQL verlässt man mit EXIT oder QUIT das Eingabefenster.

Wurde der MySQL Command Line Client gestartet, so werden die SQL-Befehle stets hinter der Marke mysql> im Eingabefenster aus Abb. C.1 eingegeben. Befehle müssen stets mit einem Semikolon „;" abgeschlossen werden. Durch Betätigen der Eingabetaste werden die Befehle dann ausgeführt. Drückt man dagegen die Eingabetaste, ohne dass ein Semikolon am Zeilenende steht, so wird der Befehl nicht ausgeführt. Stattdessen wird einfach eine neue Zeile begonnen, an deren Anfang die Marke -> steht. Der Befehl der vorigen Zeile kann fortgesetzt werden. Somit hat man die Möglichkeit, etwa aus Gründen der Übersichtlichkeit, einen Befehl auf mehrere Zeilen zu

DOI 10.1515/9783110425222-024

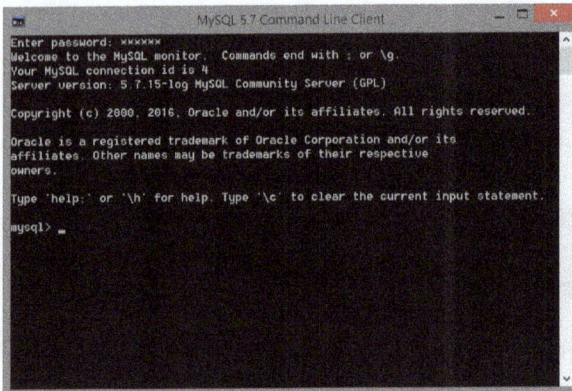

Abb. C.1. Der MySQL Command Line Client nach dem Start.

verteilen und diesen erst dann auszuführen, wenn ein (notfalls auch alleinstehendes) Semikolon eingegeben wurde.

Aus Gründen besserer Lesbarkeit werden Befehle hier stets in Großbuchstaben geschrieben. Da MySQL selbst jedoch nicht zwischen Groß- und Kleinschreibung unterscheidet, ist dies für die Praxis ohne Belang.

C.2 Daten verwalten

Zur Illustration der SQL-Sprachstruktur in diesem und dem folgenden Abschnitt gehen wir vom Beispiel eines Handelsunternehmens aus. Die Waren, welche es seinen Kunden verkauft, sind durch eine Artikelnummer eindeutig gekennzeichnet. In der Datenbank *verkauf* werden in der Tabelle *transaktionen* folgende Daten gespeichert:

Jeder Posten bildet eine eigene Zeile. Als Primärschlüssel wird einfach eine zusätzliche Variable *id* angelegt, welche die Zeilen durchnummeriert. Jede Zeile enthält als weitere Attribute

– *auftrag*: Nummer des Auftrags, der evtl. aus mehreren Posten besteht.
– *abteilung*: Kennzeichen der Abteilung (A, B, C, ...), in welcher die Transaktion getätigt wird.
– *mitarbeiter*: Kennzeichen des Mitarbeiters (drei Kleinbuchstaben), welcher die Transaktion tätigt.
– *artikel*/*menge*: Artikelnummer/Umfang des Postens.
– *einkauf*/*verkauf*: Einkaufs-/Verkaufspreis des Einzelartikels.

Zuerst erstellen wir die Datenbank *verkauf*:

```
mysql>  CREATE DATABASE verkauf;
```

Geben wir nun den Befehl

```
mysql>   SHOW DATABASES;
```

ein, so erhalten wir z. B. das folgende Resultat:

```
+ -------- +
| Database |
+ -------- +
| :        |
| verkauf  |
| :        |
+ -------- +
7 rows in set (0.01 sec)
```

Neben der Datenbank *verkauf* sind auch noch die von MySQL mitgelieferten Datenbanken vorhanden. Wollten wir die Datenbank *verkauf* wieder löschen, müssten wir

```
mysql>   DROP DATABASE verkauf;
```

eingeben. Wir wollen aber stattdessen die Tabelle *transaktionen* erstellen. Dazu müssen wir zuerst per

```
mysql>   USE verkauf;
```

in die Datenbank *verkauf* wechseln, um anschließend die Tabelle wie gewünscht zu
erstellen:

```
mysql>   CREATE TABLE transaktionen(
      ->   id BIGINT UNSIGNED NOT NULL AUTO_INCREMENT
      ->   PRIMARY KEY,
      ->   auftrag INT UNSIGNED NOT NULL,
      ->   abteilung CHAR,
      ->   mitarbeiter CHAR(3) NOT NULL,
      ->   artikel VARCHAR(15) NOT NULL,
      ->   menge INT UNSIGNED NOT NULL,
      ->   einkauf DECIMAL(5,2),
      ->   verkauf DECIMAL(5,2) NOT NULL);
```

Die Bezeichnungen der Datentypen sind weitgehend selbsterklärend, die Einstellung
NOT NULL bewirkt, dass eine Eingabe nur möglich ist, wenn das zugehörige Attribut
nicht leer gelassen wird. AUTO_INCREMENT hat zur Folge, dass bei fehlender Eingabe
von selbst weitergezählt wird. Der Datentyp DECIMAL(5,2) beschreibt Dezimalzahlen
mit maximal 5 Vorkomma- und genau 2 Nachkommastellen. VARCHAR(15) bewirkt,
dass Zeichenketten von Länge maximal 15 eingegeben werden können, bei geringerer
Länge wird aber auch entsprechend weniger Speicherplatz verbraucht. Bei CHAR(3)
dagegen werden unabhängig von der Länge der Zeichenkette (maximal 3) stets vol-
le 3 Byte gespeichert. Weitere optionale Schlüsselwörter wären z. B. DEFAULT 'abc',

wenn bei fehlender Eingabe automatisch der Wert *abc* eingefügt werden soll, oder UNIQUE, wenn außer dem Wert NULL keine Werte doppelt vorkommen dürfen.

Alle eben eingegebenen Spezifikationen für die Variablen können via

```
mysql>  DESCRIBE transaktionen;
```

abgefragt werden, und bei Bedarf könnte die Tabelle per

```
mysql>  DROP TABLE transaktionen;
```

gelöscht werden. Außerdem können wir mit

```
mysql>  SHOW TABLES;
```

alle Tabellen der Datenbank *verkauf* anzeigen lassen, momentan also

```
+ ----------------- +
| Tables_in_verkauf |
+ ----------------- +
| transaktionen     |
+ ----------------- +
1 row in set (0.00 sec)
```

Ferner kann man eine bestehende Tabelle modifizieren über Eingabe von

```
mysql>  ALTER TABLE transaktionen ...;
```

und an Stelle der Pünktchen schreibt man je nach Bedarf etwa
- ADD abc INT UNSIGNED, um *abc* als weitere Variable einzufügen,
- MODIFY abc BIGINT NOT NULL, um den Datentyp von *abc* zu verändern, wobei dies möglichst verlustfrei durchgeführt wird,
- DROP COLUMN abc, um *abc* wieder zu löschen,
- RENAME verkaeufe, um die Tabelle *transaktionen* in *verkaeufe* umzubenennen,
- ORDER BY mitarbeiter DESC, um die Tabelle absteigend nach Mitarbeiterkennungen zu ordnen, wobei ohne DESC aufsteigend, oder mit RAND() an Stelle von DESC „zufällig" sortiert würde.

C.3 Daten eingeben und ändern

Durch den Befehl

```
mysql>  INSERT INTO transaktionen
    ->  VALUES(NULL,1705,'A','xyz','a17-02345',3,1.47,1.99);
```

wird eine vollständige Zeile in die Tabelle *transaktionen* eingegeben, vollständig abgesehen vom Wert für *id*: Durch das Eingeben von NULL wird automatisch weitergezählt, in unserem Fall also eine 1 eingefügt.

Wollen wir zwei nur unvollständige Zeilen eingeben, etwa ohne Wert bei *id* und *abteilung*, so müssen wir alle Variablen gezielt ansprechen:

```
mysql>  INSERT INTO
    ->  transaktionen(auftrag,mitarbeiter,artikel,menge,
    ->  einkauf,verkauf)
    ->  VALUES(1706,'abc','a23-98765',5,1.23,0.99),
    ->  (1706,'abc','x85-13579',1,10.21,7.49);
```

Wenn wir nun den Inhalt der Tabelle per

```
mysql>  SELECT * FROM transaktionen;
```

abfragen, erhalten wir das Resultat

id	auf-trag	abtei-lung	mitar-beiter	artikel	menge	ein-kauf	ver-kauf
1	1705	A	xyz	a17-02345	3	1.47	1.99
2	1706	NULL	abc	a23-98765	5	1.23	0.99
3	1706	NULL	abc	x85-13579	1	10.21	7.49

```
3 rows in set (0.00 sec)
```

Die fehlenden Abteilungswerte können nun nachträglich ergänzt werden. Nehmen wir etwa an, Mitarbeiter *abc* arbeitet in Abteilung *B*, dann würde man schreiben:

```
mysql>  UPDATE transaktionen SET abteilung='B'
    ->  WHERE mitarbeiter='abc';
```

WHERE-Spezifikationen können auch komplexer sein, durch Verwendung von AND, OR, etc., und Vergleichsoperatoren enthalten wie =, <, <=, etc. Ferner könnten wir gezielt Zeilen löschen, etwa via

```
mysql>  DELETE FROM transaktionen
    ->  WHERE mitarbeiter='xyz' OR einkauf>4;
```

Daten können auch aus Textdateien eingelesen werden. Dabei müssen jedoch die Werte zeilenweise mit allen Spalten in der richtigen Reihenfolge angegeben sein, wobei NULL durch den Wert \N ausgedrückt wird. Die verschiedenen Variablen müssen durch ein einheitliches Trennzeichen (z. B. Tabulator, Leerzeichen, etc.) separiert sein. Beispielsweise enthalte die Datei Daten.txt die folgenden Zeilen:

```
\N 1707 B uvw s15-22082 4 0.56 2.39
⋮
\N 1708 B uvw j36-98765 1 5.12 8.49
```

Dann können wir diese Daten in die Tabelle *transaktionen* laden via

```
mysql>  LOAD DATA LOCAL INFILE 'C:\\...\\Daten.txt'
    ->  INTO TABLE transaktionen
    ->  FIELDS TERMINATED BY ' ';
```

Trennzeichen war hierbei ein Leerzeichen. Man beachte, dass man „\" als „\\" schreiben muss. Die Tabelle *transaktionen* enthält nun

```
+ -- + ---- + ------ + ------- + --------- + ----- + ----- + ---- +
| id | auf- | abtei- | mitar-  | artikel   | menge | ein-  | ver- |
|    | trag | lung   | beiter  |           |       | kauf  | kauf |
+ -- + ---- + ------ + ------- + --------- + ----- + ----- + ---- +
| 1  | 1705 | A      | xyz     | a17-02345 | 3     | 1.47  | 1.99 |
                                    ⋮
| 8  | 1708 | B      | uvw     | j36-98765 | 1     | 5.12  | 8.49 |
+ -- + ---- + ------ + ------- + --------- + ----- + ----- + ---- +
8 rows in set (0.00 sec)
```

Gelegentlich sind in einer Textdatei manche Werte, etwa Textwerte, durch ein spezielles Zeichen eingeschlossen, z. B. ein Anführungszeichen. Dann müsste man zusätzlich noch ENCLOSED BY '"' anhängen.

C.4 Daten abfragen und exportieren

Wie weiter oben bereits gesehen, kann man Daten mittels

```
mysql> SELECT ... FROM ... WHERE ...;
```

abfragen. Optional können noch angehängt werden
- GROUP BY variable, um die Werte gemäß den Werten der Variablen *variable* zu gruppieren und ggf. zusammenzufassen,
- ORDER BY variable, um die Werte gemäß den Werten der Variablen *variable* zu ordnen,
- HAVING ..., wobei an Stelle der Pünktchen eine Bedingung steht. HAVING funktioniert genau wie WHERE, nur bezieht sich diese weitere Einschränkung schon auf das vorläufige Resultat der Abfrage: die Erfüllung der Bedingung wird nicht im gesamten Datensatz untersucht, sondern nur im schon durch WHERE eingeschränkten.

Das Resultat einer Abfrage kann auch in einer eigenen Tabelle abgelegt werden. Sind wir etwa an den Deckungsbeiträgen interessiert, die jeder Auftrag einbringt, so speichern wir diese in der Tabelle *deckung* ab:

```
mysql> CREATE TABLE deckung
    -> (auftrag INT NOT NULL PRIMARY KEY,
    -> abteilung CHAR, mitarbeiter CHAR(3),
    -> deckungsbeitrag DECIMAL(7,2)) AS
    -> SELECT auftrag, abteilung, mitarbeiter,
    -> SUM(menge*(verkauf-einkauf)) AS deckungsbeitrag
    -> FROM transaktionen
    -> GROUP BY auftrag ORDER BY auftrag;
```

Hierbei werden die Daten nach *auftrag* gruppiert und über alle Posten je Auftrag summiert, gemäß der Formel SUM(menge*(verkauf-einkauf)). Das Ergebnis wird in der Variablen *deckungsbeitrag* abgelegt. Tabelle *deckung* enthält nun folgende Daten:

```
+ ------- + --------- + ----------- + --------------- +
| auftrag | abteilung | mitarbeiter | deckungsbeitrag |
+ ------- + --------- + ----------- + --------------- +
| 1705    | A         | xyz         | 1.56            |
| 1706    | B         | abc         | -3.92           |
| 1707    | B         | uvw         | 11.65           |
| 1708    | B         | uvw         | 16.18           |
+ ------- + --------- + ----------- + --------------- +

4 rows in set (0.00 sec)
```

Für derartige Zusammenfassungen bzw. *Aggregationen* bietet MySQL neben der Funktion SUM auch COUNT (zum Zählen der Zeilen), AVG (arithmetisches Mittel), MIN (Minimum), MAX (Maximum), sowie STD (Standardabweichung) an.

Resultate können außerdem, mit analoger Syntax wie bei LOAD DATA..., in Textdateien exportiert werden, beispielsweise via

```
mysql>  SELECT * INTO OUTFILE 'C:\\temp\\Deckung.txt'
    ->  FIELDS TERMINATED BY '\t'
    ->  OPTIONALLY ENCLOSED BY '"'
    ->  FROM deckung;
```

Die neue Datei Deckung.txt würde die folgenden Zeilen enthalten:

```
1705    "A"   "xyz"   1.56
1706    "B"   "abc"   -3.92
1707    "B"   "uvw"   11.65
1708    "B"   "uvw"   16.18
```

Hierbei bewirkt TERMINATED BY '\t', dass die Variablen durch Tabulatoren getrennt werden. Das OPTIONALLY vor ENCLOSED BY '"' hat zur Folge, dass nur Textwerte durch Anführungszeichen eingegrenzt werden.

C.5 Tabellen zusammenfassen

Die Tabelle *transaktionen* könnte in einer ähnlichen Fassung online entstanden sein, wobei ein jeder Artikel, der in der Kasse registriert wird, zu einer neuen Zeile der Tabelle führt. Die Tabelle *deckung* bietet dann interessierende Informationen im nötigen Detail an. Allerdings sind beide Tabellen in ihrer momentanen Fassung nicht auf Speicherökonomie ausgelegt, tatsächlich sind zahlreiche Informationen redundant vorhanden: In der Tabelle *transaktionen* etwa sind die Variablen *abteilung*, *einkauf* und *verkauf* eigentlich überflüssig, denn hätte man z. B. eine kompakte Mitarbeitertabelle, die zu jedem Mitarbeiter die zugehörige Abteilung enthält, so müsste man den

Abteilungswert nicht für jeden Posten extra speichern. Analog wäre eine gesonderte Tabelle mit Artikelinformationen wie Einkaufs- und Verkaufspreis sinnvoller. Eine Mitarbeitertabelle kann man erzeugen und um einen weiteren Mitarbeiter ergänzen wie folgt:

```
mysql>  CREATE TABLE mitarbeiter
    ->  (mitarbeiter CHAR(3) NOT NULL PRIMARY KEY,
    ->  abteilung CHAR) AS
    ->  SELECT mitarbeiter, abteilung FROM transaktionen
    ->  GROUP BY mitarbeiter;
mysql>  INSERT INTO mitarbeiter VALUES ('rst','A');
```

Als Resultat erhält man die Tabelle *mitarbeiter*, bestehend aus

```
+ ----------- + ---------- +
| mitarbeiter | abteilung  |
+ ----------- + ---------- +
| abc         | B          |
| uvw         | B          |
| xyz         | A          |
| rst         | A          |
+ ----------- + ---------- +
4 rows in set (0.00 sec)
```

Analog würde man bei der Artikeltabelle verfahren.[22] Anschließend könnte man aus der Tabelle *transaktionen* die Variablen *abteilung*, *einkauf* und *verkauf* löschen. Dies wollen wir aber an dieser Stelle unterlassen, da die Tabelle in anderen Teilen des Buches noch benötigt wird. Stattdessen „ignorieren" wir für den Rest des Abschnitts die bestehende Existenz dieser drei Variablen.

Nachdem nun unsere Daten auf eine Vielzahl von Tabellen platzsparend verteilt vorliegen, müssen diese bei Abfragen wieder geeignet zusammengefügt werden. Dazu kann man sich der JOIN-Verknüpfung von MySQL bedienen. Die Eingabe von

```
mysql>  SELECT a.id, a.auftrag, b.abteilung,
    ->  b.mitarbeiter, a.artikel
    ->  FROM transaktionen AS a
    ->  INNER JOIN mitarbeiter AS b
->  ON a.mitarbeiter=b.mitarbeiter
->  ORDER BY a.id;
```

ergibt folgende Tabelle:

---

22 Schemata für das sinnvolle Zerlegen von Datentabellen zur Vermeidung von Redundanz werden übrigens durch eine Reihe aufeinander aufbauender, sog. *Normalformen* beschrieben. Hierzu sei auf die Literatur verwiesen.

```
+ -- + ------- + --------- + ----------- + --------- +
| id | auftrag | abteilung | mitarbeiter | artikel   |
+ -- + ------- + --------- + ----------- + --------- +
| 1  | 1705    | A         | xyz         | a17-02345 |
                         ⋮
| 8  | 1708    | B         | uvw         | j36-98765 |
+ -- + ------- + --------- + ----------- + --------- +

8 rows in set (0.05 sec)
```

Diese Tabelle stellt also schlicht einen Auszug der vollständigen Transaktionsdaten dar, zusammengesetzt aus Werten von *id*, *auftrag* und *artikel* der Tabelle *transaktionen*, sowie *abteilung* und *mitarbeiter* der Tabelle *mitarbeiter*. Die Anweisung INNER JOIN...ON bewirkt, dass genau jene Werte beider Tabellen zusammengefügt werden, bei denen die Mitarbeiterkennungen übereinstimmen *und* in *beiden* Tabellen zugleich vorkommen. Der Mitarbeiter *rst* der Tabelle *mitarbeiter*, der an keiner der Transaktionen beteiligt war, kommt deshalb nicht im Abfrageresultat vor. Bei der Formulierung der Abfrage haben wir übrigens von Abkürzungen Gebrauch gemacht: Statt transaktionen.id etwa schreiben wir kurz a.id, da wir via AS die Tabelle *transaktionen* mit dem Kürzel a versehen haben.

Hätten wir dagegen in obiger Abfrage RIGHT JOIN statt INNER JOIN geschrieben, so würde das Abfrageresultat beginnen mit folgender Zeile:

```
+ ---- + ------- + --------- + ----------- + ------- +
| id   | auftrag | abteilung | mitarbeiter | artikel |
+ ---- + ------- + --------- + ----------- + ------- +
| NULL | NULL    | A         | rst         | NULL    |
                         ⋮
```

RIGHT JOIN berücksichtigt auf jeden Fall *alle* Mitarbeiter der rechts von der JOIN-Anweisung stehenden Tabelle, und dies ist im Beispiel gerade *mitarbeiter*. Deshalb erscheint nun auch Mitarbeiter *rst*, jedoch mit einigen NULL-Werten, da er an keiner Transaktion beteiligt war. Ferner werden *nur* jene Posten der links stehenden Tabelle *transaktionen* aufgenommen, zu denen sich auch Mitarbeiterkennungen in *mitarbeiter* finden. Somit verhält sich RIGHT JOIN nach links wie INNER JOIN, ist nach rechts aber „großzügiger". Völlig analog ist die Verknüpfung LEFT JOIN definiert. Ferner können auch mehr als zwei Tabellen über verschachtelte JOIN-Anweisungen miteinander verknüpft werden.

Literatur

ALTEN, H.-W., DJAFARI NAINI, A., EICK, B., FOLKERTS, M., SCHLOSSER, H., SCHLOTE, K.-H., WESEMÜLLER-KOCK, H., WUSSING, H.: *4000 Jahre Algebra — Geschichte, Kulturen, Menschen*. 2. Auflage, Springer Verlag, Berlin, 2014.

BASLER, H.: *Grundbegriffe der Wahrscheinlichkeitsrechnung und statistischen Methodenlehre*. 11. Auflage, Physica Verlag, Heidelberg, 1994.

BOSCH, S.: *Algebra*. 8. Auflage, Springer Verlag, Berlin, 2013.

BUNDSCHUH, P.: *Einführung in die Zahlentheorie*. 6. Auflage, Springer Verlag, Berlin, 2008.

FREITAG, E., BUSAM, R.: *Funktionentheorie 1*. 4. Auflage, Springer Verlag, Berlin, 2006.

GEORGII, H.-O.: *Stochastik — Einführung in die Wahrscheinlichkeitstheorie und Statistik*. 5. Auflage, Walter de Gruyter GmbH, Berlin/Boston, 2015.

GOODING, M.: *herman de vries — chance and change*. 1. Auflage, Zweitausendeins Verlag, Frankfurt am Main, 2006.

GRABMEIER, J., KALTOFEN, E., WEISPFENNING, V. (Hrsg.): *Computer Algebra Handbook*. Springer Verlag, Berlin, 2003.

HILBE, J.M.: *Mathematica 5.2: A Review*. The American Statistician 60(2), S. 176–186, 2006.

HINZ, S.: *MySQL 5.1 Referenzhandbuch*. 2014.
https://downloads.mysql.com/docs/refman-5.1-de.a4.pdf

KAPLAN, M.: *Computeralgebra*. Springer Verlag, Berlin, 2005.

KOEPF, W.: *Computeralgebra — Eine algorithmisch orientierte Einführung*. Springer Verlag, Berlin, 2006.

KOSHY, T.: *Discrete mathematics with applications*. Elsevier Academic Press, Burlington, USA, 2004.

KOWALSKY, H.-J., MICHLER, G.O.: *Lineare Algebra*. 12. Auflage, Walter de Gruyter Verlag, Berlin, 2003.

LORENZEN, K.: *Einführung in Mathematica*. mitp Verlags GmbH & Co. KG, 2014.

LÜNEBURG, H.: *Von Zahlen und Größen — Dritthalbtausend Jahre Theorie und Praxis*. Birkhäuser Verlag, Basel, 2008.

SCHLITTGEN, R., STREITBERG, B.H.J.: *Zeitreihenanalyse*. 8. Auflage, Oldenbourg Verlag, München, 2001.

STOER, J.: *Numerische Mathematik 1*. 9. Auflage, Springer Verlag, Berlin, 2005.

STOER, J., BURLISCH, R.: *Numerische Mathematik 2*. 5. Auflage, Springer Verlag, Berlin, 2005.

THROLL, M., BARTOSCH, O.: *Einstieg in SQL*. 4. Auflage, Galileo Press GmbH, Bonn, 2010.

DE VRIES, H.: *to be — texte – textarbeiten – textbilder*. 1. Auflage, Cantz Verlag, Berlin, 1995.

WALTER, W.: *Gewöhnliche Differentialgleichungen*. 7. Auflage, Springer Verlag, Berlin, 2000.

WALTER, W.: *Analysis 1*. 7. Auflage, Springer Verlag, Berlin, 2007.

WALTER, W.: *Analysis 2*. 5. Auflage, Springer Verlag, Berlin, 2005.

WEISS, C.H.: *Datenanalyse und Modellierung mit STATISTICA*. Oldenbourg Verlag, München, 2006.

WEISS, C.H.: *Zufall als Werkzeug — Monte-Carlo-Methoden in der Kunst*.
In: LAUTER, M., WEIGAND, H.-G. (Hrsg.): *Ausgerechnet ... Mathematik und Konkrete Kunst*, Spurbuchverlag, Baunach, S. 57–59 und S. 160, 2007.

WEISS, C.H.: *Mathematica kompakt: Einführung — Funktionsumfang — Praxisbeispiele*. 1. Auflage, Oldenbourg Verlag, München, Wien, 2008.

WEISS, C.H.: On New Perspectives for Statistical Computing in Business and Industry — A Solution with STATISTICA and R. *Economic Quality Control* **25**(1), S. 43–64, 2010.

WOLFRAM, S.: *The Mathematica Book*. 5. Auflage, Wolfram Media, 2003.

DOI 10.1515/9783110425222-025

Stichwortverzeichnis

DOI 10.1515/9783110425222-026

Wolfram Language Index

DOI 10.1515/9783110425222-027